《中国古脊椎动物志》编辑委员会主编

中国古脊椎动物志

第三卷
基干下孔类 哺乳类

主编 邱占祥 | 副主编 李传夔

第二册（总第十五册）
原始哺乳类

孟津 王元青 李传夔 编著

科学技术部基础性工作专项（2006FY120400）资助

科学出版社

北京

内 容 简 介

本册内容包括哺乳动物导论和原始哺乳动物系统记述两个部分。导论部分包括哺乳动物的定义、一般形态学特征、系统发育和分类的基本框架、地理地史分布与环境、哺乳动物年代学等。在形态学特征中特别加入了对岩骨以及中耳形态的介绍，以及使用CT扫描研究颅内、鼻腔、内耳结构等内容。除了基本的哺乳动物分类体系，对哺乳动物一些新的高阶分类单元及其有关的争议内容也做了简要说明。在"中国古哺乳动物研究历史"一节中，记录了一些主要的事件、研究成果和相关人员。系统记述部分包括了截至2014年10月在中国境内已发表的、以中生代哺乳动物为主的54属63种，分属于后兽下纲、真兽下纲和9个已绝灭的哺乳动物目（摩根齿兽目、翔兽目、蜀兽目、柱齿兽目、真三尖齿兽目、贼兽目、多瘤齿兽目、"对齿兽目"、"真古兽目"）。每个模式种均附有图片，对一些存有争议的高阶分类单元进行了概要评述。

本书是我国凡涉及地学、生物学、考古学的大专院校、科研机构、博物馆有关科研人员及业余古生物爱好者的基础参考书，也可为科普创作提供必要的参考资料。

图书在版编目（CIP）数据

中国古脊椎动物志. 第3卷. 基干下孔类、哺乳类. 第2册, 原始哺乳类：总第15册 / 孟津，王元青，李传夔编著. —北京：科学出版社，2015.12
ISBN 978-7-03-046741-6

I. ①中⋯ II. ①孟⋯②王⋯③李⋯ III. ①古动物－脊椎动物门－动物志－中国②古动物－哺乳动物纲－动物志－中国 IV. ①Q915.86

中国版本图书馆CIP数据核字（2015）第301663号

责任编辑：胡晓春 史立群 / 责任校对：赵桂芬
责任印制：肖 兴 / 封面设计：黄华斌

科学出版社 出版
北京东黄城根北街16号
邮政编码：100717
http://www.sciencep.com

中国科学院印刷厂 印刷
科学出版社发行 各地新华书店经销

*

2015年12月第 一 版　开本：787×1092　1/16
2015年12月第一次印刷　印张：20
字数：413 000

定价：195.00元

（如有印装质量问题，我社负责调换）

Editorial Committee of Palaeovertebrata Sinica

PALAEOVERTEBRATA SINICA

Volume III

Basal Synapsids and Mammals

Editor-in-Chief: **Qiu Zhanxiang** | Associate Editor-in-Chief: **Li Chuankui**

Fascicle 2 (Serial no. 15)

Primitive Mammals

By **Meng Jin, Wang Yuanqing, and Li Chuankui**

Supported by the Special Research Program of Basic Science and Technology
of the Ministry of Science and Technology (2006FY120400)

Science Press
Beijing

《中国古脊椎动物志》编辑委员会

主　任：邱占祥
副主任：张弥曼　吴新智
委　员（以汉语拼音为序）：

邓　涛　高克勤　胡耀明　金　帆　李传夔　李锦玲
孟　津　苗德岁　倪喜军　邱占祥　邱铸鼎　王晓鸣
王　原　王元青　吴肖春　吴新智　徐　星　尤海鲁
张弥曼　张兆群　周忠和　朱　敏

Editorial Committee of Palaeovertebrata Sinica

Chairman：Qiu Zhanxiang
Vice-Chairpersons：Zhang Miman and Wu Xinzhi
Members：Deng Tao, Gao Keqin, Hu Yaoming, Jin Fan, Li Chuankui, Li Jinling, Meng Jin, Miao Desui, Ni Xijun, Qiu Zhanxiang, Qiu Zhuding, Wang Xiaoming, Wang Yuan, Wang Yuanqing, Wu Xiaochun, Wu Xinzhi, Xu Xing, You Hailu, Zhang Miman, Zhang Zhaoqun, Zhou Zhonghe, and Zhu Min

本册撰写人员分工

哺乳动物导论	孟　津	E-mail: jmeng@amnh.org
中国尖齿兽科	孟　津	
摩根齿兽目	孟　津	
翔兽目	孟　津	
柱齿兽目	孟　津	
蜀兽目	王元青	E-mail: wangyuanqing@ivpp.ac.cn
真三尖齿兽目	孟　津	
贼兽目	王元青	
多瘤齿兽目	王元青	
"对齿兽目"	王元青	
"真古兽目"	李传夔	E-mail: lichuankui@ivpp.ac.cn
后兽下纲	孟　津	
真兽下纲	孟　津	

（孟津所在单位为美国自然历史博物馆，纽约；王元青、李传夔所在单位为中国科学院古脊椎动物与古人类研究所、中国科学院脊椎动物演化与人类起源重点实验室）

Contributors to this Fascicle

Introduction of Mammals	**Meng Jin** E-mail: jmeng@amnh.org
Sinoconodontidae	**Meng Jin**
Morganucodonta	**Meng Jin**
Volaticotheria	**Meng Jin**
Docodonta	**Meng Jin**
Shuotheridia	**Wang Yuanqing** E-mail: wangyuanqing@ivpp.ac.cn
Eutriconodonta	**Meng Jin**
Haramiyida	**Wang Yuanqing**
Multituberculata	**Wang Yuanqing**
"Symmetrodonta"	**Wang Yuanqing**
"Eupantotheria"	**Li Chuankui** E-mail: lichuankui@ivpp.ac.cn
Metatheria	**Meng Jin**
Eutheria	**Meng Jin**

(Meng Jin is from American Museum of Natural History, New York; Wang Yuanqing and Li Chuankui are from the Institute of Vertebrate Paleontology and Paleoanthropology, Chinese Academy of Sciences, Key Laboratory of Vertebrate Evolution and Human Origins of Chinese Academy of Sciences)

总　序

　　中国第一本有关脊椎动物化石的手册性读物是 1954 年杨钟健、刘宪亭、周明镇和贾兰坡编写的《中国标准化石——脊椎动物》。因范围限定为标准化石，该书仅收录了 88 种化石，其中哺乳动物仅 37 种，不及德日进（P. Teilhard de Chardin）1942 年在《中国化石哺乳类》中所列举的在中国发现并已发表的哺乳类化石种数（约 550 种）的十分之一。所以这本只有 57 页的小册子还不能算作一本真正的脊椎动物化石手册。我国第一本真正的这样的手册是 1960–1961 年在杨钟健和周明镇领导下，由中国科学院古脊椎动物与古人类研究所的同仁们集体编撰出版的《中国脊椎动物化石手册》。该手册共记述脊椎动物化石 386 属 650 种，分为《哺乳动物部分》（1960 年出版）和《鱼类、两栖类和爬行类部分》（1961 年出版）两个分册。前者记述了 276 属 515 种化石，后者记述了 110 属 135 种。这是对自 1870 年英国博物学家欧文（R. Owen）首次科学研究产自中国的哺乳动物化石以来，到 1960 年前研究发表过的全部脊椎动物化石材料的总结。其中鱼类、两栖类和爬行类化石主要由中国学者研究发表，而哺乳动物则很大一部分由国外学者研究发表。"文化大革命"之后不久，1979 年由董枝明、齐陶和尤玉柱编汇的《中国脊椎动物化石手册》（增订版）出版，共收录化石 619 属 1268 种。这意味着在不到 20 年的时间里新发现的化石属、种数量差不多翻了一番（属为 1.6 倍，种为 1.95 倍）。

　　自 20 世纪 80 年代末开始，国家对科技事业的投入逐渐加大，我国的古脊椎动物学逐渐步入了快速发展的时期。新的脊椎动物化石及新属、种的数量，特别是在鱼类、两栖类和爬行动物方面，快速增加。1992 年孙艾玲等出版了《The Chinese Fossil Reptiles and Their Kins》，记述了两栖类、爬行类和鸟类化石 228 属 328 种。李锦玲、吴肖春和张福成于 2008 年又出版了该书的修订版（书名中的 Kins 已更正为 Kin），将属种数提高到 416 属 564 种。这比 1979 年手册中这一部分化石的数量（186 属 219 种）增加了大约 1 倍半（属近 2.24 倍，种近 2.58 倍）。在哺乳动物方面，20 世纪 90 年代初，中国科学院古脊椎动物与古人类研究所一些从事小哺乳动物化石研究的同仁们，曾经酝酿编写一部《中国小哺乳动物化石志》，并已草拟了提纲和具体分工，但由于种种原因，这一计划未能实现。

　　自 20 世纪 90 年代末以来，我国在古生代鱼类化石和中生代两栖类、翼龙、恐龙、鸟类，以及中、新生代哺乳类化石的发现和研究方面又有了新的重大突破，在恐龙蛋和爬行动物及鸟类足迹方面也有大量新发现。粗略估算，我国现有古脊椎动物化石种的总数已经超过3000个。我国是古脊椎动物化石赋存大国，有关收藏逐年增加，在研究方面正在努力进入世界强国行列的过程之中。此前所出版的各类手册性的著作已落后于我国古脊椎动物研究发展的现状，无法满足国内外有关学者了解我国这一学科领域进展的迫切需求。美国古生物学家S. G. Lucas，积5次访问中国的经历，历时近20年，于2001年出版了一部370多页的《Chinese Fossil Vertebrates》。这部书虽然并非以罗列和记述属、种为主旨，而且其资料的收集限于1996年以前，却仍然是国外学者了解中国古脊椎动物学发展脉络的重要读物。这可以说是从国际古脊椎动物研究的角度对上述需求的一种反映。

2006年，科技部基础研究司启动了国家科技基础性工作专项计划，重点对科学考察、科技文献典籍编研等方面的工作加大支持力度。是年10月科技部召开研讨中国各门类化石系统总结与志书编研的座谈会。这才使我国学者由自己撰写一部全新的、涵盖全面的古脊椎动物志书的愿望，有了得以实现的机遇。中国科学院南京地质古生物研究所和古脊椎动物与古人类研究所的领导十分珍视这次机遇，于2006年年底前，向科技部提交了由两所共同起草的"中国各门类化石系统总结与志书编研"的立项申请。2007年4月27日，该项目正式获科技部批准。《中国古脊椎动物志》即是该项目的一个组成部分。

在本志筹备和编研的过程中，国内外前辈和同行们的工作一直是我们学习和借鉴的榜样。在我国，"三志"（《中国动物志》、《中国植物志》和《中国孢子植物志》）的编研，已经历时半个多世纪之久。其中《中国植物志》自1959年开始出版，至2004年已全部出齐。这部煌煌巨著分为80卷，126册，记载了我国301科3408属31142种植物，共5000多万字。《中国动物志》自1962年启动后，已编撰出版了126卷、册，至今仍在继续出版。《中国孢子植物志》自1987年开始，至今已出版80多卷（不完全统计），现仍在继续出版。在国外，可以作为借鉴的古生物方面的志书类著作，有原苏联出版的《古生物志》（《Основы Палеонтологии》）。全书共15册，出版于1959–1964年，其中古脊椎动物为3册。法国的《Traité de Paléontologie》（实际是古动物志），全书共7卷10册，其中古脊椎动物（包括人类）为4卷7册，出版于1952–1969年，历时18年。此外，C. M. Janis等编撰的《Evolution of Tertiary Mammals of North America》（两卷本）也是一部对北美新生代哺乳动物化石属级以上分类单元的系统总结。该书从1978年开始构思，直到2008年才编撰完成，历时30年。

参考我国"三志"和国外志书类著作编研的经验，我们在筹备初期即成立了志书编辑委员会，并同步进行了志书编研的总体构思。2007年10月10日由17人组成的《中国古脊椎动物志》编辑委员会正式成立（2008年胡耀明委员去世，2011年2月28日增补邓涛、尤海鲁和张兆群为委员，2012年11月15日又增加金帆和倪喜军两位委员，现共21人）。2007年11月30日《中国古脊椎动物志》"编辑委员会组成与章程"、"管理条例"和"编写规则"三个试行草案正式发布，其中"编写规则"在志书撰写的过程中不断修改，直至2010年1月才有了一个比较正式的试行版本，2013年1月又有了一个更为完善的修订本，至今仍在不断修改和完善中。

考虑到我国古脊椎动物学发展的现状，在汲取前人经验的基础上，编委会决定：①延续《中国脊椎动物化石手册》的传统，《中国古脊椎动物志》的记述内容也细化到种一级。这与国外类似的志书类都不同，后者通常都停留在属一级水平。②采取顶层设计，由编委会统一制定志书总体结构，将全志大体按照脊椎动物演化的顺序划分卷、册；直接聘请能够胜任志书要求的合适研究人员负责编撰工作，而没有采取自由申报、逐项核批的操作程序。③确保项目经费足额并及时到位，力争志书编研按预定计划有序进行，做到定期分批出版，努力把全志出版周期限定在 10 年左右。

编委会将《中国古脊椎动物志》的编写宗旨确定为："本志应是一套能够代表我国古脊椎动物学当前研究水平的中文基础性丛书。本志力求全面收集中国已发表的古脊椎动物化石资料，以骨骼形态性状为主要依据，吸收分子生物学研究的新成果，尝试运用分支系统学的理论和方法认识和阐述古脊椎动物演化历史、改造林奈分类体系，使之与演化历史更为吻合；着重对属、种进行较全面、准确的文字介绍，并尽可能附以清晰的模式标本图照，但不创建新的分类单元。本志主要读者对象是中国地学、生物学工作者及爱好者，高校师生，自然博物馆类机构的工作人员和科普工作者。"

编委会在将"代表我国古脊椎动物学当前研究水平"列入撰写本志的宗旨时，已经意识到实现这一目标的艰巨性。这一点也是所有参撰人员在此后的实践过程中越来越深刻地感受到的。正如在本志第一卷第一册"脊椎动物总论"中所论述的，自 20 世纪 50 年代以来，在古生物学和直接影响古生物学发展的相关领域中发生了可谓"翻天覆地"的变化。在 20 世纪七八十年代已形成了以 Mayr 和 Simpson 为代表的演化分类学派（evolutionary taxonomy）、以 Hennig 为代表的系统发育系统学派 [phylogenetic systematics，又称分支系统学派（cladistic systematics，或简化为 cladistics）] 及以 Sokal 和 Sneath 为代表的数值分类学派（numerical taxonomy）的"三国鼎立"的局面。自 20 世纪 90 年代以来，分支系统学派逐渐占据了明显的优势地位。进入 21 世纪以来，围绕着生物分类的原理、原则、程序及方法等的争论又日趋激烈，形成了新的"三国"。以演化分类学家 Mayr 和 Bock 为代表的"达尔文分类学派"（Darwinian classification），坚持依据相似性（similarity）和系谱（genealogy）两项准则作为分类基础，并保留林奈套叠等级体系，认为这正是达尔文早就提出的生物分类思想。在分支系统学派内部分成两派：以 de Quieroz 和 Gauthier 为代表的持更激进观点的分支系统学家组成了"系统发育分类命名法规学派"（简称 PhyloCode）。他们以单一的系谱（genealogy）作为生物分类的依据，并坚持废除林奈等级体系的观点。以 M. J. Benton 等为代表的持比较保守观点的分支系统学家则主张，在坚持分支系统学核心理论的基础上，采取某些折中措施以改进并保留林奈式分类和命名体系。目前争论仍在进行中。到目前为止还没有任何一个具体的脊椎动物的划分方案得到大多数生物和古生物学家的认可。我国的古生物学家大多还处在对这些新的论点、原理和方法以及争论论点实质的不断认识和消化的过程之中。这种现状首先影响到志书的总体架构：如何划分卷、册？各卷、册使用何种标题名称？系统记述部分中各高阶元及其名称如何取舍？基于林奈分类的《国际动物命名法规》是否要严格执行？……这些问题的存在甚至对编撰本志书的科学性和必要性都形成了质疑和挑战。

在《中国古脊椎动物志》立项和实施之初，我们确曾希望能够建立一个为本志书各卷、册所共同采用的脊椎动物分类方案。通过多次尝试，我们逐渐发现，由于脊椎动物内各大类群的研究历史和分类研究传统不尽相同，对当前不同分类体系及其使用的方法，在接受程度上差别较大，并很难在短期内弥合。因此，在目前要建立一个比较合理、能被广泛接受、涵盖整个脊椎动物的分类方案，便极为困难。虽然如此，通过多次反复研讨，参撰人员就如何看待分类和究竟应该采取何种分类方案等还是逐渐取得了如下一些共识：

1）分支系统学在重建生物演化过程中，以其对分支在演化过程中的重要作用的深刻认识和严谨的逻辑推导方法，而成为当前获得古生物学家广泛支持的一种学说。任何生物分类都应力求真实地反映生物演化的过程，在当前则应力求与分支系统学的中心法则（central tenet）以及与严格按照其原则和方法所获得的结论相符。

2）生物演化的历史（系统发育）和如何以分类来表达这一历史，属于两个不同范畴。分类除了要真实地反映演化历史外，还肩负协助人类认知和记忆的功能。两者不必、也不可能完全对等。在当前和未来很长一段时期内，以二维和文字形式表达演化过程的最好方式，仍应该是现行的基于林奈分类和命名法的套叠等级体系。从实用的观点看，把十几代科学工作者历经 250 余年按照演化理论不断改进的、由近 200 万个物种组成的庞大的阶元分类体系彻底抛弃而另建一新体系，是不可想象的，也是极难实现的。

3）分类倘若与分支系统学核心概念相悖，例如不以共祖后裔而单纯以形态特征为分类依据，由复系类群组成分类单元等，这样的分类应予改正。对于分支系统学中一些重要但并非核心的论点，诸如姐妹群需是同级阶元的要求，干群（"Stammgruppe"）的分类价值和地位的判别，以及不同大类群的阶元级别的划分和确立等，正像分支系统学派内部有些学者提出的，可以采取折中措施使分支系统学的基本理论与以林奈分类和命名法为基础建立的现行分类体系在最大程度上相互吻合。

4）对于因分支点增多而所需阶元数目剧增的矛盾，可采取以下折中措施解决。①对高度不对称的姐妹群不必赋予同级阶元。②对于重要的、在生物学领域中广为人知并广泛应用、而目前尚无更好解决办法的一些大的类群，可实行阶元转移和跃升，如鸟类产生于蜥臀目下的一个分支，可以跃升为纲级分类单元（详见第一卷第一册的"脊椎动物总论"）。③适量增加新的阶元级别，例如 1997 年 McKenna 和 Bell 已经提出推荐使用新的主阶元，如 Legion（阵）、Cohort（部）等，和新的次级阶元，如 Magno-（巨）、Grand-（大）、Miro-（中）和 Parvo-（小）等。④减少以分支点设阶的数量，如仅对关键节点设立阶元、次要节点以顺序先后（sequencing）表示等。⑤应用全群（total group）的概念，不对其中的并系的干群（stem group 或 "Stammgruppe"）设立单独的阶元等。

5）保留脊椎动物现行亚门一级分类地位不变，以避免造成对整个生物分类体系的冲击。科级及以下分类单元的分类地位基本上都已稳定，应尽可能予以保留，并严格按照最新的《国际动物命名法规》（1999年第四版）的建议和要求处置。

根据上述共识，我们在第一卷第一册的"脊椎动物总论"中，提出了一个主要依据中国所有化石所建立的脊椎动物亚门的分类方案（PVS-2013）。我们并不奢求每位参与本志书撰写的人员一定接受它，而只是推荐一个可供选择的方案。

对生物分类学产生重要影响的另一因素则是分子生物学。依据分支系统学原理和方法，借助计算机高速数学运算，通过分析分子生物学资料（DNA、RNA、蛋白质等的序列数据）来探讨生物物种和类群的系统发育关系及支系分异的顺序和时间，是当前分子生物学领域的热点之一。一些分子生物学家对某些高阶分类单元（例如目级）的单系性和这些分类单元之间的系统关系进行探索，提出了一些令形态分类学家和古生物学家耳目一新的新见解。例如，现生哺乳动物18个目之间的系统和分类关系，一直是古生物学家感到十分棘手的问题，因为能够找到的目之间的共有裔征（synapomorphy）很少，而经常只有共有祖征（symplesiomorphy）。相反，分子生物学家们则可以在分子水平上找到新的证据，将它们进行重新分解和组合。例如，他们在一些属于不同目的"非洲类型"的哺乳动物（管齿目、长鼻目、蹄兔目和海牛目）和一些非洲土著的"食虫类"（无尾猬、金鼹等）中发现了一些共同的基因组变异，如乳腺癌抗原1（BRCA1）中有9个碱基对的缺失，还在基因组的非编码区中发现了特有的"非洲短散布核元件（AfroSINES）"。他们把上述这些"非洲类型"的动物合在一起，组成一个比目更高的分类单元（Afrotheria，非洲兽类）。根据类似的分子生物学信息，他们把其他大陆的异节类、真魁兽啮型类和劳亚兽类看作是与非洲兽类同级的单元。分子生物学家们所提出的许多全新观点，虽然在细节上尚有很多值得进一步商榷之处，但对现行的分类体系无疑具有重要的参考价值，应在本志中得到应有的重视和反映。

采取哪种分类方案直接决定了本志书的总体结构和各卷、册的划分。经历了多次变化后，最后我们没有采用严格按照节点型定义的现生动物（冠群）五"纲"（鱼、两栖、爬行、鸟和哺乳动物）将志书划分为五卷的办法。其中的缘由，一是因为以化石为主的各"纲"在体量上相差过于悬殊。现生动物的五纲，在体量上比较均衡（参见第一卷第一册"脊椎动物总论"中有关部分），而在化石中情况就大不相同。两栖类和鸟类化石的体量都很小：两栖类化石目前只有不到40个种，而鸟类化石也只有大约五六十种（不包括现生种的化石）。这与化石鱼类，特别是哺乳类在体量上差别很悬殊。二是因为化石的爬行类和冠群的爬行动物纲有很大的差别。现有的化石记录已经清楚地显示，从早期的羊膜类动物中很早就分出两大主要支系：一支通过早期的下孔类演化为哺乳动物。下孔类，按照演化分类学家的观点，虽然是哺乳动物的早期祖先，但在形态特征上仍然和爬行类最为接近，因此应该归入爬行类。按照分支系统学家的观点，早期下孔类和哺乳动物共同组成一个全群（total group），两者无疑应该分在同一卷内。该全群的名称应该叫做下孔类，亦即：下孔类包含哺乳动物。另一支则是所有其他的爬行动物，包括从蜥臀类恐龙的虚骨龙类的一个分支演化出的鸟类，因此鸟类应该与爬行类放在同一卷内。上述情况使我们最后决定将两栖类、不包括下孔类的爬行类与鸟类合为一卷（第二卷），而早期下孔类和哺乳动物则共同组成第三卷。

在卷、册标题名称的选择上，我们碰到了同样的问题。分支系统学派，特别是系统发育分类命名法规学派，虽然强烈反对在分类体系中建立绝对阶元级别，但其基于严格单系分支概念的分类名称则是"全套叠式"的，亦即每个高阶分类单元必须包括其最早的祖先及由此祖先所产生的所有后代。例如传统意义中的鱼类既然包括肉鳍鱼类，那么也必须包括由其产生的所有的四足动物及其所有后代。这样，在需要表述某一"全套叠式"的名称的一部分成员时，就会遇到很大的困难，会出现诸如"非鸟恐龙"之类的称谓。相反，林奈分类体系中的高阶分类单元名称却是"分段套叠式"的，其五纲的概念是互不包容的。从分支系统学的观点看，其中的鱼纲、两栖纲和爬行纲都是不包括其所有后代的并系类群（paraphyletic groups），只有鸟纲和哺乳动物纲本身是真正的单系分支（clade）。林奈五纲的概念在生物学界已经根深蒂固，不会引起歧义，因此本志书在卷、册的标题名称上还是沿用了林奈的"分段套叠式"的概念。另外，由于化石类群和冠群在内涵和定义上有相当大的差别，我们没有直接采用纲、目等阶元名称，而是采用了含义宽泛的"类"。第三卷的名称使用了"基干下孔类 哺乳类"是因为"下孔类"这一分类概念在学界并非人人皆知，若在标题中舍弃人人皆知的哺乳类，而单独使用将哺乳类包括在内的下孔类这一全群的名称，则会使大多数读者感到茫然。

在编撰本志书的过程中我们所碰到的最后一类问题是全套志书的规范化和一致性的问题。这类问题十分烦琐，我们所花费时间也最多。

首先，全志在科级以下分类单元中与命名有关的所有词汇的概念及其用法，必须遵循《国际动物命名法规》。在本志书项目开始之前，1999年最新一版（第四版）的《International Code of Zoological Nomenclature》已经出版。2007年中译本《国际动物命名法规》（第四版）也已出版。由于种种原因，我国从事这方面工作的专业人员，在建立新科、属、种的时候，往往很少认真阅读和严格遵循《国际动物命名法规》，充其量也只是参考张永辂1983年出版的《古生物命名拉丁语》中关于命名法的介绍，而后者中的一些概念，与最新的《国际动物命名法规》并不完全符合。这使得我国的古脊椎动物在属、种级分类单元的命名、修订、重组，对模式的认定，模式标本的类型（正模、副模、选模、副选模、新模等）和含义，其选定的条件及表述等方面，都存在着不同程度的混乱。

这些都需要认真地予以厘定，以免在今后以讹传讹。

其次，在解剖学，特别是分类学外来术语的中译名的取舍上，也经常令我们感到十分棘手。"全国科学技术名词审定委员会公布名词"（网络2.0版）是我们主要的参考源。但是，我们也发现，其中有些术语的译法不够精准。事实上，在尊重传统用法和译法精准这两者之间有时很难做出令人满意的抉择。例如，对phylogeny的译法，在"全国科学技术名词审定委员会公布名词"中就有种系发生、系统发生、系统发育和系统演化四种译法，在其他场合也有译为亲缘关系的。按照词义的精准度考虑，钟补求于1964年在《新系统学》中译本的"校后记"中所建议的"种系发生"大概是最好的。但是我国从1922年杜就田所编撰的《动物学大词典》中就使用了"系统发育"的译法，以和个体发育（ontogeny）相对应。在我国从1978年开始的介绍和翻译分支系统学的热潮中，几乎所有的译介者都沿用了"系统发育"一词。经过多次反复斟酌，最后，我们也采用了这一译法。类似的情况还有很多，这里无法一一列举，这些抉择是否恰当只能留待读者去评判了。

再次，要使全套志书能够基本达到首尾一致也绝非易事。像这样一部预计有3卷23册的丛书，需要花费众多专家多年的辛勤劳动才能完成；而在确立各种体例和格式之类的琐事上，恐怕就要花费其中一半的时间和精力。诸如在每一册中从目录列举的级别、各章节排列的顺序，附录、索引和文献列举的方式及详简程度，到全书中经常使用的外国人名和地名、化石收藏机构等的缩写和译名等，都是非常耗时费力的工作。仅仅是对早期文献是否全部列入这一点，就经过了多次讨论，最后才确定，对于19世纪中叶以前的经典性著作，在后辈学者有过系统而全面的介绍的情况下（例如Gregory于1910年对诸如Linnaeus、Blumenbach、Cuvier等关于分类方案的引述），就只列后者的文献了。此外，在撰写过程中对一些细节的决定经常会出现反复，需经多次斟酌、讨论、修改，最后再确定；而每一次反复和重新确定，又会带来新的、额外的工作量，而且确定的时间越晚，增加的工作量也就越大。这其中的烦琐和日久积累的心烦意乱，实非局外人所能体会。所幸，参加这一工作的同行都能理解：科学的成败，往往在于细节。他们以本志书的最后完成为己任，孜孜矻矻，不厌其烦，而且大多都能在规定的时限内完成预定的任务。

本志编撰的初衷，是充分发挥老科学家的主导作用。在开始阶段，编委会确实努力按照这一意图，尽量安排老科学家担负主要卷、册的编研。但是随着工作的推进，编委会越来越深切地感觉到，没有一批年富力强的中年科学家的参与，这一任务很难按照原先的设想圆满完成。老科学家在对具体化石的认知和某些领域的综合掌控上具有明显的经验优势，但在吸收新鲜事物和新手段的运用、特别是在追踪新兴学派的进展上，却难以与中年才俊相媲美。近年来，我国古脊椎动物学领域在国内外都涌现出一批极为杰出的人才，其中有些是在国外顶级科研和教学机构中培养和磨砺出来的科学家。他们的参与对于本志书达到"当前研究水平"的目标起到了关键的作用。值得庆幸的是，我们所邀请的几位这样的中年才俊，都在他们本已十分繁忙的日程中，挤出相当多时间参与本志有关部分的撰写和/或评审工作。由于编撰工作中技术性任务量大、质量要求高，一部分年轻的学子也积极投入到这项工作中。最后这支编撰队伍实实在在地变成了一支老中青相结合的队伍了。

大凡立志要编撰一本专业性强的手册性读物，编撰者首要的追求，一定是原始资料的可靠和记录及诠释的准确性，以及由此而产生的权威性。这样才能经得起广大读者的推敲和时间的考验，才能让读者放心地使用。在追求商业利益之风日盛、在科普读物中往往充斥着种种真假难辨的猎奇之词的今天，这一点尤其显得重要，这也是本编辑委员会和每一位参撰人员所共同努力追求并为之奋斗的目标。虽然如此，由于我们本身的学识水平和认识所限，错误和疏漏之处一定不少，真诚地希望读者批评指正。

感谢　《中国古脊椎动物志》编研工作得以启动，首先要感谢科技部具体负责此项工作的基础研究司的领导，也要感谢国家自然科学基金委员会、中国科学院和相关政府部门长期以来对古脊椎动物学这一基础研究领域的大力支持。令我们特别难以忘怀的是几位参与我国基础性学科调研并提出宝贵建议的地学界同行，如黄鼎成和马福臣先生，是他们对临界或业已退休、但身体尚健的老科学工作者的报国之心的深刻理解和积极奔走，才促成本专项得以顺利立项，使一批新中国建立后成长起来的老古生物学家有机会把自己毕生积淀的专业知识的精华总结和奉献出来。另外，本志书编委会要感谢本专项的挂靠单位，中国科学院古脊椎动物与古人类研究所的领导和各处、室，特别是标本馆、图书室、负责照相和绘图的技术室，以及财务处的同仁们，对志书工作的大力支持。编委会要特别感谢负责处理日常事务的本专项办公室的同仁们。在志书编撰的过程中，在每一次研讨会、汇报会、乃至财务审计等活动中，他们忙碌的身影都给我们留下了难忘的印象。我们还非常幸运地得到了与科学出版社的胡晓春编辑共事的机会。她细致的工作作风和精湛的专业技能，使每一个接触到她的参撰人员都感佩不已。在本志书的编撰过程中，还有很多国内外的学者在稿件的学术评审过程中提出了很多中肯的批评和改进意见，使我们受益匪浅，也使志书的质量得到明显的提高。这些在相关册的致谢中都将做出详细说明，编委会在此也向他们一并表达我们衷心的感谢。

《中国古脊椎动物志》编辑委员会

2013 年 8 月

特别说明：本书主要用于科学研究。书中可能存在未能联系到版权所有者的图片，请见书后与科学出版社联系处理相关事宜。

本 册 前 言

　　本册系《中国古脊椎动物志》这套志书最先开始编写的几册之一，起始于2007年。在编写的摸索过程中，首先面对、并且一直存在的问题，是本册涉及的哺乳动物和非哺乳下孔类在分卷上的关系。传统的脊椎动物分类，通常是把非哺乳下孔类，或者说"似哺乳爬行动物"，比如卞氏兽、三列齿兽等，归入"爬行类"中。如果按传统观点把非哺乳下孔类归入志书第二卷，本册理应成为第三卷《哺乳动物》的首册。但从现代脊椎动物系统发育的研究看，趋于主流的观点是下孔类形成一个单系类群，以别于其他的四足动物。编委会几经反复和考虑后，决定采取现代脊椎动物系统发育的观点，将下孔类并入第三卷，形成《基干下孔类　哺乳类》分卷，在这个分卷体系下，本册自然成为第三卷第二册。

　　尽管哺乳动物和非哺乳下孔类形成一个单系类群，但它们在形态上的差别还是很明显的。因此，本册专门含有一个比较系统的导论部分，对哺乳动物的一些基本内容，比如哺乳动物的定义，一般形态学特征，系统发育和分类的基本框架，哺乳动物的地史、地理分布，哺乳动物年代学等，做了简要但有一定广度的介绍。在做这些介绍时，内容的取舍、介绍的广度和深度、与系统记述部分和其他分册内容的平衡等都是不好把握的。基于古哺乳动物的研究着重于牙齿的形态，我们对这一传统的研究内容做了比较系统的介绍。对诸如头后骨骼、牙釉质微结构这些内容，我们就介绍得比较简单或没有介绍。但对哺乳动物形态学研究中一些比较新的内容和方法，比如岩骨和中耳的形态及其研究，使用CT扫描技术研究颅内、鼻腔、内耳结构等内容，我们以研究实例进行了一些介绍。这些内容在过去有关哺乳动物的志书类型书籍中，通常涉及不多。介绍这些内容的目的，是希望能对相关研究起到一点促进作用。

　　哺乳动物和人的关系最近，研究的程度比其他门类的脊椎动物可能要更深入系统一些，但还是存在各式各样的问题。一个最基本的问题，就是到目前为止，没有一个稳定的哺乳动物系统发育体系以及与其相关联的分类。在主要分类框架不能完全确定，后续发表的哺乳动物分册可能会受到新的分类体系影响的考虑下，我们在本册中采用了比较简化、粗线条的分类系统，基本上只涉及目级分类阶元。此外，附加了一个现生哺乳动物的分类系统作为参考或补充。这样做的目的，一是要提供一个能包含主要化石哺乳动物类群的分类，使读者能对地史时期中的哺乳动物及其相互关系有个大体把握，二是给后续出版的分册留下些余地，以处理可能面临的分类变化，而不至于前后过于矛盾。在这个基础上,我们又对一些新的、常见的哺乳动物高阶分类单元进行了介绍,使读者能对哺乳动物的系统发育、高阶分类单元及其名称的含义、其中存在的问题等有一个更深入的了解。各个哺乳动物目之内的系统发育和分类,将在各分册中分别论述。哺乳动物导论部分涉及的领域很广,我们很难充分列举相关参考文献。有些内容已属常识,我们就没有列出参考文献。在一定程度上,这一部分的参考文献列举会有些不平衡的地方。在哺乳动物骨骼、牙齿、演化、分类及系统发育、生物年代学等内容上,导论在一定程度上弥补了当前缺少一部具有现代内容的《哺乳动物学》教科书的缺憾。

  本册的书名,我们使用了"原始哺乳类"这个题目。使用这个题目是不得已而为之,因为"原始哺乳类"并非一个自然的单系类群。本册中记述的属种,从基干的哺乳动物到真兽类,时代跨越了早侏罗世到新近纪的中新世。有些材料不多的类群,比如贼兽,是否属于哺乳动物冠群也还有争议。还有的类群,比如说有袋类,中国到目前为止只有两个确定的、来自新生代的属种,它们很难和其他新生代的有胎盘类哺乳动物相关联,放到原始哺乳动物这册志书中,是一个相对较好的处理办法。总的来说,从哺乳动物演化的阶段性上看,这个分册记述的类群,与其他分册记述的类群相比是相对原始的,所以我们用"原始哺乳类"这个名称,希望能体现本册包含的基本内容。

  记述部分编写过程中存在的问题主要有两个,一是有些模式标本我们无法接触,因此没有办法对每个属种所依据的标本进行直接的观察、对比和验证,只能依赖原始文献,尽管有些原始文献对化石的描述和讨论有可以改进之处。第二个问题是学术界对一些高阶分类单元有不同的看法。这些问题涉及整个哺乳动物的系统发育研究,不是我们在志书中能解决的。我们根据自己的判断,以尽量客观的方式来表达现状和存在的问题,在没有确切定论的情况下,我们基本采取了维持原始研究的结论,同时介绍不同观点的处理办法。

  系统记述部分本册尽量做到简而精,涉及的内容符合国际动物命名法规的相关要求,包括各个分类阶元的鉴别特征、产地、分布、年代、标本号以及存放机构。尽可能提供高质量的模式标本图片。对其中出现的分类阶元名称,我们也列出了汉-拉、拉-汉学名索引,以方便使用。除了建立各个属种的原始文献必须列出外,对一些存有争议和疑问的高阶分类单元,我们也提供了较为完整的最新的参考文献。

  本册编写的几年时间中,也是新的原始哺乳动物不断被发现报道的过程。我们尽力而为,力求在本册付印前,把已经发表的新属种都包括进来。目前的版本,包括了至2014年10月底中国境内已发表的63个属种。相对于其他研究历史比较长、标本比较多、分类比较杂的类群,本册记述的属种,大部分是近20年来建立的中生代哺乳动物新属种,多来自辽西地区,这在一定程度上,体现了最近20年我国原始哺乳动物研究的快速发展。这些属种中,少有次异名、属种的分合取舍等问题。

  在编写过程中,我们得到了中国科学院古脊椎动物与古人类研究所的大力支持,也得益于和《中国古脊椎动物志》撰写人员的多次会议讨论。尤其是邱占祥先生，提供了很多方向性建议和具体修改意见，对本册基本结构的形成起到了重要指导作用，也对本册志书能按时完成，起到了督促作用。志书办公室的朱敏、张翼、魏涌澎、张昭、史立群在组织和行政事务上不辞劳苦，进行了大量的协调和襄助。没有他们的配合和帮助，本册志书难以形成。

本册志书的完成，也得到很多同事的鼎力相助。史勤勤在编写的后期阶段，花费了大量时间，整理和规范了本册的图件、文字格式和参考文献，并翻译了众多图版中的解剖学名词，对本册志书的完成做出了很大的贡献。这之前，李萍为本册很多图件的修改和文稿的处理做了大量的工作。司红伟对初稿中的文字格式、参考文献及图表编辑等也做了大量工作。此外，金迅、刘金毅也为本册志书的图件提供了帮助。

胡耀明博士是本册志书最初的编写者之一，但他的早逝，使本册志书的编写受到很大的影响。我们希望这册志书的出版，对他是一个慰藉。

本册志书完成初稿后，曾提请美国芝加哥大学罗哲西博士审阅，蒙他在百忙之中仔细认真地通篇阅读，共提出139项重要的修改意见、建议和更正，同时还补充了若干重要的文献，使本册志书更加严谨和完整。对哲西先生的热情支持和诚恳帮助，我们由衷地表示感谢。

本册导论的最后部分是对中国古哺乳动物研究历史的一个小结，以述而不论的方式，简记了中国历史中、尤其是现代历史中与古哺乳动物研究相关的研究人员、主要的一些考察活动、重要的研究领域和成果。我们对这段研究历史的阶段划分主要是为了叙述的方便，没有刻意追求与本志书第一卷第一册的"脊椎动物总论"中以及其他文献中划分法的一致。古哺乳动物的研究结果，今天能够汇集成志，其基础是几代人在各种艰苦条件下努力工作的结果。因此，我们希望在这个册子里，能留下他们的名字和他们相关的研究。但我们知识、能力有限，时间也有限，如在我们的记录中有遗珠之憾，我们深表歉意。能把这么多代人的劳动成果集成此册，传递给后人，是编者之荣幸。我们也借这个机会，对所有为中国古哺乳动物研究做出过贡献的人表示敬意。

最后需要说明的是：作为中文版的《中国古脊椎动物志》，按照惯例及出版社的要求，插图及表格都应用中文注释。而本册未能符合这一要求，实是事出无奈。册中引用了大量在国外著名刊物上的英文插图，为了尊重原作者的成果和专利，我们希望按原图发表。而更困难的是大量的科学术语短期内要妥帖准确地译成中文，不是件轻而易举的事，一经发表，难免会造成混乱，甚至以讹传讹。为此，在征得志书编委会和出版社的同意和谅解后，在本册中保留了英文原图。

本册涉及的机构名称及缩写

【缩写原则：1. 本志书所采用的机构名称及缩写仅为本志使用方便起见编制，并非规范名称，不具法规效力。2. 机构名称均为当前实际存在的单位名称，个别重要的历史沿革在括号内予以注解。3. 原单位已有正式使用的中、英文名称及/或缩写者（用*标示），本志书从之，不做改动。4. 中国机构无正式使用之英文名称及/或缩写者，原则上根据机构的英文名称或按本志所译英文名称字串的首字符（其中地名按音节首字符）顺序排列组成，个别缩写重复者以简便方式另择字符取代之。】

（一）中国机构

*BMNH — 北京自然博物馆 Beijing Museum of Natural History

C.U.P. — 原辅仁大学（北京）The Catholic University of Peking

*DLNHM — 大连自然博物馆（辽宁）Dalian Natural History Museum (Liaoning Province)

*GMC — 中国地质博物馆（北京）Geological Museum of China (Beijing)

*HNGM — 河南地质博物馆（郑州）Henan Geological Museum (Zhengzhou)

*IGCAGS — 中国地质科学院地质研究所（北京）Institute of Geology, Chinese Academy of Geological Sciences (Beijing)

IMM — 内蒙古博物院（呼和浩特）Inner Mongolia Museum (Hohhot)

*IVPP — 中国科学院古脊椎动物与古人类研究所（北京）Institute of Vertebrate Paleontology and Paleoanthropology, Chinese Academy of Sciences (Beijing)

JLUM — 吉林大学博物馆（长春）Jilin University Museum (Changchun)

*JZMP — 锦州古生物博物馆（辽宁）Jinzhou Museum of Paleontology (Liaoning Province)

JZT — 济赞堂古生物博物馆（辽宁朝阳）Jizantang Museum of Paleontology (Chaoyang, Liaoning Province)

LDMNH — 兰德自然博物馆（河北唐山）Lande Museum of Natural History (Tangshan, Hebei Province)

*NIGPAS — 中国科学院南京地质古生物研究所（江苏）Nanjing Institute of Geology and Palaeontology, Chinese Academy of Sciences (Jiangsu Province)

*NJU — 南京大学（江苏）Nanjing University (Jiangsu Province)

*PMOL — 辽宁古生物博物馆（沈阳）Paleontological Museum of Liaoning (Shenyang)

SGP — 中德（吉林大学-波恩大学）合作项目 Sino-Genman Project
*STM — 山东省天宇自然博物馆（平邑）Shandong Tianyu Museum of Nature History (Pingyi)
WGM — 武夷山博物馆（福建）Wuyishan Mountain Museum (Fujian Province)

（二）外国机构

*AMNH — American Museum of Natural History (New York) 美国自然历史博物馆（纽约）

*FMNH — Field Museum of Natural History (Chicago, USA) 菲尔德自然历史博物馆（美国芝加哥）

UALVP — Laboratory for Vertebrate Paleontology, Department of Biological Sciences, University of Alberta (Canada) 艾伯塔大学生物学系古生物实验室（加拿大）

目　录

总序 ... i
本册前言 ... ix
本册涉及的机构名称及缩写 ... xiii
哺乳动物导论 ... 1
　　引言 ... 1
　　哺乳动物的特征和定义 ... 2
　　哺乳动物形态特征概述 ... 5
　　哺乳动物牙齿特征和类型 ... 23
　　系统发育与分异时间 ... 34
　　下孔类中的哺乳动物 ... 39
　　哺乳动物的分类 ... 41
　　高阶分类单元与系统发育关系间存在的问题 ... 47
　　哺乳动物主要高阶分类单元简述 ... 51
　　哺乳动物分布与环境变化 ... 63
　　哺乳动物年代学 ... 72
　　中国古哺乳动物研究历史 ... 74
系统记述 ... 87
　哺乳动物纲 Class MAMMALIA ... 90
　　中国尖齿兽科 Family Sinoconodontidae ... 90
　　　中国尖齿兽属 Genus *Sinoconodon* ... 91
　　摩根齿兽目 Order MORGANUCODONTA ... 93
　　　摩根齿兽科 Family Morganucodontidae ... 94
　　　　摩根齿兽属 Genus *Morganucodon* ... 94
　　　　巨颅兽属 Genus *Hadrocodium* ... 97
　　翔兽目 Order VOLATICOTHERIA ... 99
　　　　翔兽属 Genus *Volaticotherium* ... 100
　　柱齿兽目 Order DOCODONTA ... 102
　　　梯格兽科 Family Tegotheriidae ... 105

梯格兽属 Genus *Tegotherium* 106
科不确定 Incertae familiae 107
 准噶尔齿兽属 Genus *Dsungarodon* 107
 尖钝齿兽属 Genus *Acuodulodon* 109
 狸尾兽属 Genus *Castorocauda* 111
 柱齿兽目不定属、种 Docodonta indet. 114

蜀兽目 Order SHUOTHERIDIA 114
蜀兽科 Family Shuotheriidae 116
 蜀兽属 Genus *Shuotherium* 117
 假磨兽属 Genus *Pseudotribos* 119

真三尖齿兽目 Order EUTRICONODONTA 121
三尖齿兽科 Family Triconodontidae 123
 高尖齿兽亚科 Subfamily Alticonodontinae 123
  煤尖齿兽属 Genus *Meiconodon* 123
"热河兽科" Family "Jeholodentidae" 126
 热河兽属 Genus *Jeholodens* 127
 燕尖齿兽属 Genus *Yanoconodon* 129
 辽尖齿兽属 Genus *Liaoconodon* 130
戈壁尖齿兽科 Family Gobiconodontidae 134
 戈壁尖齿兽属 Genus *Gobiconodon* 134
 杭锦兽属 Genus *Hangjinia* 137
 弥曼齿兽属 Genus *Meemannodon* 139
爬兽科 Family Repenomamidae 140
 爬兽属 Genus *Repenomamus* 141
克拉美丽兽科 Family Klameliidae 144
 克拉美丽兽属 Genus *Klamelia* 145
"双掠兽科" Family "Amphilestidae" 147
 辽兽属 Genus *Liaotherium* 148
科不确定 Incertae familiae 149
 朝阳兽属 Genus *Chaoyangodens* 149
 真三尖齿兽目不定属、种 Eutriconodonta gen. et sp. indet. 152
目不确定 Incerti ordinis 153
科不确定 Incertae familiae 153
 锯齿兽属 Genus *Juchilestes* 153

异兽亚纲 Subclass ALLOTHERIA 155
贼兽目 Order HARAMIYIDA 156

贼兽亚目 Suborder HARAMIYOIDEA	157
艾榴齿兽科 Family Eleutherodontidae	158
中华艾榴兽属 Genus *Sineleutherus*	159
仙兽属 Genus *Xianshou*	160
巨齿尖兽属 Genus *Megaconus*	164
树贼兽科 Family Arboroharamiyidae	167
树贼兽属 Genus *Arboroharamiya*	167
科不确定 Incertae familiae	170
神兽属 Genus *Shenshou*	170
多瘤齿兽目 Order MULTITUBERCULATA	**171**
萧菲特兽科 Family Paulchoffatiidae	173
皱纹齿兽属 Genus *Rugosodon*	173
始俊兽科 Family Eobaataridae	175
中国俊兽属 Genus *Sinobaatar*	175
辽俊兽属 Genus *Liaobaatar*	183
黑山俊兽属 Genus *Heishanobaatar*	184
阿尔布俊兽科 Family Albionbaataridae	186
盖兰俊兽属 Genus *Kielanobaatar*	186
白垩齿兽亚目 Suborder CIMOLODONTA	187
牙道黑他兽超科 Superfamily Djadochtatheroidea	188
牙道黑他兽科 Family Djadochtatheriidae	188
隐俊兽属 Genus *Kryptobaatar*	188
纹齿兽超科 Superfamily Taeniolabidoidea	191
纹齿兽科 Family Taeniolabididae	191
小锯齿兽属 Genus *Prionessus*	192
楔剪齿兽属 Genus *Sphenopsalis*	194
斜剪齿兽属 Genus *Lambdopsalis*	195
羽齿兽超科 Superfamily Ptilodontoidea	197
新斜沟齿兽科 Family Neoplagiaulacidae	197
拟间异兽属 Genus *Mesodmops*	198
"对齿兽目" Order "SYMMETRODONTA"	**200**
鼹兽科 Family Spalacotheriidae	201
张和兽属 Genus *Zhangheotherium*	202
毛兽属 Genus *Maotherium*	205
尖吻兽属 Genus *Akidolestes*	209
黑山掠兽属 Genus *Heishanlestes*	211

　　　　双型齿兽科 Family Amphidontidae ……………………………………………… 213
　　　　　　满洲兽属 Genus *Manchurodon* …………………………………………… 213
　　"真古兽目" Order "EUPANTOTHERIA" ………………………………………… 215
　　　　科不确定 Incertae familiae ……………………………………………………… 218
　　　　　　侏掠兽属 Genus *Nanolestes* …………………………………………… 218
　　　　　　明镇古兽属 Genus *Mozomus* …………………………………………… 220
兽亚纲 Subclass THERIA …………………………………………………………………… 221
　　后兽下纲 Infraclass METATHERIA ……………………………………………………… 223
　　　　目、科不确定 Incerti ordinis et incertae familiae ………………………………… 223
　　　　　　中国袋兽属 Genus *Sinodelphys* ……………………………………… 223
　　　　有袋部 Cohort MARSUPIALIA ……………………………………………… 226
　　　　负鼠形目 Order DIDELPHIMORPHIA ……………………………………… 226
　　　　　　肉食负鼠科 Family Peradectidae ……………………………………… 228
　　　　　　　准噶尔肉食负鼠属 Genus *Junggaroperadectes* …………………… 228
　　　　　　　中国肉食负鼠属 Genus *Sinoperadectes* …………………………… 229
　　真兽下纲 Infraclass EUTHERIA …………………………………………………… 231
　　　　目、科不确定 Incerti ordinis et incertae familiae ………………………………… 232
　　　　　　始祖兽属 Genus *Eomaia* ………………………………………………… 232
　　　　　　无矢脊兽属 Genus *Acristatherium* …………………………………… 234
　　　　　　侏罗兽属 Genus *Juramaia* ……………………………………………… 237
　　　　　　远藤兽属 Genus *Endotherium* ………………………………………… 240
　　　　重褶齿猬科 Family Zalambdalestidae …………………………………………… 242
　　　　　　张氏猬属 Genus *Zhangolestes* ………………………………………… 243
　　真兽下纲（？）Infraclass EUTHERIA(?) ……………………………………………… 244
　　　　目、科不确定 Incerti ordinis et incertae familiae ………………………………… 244
　　　　　　库都克掠兽属 Genus *Khuduklestes* ………………………………… 244
　　　　　　附录　昆明兽属 Genus *Kunminia* ………………………………………… 246
参考文献 ……………………………………………………………………………………… 248
汉 - 拉学名索引 ……………………………………………………………………………… 270
拉 - 汉学名索引 ……………………………………………………………………………… 273
附表一　中国中生代含哺乳动物化石层位对比表 ……………………………………… 276
附图一　中国中生代哺乳动物化石地点分布图 ………………………………………… 278
附表二　中国古近纪含哺乳动物化石层位对比表 ……………………………………… 280
附图二　中国古近纪哺乳动物化石地点分布图 ………………………………………… 281
附表三　中国新近纪含哺乳动物化石层位对比表 ……………………………………… 285
附图三　中国新近纪哺乳动物化石地点分布图 ………………………………………… 286
附件《中国古脊椎动物志》总目录 ………………………………………………………… 290

哺乳动物导论

引 言

《基干下孔类 哺乳类》是《中国古脊椎动物志》三卷之一。本卷志书系统记录了中国迄今发表过的、各地史时期中的基干下孔类和哺乳动物化石。志书以中文和图片形式，力求系统、准确地记述种和种以上的分类单元；在兼顾传统分类习惯的同时，体现现代动物系统发育、分类思想和方法。遵循《中国古脊椎动物志》的目标，本卷志书，是中国地学、生物学工作者，高校师生，自然博物馆和科普工作者，以及古生物爱好者研究、学习、了解基干下孔类和古哺乳动物的一套系统参考书。本卷志书预计包含有10册，将分期出版。第一册为基干下孔类，而第二至十册全都为不包括基干下孔类的哺乳动物。

在过去的几十年中，大量新的哺乳动物化石从各个地区、不同时代地层中被发现和报道，人们对地史时期中的哺乳动物的了解越来越广泛和深入。伴随着科学的不断进步，尤其是分子生物学、计算机技术、同位素与微量元素的研究、各种成像技术的普遍使用，哺乳动物的研究不仅在传统的形态学、分类学等领域有了长足的进步，也出现了新的研究领域，能够回答一些更为广泛、学科交叉的科学问题。比如，高精度CT扫描以重建各种形态结构，骨骼、牙齿的微细结构（包括组织结构、磨蚀结构等），稳定同位素与古DNA的分析，现生和化石类群形态学的大规模综合系统发育分析，形态学与分子生物学结合的分析等。这些研究手段，使人们能够更好地了解哺乳动物的多样性和复杂性，了解它们的各种生物学特征和习性、系统演化关系、起源与分异时间、生物年代意义、古地理分布与交流、与环境变化的相互关系等一系列的科学问题。但这些研究的基础，仍然是各个古哺乳动物种，以及它们最基本的形态学、分类学。因此，在积累了几十年后，通过志书的形式，系统厘定中国的哺乳动物化石，不仅仅是对已知古哺乳动物进行系统梳理，了解我们过去的工作成绩，也是为今后更深入研究古哺乳动物提供一个新的平台。

在本卷的导论中，我们以哺乳动物化石和相关研究为侧重点，简述有关哺乳动物的一些基本概念、形态特征、系统发育和分类等内容，也对相关研究中一些常见的、共通的概念及高阶分类单元等进行简要的介绍。涉及的内容，除了一些基本的古哺乳动物常识，更多地是关注最近几十年中出现的一些新的古哺乳动物的研究方向；其目的，是提供一个概观，使读者能对古哺乳动物以及相关研究的现状和未来具潜力的研究领域，有一个基本的把握。

本卷志书以化石形态种为基本的收录单元。其包括的全部种类，从系统发育的概念上，属于一个自然的类群：哺乳动物。这个类群，从分类学上看，大体上对应于传统的林奈分类系统中的哺乳动物纲。从实际涵盖的内容上，它只收录了中国境内已发表的古哺乳动物种，而没有涉及中国境外的化石种，也没有涉及任何地区的现生哺乳动物种类。每个门类的具体内容，将在各个分册中详述。各个分册的基本内容，是系统、简明地记述和介绍已发表的古哺乳动物种，主要包括每个种的系统分类位置（包括命名历史沿革，比如同物异名等），产出地点、层位和年代，鉴定特征，以及对每个种存在问题的简要论述，使读者能对每一个化石种的来龙去脉有一个比较全面、扼要的了解。

从志书编撰的角度，我们很难做到使每册都对应一个自然类群。这主要有两方面的原因：一是一些哺乳动物类群的系统发育关系本身就不是很清楚，也不稳定；二是从实际内容的平衡上，一些小的类群，很难自成一册，必须把有些系统关系上相隔较远的类群以及一些在中国发现化石较少的类群，混编在一个册子里。比如本卷第三册，包括了劳亚食虫类（Eulipotyphlans）、原真兽类（Proteutheres）、翼手类（Chiropterans）、真魁兽类（Euarchontans）（包括攀鼩目 Scandentia、近兔猴形目 Plesiadapiformes、灵长目 Primates）、狌兽目（Anagalida）等。同样，本册《原始哺乳类》也是一个习惯和方便的集合，而不是一个自然的类群。在每一个分册中，对有关的系统发育和分类问题，以及处理的办法，做了更详细的说明。

哺乳动物的特征和定义

对于脊椎动物分类的一些概念，在第一卷第一册的脊椎动物总论中已有介绍。我们这里的讨论，着重于和哺乳动物直接相关的一些方面。哺乳动物是人类所属的一个脊椎动物类群，代表了生物演化过程中与人类最接近阶段的演化。根据至2005年的统计，现生的哺乳动物约有1083个属，5419种（Wilson et Reeder, 2005）。这些数字，随着研究的进展和对物种界定的不同，会不断变化。哺乳动物生活在各大洲的陆地、海洋和天空中，是现代地球上占据主导地位的脊椎动物类群。

现生哺乳动物大部分都为胎生（澳大利亚的鸭嘴兽和针鼹等单孔类除外）。它们特有的共同特点，是雌性个体具有发育的乳腺。在个体发育的初期阶段，幼年个体要不同程度地依靠母乳为生。这一特征，即使在卵生的单孔类身上也不例外。哺乳动物还有一些特有的形态学特征，如毛发或毛发的特化类型（如刺猬身上的刺）。独特的体毛覆盖和呼吸、循环系统的改善，有助于维持动物体恒定的体温，从而保证它们在不同的环境温度条件下能有稳定的生理功能。哺乳动物的脑容量，相对于其他脊椎动物，也有明显增大，相伴的感觉（嗅觉、听觉、视觉、触觉等），运动功能调控，甚至智力，都有不同程度的进步；牙齿和消化系统的分异、特化，使它们能更有效地获取和处理不同类型的食物。四肢的特化，增强了身体灵活性和活动能力，有助于获得食物和逃避敌害。哺乳动物为温血动物，血液循环系统具二心房、二心室。哺乳动物还具有一些和其特有骨骼系统相关联的肌肉。比如，附着在中耳锤骨上、与爬行类部分翼肌同源的鼓膜张肌（tensor tympani），等等。此外，某些哺乳动物种类还发展出复杂的社群行为，最高的形式体现为人类社会。

虽然哺乳动物共有一些特征，但它们同时表现出很高的多样性。比如，最小的哺乳动物见于鼩鼱、蝙蝠和鼠类，最轻的体重仅有 2–3 g；而最大的哺乳动物是蓝鲸，体重可达 160 t，两者相差五千多万倍。而生活在渐新世的巨犀，体重可达现生大象（最重可达 7.5 t）的几倍。不同的哺乳动物生活在地球上所有的大陆和海洋中，也因生活于不同的生态环境，演化出飞翔、滑翔、游泳、奔跑、掘穴、跳跃、攀缘等能力，而它们的身体形态也产生了相应的适应变化，体现出很大的形态差异。

现生的哺乳动物，只是地球历史中哺乳动物的一小部分。在 McKenna 和 Bell（1997）关于哺乳动物分类的专著中，收录的古哺乳动物属为 4079 个，约为已知哺乳动物属的 4/5。我们现在也认识到，从中生代开始，哺乳动物的分化程度就已经很高了。但遗憾的是，大部分哺乳动物的特征，尤其是软体组织、生理、生态、行为等，不可能或很难保存成化石。因此，鉴别和认识地史时期的哺乳动物，在很大程度上不得不依赖它们的牙齿和骨骼特征，因为这些硬体部分可以保存为化石。由于化石保存的局限性，研究古哺乳动物往往要面对两个相关的基本问题：哺乳动物的定义和哺乳动物的特征。前者回答什么是哺乳动物或哺乳动物包括了哪些物种，后者回答如何识别哺乳动物。目前有两种常用的哺乳动物定义，其一为系统发育的定义，其二为特征定义。

系统发育定义的特点，是它以单系类群的抽象概念来定义哺乳动物，把定义和识别哺乳动物区别开来。从所包含的内容来看，目前有两种主要的哺乳动物系统发育定义：①哺乳动物为由现生的单孔类（鸭嘴兽）和兽类（有袋类加有胎盘类）的共同祖先及其所有后裔构成的一个支系（Rowe，1987，1988；图 1A）；②哺乳动物为由中国尖齿兽（*Sinoconodon*）和兽类的共同祖先及其所有后裔构成的一个支系（Kielan-Jaworowska et al.，2004；图 1B）。两者的差别在于它们的内涵不同。第一种定义根据现生类群以及它们的共同祖先来界定哺乳动物的界线，这样定义的哺乳动物也称作哺乳动物冠群（crown group），它的内涵比较狭窄。根据这个定义，一个物种如果在系统发育上落入图 1A 的阴影中，它就是哺乳动物；以分类语言来说，这个物种就属于哺乳动物纲的成员；而某些过渡类型的种类，如摩根齿兽（*Morganucodon*）和中国尖齿兽（*Sinoconodon*）就不是哺乳动物，而是哺乳型类（Mammaliaformes），因为它们所处的位置在定义的范围以外。根据系统发育的第二种定义，任何落在图 1B 阴影中的物种都是哺乳动物，包括摩根齿兽和中国尖齿兽（图 1B）。比较这两种定义，第二种定义扩展了哺乳动物的内涵，其目的是希望能把一些中生代的种类包括到哺乳动物中来。这两种定义的形成和使用是主观

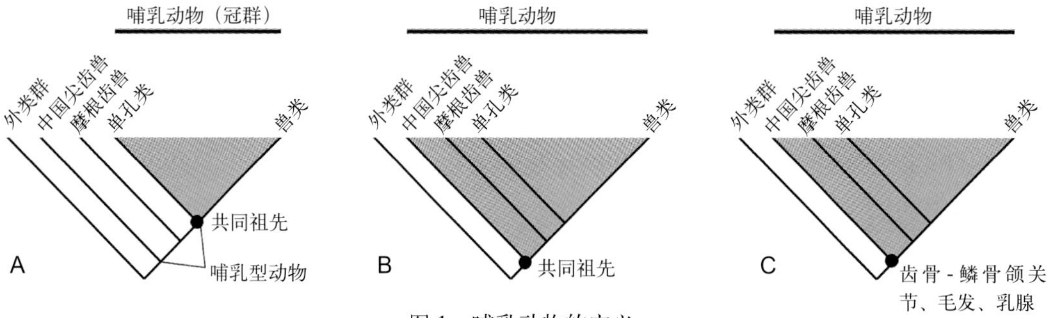

图 1 哺乳动物的定义

A. 由现生的单孔类（鸭嘴兽类）和兽类（有袋类加有胎盘类）的共同祖先及其所有后裔构成的一个支系；B. 由中国尖齿兽（*Sinoconodon*）和兽类的共同祖先及其所有后裔构成的一个支系；C. 具有乳腺、毛发、齿骨-鳞骨颌关节等特征的一个类群。本卷志书采用了定义 B（Kielan-Jaworowska et al., 2004）

认识，取决于研究者的偏好。

特征定义的特点，是以具体的、特有的形态特征来定义哺乳动物，使定义和识别哺乳动物基本上成为同一个内容（图 1C）。例如，过去常见的一种定义，是凡具有下面这些形态特征或特征组合的脊椎动物，就是哺乳动物：乳腺，毛发，温血，下颌由一块齿骨构成，具有齿骨-鳞骨颌关节，中耳具有三块听小骨（镫骨、砧骨、锤骨），齿列分化为门齿、犬齿、前臼齿和臼齿，其中臼齿为单出齿，其他为二出齿（乳齿和恒齿）等等。使用这样的定义，有它的方便之处。比如，我们发现一块下颌化石，由单一的齿骨构成，那按特征定义，它就应属某种哺乳动物。如果一个动物，具有三块听小骨，它也就是哺乳动物。

哺乳动物特征定义在运用于早期类型时有可能出现一些不确定性。因为哺乳动物的特有特征不是同时演化出来的，而是一个逐渐获得的过程。因此，地史中的一些过渡类型，可以同时具有爬行动物和哺乳动物的混合特征。比如摩根齿兽具有爬行动物的关节骨-方骨颌关节和哺乳动物的齿骨-鳞骨颌关节；有的中生代哺乳动物臼形齿也替换，其他位置上的牙齿可能不止二出，而是多出。此外，我们也有可能在今后的发现中，找到更多具有混合特征或中间过渡类型的化石。这些混合特征的种类，会进一步模糊哺乳动物和其他脊椎动物之间的界线。在这种情况下，对哺乳动物的定义就会根据研究者的看法做新的修订。也就是说哺乳动物的定义会随着新的化石种类的发现而改变。此外，越来越多的研究表明，平行、趋同演化在动物中是常见的现象。比如温血、中耳三块听小骨等，都不一定是同源的。用这些特征来定义哺乳动物，与哺乳动物是一个单系或自然类群的概念是有矛盾的。

我们在本志中采用比较广义的哺乳动物系统发育定义，即哺乳动物是由中国尖齿兽和现生兽类的共同祖先及其所有后裔构成的一个支系（图 1B）（Luo et al., 2002；Kielan-Jaworowska et al., 2004）。这个定义等同于其他一些作者的哺乳型类（Mammaliaformes）（Rowe, 1988；McKenna et Bell, 1997）。采用这个定义，是一个人为的选择。主要的考虑，一是已经有这样的使用先例，二是有些学者认为的哺乳型动物，在中国的化石记录中只是很少的几种。把它们归入哺乳动物，对于志书编写比较方便，不需要再单列出哺乳型动物（Mammaliaformes）这个更高的分类单元了。志书的名称上，也可以简单使用"哺乳类"或"哺乳动物"，而不需要用"哺乳形类"或者是"哺乳型类"这样生僻的词。但我们希望读者认识到，本卷中包括的哺乳动物的一些类型，比如摩根齿兽和中国尖齿兽，在有些文献中，可能被称为哺乳型类(Mammaliaformes)或者哺乳形类(Mammaliamorpha)。

哺乳动物形态特征概述

前面已经提到一些哺乳动物特有的形态特征，其中的软体组织、生理、生态、行为等，不可能或很难保留成化石，这里不再赘述。下面我们仅对能够保存为化石的身体结构，做进一步的介绍。

1. 毛发

哺乳动物表皮覆毛发，而且随冬、夏季节更换，冬、夏毛色和密度会不同。毛发可区分为较长、较直的刚毛（guard hairs）与较短的体毛（under furs），有些类群毛发特化形成硬刺，如刺猬。也有些种类表皮角质化，生成鳞片覆盖于体表，如穿山甲。在化石中，毛发结构通常保存为印痕，有些具有碳化的残积。毛发表面细微的结构，只在特殊的条件下，才能保存下来（Meng et Wyss, 1997）。近年来在中国的很多新发现表明，中生代的哺乳动物中，已经有了发育完全的毛发，比如侏罗纪的獭形狸尾兽（Ji et al., 2006）、远古翔兽（Meng et al., 2006b）等。这说明毛发这一特征，在最早期的哺乳动物中就可能已经存在。现代的科技，有可能对毛发等皮肤衍生物做微观和生物化学上的分析，比如毛发的色素等。因此，在处理带有毛发的化石标本时，要格外小心，尽量避免使用化学粘接剂和加固剂，否则将会失去可能有意义的信息。

2. 角

除了毛发以外，哺乳动物头上的角与脚上的蹄、爪等，也由表皮角质化或骨化而成（图2）。它们的生长方式和形态，是鉴别动物属种的重要特征。角有几种基本形态：①表皮（角质）角，是由类似毛发成分的角质或角蛋白构成，无角心，不替换，不分叉，主要见于犀牛；②洞角，通常由额骨长出骨质角心，外具表皮角质鞘，不分叉，不脱换（美洲叉角羚除外），牛、羊的角属此种；③实角，是额骨长出的各种形态的骨质角，生长时外面为富含血管的皮肤所覆盖，通常会分叉，生长速度高于任何身体的骨骼部分。角长成后完全骨化，皮肤脱落，生长停止，如鹿的角。骨质角一般在成年个体的一定阶段（往往是交配完成后）会脱落，然后来年再生。此外，长颈鹿的角，是一种特化的、软骨骨化形成的角状物，

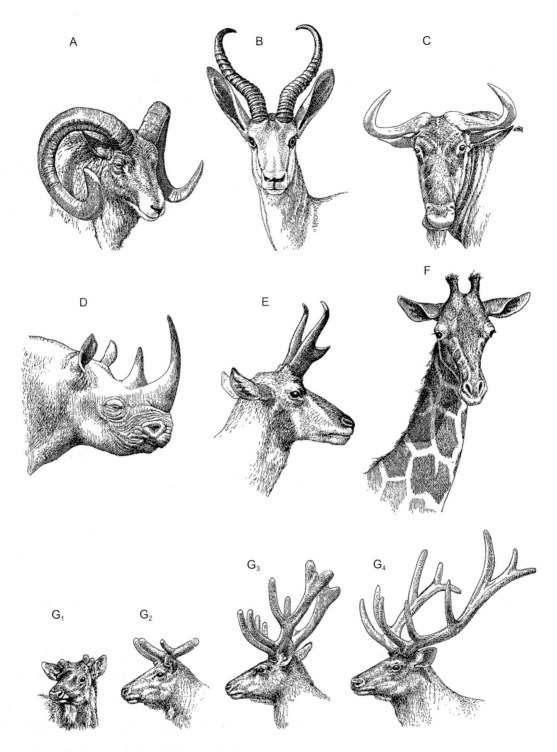

图 2 哺乳动物常见的角的形态
A. 欧洲盘羊，B. 跳羚，C. 角马，D. 犀牛，E. 叉角羚，F. 长颈鹿；
G_1–G_4. 加拿大马鹿（*Cervus canadensis*）角的生长：G_1. 旧角脱落 6 个月后，长出鹿茸新角；G_2. 两周后长出特有的角叉；G_3. 发育完好、全披鹿茸的角；G_4. 角已成熟，生长已停止，鹿茸在顶端开始变干（本图源自 McFarland et al., 1979）

终身被皮毛而不是角质的鞘，也不替换。各种的角，以及角的形态、大小、分叉方式等，是具角哺乳动物的重要形态特征，在化石中，常用来鉴定哺乳动物的门类和种类。

3. 爪、蹄或甲

哺乳动物的末端趾（指）骨，通常覆有表皮角质附加物，根据形态，分别称为爪、蹄或指（趾）甲。尽管形态各异，但它们都是同源结构。爪通常侧扁、弯曲、端部尖，是趾（指）端附加物的原始类型。但在食肉类中，爪可以很发育、特化，用于捕杀猎物。在哺乳动物中，爪兽是唯一具有"爪"的草食性奇蹄类动物，它的爪是一种特化的蹄子（Bai et al., 2011）。蹄是有蹄类（偶蹄类、奇蹄类等）特有的，通常为宽扁曲形的角质覆盖物，保护有蹄类哺乳动物指（趾）端，可以起到承重和减震的作用。指（趾）甲见于灵长类，覆于指端背部，扁且有宽缓的前缘。由于是角质物，爪、蹄或甲通常不易保存为实体化石，在有些条件下，可以保存为印痕。它们的基本形态，可以通过末端指（趾）骨的形态来判断。从这些特征，可以了解有关动物的生活习性、运动方式等生物学内容。

4. 头骨

哺乳动物的骨骼可分为头部骨骼（图 3—图 7）和头后骨骼两部分。有关哺乳动物头骨形态特征的解剖学术语，主要是依据了人的相关头骨解剖词汇。但人的头骨已经相当特化，比如面部的缩短，前颌骨和上颌骨的愈合，左右下颌骨的愈合等。对人的头骨部位的划分，以及每部分的组成等，也存在不一致性。此外，在不同门类的哺乳动物中，也会有些不同的习惯用语，形成术语用法上的差别。为了在哺乳动物不同的门类之间，尽量达到术语使用上的一致，我们根据已有的文献，对哺乳动物的头骨解剖，进行以下的基本划分，作为一个参考。

按照演化和发育学的理论，在比较权威的人体和家畜解剖学中，头骨（英文同义词是 cranium 或 skull）由颅部（cranium 或 cranial part）各骨、面部（face 或 facial part）各骨、下颌（mandible, lower jaw 或 inferior maxillary）和舌骨（hyoid bones）4 部分组成。这种划分法在应用于高等四足动物，特别是哺乳动物时并不方便。因为在后者中，面部和颅部各骨以复杂骨缝连成一个单体，只有舌骨和下颌这一单体处于非骨缝连接的不稳定状态，很容易分离出来形成独立单元。这种情况特别容易表现在图题中。例如在标题为 skull 或 cranium 的图中，经常没有舌骨，甚至没有下颌。在化石中，舌骨极少保存，下颌在大多数情况下都是单独保存或与头骨其他部分分散保存的，所以头骨的确切含义这一问题就显得更为突出。为了解决这些问题，我们建议在高等四足动物，特别是哺乳动物化石研究中，采取以下一些措施：①头骨用 skull，而不用 cranium 来表示。Cranium 源自希腊文，且有形容词形式（cranial），使用起来很方便。但它和颅部容易混淆。如果使用 cranium 一词，为了头骨进一步划分的需要，就要启用更为复杂的 neurocranium

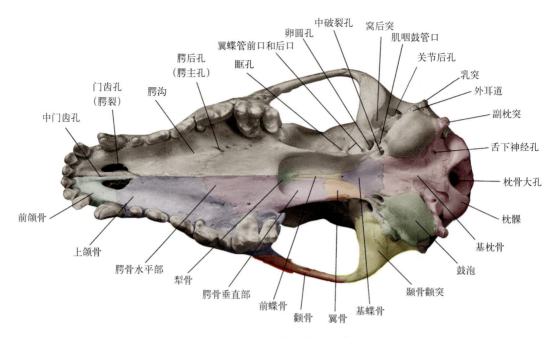

图3 哺乳动物头骨腹面的基本结构（以犬为例）

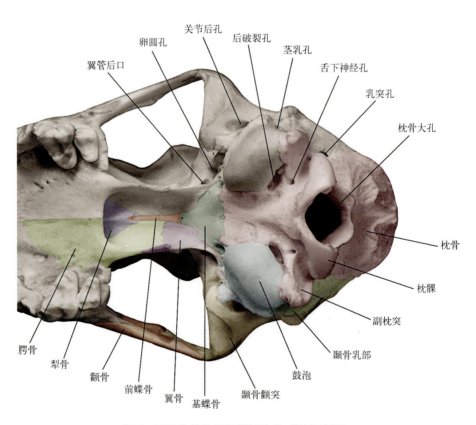

图4 哺乳动物头骨颅基部结构（以犬为例）

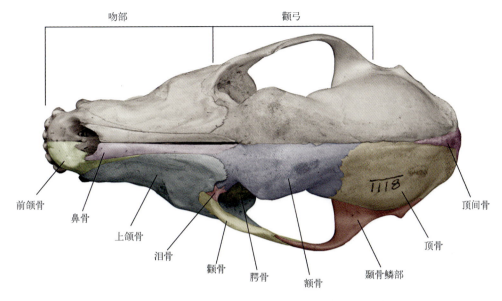

图 5　哺乳动物头骨顶面的基本骨骼结构（以犬为例）

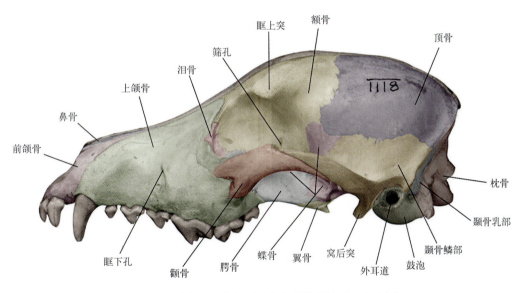

图 6　哺乳动物头骨左侧面的基本骨骼结构（以犬为例）

和 splanchocranium 等词。不如将 cranium 限定在颅部的含义更为简单。② 在化石材料为不包括舌骨和下颌的头骨时，可采用 skull 的狭义的概念，即头骨就是只包括颅部和面部（上颌、鼻和耳部诸骨）的单体（Hildebrand，1982：The single unit that forms the braincase and upper jaw and houses the nose and ear.）。Hildebrand 称这一用法"虽不准确，但实用"。当下颌和头骨在一起保存时，叫做头骨含下颌，或含下颌头骨，以表示下颌

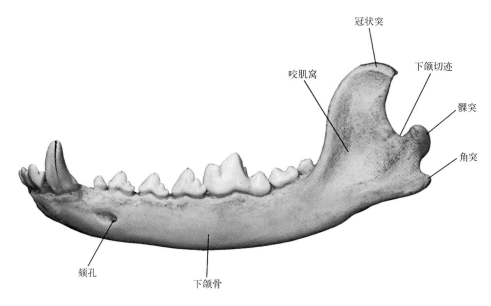

图 7 哺乳动物（以犬为例）左侧下颌骨

仍是头骨的一部分。③下颌（骨）整体的英译名使用 lower jaw 或 mandible，不再使用 inferior maxillary，后者目前已很少有人使用了。在干支型定义的哺乳动物的基干类群中，例如摩根齿兽等，下颌由多块成对的骨头（齿骨和多块"齿骨后骨"）组成；在节点定义的哺乳动物（冠群）中，下颌仅由左、右两块齿骨（dentary bone）组成。在绝大多数哺乳动物化石中，下颌经常是左、右两半分开的。Flower（1885）将其分别称作下颌的左、右支（ramus），而不使用齿骨一词，并把每支中含牙齿的部分和其后的部分分别称为水平部和上升部（horizontal and ascending portions）。Mivart 早在 1881 年就把上述每侧的两部分称为水平支和上升支（ramus）。在高等灵长类（包括人）和某些食肉类（例如大熊猫）中，下颌左、右两支愈合为一块骨头，在人中其形似马蹄。在人体解剖教科书中，其含牙齿的前半部被称为下颌体（body），而其后左、右两板状部分则称为下颌支（ramus），所以下颌为一体两支。在家畜解剖学中，如 Sisson（1953）等，把下颌体（body）局限于最前端带下门齿的那一小段，而将其后的部分都称作支（ramus），即左、右下颌支，再把每个下颌支分为水平和垂直两部（horizontal and vertical parts）。这就使得"体"、"支"和"部"的用法变得十分混乱。近年来古哺乳动物学中常把下颌的左、右两半各称为 hemimandible，译成中文应为半下颌。在 2007 年出版的《图解家畜解剖名词》中建议将每半下颌就简称为下颌（The mandible is a paired bone as the result of fussion of two symmetrical bones, but usually it is called simply, the mandible.）。这样，左、右半下颌就可以称为左、右侧下颌，或更简称为左、右下颌，而不用"支"。"支"留给每半下颌的分部，采用 Mivart 的办法，将每半下颌再分为水平支和上升支，不再使用"体"和"部"的概念及名称。

5. 脑与鼻腔内模

哺乳动物的大脑，是全身的信息处理中心，可以说是最重要的器官。作为软体组织，大脑很难在化石中保存下来。但很多哺乳动物化石的头骨中，可以保留下颅腔的内模。哺乳动物的脑基本上充满了颅腔，尽管脑和颅腔之间还有脑膜相隔，但保存下来的颅腔内模，大体上可以反映脑的结构。这可以从现生类群的脑内模中反映出来，比如现生的两种单孔类，在脑内模上表现出来的细节显示两者间的明显差别（图8）。因此，化石的颅腔的内模，也应该可以为我们提供可靠的脑的形态（图9）。除了自然保存的颅腔内模，过去常用来了解颅内结构的办法，是对化石进行切片，但这种方法是破坏性的，通常只能使用在有很多标本的种类中。现代随着高精度CT扫描技术的发展，使人们在不破坏标本的情况下，就能见到脑内模表面的特征（图9）。不仅是大脑的形态，还可以见到鼻腔的一些结构，一些脑神经、血管的走向，内耳中半规管和耳蜗的形态等。这些内部结构，增加了人们对于哺乳动物形态的了解，同时也对脑神经、嗅觉、视觉、听觉器官的演化，以及它们之间的相互关系，提供了更多的证据。但整体上，这一类的研究起步比较晚，研究的深度和广度都不大，是哺乳动物化石研究中一个很有潜力的研究方向。

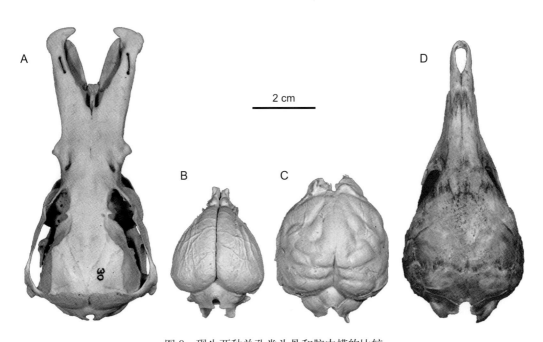

图8　现生两种单孔类头骨和脑内模的比较

A. 鸭嘴兽（*Ornithorhynchus*）头骨顶面观；B. 鸭嘴兽脑腔硅橡胶内模顶面观；C. 针鼹（*Tachyglossus*）脑腔硅橡胶内模顶面观；D. 针鼹头骨顶面观

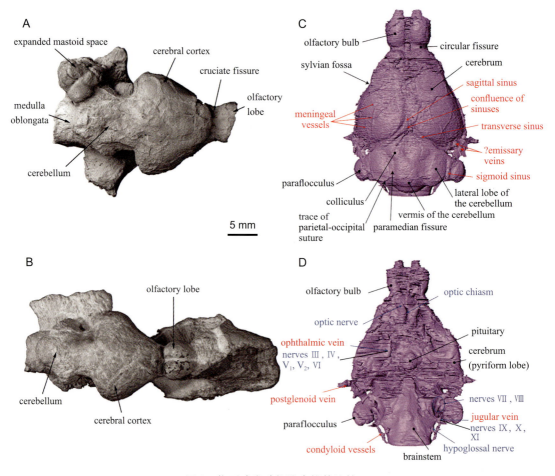

图 9 化石哺乳动物脑内模的比较

A, B. *Rhombomylus* 的脑内模背面视: A. IVPP V 7486, B. IVPP V 5286; C, D. *Ignacius graybullianus* 的脑内模（USNM 421608）: C. 背面视, D. 腹面视（A, B 引自 Meng et al., 2003, C, D 引自 Silcox et al., 2009）。

brainstem，脑干；cerebellum，小脑；cerebral cortex，大脑皮质；cerebrum，大脑；cerebrum (pyriform lobe)，大脑梨状叶；circular fissure，环裂；colliculus，丘；condyloid vessels，髁管；confluence of sinuses，窦汇；cruciate fissure，十字缝；?emissary veins，射静脉；expanded mastoid space，膨胀的乳突间隙；hypoglossal nerve，舌下神经；jugular vein，颈静脉；lateral lobe of the cerebellum，小脑侧叶；medulla oblongata，延髓；meningeal vessels，脑膜管；nerves III, IV, V₁, V₂, VI，第 3、4、5₁、5₂、6 对脑神经；nerves VII, VIII，第 7、8 对脑神经；nerves IX, X, XI，第 9、10、11 对脑神经；olfactory bulb，嗅球；olfactory lobe，嗅叶；ophthalmic vein，眼静脉；optic chiasm，视神经交叉；optic nerve，视神经；paraflocculus，旁绒球；paramedian fissure，副近中裂；pituitary，垂体；postglenoid vein，后关节静脉；sagittal sinus，矢状窦；sigmoid sinus，乙状窦；sylvian fossa，丛窦；trace of parietal-occipital suture，顶骨 - 枕骨缝脉迹；transverse sinus，横窦；vermis of the cerebellum，小脑蚓部

6. 耳区

在哺乳动物化石的研究中，耳区主要指中耳和内耳两部分，这两部分的骨骼，能够保存为化石。外耳除了外耳道的骨壁外，通常不能保存为化石，这里就不介绍了。哺乳动物耳区的形态学，是哺乳动物研究中一个重要的方面。主要有下列理由：①哺乳动物

中耳的演化，是脊椎动物渐进演化的一个经典例子。具有三块听小骨的中耳，在形态学上常用来作为爬行动物和哺乳动物的分界，是一个相对明确的骨骼形态的特征。当然，在我们本册志书的哺乳动物定义下，这一特征的演化，是在哺乳动物中完成的。中国尖齿兽和摩根齿兽还不具有完全悬于颅基部的三块听小骨。②哺乳动物耳区在不同门类、不同生活习性的种类中，具有复杂的、独特的结构特征，为研究哺乳动物的演化和系统关系提供了大量的特征信息。③作为哺乳动物的听觉器官，耳区的研究可以对与听力有关的形态功能、生理、发育、行为等研究提供相关的形态学证据。

哺乳动物与其他脊椎动物的一个很大差别在于灵敏的听觉，能听到一个更宽的声音频率范围，尤其是高频的声音；而且在所覆盖的频率范围灵敏度全面提高。有些蝙蝠，能听到超过 100 kHz 的声音。哺乳动物能听到的平均高频声音的上限大约为 54 kHz，而爬行动物、鸟类所能听到的高频声音上限通常在几千赫兹，有些鸟类能达到 10–12 kHz 左右。哺乳动物高频听力在侏罗纪时可能就已经获得。这可能与它们在夜间捕食能产生高频声音的昆虫的习性有关。这种听觉能力的差别很好地反映在内耳和中耳的结构上。作为一个重要而复杂的器官系统，在这里对其骨学特征进行简要介绍。

中耳　哺乳动物中耳具有三块听小骨：锤骨、砧骨、镫骨。此外，鼓膜由鼓骨支撑。而爬行动物的中耳只有一块镫骨（＝耳柱骨）（图10）。对哺乳动物中耳演化的研究，基本上是回答如何从图10A的结构，演化到图10B的结构。早在19世纪，人们在研究哺乳动物的胚胎发育过程中，就发现哺乳动物的听小骨源于形成第一鳃弓的胚胎组织，并逐渐认识到，砧骨是与爬行类头骨上的方骨同源，锤骨则与关节骨和前关节骨同源，由二者愈合形成。此外，支撑鼓膜的鼓骨与爬行类的隅骨同源。关节骨、前关节骨和隅骨在爬行动物中都是下颌的组成部分，位于齿骨的内后方，在似哺乳爬行动物和早期的哺

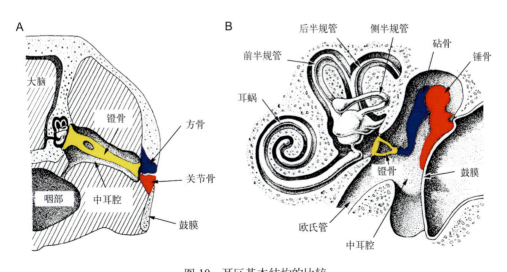

图 10　耳区基本结构的比较
A. "爬行动物"的中耳和内耳结构；B. 哺乳动物中耳和内耳结构（Meng, 2003，改自 Romer, 1966）

乳动物，比如摩根齿兽中，统称为齿骨后骨。

化石记录表明，从似哺乳爬行类向哺乳动物的演化过程中，齿骨后骨逐渐缩小，由原来咀嚼、消化器官的一部分，逐渐形成具有咀嚼和听觉的双重功能。哺乳动物的基干类群中，摩根齿兽（*Morganucodon*）是一个很关键的类群，其化石保存了跟哺乳动物中耳最为接近的爬行类中耳结构。摩根齿兽的齿骨后骨仍然与齿骨相关联形成下颌的部分，关节骨和齿骨分别与头部的方骨和鳞骨形成颌的双关节。但齿骨后骨已经明显缩小，除了具有颌关节的功能，也形成"下颌中耳"，具有接受空气声波、并将其传导至内耳的听觉功能。在哺乳动物冠群中，齿骨后骨进一步缩小，与齿骨完全分离，移位到中耳，成为专司听觉功能的器官，成为真正的哺乳动物中耳。

虽然哺乳动物听小骨的同源关系已经很清楚，但齿骨后骨与齿骨如何分离、并移入颅基部成为专司听觉的结构，这一演化过程和机制一直不是很清楚。一个重要的原因，是化石记录中没有找到明确的形态学证据，能够说明摩根齿兽"下颌中耳"和真正的哺乳动物中耳之间的过渡类型是什么样。有几种假说被提出来解释这个演化的过程。

1）哺乳动物的脑颅在演化中相对增大，可能是听小骨脱离齿骨的机制（Rowe, 1996）。这个看法，是基于胚胎发育的研究。在现生哺乳动物胚胎发育过程中，听小骨在发育早期很快达到成年个体的大小，而脑颅却继续持续发育膨大，这使得颅基部与颌关节的距离向后外方增大，由于听小骨必须附着于内耳的卵圆窗上，因此逐渐增大的脑颅将听小骨由下颌齿骨拉脱开来。这个假说，阐释了哺乳动物在个体发育和系统演化过程中齿骨后骨与齿骨分离的机制。它的基础，是在个体发育过程中，哺乳动物脑的膨大和听小骨的发育具有异速增长关系。这一机制的假说虽然得到了一些古生物学研究者的认同，但对辽西发现的爬兽标本的研究，对此提出了疑问（Wang et al., 2001；Meng et al., 2003）。因为在有些早期哺乳动物中，比如爬兽，脑并没有明显增大，但听小骨和齿骨已经分离，说明听小骨与齿骨的分离和脑的发育程度没有直接的关系。

2）自从在爬兽和其他早期哺乳动物中发现了骨化的麦氏软骨后（Wang et al., 2001；Meng et al., 2003；Luo et al., 2007a；Ji et al., 2009；李传夔等，2003），对哺乳动物耳区演化的认识有了新的研究内容。有观点认为，在一些哺乳动物门类的中耳演化中，存在一种幼体持续现象（paedomorphism），即原始类群中的成年个体，保留了现生种类胚胎发育中见到的麦氏软骨，由于麦氏软骨在发育的早期阶段就提前骨化，使其在成年个体中得以保留，因此听小骨和下颌（齿骨）没有完全分开，形成一种过渡类型的哺乳动物中耳（Luo et al., 2007a；Ji et al., 2009）。

3）对辽尖齿兽的最新研究表明（Meng et al., 2011），骨化的麦氏软骨、或者没有骨化但在成年个体中可能持续存在的麦氏软骨，是哺乳动物中耳演化中从"下颌中耳"到真正的哺乳动物中耳之间的一个过渡阶段（图11）。在这个过渡阶段中，成年个体中保留的麦氏软骨，不是一种幼体持续现象，而是听小骨和齿骨分离的演化过程中，在听小

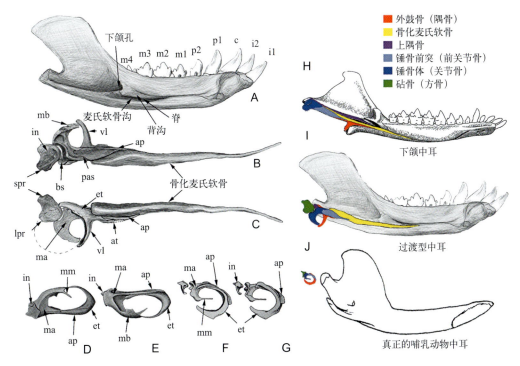

图 11 哺乳动物中耳的演化

A–C. 胡氏辽尖齿兽（*Liaoconodon hui*）下颌骨及听小骨结构：A. 下颌骨内侧面（示麦氏软骨位置），B. 听小骨内侧（背面）观，C. 听小骨外侧（腹面）观；D, E. 鸭嘴兽（*Ornithorhynchus anatinus*）听小骨结构：D. 背面观，E. 腹面观，F, G. 负鼠（*Didelphis*）听小骨结构：F. 内侧观，G. 外侧观；H–J. 哺乳动物中耳形态的演化（示下颌中耳、过渡型中耳以及真正哺乳动物中耳的差别）：H. 摩根齿兽（*Morganucodon*）（方骨没有表示出来），I. 胡氏辽尖齿兽，J. 兽类（均引自 Meng et al., 2011，C 中卵圆形虚线部分示鼓膜估计大小，图中不同听小骨大小不成比例）。

ap (anterior process of malleus [prearticular])，锤骨前突（前关节骨）；at (anterior process of the tympanic)，鼓室前突；bs (boss of surangular)，上隅骨凸饰；et (ectotympanic [angular])，外鼓骨（隅骨）；in (incus [quadrate])，砧骨（方骨）；lpr (long process of the incus)，砧骨长突；ma (body of malleus [articular])，锤骨体（关节骨）；mb (manubrial base of malleus [retroarticular process])，锤骨柄基部（后关节突）；mm (manubrium of malleus)，锤骨柄；pas (prearticular-articular suture)，前关节骨-关节骨缝；spr (short process of incus)，砧骨短突；vl (ventral limb of ectotympanic)，外鼓骨腹侧臂

骨没有完全在头骨基部稳定下来前，麦氏软骨起到一个稳定和支撑听小骨（包括鼓骨）的功能。而在现生类群的胚胎中，麦氏软骨与听小骨的关系，重演了哺乳动物中耳的演化过程。由于在不同的哺乳动物类群中，比如单孔类和兽类，中耳可能是独立演化出来的。这个过渡阶段，也分别存在于不同的哺乳动物支系中。根据辽尖齿兽耳区的研究，从摩根齿兽的"下颌中耳"到真正的哺乳动物中耳的演化，是一个复杂的过程，涉及了很多特征的变化。这个过程，大体可以分为两个阶段：

第一个阶段，由下颌中耳到过渡型中耳。这个演变中，齿骨继续增大，齿骨-鳞骨关节形成唯一的颌关节。齿骨后骨进一步缩小并与齿骨分离，由于上隅骨的退化，齿骨上的内脊（medial ridge）消失。方骨缩小并游离于头骨，成为真正意义上的砧骨，它和关节骨（锤骨）的关节还保留了铰链式（hinge-like）原始颌关节形态。关节骨和前关节

· 15 ·

骨愈合形成锤骨。隅骨具有了后期鼓骨的基本形态，但还不完整。锤骨和鼓骨与成年个体中仍然存在的麦氏软骨相联系，或者说后者支撑着听小骨。这些骨骼的悬颌功能已经失去。由于鼓骨呈半月状，只能支撑鼓膜的前半部分。鼓膜的后半部分，最可能的情况，是附着在鼓室上隐窝（epitympanic recess）的后（外）缘。这个推断，支持这样的观点：哺乳动物的鼓膜，可能是哺乳动物的一个近裔特征，与爬行动物的鼓膜不同源，或者仅部分同源。

第二个阶段，由过渡型中耳到真正的哺乳动物中耳。听小骨继续缩小，砧骨和锤骨的关节在单孔类中，呈背-腹的"面接触"简单关系；而在兽类中，成为"鞍"型的复杂关节。锤骨柄形成，嵌入鼓膜中。麦氏软骨在发育过程中完全被吸收，成年个体中不再出现。因此，听小骨和下颌完全没有关系。鼓骨发育完整，成为环状或马蹄状，能够完全支撑鼓膜。由于脑的膨大，位于颅基部的中耳（听小骨和鼓膜），与下颌的距离也加大（图 11J）。哺乳动物中耳中的三块听小骨，构成一个链，它们起到了杠杆的增压作用，把经由空气传递到鼓膜上的声音振动，传递到以淋巴液体充填的内耳中去。

岩骨和内耳 对化石哺乳动物内耳的研究，基本上是对岩骨的研究，集中在两个方面：一是岩骨的外部形态，二是它的内部结构。严格地说，岩骨体的鼓室面（腹面），应该属于中耳的部分，它形成中耳腔的顶面（图 12，图 13）。而岩骨的颅面（背面），出露于脑颅内，应该属于脑颅内的腹面结构。由于岩骨包裹了整个的内耳，也由于在化石中，坚硬的岩骨常常比其他骨骼更容易保存为化石，因而岩骨成为一个被单独研究的结构。

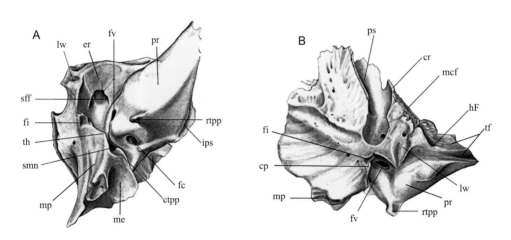

图 12　弗吉尼亚负鼠（*Didelphis virginiana*）的右侧岩骨形态

A. 鼓室面，B. 鳞骨面（均引自 Wible, 1990）。

cp (crista parotica), 耳旁嵴；cr (crista petrosa), 岩嵴；ctpp (caudal tympanic process of petrosal), 岩骨后鼓突；er (epitympanic recess), 鼓室上隐窝；fc (fenestra cochleae), 蜗窗；fi (fossa incudis), 砧骨窝；fv (fenestra vestibuli), 前庭窗；hF (hiatus Fallopii), 面神经管孔；ips (inferior petrosal sinus), 岩下窦；lw (lateral wall of epitympanic recess), 鼓室上隐窝外侧壁；mcf (part of petrosal in middle cranial fossa), 颅中窝岩骨；me (mastoid exposure), 乳突裸露面；mp (mastoid process), 乳突；pr (promontorium), 岬部；ps (prootic sinus), 耳前窦；rtpp (rostral tympanic process of petrosal), 岩骨前鼓突；sff (secondary facial foramen), 次级面神经孔；smn (stylomastoid notch), 茎乳孔槽；tf (trigeminal fossa), 三叉神经窝；th (tympanohyal), 鼓舌骨

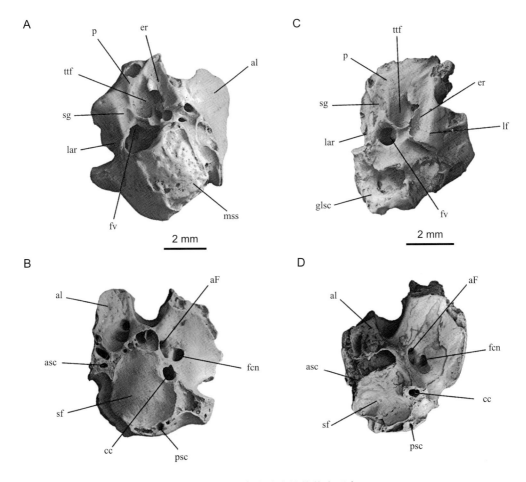

图 13　多瘤齿兽岩骨的基本形态

A, B. 不完整左侧岩骨（UALVP 26039，前庭腔膨大）：A. 鼓室面（腹面）视，B. 颅面（背面）视，前端稍上倾；
C, D. 不完整左侧岩骨（UALVP 34144，前庭腔未膨大）：C. 鼓室面（腹面）视，D. 颅面（背面）视
（均引自 Fox et Meng, 1997）。

aF (aquaeductus Fallopii)，面神经管；al (anterior lamina of petrosal)，岩骨前板；asc (anterior semicircular canal)，前半规管；cc (crus commune)，总脚；er (epitympanic recess)，鼓室上隐窝；fcn (foramen for cochlear nerve)，耳蜗神经孔；fv (fenestra vestibuli)，前庭窗；glsc (gyrus of lateral semicircular canal)，外半规管回；lar (lateral aperture of perilymphatic recess [= recessus scalae tympani])，外淋巴隐窝侧隙（鼓阶隐窝）；lf (lateral flange of petrosal)，岩骨外缘；mss (mastoid surface that contacts squamosal)，近鳞骨乳突部；p (promontorium)，岬部；psc (posterior semicircular canal)，后半规管；sf (subarcuate fossa)，弓状下窝；sg (groove for stapedial artery)，镫骨动脉沟；ttf (tensor tympani fossa)，骨膜张肌窝

不同的哺乳动物，由于个体大小不同，中耳的结构功能不同，内耳的听力功能不同，脑神经、血管的分布走向不同，岩骨体的形态变化非常大，是头骨结构中变化最复杂的部分。这些多样的骨骼形态，不仅是研究哺乳动物听觉和听觉演化的重要内容，也为探索哺乳动物的系统发育提供了大量的特征性状，岩骨和内耳成为头骨中形态特征最为丰富的一个区域。对这个区域的研究，尤其是将它融入系统发育研究，是在近二三十年才逐渐兴起的，相对于牙齿、头骨的基本形态而言，岩骨是哺乳动物形态研究中一个比较新的内容。我们用图 12 和图 13 来作为例子，介绍一些岩骨表面的基本结构。

哺乳动物的内耳可以分为两个主要的部分：耳蜗与半规管，它们都被包裹于岩骨内。与其他脊椎动物类似，哺乳动物具有前、后和外侧三个半规管（见图10，图14，图15）。前半规管的骨壁，通常形成弓状下窝的外缘，而后半规管骨壁，形成镫骨肌窝的外缘。半规管和身体的平衡有关，化石种类半规管的大小、相对位置和角度等的研究，对了解某些类群种类的运动方式，比如攀援、掘穴、直立等，有一定的意义。耳蜗部分，

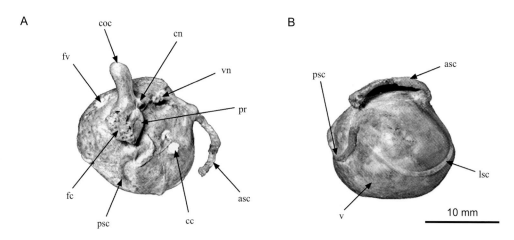

图14　斜剪齿兽（*Lambdopsalis*）（多瘤齿兽类）的左内耳结构
A. 腹面视，B. 后背面视（引自 Meng et Wyss, 1995）。
asc（anterior semicircular canal），前半规管；cc（crus commune），总脚；coc（cochlear canal），蜗管；cn（cochlear nerve），蜗神经；fc（'fenestra cochleae'[perilymphatic foramen]），'蜗窗'（外淋巴孔）；fv（fenestra vestibuli），前庭窗；lsc（lateral semicircular canal），外半规管；pr（perilymphatic recess），外淋巴窝；psc（posterior semicircular canal），后半规管；v（vestibule），前庭；vn（vestibular nerve），前庭神经

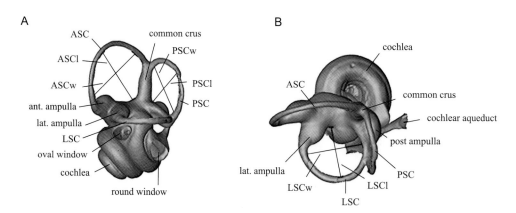

图15　有袋类左内耳骨迷路的解剖结构（以 *Caluromys philander* 为例）
A. 外侧视，B. 背侧视（引自 Sánchez-Villagra et Schmedlzle, 2007）。
ASC（anterior semicircular canal），前半规管；ASCl（length of the ASC），前半规管长；ASCw（width of the ASC），前半规管宽；ant. ampulla，前壶腹；cochlea，耳蜗；cochlear aqueduct，耳蜗导水管；common crus，总脚；lat. ampulla，外壶腹；LSC（lateral semicircular canal），外半规管；LSCl（length of the LSC），外半规管长；LSCw（width of the LSC），外半规管宽；oval window，卵圆窗；post ampulla，后壶腹；PSC（posterior semicircular canal），后半规管；PSCl（length of the PSC），后半规管长；PSCw（width of the PSC），后半规管宽；round window，圆窗

位于岩骨的岬部。哺乳动物与其他脊椎动物的一个明显差别，是其耳蜗的伸长。在原始类型中，比如摩根齿兽、真三尖齿兽、多瘤齿兽，甚至现生的单孔类，耳蜗是一个简单的指状结构，或直或有不同程度的弯曲。岩骨的岬部也相应地比较窄长。在原始兽类中，耳蜗的长度和弯曲程度增加，趋于形成完整的环状，在一些后期类型的兽类中，耳蜗形成螺旋状，螺旋可达3-4圈。兽类岩骨的岬部也呈杏仁状，变得比较凸起，凸起的程度与耳蜗旋回的多少相关。耳蜗形成螺旋结构，通常的解释，是为了在颅基部有限空间中，容纳伸长了的耳蜗管。而耳蜗管的伸长，是为了容纳更长的基膜和更多的听觉毛细胞。新的研究表明，螺旋结构的耳蜗管本身，也有助于哺乳动物的听觉功能（Manoussaki et al., 2008）。这些内耳结构的变化，与哺乳动物能够听到较宽的声音频率有关。随着高分辨率CT技术的广泛使用，对化石哺乳动物内耳的研究将会变得更加重要。

7. 头后骨骼

哺乳动物的头后骨骼亦可再分为脊柱和附肢骨部分（图16）。与其他脊椎动物相比，大部分哺乳动物骨骼数目相对比较固定，变化也小。但在适应水生生活的类型中，指骨数目加多，椎体的数目也明显变化。

脊柱 哺乳动物具有其他脊椎动物所没有的椎间软骨——椎间盘。脊椎骨分化为颈椎、胸椎、腰椎、荐椎和尾椎。哺乳动物的各种脊椎骨都有一定的数目，故可用来区分

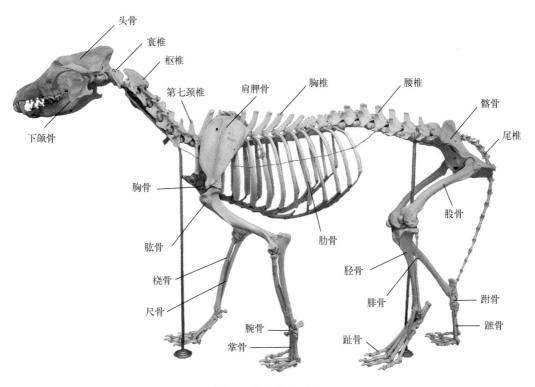

图16　犬的骨骼系统

某些类群。在描述中，通常颈椎用 C 表示，D 或 T 表示胸椎，L 表示腰椎，S 表示荐椎，Ca（Cd）表示尾椎，把脊椎骨的数记在各字母后面列成一式，称为脊椎式，比如人的脊椎式为 C7, T12, L5, S5, Ca4 = 33；家犬为 C7, T13, L7, S3, Ca6–23 = 36–53。但海生的鲸类后肢退化，胸椎以后的椎体区别不明显（Narita et Kuratani, 2005）。

颈椎不论颈部长短，一般为 7 枚，这被认为是哺乳动物的原始颈椎数，在现生的有袋类中和很多中生代哺乳动物中已经固定下来了。但在胎盘哺乳类中偶有一些例外的物种，如海牛为 6 枚、三趾树懒（*Bradypus tridactylus*）为 9 枚，这种情况比较少见（Narita et Kuratani, 2005）。第一、第二颈椎分别叫寰椎和枢椎。寰椎横突扁大，前与头骨的枕髁相关节；枢椎具齿突，连接头和脊柱，便于头的转动。胸椎数变化比较大，大部分哺乳动物胸椎数在 12–14 枚之间。多的可达 23 枚，比如两趾树懒（*Choloepus didactylus*），少的只有 9 枚（北海喙嘴鲸 *Mesoplodon bidens*）。胸椎背侧有长大的棘突，两侧附有双头肋骨，部分肋骨的腹端软骨在各侧左右愈合而成一条胸脊，胸脊在中线愈合为一板，骨化而为胸骨。腰椎通常以 6–7 枚居多，最少的只有两枚（比如单孔类的鸭嘴兽 *Ornithorhynchus anatinus*）。荐椎常常在成年个体中会愈合形成荐骨，与骨盆的髂骨相关节。尾椎随尾巴的长短数目不同，有时背、腹侧具有髓弧和脉弧与棘突。少数灵长类尾巴缺失。

附肢骨 附肢骨包括前肢肩带，肱骨，桡、尺骨，腕骨和掌指骨，以及后肢的腰带，股骨，胫、腓骨，跗骨和蹠趾骨等。与其他脊椎动物相比，哺乳动物四肢的演化趋势，是肘部朝后方转，而膝部向前转，肢体紧贴躯体并向躯干的腹部移动。这个变化，使躯干能离开地面，可以获得较大的步幅，从而得到较快的运动速度和灵活性。肩带是连接上肢和脊柱的一组骨骼，主要是肩胛骨和锁骨，有的类群中还保留了乌喙骨和前乌喙骨，比如现生的单孔类。此外，原始类型中还具有间锁骨，与锁骨相关联，有的是可活动的关联（如多瘤齿兽），有的是不可活动的关联（如单孔类）。在兽类中，间锁骨通常都消失了。大部分哺乳动物的肩胛骨呈扇形，下端窄，具肩臼，与肱骨头相关节；上端宽而薄，在比较进步的类群中，比如兽类，肩胛骨外侧具脊状突起的肩胛冈，将肩胛骨分为上下两部分。一些哺乳类动物，尤其是善于奔跑的类型，如狗和马，锁骨退化或完全消失。

肱骨是前肢最上部的一根骨。在比较进步的类型中，骨体绕长轴有螺旋状扭曲，上端有一球形肱骨头，与肩胛骨关节。尺骨和桡骨是前肢第二段并列的两根骨头。在原始类型中，它们的发育程度类似，在若干进步种类中，尺骨会有不同程度的退化或与桡骨愈合，甚至消失（如马）。尺骨的上下端与桡骨联生时，则相互间活动性消失，这种现象在很多哺乳动物类群中都有。尺骨上端有很大的尺骨突，顶端还有一结节；尺骨突前面呈钩状插入肱骨的鹰嘴窝内。桡骨通常较粗大，断面椭圆形；上、下关节至少部分呈凹陷蝶状；骨体没有明显的纵脊。腕部和前掌的结构见下面的简述。

腰带主要是由三对骨骼组成：髂骨、耻骨和坐骨。它们经常会在成年个体中愈合而成无名骨（innominate bone）。在单孔类、有袋类中以及一些早期的哺乳动物中，还具有上耻骨，而在有胎盘类中，上耻骨消失。有些适应水生的哺乳动物，比如比较进步的鲸类，其腰带和后肢退化。股骨为后肢骨最上部的一根骨头。它的上端有一个半圆形的股骨头，以便与盆骨的髋臼相关节；下端有两个半卵形的髁，即内髁和外髁，向后为髁间窝所分开，骨的中部近似圆筒状，或侧方稍扩大而前后扁平。但这些结构，在早期的哺乳动物和单孔类中，还保留了较为原始的特征，如股骨头还未形成球形，使后肢的运动范围受到限制。胫骨和腓骨是后肢中段两块并列的骨头，腓骨在有的种类中消失或仅剩残迹。胫骨一般较直，下方狭窄，上段呈三边形；上端有两个向上的突起（胫骨脊或胫骨棘突）与股骨相关节，关节面平坦而稍呈凹形，二突起间为沟所分开，下端在内、外两侧有向下的突起，名为内髁和外髁。腓骨通常较细，尤其是中部。

陆生哺乳动物的足（手）型大体可以分为三大类：①蹠行式——行走时趾（指）骨、蹠（掌）骨以及部分跗（腕）骨都着地。这是相对比较原始的一种足型，大多数陆生哺乳动物都具有这种行走方式。人类后肢仍然保留了这种方式。②趾行式——行走时趾（指）骨着地，常见于犬、猫等善于快速奔跑、跳跃的肉食类哺乳动物。③蹄行式——行走时仅以趾（指）端着地，见于牛羊马等各种有蹄类（图17）。

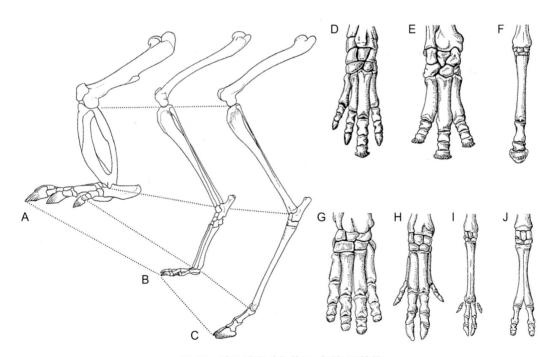

图17 陆生哺乳动物的足（手）型结构
A–C. 不同后肢形态的比较：A. 蹠行式（狒狒），B. 趾行式（犬），C. 蹄行式（美洲叉角羚）；D–F. 奇蹄类右前掌结构：D. 貘，E. 犀牛，F. 马；G–J. 偶蹄类右前掌结构：G. 河马，H. 猪，I. 鹿，J. 骆驼（A–C 引自 Vaughan, 1986，D–J 引自 Romer et Parsons, 1971）

哺乳动物的原始指（趾）式为：2, 3, 3, 3, 3；即有五个指（趾），第一指（趾）具有两节骨块，其余分别为三节。在哺乳动物演化的过程中，适应不同的运动方式，指（趾）会发生各种变化。常见的是指（趾）数趋于减少。比如在蹄行式的哺乳动物演化过程中，常常是第一指（趾）首先消失，然后逐渐向两个方向发展：一是以第三指（趾）为支撑身体重量中轴线的奇蹄类，其他指（趾）逐渐丢失，最后只剩第三指（趾）；二是中轴线位于第三和第四指（趾）间的偶蹄类，其余的指（趾）不同程度的退化。哺乳动物的肢骨也有更为特化的适应变化，比如在能够飞行的蝙蝠中，前肢指骨伸长，以支撑翼膜。在水生的鲸类中，后肢逐渐退化，而前肢的指骨数量增加，形成鳍状前肢。

相对于头骨和牙齿，哺乳动物头后骨骼的研究相对较差。无论是对现生还是化石种类来说，都是这样。世界上很多的博物馆中，现生哺乳动物的标本收藏，大部分是头骨和皮毛，头后骨骼比较少。很大程度上，这是由于哺乳动物骨骼的特征，不如头骨和牙齿容易鉴定到属种，所以收藏的比较少。但随着人们对头后骨骼的深入认识，以及在做系统发育分析时，需要考虑生物体上尽量多的特征，对头后骨骼的研究，将会越来越受

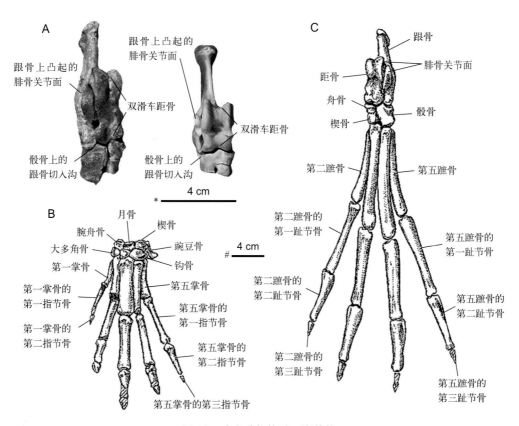

图 18　哺乳动物的手、脚结构

A. 原始鲸类（*Rodhocetus*）和现生的美洲叉角羚（*Antilocapra*）的脚（跗部）比较，可以看出原始鲸类的跗部，有典型的偶蹄类的形态，如具双滑车结构的距骨；B. *Rodhocetus* 的手（腕部）结构，仍然具有哺乳动物原始的五指；C. *Rodhocetus* 的脚部结构，第一趾已经退化，但整个结构仍然保留了陆生哺乳动物的脚部形态（改自 Gingerich et al., 2001；Gingerich, 2003）；比例尺：*-A，#-B, C

到重视。尤其是哺乳动物的跗、腕部分，因为适应奔跑、攀援、飞翔、跳跃等不同的运动和生活方式，表现出了很高的多样性。在早期哺乳动物、大型哺乳动物、灵长类、兔形类等类群的研究中，这些骨骼结构对了解这些类群的系统发育和生物学内容，都是非常重要的。一个最为典型的例子，是古鲸类跗、腕化石的发现，成为一个决定性的证据，印证了分子生物学的论点，即鲸类和偶蹄类具有共同的祖先。在国际上正在进行的哺乳动物生命树的研究项目中，各类哺乳动物头后骨骼的特征，已经累积到900多个。其中仅仅是关于距骨的特征，就有70余个。我们在这里用古鲸类的手脚骨骼结构做一个例子，表现哺乳动物手脚基本形态的同时，也展示一下头后骨骼对我们了解哺乳动物的重要性，希望以后的工作中，对哺乳动物头后骨骼化石的收集和研究，能够更加地细致、深入和广泛（图18）。

哺乳动物牙齿特征和类型

古哺乳动物研究的一个基本内容是牙齿。这是因为哺乳动物牙冠表面有一层质地非常坚硬、耐风化的釉质层，因此牙齿可以在漫长的地质时间中被保存下来成为化石，而其他部位会相对容易被破坏掉。此外，哺乳动物的牙齿形态高度分化，不同种类的哺乳动物具有独特的牙齿特征，可以和其他种类相区别，便于鉴定识别哺乳动物种。本卷志书涉及的绝大部分化石哺乳动物种，其鉴定特征都是以牙齿特征为基本内容。因此，这里我们专门对哺乳动物的牙齿做基本的介绍。每一个分册中，也会给出不同门类哺乳动物牙齿的基本结构图和相关术语。

1. 牙齿的基本结构

哺乳动物的牙齿是槽生齿，牙根深入齿槽中。哺乳动物的上牙局限于前颌骨和上颌骨两块骨头中，下牙位于齿骨中。牙齿通常分为齿冠和齿根两部分，齿冠外面是珐琅质或釉质，主体成分为齿质。在不同的哺乳动物中，齿根外面、齿冠突棱或釉质褶皱间常有原生的齿根白垩质（牙骨质）（cementum）和次生的齿冠白垩质（cement）充填，而后者的有无在一些门类中（如象、田鼠、鼢鼠等）也具有一定的分类意义。未成年的牙齿牙根管是开放的。成年后根管逐渐封闭而使牙髓腔封闭。这样的牙齿是典型的有根齿。有些哺乳动物的牙齿的牙根管不封闭，比如啮齿类的门齿和现生兔形类的臼齿，牙齿不断生长，这样的牙齿称为无根齿。

牙齿的基本结构（图19）：①牙釉质（珐琅质）：是覆盖在牙冠上非常坚硬的保护性组织，常常也称为釉质层。②牙本质（齿质）：是构成牙体的主要组成物质，位于釉质层与牙骨质之间，没有釉质坚硬，在其内层有一髓腔。③牙髓：牙髓腔内的组织，比较疏松，呈蜂窝状，内含血管、神经和淋巴。④牙骨质：覆盖于牙根的齿质表层，它通过软体组

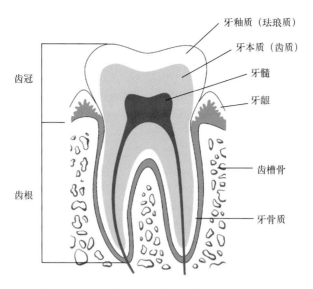

图 19　哺乳动物牙齿的基本结构（以人为例）

织与颌骨相连接。⑤齿槽骨：是上、下颌骨支持和包围牙根的骨头，它供给牙齿营养并保护牙齿。牙齿脱落后，牙槽会随之封闭。

2. 牙齿的替换和分异

大部分脊椎动物的牙齿在个体生长中从幼年到老年会连续地替换。从上下颌骨生长出来的牙齿会因为使用而磨损甚至折断。新的牙齿会不断从老的牙齿基部向上顶，使老的牙齿脱落。这样的过程使一个动物的齿列出现参差不齐的状况，上下牙之间不能很规律、互相准确地咬合。

大部分哺乳动物在幼年时期，其门齿、犬齿和前臼齿一般是无根的乳齿，然后逐渐被恒齿系替换。因此，哺乳动物的牙齿被称为二出齿 (diphyodonty)。对于大部分哺乳动物，它们的上下颌生长的大部分时间都处于乳齿存在的阶段，一旦牙齿替换完全，动物个体通常已经进入成年阶段。由于齿列不再有明显的变化，这就使哺乳动物的上下牙齿有稳定和准确的对应和咬合关系，能够有效地破碎食物。

当然，有些哺乳动物的牙齿替换也有特化的类型。比如齿鲸只有一出齿，而鳍脚类和很多啮齿类，牙齿的替换在母体中未生下来以前就已经完成。象类的颊齿的生长是从颌的后端向前逐渐推出，当前移至颌的前端时脱落，这个时候，牙齿已经磨蚀得很深了。海牛也有类似的牙齿生长方式，但它一侧下牙或上牙的牙齿数就可达到 20 枚，其中 6 到 8 枚真正有功能作用。

哺乳动物的牙齿是各齿形态相异的异型齿，按功能不同分为门齿、犬齿、前臼齿和臼齿四种（图 20）。臼齿和前臼齿的区别在于形态上不同，同时臼齿在一个个体的一生中只出一次，不替换。也有一些哺乳动物的前臼齿不替换。有一些中生代哺乳动物（比

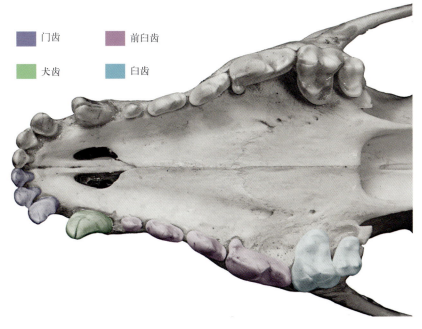

图 20 哺乳动物牙齿的分异和齿式
家犬的齿式为：3·1·4·2/3·1·4·3，下齿列见图 7

如真三尖齿兽）的颊齿替换次数不止一次，是一种原始的特征，与典型的哺乳动物牙齿替换模式有明显差别。因此，这些动物的颊齿也常被称为前臼形齿和臼形齿。

我们这里用有胎盘类的齿列来做进一步的介绍。有关原始的哺乳动物和真兽类的齿列情况，请参见本册系统记述部分有关中生代哺乳动物章节。门齿是哺乳类动物齿列中最前面的牙齿。单侧上下颌一般分别有三枚门齿。门齿形态一般比较简单，但也分化出很多的类型。不少草食性和杂食性的哺乳类，诸如人类和马牛，均需以门齿来切断食物，其门齿常为铲状。而肉食性动物，诸如猫科和犬科动物，它们的门齿较小，它们主要以犬齿和裂齿来切碎食物。象的门齿已演化为长牙，而啮齿类的门齿呈凿状，并终身生长，因此会以啃东西来磨短不断生长的门齿。类似啮齿类的门齿存在的比较多，除了啮齿类外，兔形类、蹄兔、一些灵长类、多瘤齿兽类、裂齿类等都有类似的门齿。

哺乳动物如果有犬齿的话，一个单侧颌部只有一枚犬齿。犬齿一般较大，在不同类群中会有各种变化。很多哺乳动物的犬齿都在演化过程中退化丢失掉了，比如啮齿类、兔形类等。有的类群中，上犬齿丢失而下犬齿还保留，比如牛科动物上犬齿丢失，而下犬齿门齿化并与门齿紧密相邻。除了形态以外，上犬齿在哺乳动物中一般位于前颌骨和颌骨之间或在上颌骨的最前部。这个位置关系在早期的哺乳动物齿列鉴定中很重要。因为有些类群中，犬齿和其前面的门齿或后面的前臼齿形态差别不大，或者门齿或前臼齿会增大而具犬齿的形态。当上犬齿通过和头骨的位置关系确定后，下犬齿也可确定，因为哺乳动物的上下颌咬合在一起时，一般情况下，下犬齿会位于上犬齿之前。对颊齿来说，由于上臼齿的原尖咬合在相对应的下臼齿跟座上，下颊齿会比相对应的上颊齿位置靠前半个齿位。

犬齿后紧接着是前臼齿。前臼齿的变化比较大，从非常简单的锥状到复杂的裂齿。但通常前臼齿在结构上会比臼齿简单一些，也小一些。但前臼齿和臼齿的最大差别是前者有乳齿和恒齿两出，而后者只有一出。一般情况下，前臼齿的乳齿结构要比恒齿复杂，更接近臼齿的形态。乳齿齿根比较张开，在脱落的过程中，会被逐渐吸收掉。乳齿的齿冠釉质层也比较薄。从生长顺序上，乳齿通常要比后面的臼齿先长出。先长出的牙齿先磨蚀，因此判断最后一枚前臼齿到底是恒齿或乳齿，除了形态上的特点，一个很实用的方法就是看它磨蚀的程度。如果在 P4 位置上的牙比后面的 M1 磨蚀得深，一般它就是乳齿；反之，它就是恒齿。

臼齿位于齿列的最后端。在不同的哺乳动物中因为适应不同的咀嚼功能，其形态变化非常大（见下文）。在化石哺乳动物研究中，常用齿列生长的阶段来判断、推测一个个体的年龄。臼齿生长完全一般是哺乳动物个体成年或接近成年的一个形态学标志。

3. 哺乳动物齿式和牙齿的空间定位

不同哺乳动物的齿列中的牙齿数量各不相同，是长期演化适应的结果，对哺乳动物的分类极为重要。为了描述上表达方便，普遍用齿式来表示口腔一侧上下齿列牙齿的数量。齿式有很多种表示方法，比如有胎盘类的原始齿式可以写成 I3/3, C1/1, P4/4, M3/3, 或写为 3·1·4·3/3·1·4·3，表示一侧的上、下齿列中，门齿为 3 枚，犬齿为 1 枚，前臼齿为 4 枚，臼齿为 3 枚。此外，用上下标的写法使用也很广泛，比如上、下第一臼齿可以分别写成 M^1 和 M_1。这些写法，造成了表达上的不一致。有的写法，比如用上、下标（M^1/M_1），有些刊物不采用。为了写法上的一致，Smith 和 Dodson（2003）建议上、下颌的门牙、犬齿、前臼齿和臼齿分别用 In、Cn、Pn 和 Mn 以及 in、cn、pn 和 mn（n 代表牙齿的数量）来表示。对于左、右以及乳齿，分别用大写的 L、R 和 D 来表示。根据这个约定，有胎盘类的原始齿式就可以写成 I3, C1, P4, M3/i3, c1, p4, m3。每侧的上牙 11 枚、下牙 11 枚，一个个体全部的牙齿数量就是 44 枚。有袋类的原始齿式为 I5, C1, P3, M4/i4, c1, p3, m4（×2 = 50 枚齿）。但为书写简便，在约定俗成的情况下，常常还是以 3·1·4·3/3·1·4·3 这样的形式，来表示一侧的上、下齿列。

尽管统一的齿式从理论上来看有道理，但在现实的研究中，研究不同类群哺乳动物的同行已经形成自己的表达习惯，甚至每个人对不同齿式的表达方式的优劣也有不同看法。因此，我们这里介绍的 Smith 和 Dodson（2003）齿式写法，是一个建议，而不是规范，能在研究文章中明确表达齿式的含义，就达到了基本的要求。在整个哺乳动物研究中，要达到齿式的统一表达，可能需要很长时间才能实现。

在描述单个的牙齿，比如左下第二乳前臼齿、右下第一臼齿、第二上乳前臼齿、右上第二臼齿时，分别表示为 LDp2，Rm1，DP2，RM2。如果不区分左右，第一枚到第三枚上白齿就分别表示为 M1，M2 和 M3；其他的牙齿依此类推。这里的数字，代表单个牙齿在齿列中的齿位。但是在不同的哺乳动物门类的描述中，通常有自己一套习惯的齿式表示方法，只要定义清楚，不引起误解即可。

哺乳动物在演化过程中，牙齿数量一般会以不同的方式减少。如一些啮齿类齿式为 1·0·1·3/1·0·0·3，表示有上下门齿各一，无上下犬齿，有一枚上前白齿但无下前白齿，有上下白齿各三枚。从演化关系来看，一般认为上述啮齿类的那枚唯一的上前白齿，是和真兽类的原始齿列中最后一枚前白齿同源，所以在描述啮齿类的这枚牙齿时，通常标记为 P4。从这个例子可以看出，齿式中的牙齿数量和单个牙的齿位数是不同的概念。

牙齿齿位的确定，涉及牙齿的同源关系，对于了解哺乳动物的系统关系非常重要。一个典型的例子，是上面提到的有胎盘类的原始齿式和有袋类的原始齿式的差别。传统的观点中，有胎盘类原始齿式的颊齿是上下分别有 4 枚前白齿和 3 枚白齿，而有袋类有 3 枚前白齿和 4 枚白齿。当我们做哺乳动物系统发育分析时，如何比较这两类哺乳动物的牙齿特征，就是一个很大的问题。比如，有胎盘类的 3 枚白齿，到底跟有袋类 4 枚白齿中的哪 3 枚是同源的？如果这个问题不清楚，得出的结论就会有问题；或者根本就没有办法进行比较，从而失去了以牙齿特征作为系统发育的证据。为了解决这个问题，目前的一种观点（O'Leary et al., 2013）是把后兽类（含现代有袋动物）中过去认为是第一白齿的那枚牙齿，认同为原始真兽类最后一枚前白齿的乳齿（相当于现代有胎盘动物的第四前白齿的乳齿），这枚乳齿终身存留，不替换。这样重新解释，从形态上和齿位上，提供了真兽类和狸兽类在白齿同源关系上的一个合理方案。当然，在哺乳动物牙齿的演化中，也有不少的例子，我们目前没有办法解决它们的同源关系。比如有少数哺乳动物在演化过程中牙齿数量有增加的情况，如中生代的对齿兽类和树兽类，新生代的齿鲸类。此外，齿式在一些中生代的哺乳动物中有很大的差别，情况也比较复杂，本册系统记述部分的有关中生代哺乳动物的章节中，将会进一步介绍。

在描述哺乳动物的单枚牙齿时，会有一些空间问题（图 21）。比如上牙位于头骨的腹侧，而下牙位于下颌骨的背侧。门齿为齿列前方，而白齿位于齿列后方。牙齿在上下颌骨上并不是直线形的前后排列，而是呈弧形，与头骨的前后关系有些差别。比如，对于白齿来说，舌侧相当于内侧，而对于门齿来说，舌侧相当于后侧。为了统一起见，我们有下面一些约定。牙齿的咀嚼面就是它的冠面，这个面没有方向性。对上牙来说，它面朝下；对下牙则向上。牙齿朝向下颌联合部方向的面为近中侧（mesial），相反的方向为远中侧（distal）。在这里最好避免使用前、后侧。牙齿靠舌头的一侧称为舌侧，而靠唇部或颊部的一侧为唇或颊侧。这里也最好避免使用内、外侧。牙齿的基底面或基部，是冲齿冠底部的方向。顶端或端部，是冲齿冠的齿尖方向。这样在描述牙齿的空间位置时，就可以避免上、下牙相对于头骨的位置产生定位问题。比如，M1 齿冠向端部逐渐收缩；

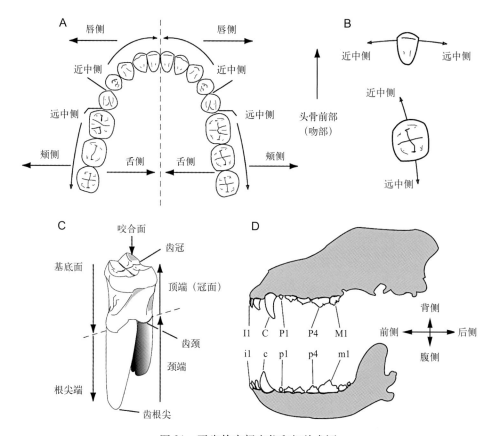

图 21 牙齿的空间定位和相关术语
A. 人的上颌模式齿弓，腭视，虚线代表矢中面；B. 人的模式 I1 和模式 M1 嚼面视，表示近中侧和远中侧；
C. 哺乳动物臼齿化的牙齿，舌侧视；D. 哺乳动物头骨，侧视，表示上下齿列（A 引自 Hillison, 1996；
B–D 改自 Smith et Dodson, 2003）

或者 m1 齿冠向基部逐渐扩展。这些在相对于头骨的空间位置上都是同一个方向，但在我们的约定中，可以避免产生定位上的混淆。

4."磨楔式理论"和齿冠结构

现行的哺乳动物臼齿构造的命名法是所谓的"磨楔式理论"和齿尖名称。哺乳动物牙齿结构的系统命名术语，最初由 Osborn（1907）提出，后来构成了柯普 - 奥斯朋的"三尖、尖 - 切齿理论"（Cope-Osborn's tritubercular, tubercular-sectorial theory）。"三尖"指上臼齿的结构，而"尖 - 切"则指下臼齿。辛普生（Simpson, 1936）认为，上、下齿列应当是一个相互关联的系统，不应当在牙齿结构上把上、下牙分成两个有差别的概念。因此，根据上下牙咬合的关系，把有关的命名系统修改为"磨楔式理论"（tribosphenic theory）。其基本概念，就是当上、下牙在咀嚼过程中，上牙的原尖咬合在相对应的下牙的跟座中，而上下牙的尖、脊之间有切割和挤压研磨的功能。直到今天，这套命名法几乎没有多大改变，被哺乳动物学家广泛采用。

磨楔式理论使用的牙齿基本结构，是基于原始真兽类的臼齿。现生兽类不同类型的牙齿结构都是在此基础上演化而来的。最早的后兽类，也具有磨楔式的臼齿结构，有些现生的有袋类中，仍然保持了这种基本结构。在这一类牙齿中，上臼齿呈三角形，其中一个顶点位于舌侧，而底边位于颊侧。臼齿的冠面上具有三个基本的齿尖。位于舌侧的尖叫原尖（protocone）；颊侧有两个尖，近中侧（前部）的尖叫前尖（paracone），远中侧（后部）的尖为后尖（metacone）（图22）。臼齿冠面的这三个尖，构成上臼齿的三角座（trigon），围绕着三角凹。在原尖和前尖、原尖和后尖之间，通常会发育两个小尖，分别为前小尖（paraconule）和后小尖（metaconule）。前尖和后尖的颊侧通常会有发育程度不等的外架，其上常缀有小尖，尤其是在后兽类中，这些外架尖比较发育。

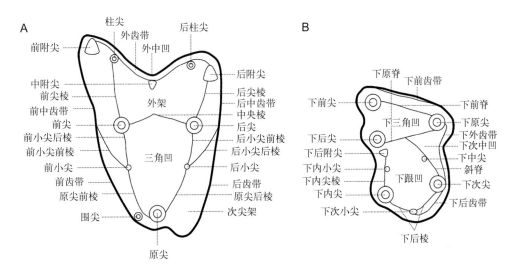

图 22 原始真兽类臼齿冠面基本构造和术语

A. 上臼齿，上方为外侧，左方为前侧；B. 下臼齿，上方为前侧，左方为内侧；三角座-三角凹、跟座-跟凹都是相对应的结构，座是由齿尖及附属齿带等围成的整个构造，而凹仅指构造中的凹陷部分（引自周明镇等，1975）

磨楔式牙齿的下臼齿一般由两部分构成：前面（近中侧）的下三角座（trigonid）和后面（远中侧）的下跟座（talonid）。下三角座也呈三角形，其顶角位于下颌的颊侧，而底边位于舌侧，与上臼齿刚好相反。下三角座也有三个主尖：颊侧的为下原尖（protoconid），而舌侧近中侧（前部）的是下前尖（paraconid），远中侧（后部）的为下后尖（metaconid），三尖围绕形成下三角凹。下跟座是下三角座后面的延伸部分，通常有三个或两个齿尖。位于颊侧的尖是下次尖（hypoconid），舌侧如有齿尖为下内尖（endoconid），而牙齿的最后端如果有尖的话，这个尖是下次小尖（hypoconulid），跟座上的尖围绕下跟凹。与"座"相对应的是"凹"：三角凹、跟凹。座是由齿尖及附属齿带等围成的整个构造，而凹仅指构造中的凹陷部分。此外，在很多情况下，磨楔齿上下臼齿齿冠基部有各种类型的齿带，为围绕齿冠的釉质褶边、弱脊构造。周明镇等（1975）对原始真兽类的牙齿结构和术语做过深入的介绍，被国内同行广泛使用，我们在这里仍然沿用这些术语（图22）。磨楔式牙齿的一个特点，是上下牙的咬合很精确，有一一对应的磨蚀、剪切面，对食物的处理更为有效。相关的牙齿磨蚀面内容，请参见有关蜀兽中磨楔式与假磨楔式咬合关系比较（图51）。

大部分的哺乳动物，其牙齿结构，都是在磨楔齿这个基本的结构上复杂化或简单化而形成的，以适应不同的食性。常见的变化，是上臼齿后内角增加一次尖（hypocone），使上臼齿趋于方形，比如刺猬的上臼齿。更多的情况，是齿尖的脊形化和齿尖之间发育出不同类型的釉质齿脊。这样的变化，在草食性的动物中尤其明显。在很多特化的牙齿类型中，上述的磨楔式牙齿基本齿尖结构通常很难辨认，只能通过这些类群的早期、未特化种类，来建立这些牙齿结构的同源关系。但有些在地史时期中很早就特化的类群，如贫齿类、鲸类、长鼻类，以及很多种类的啮齿类，这种同源关系已经很难建立。因此，进行系统发育分析时，这些类群的牙齿就很难提供和其他哺乳动物间的系统发育信息。

其他一些灭绝的哺乳动物类群，如多瘤齿兽类、对齿兽类、三尖齿兽类等，其牙齿与磨楔式牙齿的关系从系统发育上并不清楚，在对这些类群的介绍中将会专门论及，这里就不再介绍。

5. 颊齿的主要类型

哺乳动物的牙齿分化为门齿、犬齿、前臼齿和臼齿。在不同的哺乳动物中，因为适应不同的环境和食性，牙齿会有相应的变化。而这些变化，也为哺乳动物的分类提供了形态学的依据（图23）。

相比而言，颊齿（前臼齿和臼齿）齿冠形态变化最为复杂，是鉴定哺乳动物的最重要的结构。颊齿齿冠结构主要可以分为食虫动物的尖齿尖型，食肉动物的切-尖型，食草动物的脊齿型，以及杂食动物的瘤齿型。

原始磨楔齿型（tribosphenic）（图24E, F）：具有该类型的磨楔式牙齿被认为是兽类牙齿的原始类型，比如图24中负鼠（didelphid）的牙齿就是这种牙齿结构。这类齿型在白垩纪兽类动物中已广泛出现，在这种臼齿类型的基础上演化出其他的多种牙齿形态（如下面所示）。比如次尖的形成和发育，就会使上臼齿齿冠咀嚼面大体呈四方型。这一类的牙齿在很多哺乳动物中都有，比较典型的如刺猬。保留了磨楔齿原始结构的牙齿，通常都有比较明显的齿尖，齿脊不是很发育。依据齿尖的膨大程度和齿脊形态的发育，我们可以区分出下面几类常见的牙齿分化类型：

1) 重褶齿型（zalambdodont）（图24A）：这种牙齿的上臼齿除了几个主尖外，还发育出明显的齿脊，以外脊（ectoloph）形成一个V型结构为特征，最主要的齿尖位于V型的顶点，被认为是和前尖同源的，也有可能是和后尖愈合而成。V型脊的两端止于扩大的外架（stylar shelf）上的小尖上。原尖通常很小或消失。在现生的哺乳动物中，这一类的牙齿见于非洲的金鼹科（Chrysocholoridae）和沟齿鼹科（Solenodontidae）中。在化

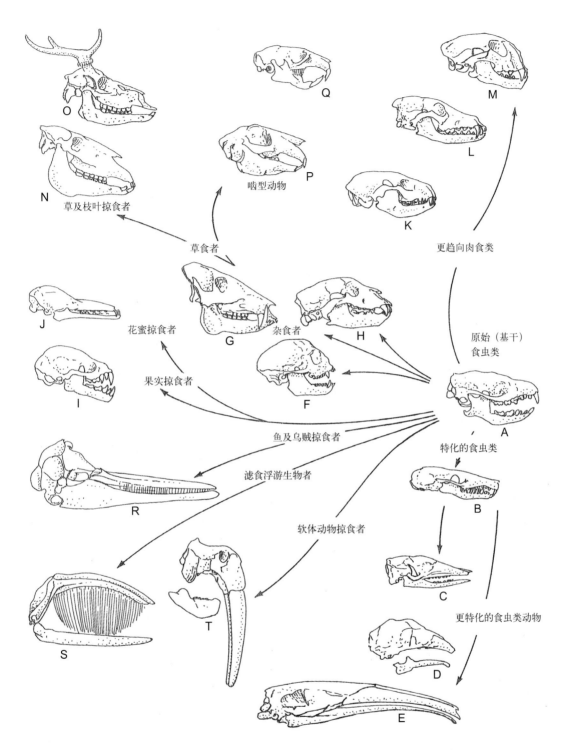

图 23　哺乳动物头骨和牙齿的取食适应示意图

A. 刺猬（*Erinaceus*）；B. 东美鼹鼠（*Scalopus*）；C. 犰狳（*Dasypus*）；D. 侏食蚁兽（*Cyclopes*）；E. 袋食蚁兽（*Myrmecophaga*）；F. 毛狨猴（*Saguinus*）；G. 西猯（*Tayassu*）；H. 熊（*Ursus*）；I. 果蝠（*Aretbeus*）；J. 长吻蝠（*Choeronycteris*）；K. 浣熊（*Procyon*）；L. 丛林狼（*Canis*）；M. 山狮（*Felis*）；N. 马（*Equus*）；O. 黇鹿（*Dama*）；P. 兔（*Lepus*）；Q. 林鼠（*Neotoma*）；R. 海豚（*Delphinus*）；S. 露脊鲸（*Eubalaena*）；T. 海象（*Odobenus*）（改自 McFarland et al., 1979）

石中，白垩纪的 zalamdalestids 具有这样的颊齿。

2）双褶齿型（dilambdodont）（图 24B）：这种类型的牙齿，以其上臼齿的外脊（ectoloph）形成一个 W 型为特征。这个 W 型脊舌侧的两个顶尖分别是前尖和后尖，而颊侧的三个端点，分别是前、中和后附尖。原尖位于牙齿的舌侧，与这个 W 型的外脊是分开的。这一类的牙齿常见于鼩鼱科（Soricidae）、鼹科（Talpidae）以及一些食虫的蝙蝠。

3）丘齿型（bunodont）（图 24C）：丘型齿上臼齿大体呈方形，但齿尖一般圆钝呈丘状，常覆盖有比较厚的釉质层。下臼齿也多呈方或长方形，这是由于下前尖变弱或消

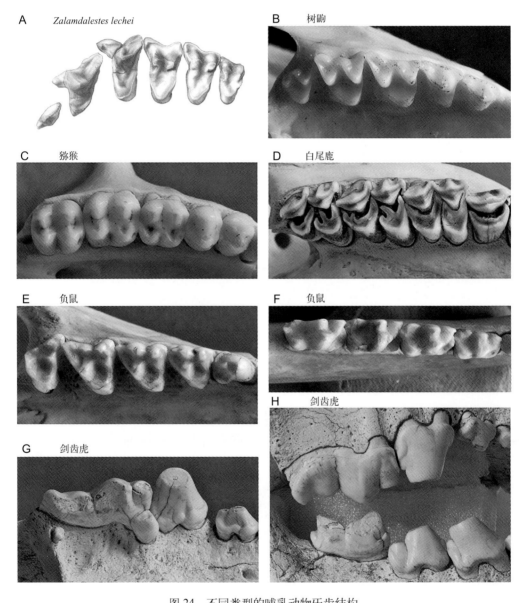

图 24　不同类型的哺乳动物牙齿结构
A. 重褶齿型；B. 双褶齿型；C. 丘齿型；D. 新月齿型；E, F. 磨楔齿型；G, H. 裂齿型（其中 A 引自 Wible et al., 2004）

失而形成。丘型齿多见于杂食性动物，如猪、熊和很多的灵长类，包括人类。

4）裂齿型（carnassial）（图 24G, H）：食肉类（猫、狗等）的 P4 和 m1 通常增大并形成刃状的脊，称为裂齿，具有切割食物（肉类）的功能。

5）新月齿型（selenodont）（图 24D）：在很多偶蹄类，如鹿和牛科动物中，它们的牙齿牙尖都有前后纵向的伸长，形成半月形齿脊。

6）脊齿型（lophodont）（图 25A–D）：齿的特点是齿脊之间有很强的横向的齿脊。比如貘、海牛、兔形类和很多的啮齿类。各类牙齿虽有各种特化，但基本的同源结构仍然保留，或者可以通过一个类群中的原始种类识别出来。

7）菱脊（斜纹）齿型（loxodont）（图 25E, F）：有的哺乳动物牙齿上横向齿脊高度特化，形成很多的脊，同时排列上也趋斜向，成为菱脊（斜纹）齿（loxodont）。如非洲象和有些啮齿类的牙齿。

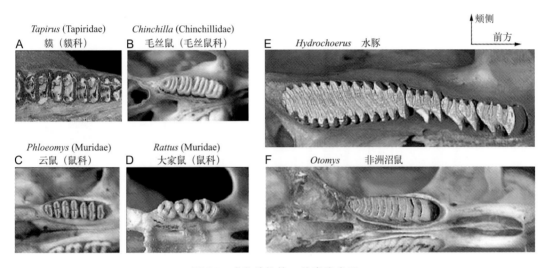

图 25 哺乳动物的一些脊齿类型
A–D. 脊齿型；E, F. 菱脊齿型

对于食草动物来说，由于草中的营养物质含量比较少，它们每天要花很多时间吃大量的草。同时也需要对草进行充分的咀嚼，才能在消化过程中摄取足够的营养。但草中的纤维比较难于破碎，其中的硅颗粒对牙齿也有较强的磨损。因此，很多草食性动物的牙齿都以不同方式增加釉质齿脊，增强牙齿的耐磨性和提高牙齿处理食物的效率，以适应草食的生活习性。这样变化的结果使牙齿上釉质齿脊的数量和大小都增加了，因此也增加了牙齿剪切和碾磨的功能。

除了牙齿的尖、脊变得复杂，釉质层增厚，哺乳动物牙齿另外一个常见的变化是齿冠的增高，是增强牙齿耐磨性的另外一种方式。齿冠高度未增高的牙齿，或高度等于或低于齿根高度者，称为低冠齿，比如人的牙齿。齿冠的高度大于齿根高度者称为高冠齿，比如现生马的牙齿。有时候，高冠齿仅仅指那些终身生长，没有齿根的牙齿，比如现生的兔形类。所以,牙齿的高、低冠区分通常不是很明确,带有很强的人为性。有些类型的牙齿,齿冠仅在舌侧明显增高,从近中侧或远中侧看,齿冠呈明显的不对称,如一些早期的兔形类。

系统发育与分异时间

系统发育指哺乳动物的各个类群在地史时期中的演化关系,或者说它们的亲缘关系。图 26 是传统的表示哺乳动物多样性和地史分布的一个系统关系,其中的主要类群之间的相互关系,常用虚线来表示。对于传统和现代有关系统发育的一些基本概念,在志书总

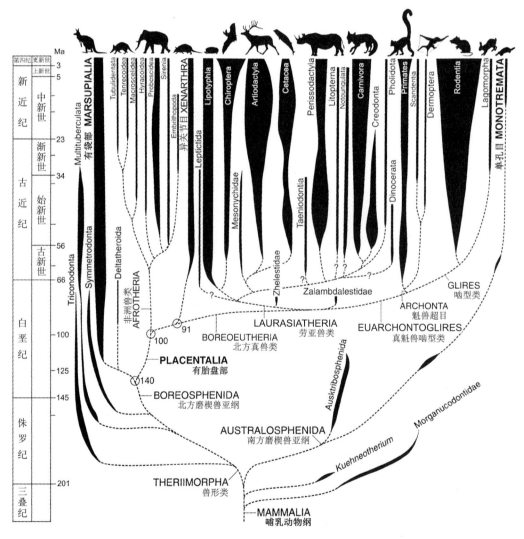

图 26 哺乳动物系统发育关系图

黑色线条代表一个门类的地史分布,线条粗细反映了一个特定时间段该类群的多样性(种类的多少),虚线代表了各个门类之间的系统关系,问号代表不确定关系;现生哺乳动物的大部分类群,都在白垩纪-古近纪界线后出现(引自 Benton, 2007a;地质年代略有改动)

序和第一卷第一册的脊椎动物总论中都有介绍，兹不赘述。这里要强调的一点是，由于分支系统学和分子生物学的兴起，以及计算机技术的发展，在过去的二三十年中，有关古哺乳动物演化和系统发育的研究，不再是主要依靠研究者的经验，也不再是根据一些有限数量的、被认为是重要的特征，而是在结合现生生物学和各种现代科技的基础上，涉及尽可能多的形态信息。这些形态信息，如我们前述的内容，包括了牙齿、头骨、颅内结构、耳区结构、头后骨骼等各个方面。如果是结合现生类群的研究，通常还会包括软体组织甚至基因序列。对一个类群的所有形态特征进行全面细致地了解，已经是古哺乳动物系统发育研究中的常态。

进行这样的系统发育分析是一个十分复杂的问题，涉及大量形态特征同源性和同塑性的探讨，以及哺乳动物中这些特征的含义。目前还没有一个以形态特征为基础的、比较全面（包括主要的目一级分类单元）的哺乳动物高阶分类单元的系统发育体系。哺乳动物系统发育的研究目前只能在一定的范围内进行，即选择一个特定的类群中一定数量的代表性分类单元以及它们的部分特征来进行分析。系统发育研究中一个关键的问题，是如何确认相似的特征是否来自于一个共同的祖先，也就是一个特征是否是同源的。回答这个问题并非易事。这也是为什么长期以来人们根据形态学、行为学的相似性，一直把非洲的金鼹（golden mole）和北半球的鼹类放到食虫目中，直到近年来大量的分子生物学证据表明，这些非洲的金鼹和北半球的鼹类分属不同的类群，具有不同的起源和演化历史；它们的相似性，是演化中的趋同现象，而不是来源于共同祖先，它们不应当被放到一个类群里。

另外，一些特化类群，比如鲸类的系统发育关系，一直都不清楚。传统的形态学和古生物学研究，依据牙齿的相似性，认为鲸类与已灭绝的中兽类互为姐妹群，具有共同祖先。但近年来，分子系统学的研究表明鲸类与偶蹄类中河马的亲缘关系最为接近，从而打破了鲸类和偶蹄类各自成一单系类群的传统看法。鲸类具有许多适应水生生活的特化特征，而偶蹄类则适于奔跑，具有偶数趾骨以及草食性的牙齿等特征。最新发现的古老鲸类化石表明，原始的鲸类虽然在牙齿形态上类似于中兽，但肢骨上则具有明显的偶蹄类特征（图18），如跗部具双滑车结构的距骨等。因此，一个新的哺乳动物类群，鲸偶蹄超目（Cetartiodactyla）得到了广泛的认同。

图27对比了传统的、以形态学为依据的系统发育关系（主要是有胎盘类）和以分子生物学为依据的系统发育关系。传统的以形态学为基础的哺乳动物系统并没有表现出明显的地域性。分子系统学却分辨出了劳亚兽类（Laurasiatheria）和非洲兽类（Afrotheria）两个有明显地理分布和起源的大类群。劳亚兽类为起源和主要分布于劳亚大陆的一个类群，包括了奇蹄目（Perissodactyla）、鲸偶蹄超目（Cetartiodactyla）、食肉目（Carnivora）、鳞甲目（穿山甲）（Pholidota）、翼手目（Chiroptera）和劳亚食虫目（Eulipotyphla）。非洲兽类则包含长鼻目（Proboscidea）、海牛目（Sirenia）、蹄兔目（Hyracoidea）、管齿目（Tubulidentata）、象鼩或跳鼩目（Macroscelidea），以及传统上属于食虫类的非洲金鼹

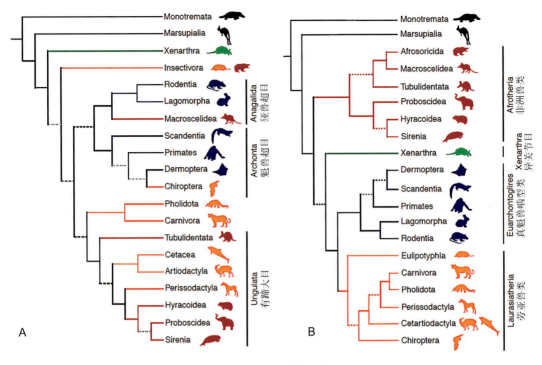

图 27 哺乳动物主要类群的系统发育关系
A. 传统的、以形态学为依据的系统发育关系（现生有胎盘类）；B. 以分子生物学为依据的系统发育关系，注意图中红色代表的非洲兽类群，在传统的系统关系中分散于不同的位置（源自 Springer et al., 2003）

（Chrysochloridae）和马达加斯加的马岛猬（Tenrecidae）。现在的研究，更多地支持劳亚兽类和非洲兽类这个结果，不仅将哺乳动物系统发育和地理分布联系在一起，说明地史时期中大陆块的相互关系，对哺乳动物各主要支系的起源和演化具有重要的影响，而且也说明，在有胎盘哺乳动物不同支系中，相似的水生、有蹄、食虫等类型的形态适应，可以经过平行演化而产生。

与哺乳动物的系统发育相关的一个研究领域，是哺乳动物的分异时间。这也是分子系统生物学兴起后的一个新的领域。一个生物类群的分异时间，在生物演化的理论研究上和生物年代界线的确定上很重要，也是目前古生物研究和分子生物钟研究对哺乳动物类群起源分异时间研究的一个热点。一个哺乳动物种的分布时间，是指该种在地史上最早和最晚化石记录所反映的时间。它的实际存在时间，尤其是它最初出现的时间很难确切地知道。从高阶分类单元来看，如果我们把中国尖齿兽、摩根齿兽、柱齿兽和贼兽等认定为哺乳动物，那么从化石记录上，最早的哺乳动物可追溯到晚三叠世（图 26）。但从化石记录上看，现生有胎盘类哺乳动物的一些主要类群，是在恐龙灭绝后的古近纪早期，在古新世-始新世交界时，以一种爆发式的形式演化出来的（图 28；O'Leary et al., 2013）。这种看法所依据的是现生哺乳动物目的最早化石在古近纪早期的分布以及它们在白垩纪-古近纪界线前的普遍缺失（图 26）。

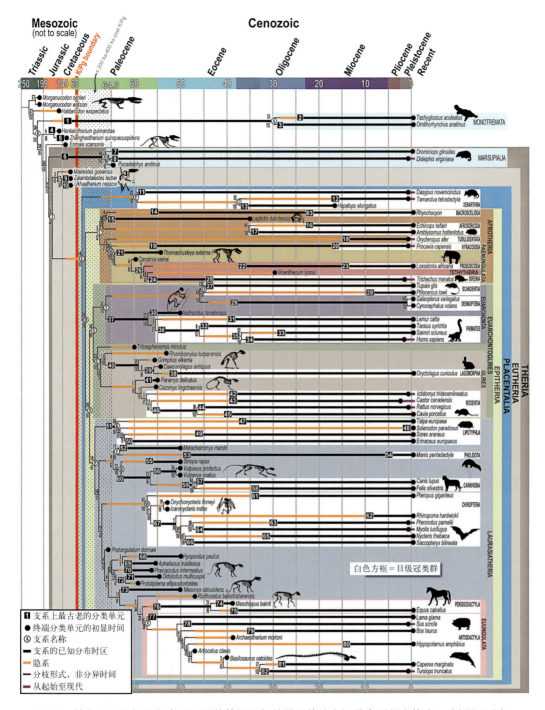

图28 结合分子生物学与表型组学的简约分析并置于其地史记录中所得出的唯一（有胎盘类）树状图（引自 O'Leary et al., 2013）

分子生物钟的假说，是在一个给定的系统发育关系下，比较这个系统发育体系中相关种类基因序列的异同程度，在一个给定的变化速率下，推算出每个分支点的时间。获得基因序列的相对变化速率，要靠设定一个已知校正时间点。这个时间点，通常是某个或某些化石种类的首次出现时间。到目前为止,分子生物钟推算的分异时间,通常要大于多数哺乳动物目化石记录的最早时间(Bininda-Emonds et al., 2007；Meredith et al., 2011)。比如,有胎盘类,甚至有胎盘类中的啮齿类、兔形类、灵长类等的分异,被分子生物钟前推到了白垩纪中,要比化石记录的最早时间早很多。如果分子生物钟的推测是正确的,那么在白垩纪地层中找到有胎盘类哺乳动物化石是迟早的事。但在我国辽宁西部和内蒙古,以及蒙古发现的大量新的白垩纪化石中,仍然只有古老的哺乳动物类型,而没有现生有胎盘类分子。尽管新的分子系统学研究和新发现的化石,逐渐减小了两者在分异时间上的差别,但明显的差别仍然存在。有几种可能来解释化石记录与分子生物钟之间的这种差别。

第一种解释认为,中生代哺乳动物一般个体较小,因而不易保存为化石。所以现生哺乳动物支系的祖先或许已经在白垩纪出现,但形态分异不明显,未见于化石记录中。但事实上有些保存下来的中生代哺乳动物个体要小于许多古近纪和新近纪哺乳动物,而许多古近纪和新近纪地层中发现的哺乳动物,也比许多中生代哺乳动物要小。当在不同时代地层中化石采样的数量和密度不断加大的情况下,没有理由认为有胎盘类在白垩纪的缺失,是由于保存的原因造成的。化石的保存和化石的大小似乎没有直接的关系。

第二种解释认为,现生哺乳动物类群的基因型演化在白垩纪已分异成为支系。但区别鉴定各支系的形态特征在中生代类群还没有同步形成,因此单凭化石无法区分形态级别的支系分异。这好比说辽西发现的真三尖齿兽类的爬兽,从基因结构上讲已是一种犬,但形态上还未产生胎盘类食肉动物的鉴定特征,如裂齿的形成。这种解释首先面对的问题是一个物种的鉴定是根据其形态特征还是其基因特征。现有的系统分类都是以形态为基础,当一个哺乳动物化石没有某个门类的形态特征,而将其归入该门类中,这就破坏了现有的分类系统基础,但化石又不可能保存有DNA序列,因此又不可能以DNA序列来鉴别化石。这种解释的另一个问题是,它必须假定生物的演化在基因和形态两个层次上,在数千万年的地质年代中是互不相干,彼此分离,即基因型的支系分异已经完成,但形态上的支系分异还没有开始。这种假设目前还没有任何的证据。相反,有研究表明分子进化和形态进化速率存在着某种对应关系。

第三种解释也称作"伊甸园"假说,它假设现生哺乳动物类群的祖先起源于一些南方大陆,如非洲、澳大利亚等。但那里的白垩纪地层或化石没有保存下来,或者是还未被发现和研究过。到了古近纪,这些假设的白垩纪南方大陆哺乳动物扩散到了别的大陆,形成了新生代古近纪的辐射演化假象。这一解释建立在某种未知的假设上,它首先否定了已知白垩纪哺乳动物与现生类群的可能关系。此外,有些系统发育和古地理研究得比较好的类群,并不支持这一解释。比如啮型类最早和最原始的类群都出现在中亚的晚古新世到早始新世,表明亚洲是这一类群最早的分异地。如果啮型类在白垩纪时起源于非洲或者澳大利亚,它们必须经过某种形式的迁移穿过南亚或欧洲才能到达中亚。但目前为止,在非洲、澳大利亚以及中亚周边地区还未发现任何原始啮型类的分子，它们从异地迁入中亚的说法因此没有证据。化石记录目前还没有可靠的支持"伊甸园"假说的证据。

最后一种解释，就是分子生物钟的问题。现在有很多新的计算方法，在时间校正点上的设定、不同类群中演化速率的选取等方面都做了很多的改进。现在就哺乳动物的系统发育来看，形态学和分子生物学的分析，得出的结论逐渐趋于一致。在分异时间上，也许也能很快达到一致。这个领域的研究，结合分子生物学和古生物学在国内做得还很少，也是一个今后可以发展的方向。从方法上来看，了解生物演化历史的细节和生物多样性，需要从分子生物学、形态学、生物发育甚至行为等不同层次上着手，每个方面都能给我们提供有关生物演化的信息，而不是仅仅依赖一种方法（Wheeler et al., 2013）。

下孔类中的哺乳动物

与系统发育不同，生物的分类是把生物实体根据某些相似性归类。比如，把不同的化石标本（代表生物个体）根据它们共有的特征甲归入一个种，然后把不同的种根据共有的特征乙归入一个属，不同的属又归入一个科，等等，从而形成一套分层级的嵌套系统。但生物的分类，与图书、邮票、艺术品等的分类是不同的。后者可以根据它们的作者、年代、国家、内容等"特征"来归类。生物的分类的基础，是生物的系统演化，它们相似性不是任意的、偶然的、人为的，而是通过遗传，从它们最近的共同祖先获得的。因此，我们不会因为鸟类和蝙蝠都有翅膀，能够飞行，而把它们归在一类。因为它们的翅膀，来源于不同的祖先。同样的道理，我们不能把鲸类和鱼类归类在一起，而是把鲸类和蝙蝠归入同一类，因为它们来自于一个共同的哺乳动物祖先。

很多情况下，系统发育的内容很难在志书的分卷、分册中严谨地体现出来。比如我们在前言中就提到，本册的"原始哺乳动物"，就是一个非自然类群。如果按照系统发育关系来建立分类系统，有时会和传统的分类体系不一致，在使用上会有生僻感。比如，传统的分类中，非哺乳下孔类常被叫做"似哺乳爬行动物"，通常被归入到"爬行动物"中。这些动物构成一个非单系类群，大体上包括了"基干盘龙类"，基干"兽孔类"和基干"犬齿兽"类，哺乳动物从这些原始类群中衍生而来。但现代有关四足动物系统发育的主流观点，认为下孔类是羊膜类动物中的一个单系类群，哺乳动物是下孔类中的一个内含支系。如果坚持分类反映系统发育的观点，那么在志书的编写中，非哺乳下孔类或者是基干下孔类就应该和哺乳动物归并入同一卷，以别于其他的四足类脊椎动物。在志书编写过程中，我们考虑过两种选择：一是基干下孔类按传统分类归入第二卷"爬行动物"中，二是和哺乳动物归入一卷，以表现下孔类这个单系类群。几经反复，我们最后采用了后者，并使用《基干下孔类　哺乳类》作为这一卷的名称。这样的分卷方式，可能会让读者有生僻感，但它能更好地体现脊椎动物系统发育中下孔类这个重要的单系类群。

有关下孔类的定义、基干下孔类的成员等详细内容，请参见《基干下孔类》分册（李锦玲、刘俊，2015，《中国古脊椎动物志》第三卷第一册）。《基干下孔类》这一册，无论和哺乳动物一起归入一卷，或者是将它们和其他四足动物归入一卷，它所记述的基干下孔类都将是一个非单系类群，这可以从图29的系统发育关系上表现出来。

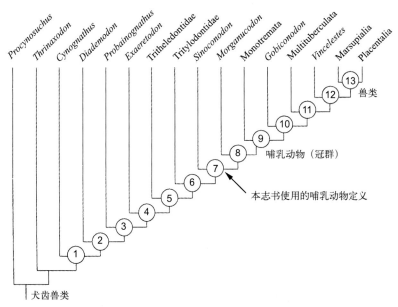

图29 非哺乳下孔类与哺乳动物的系统发育关系（改自Rowe, 1993）
有关非哺乳下孔类与哺乳动物系统关系的深入介绍，请参见《中国古脊椎动物志》第三卷第一册（李锦玲、刘俊，2015）

我们在哺乳动物的定义中已经提到了两个概念。一个是我们在本志书中选用的哺乳动物定义，在图29中，节点7为这个定义的图形表达。这个节点以外的所有类群，从 *Procynosuchus* 到三列齿兽科Tritylodontidae，都属于基干犬齿兽类，记载于《基干下孔类》一册中（李锦玲、刘俊，2015）。第二个概念，是哺乳动物冠群，由图29中节点9表示。对于图29中节点7和9，到底哪一个该被冠以"哺乳动物纲"（Mammalia）这个分类元名称，是一个人为的选择。我们目前采用的是节点7。我们这样选取主要是为了简单起见，避免使用一些现在仍然有争议或还没有被普遍接受的分类术语。比如，我们在属种记述中，可以不用考虑哺乳型类"Mammaliaformes"以及哺乳形类"Mammaliamorpha"（Rowe, 1987, 1993）这样的高阶分类单元。这个选择与我们选用的哺乳动物分类（Rose, 2006；见表1）在概念上和结构上也比较一致。

在传统的研究中，有6个类群的犬齿兽类被认为分别与哺乳动物的共同祖先有亲缘关系：Thrinaxodontidae, Probainognathidae, Dromatheriidae, Brasilodontidae, Tritheledontidae以及Tritylodontidae。从最近的一些关于犬齿兽类-哺乳动物系统发育的研究来看，多数的分析认为犬齿兽类群中的 Tritheledontidae（Hopson et Barghusen, 1986；McKenna, 1987；Shubin et al., 1991；Crompton et Luo, 1993；Luo, 1994）、Tritylodontidae（Kemp, 1983；Rowe, 1988, 1993；Wible, 1991；Wible et Hopson, 1993, 1995）、Brasilodontidae（Bonaparte et al., 2003, 2005；Liu et Olsen, 2010）与哺乳动物更接近。到目前为止，这三个支系被认为是哺乳动物支系（包含了中国尖齿兽）的最接近的外类群（Luo et al., 2002, 2007b, 2011b；Kielan-Jaworowska et al., 2004；Meng et al., 2006b, 2011；Rowe et al., 2008；Liu et Olsen, 2010）。这些类群作为哺乳动物的近亲，基本上是一个共识。

这里我们想再强调一下，系统发育和分类体系的对应关系是很难达到的，或者是没有必要的。从图29上看，节点1到13分别代表了不同内容的动物支系。即使这个系统树很稳定，如果给每个节点都命名，将会出现很多的分类阶元和名称，使分类体系变得很复杂，从而降低了分类的实用性。因此，在脊椎动物系统发育的谱系树中，很多分支节点目前都没有相对应的分类阶元名称。或者说，按现在的分类体系，分类阶元的名称无论如何细分，都不能完全反映系统发育的所有的层次和细节内容。

哺乳动物的分类

在已知的哺乳动物中，近80%的属已经灭绝，这是古哺乳动物研究的主要对象。对于这些化石的类群，没有分子生物学的帮助，它们的系统发育和分类，只能靠形态。因此，在进行生物分类时，目前存在一个无法解决的矛盾：一方面，生物的分类依据，是它们的系统演化或亲缘关系，这是生物分类与诸如图书、档案等非生物分类本质上的差别所在。理想状况下，分类应该反映这个系统演化关系。也就是说，放在一个属里的种，与其他属里的种相比，具有更近的一个共同祖先。同样的道理，也适合更高的分类元。但另一方面，历史中曾经存在过的演化过程，我们今天不能够直接观察到，只能通过演化留下的结果，无论是形态还是分子生物学的证据来建立系统演化的假说。由于生物的多样性和复杂性，建立一个长期稳定的假说十分不容易。这个难点，使生物分类的系统学基础往往不够牢固，也给生物分类带来一些困难。

与其他古脊椎动物一样，古哺乳动物都是以形态种作为最基本的分类元。但哺乳动物种的鉴别，有它独特的地方。前面已经提到，无论现生还是化石类群，一个哺乳动物种的识别，在很大程度上是依赖它的牙齿特征。化石哺乳动物种的建立和鉴定，则更多地依赖保存下来的牙齿化石。有些属种的正型标本，很可能就是一枚牙齿；也就是说，一枚牙齿，就可以代表一个曾经存在的物种。也因为这个原因，绝大部分化石哺乳动物种，其鉴定特征都是以牙齿形态为基本内容。

种以上的相关的命名规则和分类方法，在总序和《中国古脊椎动物志》第一卷第一册的脊椎动物总论中都有介绍，兹不赘述。这里仅涉及一些有关哺乳动物分类的内容。《中国古脊椎动物志》建议采用的属、种以上的分类阶元有两类：①主阶元：纲（Class），阵（Legion），部（Cohort），目（Order），科（Family）。②加了前缀的辅助阶元。前缀有两类：阶元以上的前缀包括"巨"（Magno），"超"（Super），"大"（Grand）和"中"（Miro）；阶元以下的前缀有"亚"（Sub），"下"（Infra）和"小"（Parv）。比如，"超目"是高于"目"的一个分类元，其中可以包括若干的目。"亚目"则是目的次级单位，但又高于"科"。由于新的主阶元和次级阶元的引入，哺乳动物的分类层次就大大增加了。这一点，通过比较辛普森（Simpson, 1945）的哺乳动物分类和麦肯纳和贝尔（McKenna et Bell, 1997）的哺乳动物分类就可以看出差别来。

此外，由于谱系间的不对称性，同一个级别分类单元所含有的属种数量等会有很大的差别。因此，目前在哺乳动物和其他动物的分类中，也有不使用分类等级的分类体系（比如 Shoshani et McKenna, 1998），仅仅以套嵌的列表形式来反映系统发育树的分支关系。但这种体系在本质上还是林奈的《自然系统》。

辛普森的哺乳动物分类，基本上是依据了林奈《自然系统》，而且是在当时演化系统学主导的语境中的一个分类。由于演化系统学强调祖裔关系和生物的进化水平，与它相适应的分类体系，常常采纳包含并系类群的分类单元。在理论上，这是一个缺陷；但在实际使用中，它有其方便之处，使用的分类阶元较少。McKenna 在 1975 年时，受到分支系统学思想的影响，做了哺乳动物系统发育分类的一个初步尝试，把一些主要的哺乳动物分类单元，重叠在当时一个简单的系统发育支序图上，力图将分类单元直接反映单系类群、姐妹群关系和共同祖先（McKenna, 1975）。但是这个努力，在后来的20年中，有点力不从心。因为不同门类大量的系统发育关系被提出，很多在采用的分类单元上又不尽相同，得出的系统树千差万别，相互之间也没有可比性，使得无法把一个分类体系严格地构建在一个没有争议的、稳定的系统发育关系上。最后的结果，是采取了一个妥协的办法（McKenna et Bell, 1997）：分类本身并没有一个系统发育树作为基础，也没有列出每个分类单元的特征，只是把属及其以上的分类单元，按当时作者判断最有根据的系统发育关系，以传统的检索文字形式表达了出来。同时，这个体系又融入了更多的分类阶元，以体现支序系统大量节点的需要。目前，McKenna 和 Bell（1997）的分类体系，仍然是哺乳动物分类中最为详细的体系，包括了到1997年为止，化石和现生的哺乳动物属和更高的阶元。但当时由于对分子生物学提出的分类尚处于争议中，他们的分类没有融入依据分子生物学研究所创建的一些高阶分类单元。

我们在这里使用的哺乳动物高阶分类单元分类，是在 Rose（2006）、McKenna 和 Bell（1997）、Kielan-Jaworowska 等（2004）的分类基础上简化而来。它包括了所有的哺乳动物目一级的单元。其中有些重要的科级灭绝类群不能被放入目级分类单元，我们保留了大部分这些科级分类单元。有少数科级分类单元因为在中国没有化石记录而没有列

表 1　哺乳动物分类（引自 Rose, 2006）

哺乳动物纲 * Class MAMMALIA
　　　　　隐王兽 †*Adelobasileus*（北美洲）
　　　　　巨颅兽 †*Hadrocodium*（亚洲）
　　　　　中国尖齿兽科 †Sinoconodontidae（亚洲）
　　　　　孔耐兽科 †Kuehneotheriidae（欧洲）
　　　　摩根齿兽目 Order †MORGANUCODONTA（北美洲，欧洲，亚洲，非洲）
　　　　柱齿兽目 Order †DOCODONTA（北美洲，欧洲，亚洲，非洲）
　　　　蜀兽目 Order †SHUOTHERIDIA（亚洲，欧洲）
　　　　真三尖齿兽目 Order †EUTRICONODONTA（北美洲，南美洲，欧洲，亚洲，非洲）
　　　　翔兽目 Order †VOLATICOTHERIA（亚洲）
　　　　冈瓦纳兽目 Order †GONDWANATHERIA（南美洲）
南方磨楔兽亚纲 * Subclass AUSTRALOSPHENIDA
　　　　澳洲磨楔兽目 Order †AUSKTRIBOSPHENIDA（澳大利亚）
　　　　单孔目 Order MONOTREMATA（澳大利亚）
异兽亚纲 * Subclass †ALLOTHERIA
　　　　贼兽目 Order †HARAMIYIDA（欧洲，北美洲，亚洲，非洲）
　　　　多瘤齿兽目 Order †MULTITUBERCULATA（北美洲，南美洲，欧洲，亚洲，非洲）
丛兽亚纲 * Subclass TRECHNOTHERIA
　　　对齿兽超目 Superorder †SYMMETRODONTA（北美洲，南美洲，欧洲，亚洲，非洲）
　　　树兽超目 Superorder †DRYOLESTOIDEA
　　　　　树兽目 Order †DRYOLESTIDA（北美洲，南美洲，欧洲，亚洲，非洲，澳大利亚）
　　　　　双兽目 Order †AMPHITHERIIDA（欧洲）
　　宏兽超目 * Superorder ZATHERIA
　　　　　微兽目 Order †PERAMURA（欧洲，非洲，亚洲）
北方磨楔兽亚纲 * Subclass BOREOSPHENIDA
　　　　　滨兽目 Order †AEGIALODONT1A（欧洲，亚洲）
　　后兽下纲 * Infraclass METATHERIA
　　　　　三角齿兽目 Order †DELTATHEROIDA（亚洲，北美洲，欧洲）
　　　　　亚洲负鼠目 Order †ASIADELPHIA（亚洲）
　　　有袋部 * Cohort MARSUPIALIA
　　　美洲负鼠巨目 Magnorder AMERIDELPHIA
　　　　　负鼠目 Order DIDELPHIMORPHA（北美洲，南美洲，非洲，欧洲，亚洲）
　　　　　少瘤齿负鼠目 Order PAUCITUBERCULATA（南美洲）
　　　　　袋犬目 Order SPAEASSODONTA（南美洲）
　　　澳洲负鼠巨目 Magnorder AUSTRALIDELPHIA
　　　　　微袋兽目 Order MICROBIOTHERIA（澳大利亚）
　　　始后兽超目 Superorder EOMETATHERIA
　　　　　袋鼹目 Order NOTORYCTEMORPHIA（大洋洲）
　　　　袋鼬大目 Grandorder DASYUROMORPHIA
　　　　并趾大目 Grandorder SYNDACTYLI
　　　　　袋兔目 Order PERAMELIA（大洋洲）
　　　　　袋貂目 Order DIPROTODONTIA（大洋洲）

续表

真兽下纲 * Infraclass EUTHERIA
  侏罗兽 †*Juramaia*（中国）
  始祖兽 †*Eomaia*（中国）
  蒙大拿掠兽 †*Montanalestes*（北美洲）
  原肯纳掠兽 †*Prokennalestes*（亚洲）
  姆尔陶依掠兽 †*Murtoilestes*（亚洲）
 亚洲鼩目 Order †ASIORYCTITHERIA（亚洲）
有胎盘部 * Cohort PLACENTALIA
 马岛土豚目 Order †BIBYMALAGASIA（非洲）
 异关节目 * Order XENARTHRA（南美洲）
食虫超目 * Superorder INSECTIVORA
 猴目 Order †LEPTICTIDA（亚洲，北美洲，欧洲）
 无盲肠食虫目 * Order LIPOTYPHLA（亚洲，北美洲，欧洲）
狌兽超目 * Superorder †ANAGALIDA（亚洲）
 重褶齿猬科 †Zalambdalestidae
 狌兽科 †Anagalidae
 假古猬科 †Pseudictopidae
 象鼻鼩目 Order MACROSCELIDEA（非洲）[1)]
啮型大目 * Grandorder GLIRES
 双门齿中目 Mirorder DUPLICIDENTATA
  模鼠兔目 Order †MIMOTONIDA（亚洲）
  兔形目 Order LAGOMORPHA（亚洲，欧洲，北美洲，非洲）
 单门齿中目 Mirorder SIMPLICIDENTATA
  †*Sinomylus*（中国）
  混齿目 Order †MIXODONTIA（亚洲）
  啮齿目 Order RODENTIA（亚洲，北美洲，欧洲，非洲，南美洲，大洋洲）
魁兽超目 * Superorder ARCHONTA
 翼手目 Order CHIROPTERA（亚洲，北美洲，欧洲，非洲，南美洲，大洋洲）[2)]
 真魁兽大目 * Grandorder EUARCHONTA
  皮翼目 Order DERMOPTERA（北美洲，欧洲，亚洲）
  攀鼩目 Order SCANDENTIA（亚洲）
  灵长目 Order PRIMATES（亚洲，北美洲，欧洲，非洲，南美洲）
  近兔猴形目 Order PLESIADAPIFORMES（北美洲，亚洲）[3)]
肉齿食肉超目 * Superorder FERAE
 肉齿目 Order †CREODONTA（欧洲，北美洲，亚洲，非洲）
 食肉目 Order CARNIVORA（亚洲，北美洲，欧洲，非洲，南美洲）
 白垩掠兽中目 Mirorder †CIMOLESTA
  对锥齿兽科 Didymoconidae（亚洲）
  怀俄明兽科 Wyolestidae（北美洲，亚洲）
  拟负鼠目 Order †DIDELPHODONTA（北美洲，南美洲，欧洲，亚洲，非洲）
  幻兽目 Order †APATOTHERIA（欧洲，北美洲）
  纽齿目 Order †TAENIODONTA（北美洲）
  裂齿目 Order †TILLODONTIA（北美洲，欧洲，亚洲）

续表

    全齿目 Order †PANTODONTA （北美洲，南美洲，欧洲，亚洲）
    大古猬目 Order †PANTOLESTA （北美洲，欧洲，亚洲，非洲）
    鳞甲目 Order PHOLIDOTA （北美洲，欧洲，非洲）
   有蹄形超目 * Superorder UNGULATOMORPHA
      风掠兽科 †Zhelestidae （亚洲）
    有蹄大目 * Grandorder UNGULATA
     踝节目 * Order †CONDYLARTHRA （北美洲，南美洲，欧洲，亚洲，非洲）
     管齿兽目 Order TUBULIDENTATA （欧洲，非洲，亚洲）
     恐角目 * Order DINOCERATA （北美洲，亚洲）
     北柱兽目 * Order †ARCTOSTYLOPIDA （亚洲，北美洲）
     偶蹄目 Order ARTIODACTYLA （北美洲，南美洲，欧洲，亚洲，非洲）
     鲸中目 * Mirorder CETE [4]
      中兽目 Order †MESONYCHIA （北美洲，欧洲，亚洲）
      鲸目 Order CETACEA （非洲，亚洲，欧洲，北美洲，南美洲，大洋洲，南极洲）
     南方有蹄中目 * Mirorder †MERIDIUNGULATA
      滑距骨目 Order †LITOPTERNA （南美洲，南极洲）
      南美有蹄目 Order †NOTOUNGULATA （南美洲）
      闪兽目 Order †ASTRAPOTHERIA （南美洲）
      异蹄目 Order †XENUNGULATA （南美洲）
      焦齿兽目 Order †PYROTHERIA （南美洲）
     高有蹄中目 Mirorder ALTUNGULATA
      奇蹄目 Order PERISSODACTYLA （北美洲，欧洲，亚洲，非洲，南美洲）
      近有蹄目 * Order PAENUNGULATA
       蹄兔亚目 Suborder HYRACOIDEA （非洲、亚洲、欧洲）
       特提斯兽亚目 * Suborder TETHYTHERIA
        重脚下目 Infraorder †EMBRITHOPODA （非洲，欧洲，亚洲）
        海牛下目 Infraorder SIRENIA （非洲，欧洲，亚洲，北美洲，南美洲）
        长鼻下目 * Infraorder PROBOSCIDEA （非洲，欧洲，亚洲，北美洲，南美洲）

注：
1) 象鼩目（Macroscelidea）在本表中的分类位置反映的是根据传统形态学的分类观点。分子生物学的观点，是把它归入非洲兽支系中（见下面关于哺乳动物主要高阶分类单元简述）。
2) 翼手目（Chiroptera）在本表中的分类位置反映的是根据传统形态学的分类观点。分子生物学的观点，是把它归入劳亚兽支系中（见下面关于哺乳动物主要高阶分类单元简述）。
3) 近兔猴形目（Plesiadapiformes）这个分类单元在 Rose（2006）中没有，我们根据需要加入（详见倪喜军在本志书第三卷第三册中的论述）。这个分类单元由 Simons 和 Tattersall 于 1972 年提出。Plesiadapiformes 和 Primates 通常被置于灵长型类（Primatomorpha）之中（Beard, 1991）。
4) 鲸中目（Cete）包含了中兽目（Mesonychia）和鲸目（Cetacea），这是传统的分类观念。但 Cete 被置于有蹄大目（Ungulata），邻接偶蹄类，又体现了现在分子生物学的观点。与分类表 2 一样，这里没有使用鲸偶蹄类（Cetartiodactyla）[传统的鲸类 + 传统的偶蹄类] 这个概念。目前中兽和鲸类、偶蹄类，以及鲸类和偶蹄类分子间的系统发育关系还不是很清楚。此外，对于相关的名称的使用，也仍然有争议。

† 代表灭绝的化石类群；注有 * 的高阶分类单元，请参见哺乳动物主要高阶分类单元简述。

表 2　现生哺乳动物纲（Mammalia）分类列表（据 Wilson et Reeder, 2005，稍有添改）

哺乳动物纲
　原兽亚纲（Prototheria）：原始的卵生哺乳动物，包括现存的单孔目和很多早期哺乳动物。
　　单孔目（Monotremata）：现存最原始的哺乳动物，卵生，仅分布于大洋洲。
　兽亚纲（Theria）：胎生哺乳动物，包括大多数新生代的哺乳动物和一些中生代的哺乳动物。
　　后兽下纲（Metatheria）：现生类型中其含义和有袋类相当。原分类中（Wilson et Reeder, 2005）有袋类被分别归入 7 个目。由于中国没有现生的有袋类，化石也很少。因此，有袋类的目级分类元这里没有进一步列出，仅依传统列出有袋目。
　　　有袋目（Marsupialia）：现分布于大洋洲和美洲，非常多样化，通常又分成美洲有袋类和澳洲有袋类。
　　真兽下纲（Eutheria）：在现生类群中其含义和有胎盘类相当，新生代占统治地位的哺乳动物。
　　　非洲鼩目（Afrosoricida）：分布于非洲。
　　　象鼩目（Macroscelidea）：分布于非洲。
　　　管齿目（Tubulidentata）：仅土豚一种，分布于非洲的食蚁动物。
　　　蹄兔目（Hyracoidea）：现仅分布于非洲和中东地区。
　　　长鼻目（Proboscidea）：即象类，现仅分布于非洲和亚洲热带地区。
　　　海牛目（Sirenia）：素食性的海洋哺乳动物，分布于各大洲热带、亚热带沿海地区以及非洲和南美洲的部分淡水水域。
　　　有甲贫齿目（Cingulata）：现仅分布于美洲的犰狳（仅一科 Dasypodidae）。
　　　披毛贫齿目（Pilosa）：现仅分布于美洲的原始类群，包括食蚁兽和树懒。
　　　攀鼩目（Scandentia）：产于亚洲热带地区的小目，即树鼩，曾经被置于食虫目或灵长目。
　　　皮翼目（Dermoptera）：产于亚洲热带地区的小目，包括两种鼯猴。
　　　灵长目（Primates）：包括猿猴、狐猴、猿类和人类等。除人类外，多分布于大洋洲以外的温暖地区。
　　　兔形目（Lagomorpha）：包括兔和鼠兔，分布于大洋洲和南极洲以外的世界各地，近代被人类引进大洋洲。
　　　啮齿目（Rodentia）：哺乳动物的最大一目，遍及南极洲以外的世界各地，即各种鼠类以及豪猪、河狸等，一般分成松鼠型亚目、鼠型亚目和豪猪型亚目三大类。
　　　猬型目（Erinaceomorpha）：猬及鼹。分布于亚洲、欧洲、非洲。
　　　鼩型目（Soricomorpha）：鼩鼱。分布于亚洲、欧洲、非洲、北美洲、中美洲。
　　　翼手目（Chiroptera）：即蝙蝠，唯一可以鼓翼飞行的哺乳动物，也是哺乳动物的第二大目，遍及南极洲以外的世界各地。
　　　鳞甲目（Pholidota）：即穿山甲，分布于非洲和亚洲热带、亚热带地区。
　　　食肉目（Carnivora）：包括陆生的裂脚类和海生的鳍脚类，二者常分成不同的目，广泛分布于世界各地，裂脚类又分成犬型类和猫型类。
　　　奇蹄目（Perissodactyla）：包括马、貘和犀牛三类，现分布于非洲、亚洲和中南美洲。
　　　偶蹄目（Artiodactyla）：现代的优势有蹄类，分布于大洋洲和南极洲以外的世界各地，包括猪型亚目、胼足亚目和反刍亚目。其中反刍亚目的牛科是最进步、最繁盛的有蹄类。
　　　鲸目（Cetacea）：包括鲸和海豚，广泛分布于全球海洋中，其中有些是地球上最大的动物。

出。其中有些门类是中国没有的，比如非洲的管齿类和澳大利亚的单孔类。这个系统偏向于传统的分类，在古哺乳动物的研究中，使用起来比较方便。我们采用这个分类，主要的原因是它比较简约。考虑到在志书编写过程中，以及今后的研究中，哺乳动物高阶分类单元的变化还会出现，使用简单的体系具有相对高一点的稳定性，也给以后可能出现的变化留下一些弹性空间。在这个分类体系中，我们根据需要，把过去归入灵长类的近兔猴类，单立为一个近兔猴形目（Order Plesiadapiformes）。这个分类单元由 Simons 和 Tattersall 于 1972 年提出，具体的理由，将在相关分册中介绍。目级分类单元以下的分类，将在各个分册中，根据具体的情况来酌情决定。

除了表 1 列出的哺乳动物分类体系，我们同时把 Wilson 和 Reeder（2005）现生哺乳动物最新的目一级分类列在表 2 中，以反映现生哺乳动物类群分类上的一些变化，尤其是基于分子生物学研究提出的分类阶元。表 2 的分类中，传统意义上的贫齿目、食虫目、鲸目和偶蹄目等，其分类归属已经有了比较大的变化。贫齿目和食虫目被分解为不同的目，而鲸目和偶蹄目列在一起，但这里没有使用鲸偶蹄超目（Cetartiodactyla）。由于鲸类和偶蹄类中的河马更为接近，所以表 2 中使用的偶蹄目很可能是一个复系类群。此外，表 2 中也没有使用非洲兽类（Afrotheria）等更高阶的分类元。

理想的分类体系需要稳定性，但生物学的研究又总是一个动态的过程，并因此影响生物的分类。我们希望读者在参考这里和每个分册的分类体系时，能够体会到这个科学过程中的必然。我们采用的分类体系，大体上能满足我们这部志书的需要，但也有很多的问题，这些问题我们也没有办法解决，只能暂时存疑。为了把存在的差异讲清楚，我们在分类表后，对哺乳动物一些主要高阶分类单元做了简述，作为了解哺乳动物分类的一个辅助内容，供读者参考。

高阶分类单元与系统发育关系间存在的问题

1. 分类单元名称与系统发育

我们目前使用的哺乳动物的分类系统，基本上还是沿用了林奈的分类系统（Linnaeus, 1753, 1758）。林奈的分类系统在达尔文的《物种起源》（Darwin, 1859）之前 100 年就提出来了。因此，它最初的方法中，还没有真正受到生物演化论的影响。但林奈的分类系统在以后的 250 多年中，不断得到了修正和补充，主要可以反映在不同版本的国际动物命名法规中（ICBN, ICNB, ICZN），使它成为一个有一套规则、便于使用的体系，尽管是一个尚未能严格地反映生物系统演化的体系。林奈的分类系统有三个基本的原则：双名法，优先律，以及等级体系。双名法是指在 1753 年后，所有命名的物种名称，需要由属名和种名两部分构成。优先律指一个分类单元所使用的名字，是最先发表的有效名字（例外的情况是最先发表的名字如果在 50 年中没有使用过）。等级体系是指从最高到最低的一个套嵌的体系，即我们使用的界、门、纲、目、科、属、种。

林奈系统中的分类单元可以分成两大类：①科以及科以下的单元；②科以上的单元。前者中，按规定都需要"模式"：科需要有模式属，属需要有模式种，种需要有模式标本。

由于有"模式",对于重名、同物异名等就有了一个可以作为判断的参考依据。但对科以上的分类单元,林奈的分类系统并没有规定需要有"模式"。因此,这个系统中的低阶分类单元(科以及科以下)和高阶分类单元(通常的超科以及更高)就有了一个本质的差别。高阶分类单元不仅没有"模式"这个核心,同时它们的名称建立时,也没有特征、描述的要求。在实际运用中,高阶分类单元的基础,是假定的共同祖先系统关系。比如图30所示,Glires是基于兔形类和啮齿类具有一个共同祖先的假说,并不存在一个"模式",也没有简单特征的要求。同样,图30中所有的高阶分类单元,都具有这样的性质。由于没有"模式"和特征作为命名的要求,高阶分类单元名称的不规范问题就比较多,存在争议和不确定性问题也比较多。

此外,正如志书总序中所指出的,现代生物系统发育学研究的进展,促进了与系统发育相关的"分支系统命名规则"(PhyloCode)的提出。这个体系的提出,是基于一个分类学上的基本认识,即林奈的分类系统中的双名法和基于系统发育的命名法在逻辑上是相悖的(Cantino et al., 1999),而且林奈的分类系统不能够反映生物进化的系统关系(de Queiroz et Donoghue, 1988, 1990;de Queiroz et Gauthier, 1990, 1992, 1994;de Queiroz, 1997)。因此,支持"分支系统命名规则"的人主张完全废弃林奈的分类系统,包括种的双名法。这些主张是极具争议性的,其主要问题有:需要重新定义上百万的、已经命名的分类单元,这需要专门的委员会来做决定,这样的工作不仅需要巨大的工作量,而且由于它所依据的系统发育关系是一个关于生物演化的假说,它们会在不同的证据出现时发生变化,会给相关类群的命名带来不稳定性。此外,推翻一个已经流行了250多年的分类系统,这个过程本身,与"分支系统命名规则"强调的分类稳定性有矛盾。这个过程也会鼓励研究人员竞相地去提出新的高阶分类单元,或者是对已有的分类单元进行"更合理"的定义。在最近一些年的相关研究中,这种趋势已经显露出来。与系统发育相关的分类命名体系,强调了命名体系和系统演化的对应性,使分类体系能够体现生物的系统演化。但它的弱点,是降低了分类的实用性。此外,做系统发育和分类的工作,对分类单元的提出、修改,在相关的委员会的决定下,将会变得非常烦琐和困难。因此,对"分支系统命名规则"持有异议的观点也很强烈(Forey, 2002;Keller et al., 2003;Carpenter, 2003;Nixon, 2003;Kuntner et Agnarsson, 2006;Benton, 2007)。

从目前发展的趋势来看,高阶分类单元的建立和使用,需要遵循两个相互关联的基本原则:一是优先律,二是稳定性。对于哺乳动物的分类来说,与优先律、稳定性以及普遍使用的名称的相关论述和原则,在Simpson(1945)以及McKenna和Bell(1997)的哺乳动物分类中都有深入的阐述。说优先律和稳定性相关联,是因为一个较早发表的高阶分类单元名称是否该被使用,需要看它是否具有稳定性。稳定性通常是指名称的稳定性,即对同一个分类单元不应出现不同的名字,也指一个名称代表的分类单元的内涵的稳定性。比如,Arnason等(2008)认为分类单元的名称,应该依据词源和拼写规则,

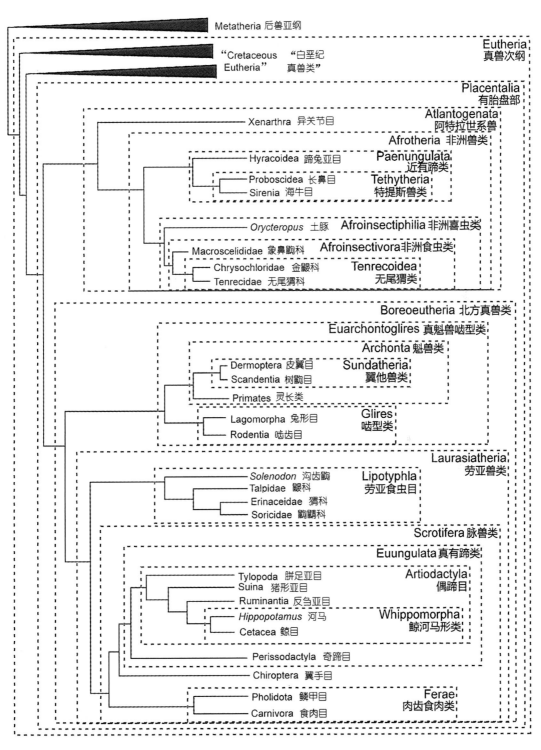

图 30 有胎盘哺乳动物中的高阶分类单元和其依据的系统发育关系（Murphy et al., 2007；Prasad et al., 2008）

实线代表了系统发育关系，虚线框中是高阶分类单元所包含的内容（引自 Asher et Helgen, 2010）

以体现正确的系统演化内容。例如，这些作者认为劳亚兽类（Laurasiatheria）（Waddell et al., 1999）和非洲兽类（Afrotheria）(Stanhope et al., 1998)应该分别被称为"劳亚有胎盘类"（Laurasiaplacentalia）和"非洲有胎盘类"（Afroplacentalia）(Arnason et al., 2008)，因为这两个类群都属于有胎盘类，其名字以"有胎盘类"结尾能更加准确地反映它们的系统位置。但在实用的分类中，人们仍然保持一些习惯上的用法，比如鳍足类动物在系统发育上现在认为属于食肉类，鸟类是恐龙的一支等，都没有产生新的分类单元名称。因此，有些研究者认为，如果没有必要，最好保持那些已经常用的分类单元名称，比如用 Archonta 而不是 "Euarchonta"，Lipotyphla 而不是 "Eulipotyphla"，以及 Artiodactyla 而不是 "Cetartiodactyla"（Asher et Helgen, 2010）。

2. 定义的方式

在"哺乳动物主要高阶分类单元简述"一节中每个高阶分类单元基本上都有一个定义。我们在"哺乳动物的特征和定义"一节，对哺乳动物的定义进行了一些介绍。这里再做一些进一步的说明。

对一个分类单元名称进行定义，也就是具体说明这个名称的含义是什么，本质上是说明这个名称所指的分类单元是什么。如果用一个形象的说法，定义一个分类单元名称，就是将一个分类单元名称作为一个标签，明确地"贴"到一个系统树的特定位置，那个标签表达的意义，就定格那个支系。在传统的分类单元名称定义中，通常会用具有某些特征来定义一个分类单元。比如哺乳动物被定义为具有齿骨-鳞骨颌关节，中耳具有三块听小骨（镫骨、砧骨、锤骨）的动物，等等。但已经有很多的研究说明，特征不能用来定义一个分类单元，只有共同祖先以及相关的系统关系在逻辑上才能真正的用来定义一个分类单元。有关的讨论，请参考第一卷第一册脊椎动物总论的相关内容。

在进行定义时，尽管使用共同祖先和系统发育关系已经是一个广泛接受的方法，但在具体定义一个分类单元时，目前并没有一个明确的行文规定，所以定义的用词，尤其是在参照分类单元的选取上，非常地不一致。在早期使用的定义中，通常会选取高阶分类单元来做参考，比如"哺乳动物为由现生的单孔类（鸭嘴兽）和兽类（有袋类加有胎盘类）的共同祖先及其所有后裔构成的一个支系"（Rowe, 1987, 1988）。或者是"哺乳动物为由中国尖齿兽（*Sinoconodon*）和兽类的共同祖先及其所有后裔构成的一个支系"（Kielan-Jaworowska et al., 2004；图 1B）。这里的兽类，就是一个高阶分类单元。但随着这种定义方法的使用，人们发现定义中的高阶分类单元有时是不稳定的，如果一旦这样的分类单元系统关系发生了大的变化，比如说成为一个非单系类群，这个参考分类单元是否成立就成了问题，同时也会影响到被定义的分类单元。因此，现在有一种趋势，是选用最为常见的哺乳动物种来做定义，比如，Sereno (2006) 对哺乳动物冠群的定义是："包含 *Ornithorhynchus anatinus* (Shaw, 1799) 和 *Mus musculus* Linnaeus, 1758 的最小支系"。

作为一个种,这两个参照分类单元本身都不会出现系统关系上的问题,因此,相对而言,它比 Rowe 的定义从系统发育角度看要稳定。但这种定义的一个弱点,是在选取参照种类时,人们会为了不同而不同,提出实际意义一样,但用词不同的定义。比如,O'Leary 等(2004)定义的哺乳动物冠群为:"*Elephas maximus* 和 *Ornithorhynchus anatinus* 的共同祖先及其所有后裔"。这在一定程度上,造成了定义本身的不稳定性。

哺乳动物主要高阶分类单元简述

哺乳动物在目一级的分类单元,将会在每个分册中做相关的介绍。本节简要介绍一些与中国哺乳动物化石相关的高阶分类单元,使读者对哺乳动物的主要类群有一个基本的了解。有些分类单元是根据分子系统学研究提出来的,比较新,比如非洲兽,在传统的分类中没有这样的分类单元。有些分类单元也因为系统发育关系不稳定,其代表的内容变化较大,比如"阴兽类"等。因此,现有的分类系统(比如 Rose, 2006;表 1)很难将所有已经发表的分类单元都包括。在目前这样一个系统发育研究非常活跃、分类变化很大的阶段,志书采用的分类体系和分类原则,很难做到完全统一,需要对一些高阶分类单元的使用进行某种程度的选择。为了帮助说明问题,我们在这一节中引用了几幅分支图来表现一些系统发育关系。这些来自不同研究的分支图,其代表的系统发育关系并非定论,只是众多假中选取出来的比较新和稳定的。

我们用这些图来说明几个问题:①重建的系统发育关系的不确定性。在不同的研究中,系统发育采用的分类单元、特征、分析方法上的不同,会产生出不同的系统发育关系。②这些图也可以帮助说明分类单元和系统发育之间的关系是什么。③从这些各异的系统发育图和分类单元、分类名称中,可以了解系统发育分类的难度,存在差异是难免的,而且人为的选取也是难免的。但选择这些图的原因,是因为它们基本上反应了目前古哺乳动物学家能够接受的系统发育关系。在这些图和上面分类表的基础上,我们对哺乳动物主要的一些高阶分类单元进行简单介绍。在本卷各个分册中,主要会集中在目和目一级分类单元的介绍,不一定会包含目以上分类单元的介绍。将这些高阶分类单元名字和相关的系统发育联系起来,可以对了解哺乳动物各个层级上的分类和系统发育关系有所帮助。

我们的介绍也只能是有选择性的、不完整的,因为历史中出现的各种分类单元非常多。对哺乳动物分类原理和系统介绍,可以参见 Simpson(1945)以及 McKenna 和 Bell(1997)的文献。我们介绍的高阶分类单元,很多都是来自于这两个分类体系,但又因为近年来分子生物学的发展,使原有的一些分类单元概念和内容产生了变化。当然,也有一些新的内容是上述两个工作中没有的。

需要特别指出的是,我们介绍的高阶分类单元,与我们使用的分类表中列出的分类单元有可能出现差别。有些单元的概念是非常不一样的,有些名称的使用也不一样,很多的名称，在分类表中也没有使用。这种差别，是现代系统发育和分类概念、方法快速变化和转变过程的自然表现。读者需要相辅相成地来使用和理解分类表及对高阶分类单元的简介。真正的理解，可能还需要参考原始的研究文章。

我们的介绍主要集中在中国有化石的门类。中国没有的门类，比如单孔类，或者化石很少的门类，比如后兽类，我们的介绍就相对比较简单。此外，哺乳动物系统发育和分类的主要问题，也是集中在中生代哺乳动物、真兽类和有胎盘类，这些门类也是中国化石比较多的门类。

在高阶分类单元简述之前图31可以表明各高阶分类单元，尤其是已灭绝的主要类群的系统发育关系。

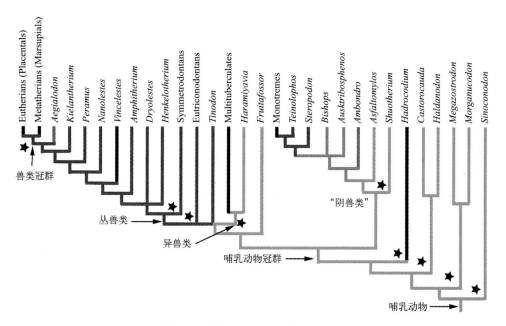

图 31　哺乳动物主要类群系统关系
星号标注中国境内有的类群（改自 Meng et al., 2011 以及 Luo et al., 2007a）

哺乳形类（Mammaliamorpha）　哺乳形类（Rowe, 1988）是 Tritylodontidae（三列齿兽科）与哺乳动物冠群的最近共同祖先及其所有后裔构成的支系。这个分类单元与哺乳型类的差别不是很明确（见下面介绍）。在我们这套志书中，三列齿兽类归入非哺乳动物下孔类中，请参见本志书第三卷第一册《基干下孔类》（李锦玲、刘俊，2015）。

哺乳型类（Mammaliaformes）　哺乳型动物最初由 Rowe（1988）提出，其定义为"摩根齿兽科和哺乳动物纲（冠群）的共同祖先及其所有后裔构成的类群"。以后的有关定义有："所有与亚洲象（*Elephas maximus*）而不是爬行纲（依 Gauthier et al., 1988）

更为亲近的分类单元"（O'Leary et al., 2004）。或"含有家鼠（*Mus musculus* Linnaeus, 1758）而不是 *Tritylodon longaevus* Owen, 1884 或 *Pachygenelus monus* Watson, 1913 的最大支系"（Sereno, 2006）。Rowe 的定义，是节点定义；而后两种定义，为基干定义，但选择的支系内、外参照分类单元不同。按照后面两种定义，哺乳型动物是哺乳动物的"全类群"（O'Leary et al., 2013）。在本志书列出的两个分类表中，含有化石和灭绝类群的分类表中（表1）的"哺乳动物纲"（Mammalia）大体上相当于这里的"哺乳型动物"（Mammaliaformes）。而仅以现生哺乳动物为基础的分类中（表2），"哺乳动物纲"从内含的分类单元看，大体上等同于下述的"哺乳动物冠群"。

哺乳动物纲（Mammalia） 本志中采用比较广义的哺乳动物系统发育定义：哺乳动物是由中国尖齿兽和现生兽类的共同祖先及其所有后裔构成的一个支系（图1B）（Luo et al., 2002；Kielan-Jaworowska et al., 2004）。这个定义是节点定义。这样定义的哺乳动物，近似于一些作者的哺乳形动物（见上述讨论）。采用这个定义的主要考虑，一是已经有这样的使用先例，二是有些学者认为的哺乳形动物，在中国的化石记录中只是很少的几种。把如中国尖齿兽类、摩根齿兽类等归入哺乳动物，对于志书编写比较方便，不需要再单列出哺乳型动物（Mammaliaformes）这个更高的分类单元。

哺乳动物冠群（Crown Mammalia） 即冠群哺乳动物，是现生的单孔类和兽类的最近共同祖先及其所有后裔构成的一个支系（Rowe, 1987, 1988, 1993）。哺乳动物冠群有多种定义，但基本上都是节点定义。除了 Rowe 的定义外，还有"单孔类和兽类共同祖先的后裔"（Rougier et al., 1998）；"*Elephas maximus* 和 *Ornithorhynchus anatinus* 的共同祖先及其所有后裔"（O'Leary et al., 2004）；"包含 *Ornithorhynchus anatinus* (Shaw, 1799) 和 *Mus musculus* Linnaeus, 1758 的最小支系"（Sereno, 2006），等等。特别要说明的是，本志书使用的哺乳动物纲（Mammalia）包含了哺乳动物冠群和一些基干类群，比如摩根齿兽等，因此，冠群哺乳动物再用"纲"一级分类单元，就显得重复和混淆了。在现在流行的系统发育和分类研究中，尤其是包含了现生种类和基因序列的研究中，哺乳动物冠群（作为哺乳动物纲，Crown Mammalia）已经被广泛地使用。所以，在我们的使用中，哺乳动物冠群并没有以一个分类单元"纲"出现，但它所代表的支系应该是清楚的。

原兽亚纲（Prototheria） 由所有更亲近于 *Ornithorhynchus anatinus*（鸭嘴兽）而不是 *Elephas maximus*（亚洲象）的物种构成的支系（O'Leary et al., 2004），或者是包含 *Ornithorhynchus anatinus* (Shaw, 1799) 而不包含 *Mus musculus* Linnaeus, 1758 的最大支系（Sereno, 2006）。这样定义的原兽类，是单孔类的全类群（O'Leary et al., 2013）。而单孔类（Monotremata）则是 *Ornithorhynchus anatinus* 与 *Tachyglossus aculeatus* 的共同祖先及其所有后裔构成的支系（O'Leary et al., 2004）。单孔目是一类原始的现生哺乳动物。与爬行类类似，单孔类的直肠和泌尿生殖系统开口于一个共同的泄殖腔孔，卵生但被毛和具乳腺。现生的有鸭嘴兽（*Ornithorhynchus*）、短吻针鼹（*Echidna*）和长吻针鼹（*Zaglossus*）

三个属，分布于澳大利亚的东部、塔斯马尼亚和新几内亚。化石记录很少，在北方大陆没有记录。上述对原兽类的定义，与传统的原兽类的含义有了很大的区别，请参见原始哺乳动物记述中相关的介绍。

南方磨楔兽亚纲（Australosphenida） 南方磨楔兽类由 Luo 等（2001a, 2002）提出并定义。这个类群由所有亲近于现生单孔类而不是亲近于 *Shuotherium* 或现生兽类的灭绝类群构成。化石类群包括了 *Ambondro*, *Ausktribosphenos* 以及 *Bishops* 等，这些类群的特点，是下臼齿具有前齿带，围绕牙齿的前舌缘。

"阴兽类"（"Yinotheria"） 这个分类单元（Chow et Rich, 1982）在 Kielan-Jaworowska 等（2004）中被认为是蜀兽（*Shuotherium*）和单孔类冠群构成的一个支系，即蜀兽和南方磨楔兽类（Australosphenida）构成的姐妹群（图 31）。依据上面原兽亚纲是单孔类的全类群的定义，"阴兽类"和原兽类所指的系统关系相同，从分类单元名称上来说，"阴兽类"即是原兽类的次异名。"阴兽类"概念提出后，这个类群的内容一直都在变化（见本册蜀兽目的讨论），在我们使用的分类表中（表 1）也没有列出，我们这里将其置于引号内，以一个非正式分类元和一个曾经使用过的重要哺乳动物高阶分类单元来介绍。

异兽亚纲（Allotheria） 异兽亚纲包含两个已经灭绝的哺乳动物类群：贼兽目（Haramiyida）和多瘤齿兽目（Multituberculata）。很大程度上由于前者保存的化石多为单个的牙齿，形态特征有限，因此，两者的系统关系存在不确定性，目前也还没有基于系统发育的定义。一些研究者认为两者没有很近的亲缘关系，甚至将贼兽目排除在异兽亚纲之外（Jenkins et al., 1997）。也有作者认为，多瘤齿兽目是一个单系类群，由贼兽目中的一支演化出来，虽然两类形成异兽亚纲这个支系，但贼兽目是一个并系类群，由所有非多瘤齿兽类的异兽类构成（Hahn et al., 1989；Butler, 2000；Butler et Hooker, 2005；Hahn et Hahn, 2006）。由于它们特有的牙齿结构和咀嚼方式以及很早的化石记录，很多人认为异兽类与其他哺乳动物在晚三叠世时就已分开，甚至是独立起源（Simpson, 1945；Hahn et al., 1989；Butler, 2000；Butler et Hooker, 2005；Hahn et Hahn, 2006）。但在近期的一些系统发育分析中，异兽类通常都位于哺乳动物冠群之内（Kielan-Jaworowska et al., 2004；Luo et al., 2007b；Rowe et al., 2008）。依据这个关系，异兽类就是最早的冠群哺乳动物的一支，在晚三叠世就已经出现了。异兽类的形态特征，参见本册相关内容。

丛兽超阵（Trechnotheria） 由 McKenna（1975）提出。这个分类单元目前的内容包含了兽亚纲和"对齿兽目（Symmetrodonta）"（图 31）的共同祖先及全部后裔。由于传统意义上的对齿兽类很可能是一个多系类群（见本册对"对齿兽目"的讨论），因此也有一种修改的定义，即 Trechnotheria 是由兽亚纲和鼹兽科（Spalacotheriidae）的共同祖先及全部后裔构成的一个类群（Kielan-Jaworowska et al., 2004），鼹兽科是传统"对齿兽目"中的一个科，其中包括了热河生物群中的 *Zhangheotherium*。因此也有定义为：*Zhangheotherium* 和兽类冠群的共同祖先及其所有后裔构成的一个支系（Luo et al., 2002）。

岐兽阵（Cladotheria） 这个分类单元由 McKenna（1975）提出，其定义为"dryolestid 和冠群兽类的共同祖先和所有后裔构成的支系"。

宏兽亚阵（Zatheria） 这个分类单元由 McKenna（1975）提出，其定义为"*Peramus* 和冠群兽类的共同祖先和所有后裔构成的支系"。

兽形类（Theriimorpha） 兽形类为兽类（冠群）及所有与兽类而不是单孔类更亲近的所有灭绝分类单元构成的单元（Rowe, 1993），或者为含有 *Mus musculus* Linnaeus, 1758 而不含有 *Ornithorhynchus anatinus* (Shaw, 1799) 的最大支系（Sereno, 2006）。以上的定义中，都可能出现一个问题，那就是如果异兽类属于哺乳动物冠群，根据定义，也有可能属于兽形类（图31），这和传统上对异兽类的认识有差别。兽形类是兽类的全类群（O'Leary et al., 2013）。根据这个定义，上面提到的 Trechnotheria、Cladotheria 和 Zatheria 都应该被包括在兽形类中。

兽型类（Theriiformes） 兽型类的名称，由 Rowe（1988）首先使用，但没有给出明确的定义。从这个分类单元依据的系统发育关系看，它是一个节点定义的类群，由多瘤齿兽类和兽类构成。但由于多瘤齿兽类的系统位置不稳定，它可能与单孔类形成姐妹群，也可能处在哺乳动物冠群之外。目前兽型类与最初的兽形类的含义完全相同，所以在最新的研究中，没有使用这一分类元（O'Leary et al., 2013）。

北方磨楔兽类（Boreosphenida） 这个分类单元由 Luo 等（2001a）提出，含义为中生代时起源于北方大陆、具磨楔式白齿的兽类。在提出这个分类单元时，并没有明确的定义。在以后的文章中，Kielan-Jaworowska 等（2004）进一步说明这个分类元包含了"tribotherians"、后兽类（Metatheria）和真兽类（Eutheria），其含义基本上等同于磨楔兽类（Tribosphenida）（McKenna, 1975；McKenna et Bell, 1997）。我们的分类表中（表1）使用了北方磨楔兽亚纲。但在中生代哺乳动物的分类中，我们认为将这个分类单元看做是兽类（Theria）的全类群可能更合适。从优先律上看，使用磨楔兽类（Tribosphenida）似乎更妥当。

兽亚纲（Theria） 目前使用的兽亚纲，是一个冠群，由后兽下纲和真兽下纲两个分类单元构成。其定义有："现生有袋类和有胎盘类的最近共同祖先及其所有后裔"（Rowe, 1988；Rougier et al., 1998）；"*Elephas maximus* 和 *Didelphis virginiana* 的共同祖先及其所有后裔"（O'Leary et al., 2004）；"含有 *Mus musculus* Linnaeus, 1758 和 *Didelphis marsupialis* Linnaeus, 1758 的最小哺乳动物支系"（Sereno, 2006）。这些都是节点定义。兽类为胎生哺乳动物，包括大多数新生代的哺乳动物和一些中生代的哺乳动物。

后兽下纲（Metatheria） 后兽下纲由现生有袋类（冠群）和它们的一些化石基干类群组成，可以定义为："与有袋类而不是真兽类更为接近的任何哺乳动物"（Rougier et al., 1998）；"所有与有袋类（Marsupialia）而不是与真兽类（Eutheria）拥有共同祖先的兽类"（Flynn et Wyss, 1999）；"与 *Didelphis virginiana* 而不是 *Elephas maximus* 更为亲近的所有物种"（O'Leary et al., 2004, p. 494）；"含有 *Didelphis marsupialis* Linnaeus, 1758 而不是 *Mus musculus* Linnaeus, 1758 的最小哺乳动物支系"（Sereno, 2006）。后兽下纲是有袋类的全类群。

有袋部（Marsupialia） 这是通常说的有袋类。相对于后兽下纲，有袋部是一个冠群，相关的定义有："现生后兽类的共同祖先及其所有后裔形成的支系"（Rougier et al., 1998）；"*Didelphis virginiana* 和 *Macropus giganteus* 的共同祖先及其所有现生和化石的后裔"（O'Leary et al., 2004）；"包含 *Didelphis marsupialis* Linnaeus, 1758 和 *Phalanger orientalis* (Pallas, 1766) 的最小支系"（Sereno, 2006）。在传统的分类中，有袋类常被归类为一个"目"，但现在有袋类中的分类层级已经提升，包括了至少 7 个目。因为后兽类和有袋类在中国的化石很少，这里不做进一步的介绍。

真兽下纲（Eutheria） 作为一个分类单元，真兽类过去和有胎盘类常常混用。现在它的含义已经很清楚，由现生有胎盘部和它们的一些化石基干类群组成（图 32）。真兽

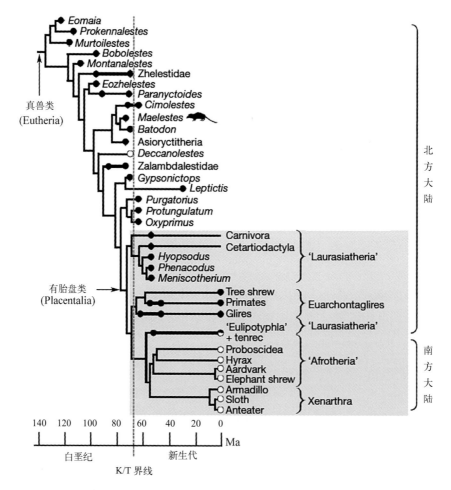

图 32 真兽类和有胎盘类的主要类群，系统关系以及地理、地史分布（引自 Wible et al., 2007）

注意 Laurasiatheria 在此图中为非单系类群

类是有胎盘类的全类群（O'Leary et al., 2013），其定义为："所有与 *Elephas maximus* 而不是 *Didelphis virginiana* 更为亲近的哺乳动物种"（O'Leary et al., 2004）；"一个基干类群，它含有有胎盘类以及与后者亲近而不是与有袋类亲近的化石种类"（Springer et al., 2004）；"与有胎盘类而不是后兽类更为接近的哺乳动物"（Novacek et al., 1997）；"含有 *Mus musculus* Linnaeus, 1758 而不是 *Didelphis marsupialis* Linnaeus, 1758 的最小支系"（Sereno, 2006）。这里需要指出的是，Novacek 等（1997）的定义不够准确，有可能被理解为仅仅包含了真兽类的基干类群而没有包括有胎盘类。

有胎盘部（Placentalia） 有胎盘类现在通常都指的是由现生类群构成的冠群（图32，图33），其定义有："现生真兽类的最近共同祖先及其后裔构成的支系"（Novacek et al., 1997）；"由 *Elephas maximus*, *Bos taurus* 和 *Dasypus novemcinctus* 的共同祖先及其所有化石和现生后裔构成的支系"（O'Leary et al., 2004, p. 491）；"含有 *Dasypus novemcinctus* Linnaeus 1758，*Elephas maximus* Linnaeus, 1758，*Erinaceus europaeus* (Linnaeus, 1758)，*Mus musculus* Linnaeus, 1758 的最小支系"（Sereno, 2006）。以上定义，均为节点定义。

在最近 20 年关于哺乳动物的研究中，有胎盘类的系统发育得益于分子生物学的手段，有了很多突破性的发展。我们用图 32 来说明一些主要有胎盘分类单元和它们的相互系统关系。这个图来自 Janis 等（2008）。选择它的原因，是因为它基本上反应了目前古哺乳动物学家和分子生物学家都能接受的一个系统发育方案。这些新的系统发育关系，主要来自于一系列用基因序列做的现生哺乳动物的系统发育研究（Stanhope

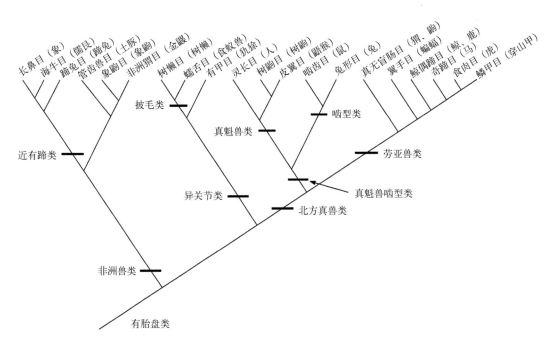

图 33　有胎盘类哺乳动物的主要类群和系统发育关系以及有关的高阶分类单元（改自 Janis et al., 2008）

et al., 1996, 1998；Liu et al., 2001；Madsen et al., 2001；Murphy et al., 2001；Springer et al., 2003, 2004），这些研究结果，与传统依赖形态特征而得出的一些哺乳动物系统发育关系有很大的差别（McKenna, 1975；Szalay, 1977；Novacek et Wyss, 1986；McKenna et Bell, 1997）。关于有胎盘类的起源分异时间，目前还是一个有争议的问题，详见前文"系统发育与分异时间"一节。

上兽类（Epitheria） 上兽类（Epitheria）由 McKenna（1975）提出（又见 McKenna et Bell, 1997；Shoshani et McKenna, 1998）。作为一个节点定义的冠群，它包括由非洲兽类（Afrotheria）、劳亚兽类（Laurasiatheria）和真魁兽啮型类（Euarchontoglires）构成的最小支系及其所有后裔（O'Leary et al., 2013），或者说上兽类包含除了异关节目外所有现生的有胎盘哺乳动物，但上兽类内部的系统关系在不同的研究中是不同的（Shoshani et McKenna, 1998）。上兽类是否为一单系类群还没有达到一个稳定共识。分子生物学的研究，认为非洲兽类（Afrotheria）和异关节目构成一个支系，称为 Atlantogenata，起源于非洲和南美洲，与北方真兽类（Boreoeutheria）形成姐妹群（Waddell et al., 1999；Springer et al., 2004；Murphy et al., 2007）。此外，Xenafrotheria（Asher, 2005）和 Notoplacentalia（Arnason et al., 2008）两个名字，也用来指 Atlantogenata 代表的同一分类单元，被认为是后者的次异名（Asher et Helgen, 2010）。

北方真兽类（Boreoeutheria） Murphy 等（2001）认为北方真兽类包含了两个类群：劳亚兽类（Laurasiatheria）和真魁兽啮型类（Euarchontoglires），两者都为北方大陆起源。这个类群虽然从名称上以 -theria 结尾，明显地是作为一个分类单元提出，但这个分类单元在比较系统的分类中（比如表1），还没有被广泛使用。北方真兽类为一冠群分类单元，其节点定义为含有 *Homo sapiens* 以及 *Lama glama* 的最小支系（O'Leary et al., 2013）。这个定义分别选用了真魁兽啮型类中灵长类的一个种（智人）和劳亚兽类中偶蹄类的一个种（美洲驼）作为定义的参照物种。此外，Boreotheria（Waddell et al., 2001）以及 Boreoplacentalia（Arnason et al., 2008）也被提出来作为同一内容分类单元的名称，但被认为是 Boreoeutheria 的次异名（Asher et Helgen, 2010）。

异关节目（Xenarthra） 中文中也有继续使用传统的贫齿目，由披毛类（Pilosa）和美洲的犰狳（Dasypodidae）构成。其节点冠群定义为：含有 *Dasypus novemcinctus* Linnaeus, 1758 和 *Choloepus hoffmani* W. Peters, 1858 的最小支系（其共同祖先和所有后裔）（O'Leary et al., 2013）。异关节目在中国是否有化石记录存有争议。传统的形态学研究，通常把异关节类认为是有胎盘哺乳动物的一个基干类群（Gregory, 1910, p. 468；Simpson, 1945；McKenna, 1975；Rose et Emry, 1993；Shoshani et McKenna, 1998；O'Leary et al., 2013）。在分子生物学的研究中，异关节类的系统位置不定，但多为靠近有胎盘哺乳动物的基部（Murphy et al., 2001；Spinger et al., 2004；Bininda-Emonds et al., 2007；Meredith et al., 2011）。中国南雄晚古新世的东方蕾贫齿兽 *Ernanodon* 曾被认为是一种"贫齿类"

（丁素因，1979，1987），但最新的研究认为 *Ernanodon* 与穿山甲更为接近（Kondrashov et Agadjanian, 2012）。

劳亚兽类（Laurasiatheria） 劳亚兽类来自于劳亚大陆（Laurasia），包括欧洲、亚洲和北美洲（Waddell et al., 1999；Madsen et al., 2001），包括了鲸偶蹄类（cetartiodactyls）、奇蹄类（perissodactyls）、食肉类（carnivores）、翼手类（chiropterans）、鳞甲类（pangolins）以及劳亚食虫类（Eulipotyphla）(Waddell et al., 1999)，后者通常也从字面上译为"真无盲肠类"（eulipotyphlan），包含了传统分类中的猬类和鼩类（见本志书第三卷第三册中有关劳亚食虫目的讨论）。最近的研究对劳亚兽类给出了一个冠群节点定义：包含了 *Talpa europaea, Manis pentadactyla, Canis lupus, Rhinopoma hardwickii, Equus caballus*，以及 *Lama glama* 的最小支系（O'Leary et al., 2013）。

劳亚（无盲肠）食虫目（Lipotyphla/Eulipotyphla） 其节点冠群定义为：含有 *Talpa europaea*，*Erinaceus europaeus* 以及 *Solenodon pardoxus* 的最小支系（O'Leary et al., 2013）。关于食虫类的分类，一直是个复杂的问题，具体的分类演变过程，请参见本志书第三卷第三册中有关劳亚食虫目的介绍。这里仅对有关名称简要说明。

分子生物学的研究识别出非洲特有的无尾猬类和金鼹类与其他食虫类起源不同，自成一个支系：非洲鼩（Afrosoricida）(Stanhope et al., 1998)（见后面讨论）；其他留在传统食虫类中的类群，另外形成一个支系。为了与传统的 Lipotyphla (Haeckel, 1866) 相区别，Waddell 等（1999）提出了真无盲肠食虫目（Eulipotyphla）这个名称。但 Asher 和 Helgen（2010）认为移走了非洲鼩，并不影响使用传统的分类单元名称无盲肠食虫目（Lipotyphla），基于名称的稳定和优先律，他们认为应该继续使用 Lipotyphla，而 Eulipotyphla 是 Lipotyphla 的次异名。对于如何处理这样的不同分类单元名称用法，没有定论。在本卷三册关于食虫类分类中，把 Eulipotyphla 译为劳亚食虫目而不是传统的无盲肠食虫目，以反映与非洲鼩目相对应的地理分布和系统关系。无论是采用 Eulipotyphla 还是 Lipotyphla，使用劳亚食虫目的中文译法都更合适一些。

食虫类超目（Insectivora） 在我们选取的 Rose（2006）的分类中，Insectivora 作为一个超目仍然被使用，尽管在很多研究中，这个名称常被无盲肠食虫目（Lipotyphla）或真无盲肠食虫目（Eulipotyphla）所代替。后面两种用法，通常都是指冠群，但化石类群包括进来时，尤其是化石分类单元没有位于冠群中时，就需要用另外的名称。因此，我们认为用食虫类超目（Insectivora）作为劳亚食虫目的全类群是一种可能的解决办法。尽管目前还没有稳定的系统发育来支持这个全类群，即猴类（Leptictidae）形成劳亚食虫类的外类群。但在 Rose（2006）的分类中，这个超目包含了 Lipotyphla 和猴目 Leptictida。

真魁兽啮型类（Euarchontoglires） 真魁兽啮型类也是由分子系统学研究识别出来的（Madsen et al., 2001；Murphy et al., 2007；Springer et al., 2003, 2004），它包括了两个主要的类群，一是啮型类（Glires），二是魁兽类（Archonta）。其节点冠群定义为：含有智人（*Homo sapiens*）和大鼠（*Rattus rattus*）的最小支系（O'Leary et al., 2013）。含有同样内容的分类单元名称 Supraprimates（Waddell et al., 2001），因为比 Euarchontoglires 晚发表三天，被认为是后者的次异名（Asher et Helgen, 2010）。此外，Archontoglires（Arnason et al., 2008）也被认为是 Euarchontoglires 的次异名。

魁兽超目（Archonta） 传统的魁兽类（Archonta），包括了翼手类（Chiroptera）、灵长类（Primates）、树鼩类（Scandentia）、皮翼类（Dermoptera）和象鼩鼱类（Macroscelidea）（Gregory, 1910）。McKenna（1975）将象鼩鼱目从魁兽类中剔除，而分子生物学的研究进一步把翼手目从魁兽类中排除，并将剩余的三个分类元构成的支系称为真魁兽类（Waddell et al., 1999；Murphy et al., 2001）。在 Rose（2006）的分类中，仍然使用了含有翼手目的魁兽超目这个分类单元。在 O'Leary 等（2013）文章中，含有翼手目的魁兽，仍然得到形态特征的支持。因此，O'Leary 等（2013）也给出了魁兽的节点冠群定义：由 Chiroptera, Primates, Dermoptera 以及 Scandentia 构成的最小支系。但在同时使用形态特征和分子序列的分析中，翼手目（Chiroptera）则是和有蹄类更为接近。

真魁兽大目（Euarchonta） 真魁兽类没有一个明确的定义（Waddell et al., 1999；O'Leary et al., 2013）。但它包含的分类单元是明确的，因此，真魁兽类可以使用节点冠群定义：由 Primates, Dermoptera 以及 Scandentia 构成的最小支系。Asher 和 Helgen（2010）认为即使移走了翼手目，仍然可以继续使用魁兽（Archonta）这个分类单元。但从上述的介绍中，O'Leary 等（2013）仍然定义了魁兽类（Archonta），而翼手目的系统位置似乎并非很稳定。因此，我们这里仍然使用 Rose（2006）的分类法，同时保留魁兽类和真魁兽类两个分类单元。

狸兽超目（Anagalida） 狸兽类由 Szalay 和 McKenna（1971）提出，以后其分类位置和包含的内容又由 McKenna（1975；又见 McKenna et Bell, 1997）修订，其主要内容反映在 Rose（2006）的分类中（表1）。这个分类元包含了重褶齿猬科（Zalambdalestidae）、狸兽科（Anagalidae）、假古猬科（Pseudictopidae）、象鼩鼱目（Macroscelidea）以及啮型类（Glires）。如果仅仅以现生类群来看，狸兽类包含了象鼩鼱、啮齿类和兔形类（Shoshani et McKenna, 1998）。但现在象鼩鼱类已经和无尾猬类（Tenrecoidea）一起归入了非洲食虫类（Afroinsectivora）（Waddell et al., 2001），而啮型类又和真魁兽类一起形成了真魁兽啮型类（Murphy et al., 2001），狸兽这个分类元的主要内容被肢解。灭绝的重褶齿猬科、狸兽科以及假古猬科的系统发育关系目前不清楚，但 Anagalida 这个分类单元，在本套志书中仍然沿用，具体内容参见本志书三卷三册有关章节。

啮型类（Glires） 啮型类的节点冠群定义为：现生的啮齿类和兔形类的共同祖先及其后裔形成的支系（Wyss et Meng, 1996；O'Leary et al., 2013）。啮型类是哺乳动物中种类最多的门类。如果考虑到化石，啮型类包括了由啮齿目（Rodentia）和混齿目（Mixodontia，通常认为是啮齿类的基干类群）组成的单门齿类（Simplicidentata）和兔形目（Lagomorpha）以及模鼠兔目（Mimotonida，通常认为是兔形类的基干类群）组的双门齿类（Duplicidentata）。当化石类群包含在系统分析中时，目前这个类群内部的系统发育关系还不稳定（Meng et al., 2003；Asher et al., 2005；O'Leary et al., 2013）。

鳞甲食肉超目（Ostentoria） Ostentoria 这个分类单元由 Amrine-Madsen 等（2003）提出，由食肉目（Carnivora）和鳞甲目（Pholidota）这个姐妹群构成。这个姐妹群关系，一些形态学研究也认识到了（Rose et Emry, 1993；Shoshani et McKenna, 1998），但也有形态学研究将鳞甲类和异关节类归入贫齿目中（Novacek et Wyss, 1986；Novacek, 1992）。它的最新节点冠群定义为：含有穿山甲（*Manis pentadactyla*）和家犬（*Canis lupus*）的最小支系（O'Leary et al., 2013）。Asher 和 Helgen（2010）认为 Ostentoria 是 Ferae（Shoshani et McKenna, 1998）的次异名，但由于 Ostentoria 的不稳定性，Ferae 目前仍然还在以接近 Simpson（1945）的定义的一个分类单元被使用（O'Leary et al., 2013），与 Ostentoria 包含的分类单元不同（见下文）。

肉齿食肉类（Ferae） Ferae 这个分类元最初由 Linnaeus（1758）提出。在 Simpson（1945）的分类中，指食肉类（Carnivora）和肉齿类（Creodonta）构成的一个分类单元。但在以后的系统发育分类中，食肉类和鳞甲目构成的姐妹群也被叫做 Ferae（Wyss et Flynn, 1993；Shoshani et McKenna, 1998；Wesley-Hunt et Flynn, 2005）。最近的研究，延续了 Simpson（1945）对 Ferae 分类的基本内容，提出了 Farae 的非冠群节点定义为：含有 *Hyaenodon leptorhynchus*（Hyaenodontidae），*Oxyaena lupina*（Oxyaenidae）以及 *Canis lupus*（Canidae, Carnivora）的最近共同祖先 [及其所有后裔]（方括号内文字由本文作者补充）。在我们使用的分类表中（Rose, 2006；表1），肉齿食肉超目（Ferae）的内容，更接近于鳞甲食肉超目（Ostentoria），但其中包含的一系列灭绝类群，比如纽齿目（Taeniodonta）、裂齿目（Tillodontia）、钝脚目（Pantodonta）以及大古猬目（Pantolesta）等，目前并没有一个稳定的系统发育关系来支持它们的分类位置。因此，这些类群在以后的工作中，甚至在志书的编写过程中，它们的分类位置都有可能随着新的系统发育研究结果而变化。

食肉形类（Carnivoramorpha） 食肉形类（Wyss et Flynn, 1993；Flynn et Wesley-Hunt, 2005）最新的定义，是作为食肉类的全类群提出的：即"食肉类及其所有更亲近于它而不是肉齿类的支系"（Wyss et Flynn, 1993）；或者"食肉类以及所有哺乳动物（Rowe, 1988）分子，它们更亲近于食肉类而不是任何肉齿类（Carroll, 1988）的分子"（Flynn et Wesley-Hunt, 2005）。在这个全类群的定义中，其中的一个参照分类元是灭绝类群 Creodonta。

肉齿目（Creodonta） 尽管这是一个目级分类单元，因为涉及肉齿食肉类（Ferae）和食肉形类（Carnivoramorpha）的定义，这里也简单介绍一下。这个灭绝类群的节点定义为：*Hyaenodon leptorhynchus* 以及 *Oxyaena lupina* 的共同祖先及所有后裔，但不包括任何与食肉类更接近的分子（O'Leary et al., 2013）。因为肉齿类的系统发育关系不是很稳定，如果今后的研究发现这是一个非单系类群，那么这样定义的肉齿类将不能继续成立。

真有蹄类（Euungulata） 这个分类单元由 Waddell 等（2001）提出。其冠群节点定义为：含有 *Tursiops truncates*（鲸类）、*Lama glama*（偶蹄类）以及 *Equus caballus*（奇蹄类）的最小类群（O'Leary et al., 2013）。我们采用的分类表（Rose, 2006；表1），有蹄形超目（Ungulatomorpha）下的有蹄大目（Ungulata），大体上包含了真有蹄类的内容，但也包括了一些灭绝类群，比如南美有蹄类（Notoungulata）；同时还包括了现在普遍认为是非洲兽类的近有蹄类（Paenungulata）。

偶蹄目（Artiodactyla） 我们在这里介绍偶蹄目，是因为它的内容由于鲸类的加入而与传统的偶蹄类有了差别。在近20多年的很多研究中，都识别出了鲸类不仅是和偶蹄类具有亲缘关系，而且和偶蹄类中的河马最为接近（Graur et Higgins, 1994；Irwin et Arnason, 1994；Gatesy et al., 1996；Spaulding et al., 2009；O'Leary et al., 2013）。河马和鲸类构成的姐妹群，最初 Waddell 等（1999）将其称为 'Whippomorpha'，即鲸河马形类。但 Arnason 等（2000）认为以 -morpha 结尾的名字，通常用在干群而不是冠群中，所以提出了另外一个名称 Cetancodonta，来代替 'Whippomorpha'。这个替换得到一些人的认可（Spaulding et al., 2009），但却遭到另外一些人的反对（Asher et Helgen, 2010）。后者认为遵循名字的优先律更为重要，因此认为 Cetancodonta 是 Whippomorpha 的次异名。

此外，由于鲸类融入了传统的偶蹄类，Montgelard 等（1997）又提出了 'Cetartiodactyla' 来表达这个新的集合。这个新的名字虽然已经在研究分子生物学的圈子中流行起来，但却被认为是没有必要的（Spaulding et al., 2009；Asher et Helgen, 2010）。偶蹄类的冠群节点定义为：含有 *Hippopotamus amphibius*、*Bos taurus*、*Sus scrofa* 以及 *Camelus dromedaries* 的最小支系。那么，根据系统发育分类学的定义逻辑，任何落入这个支系的类群，都应该是这个支系的成员。现在鲸类落入了偶蹄类中，说明它与其他偶蹄类共有一个祖先，因此鲸类也应该是偶蹄类的一个成员。因此，Cetartiodactyla 以及与其有类似含义的 Eparctocyona（McKenna et Bell, 1997）都被认为是偶蹄类（Artiodactyla）的次异名。

非洲兽类（Afrotheria） 这个类群是20世纪90年代才由分子生物学研究识别出来的（Stanhope et al., 1996, 1998；Liu et al., 2001；Madsen et al., 2001；Murphy et al., 2001a, b；Springer et al., 2003, 2004），特别是其弄清了蹄兔、象鼻鼩、非洲的一些"食虫类"的高阶分类单元的系统关系，是分子生物学在哺乳动物系统发育上的一个重要贡献。其冠群节点定义为：含有金鼹（*Amblysomus hottentotus*）和非洲象（*Loxodonta africana*）的最小类群（O'Leary et al., 2013）。这个定义所包含的内容，是 Paenungulata + Afroinsectiphilia (Tubulidentata + Afroinsectivora [Tenrecoidea, Macroscelididae])。

近有蹄类（Paenungulata） 近有蹄类是识别已久、相对比较稳定的一个哺乳动物高阶分类单元（Archibald, 2003）。在我们采用的分类表中（Rose, 2006；表1）也有这个分类单元。这个分类单元包含的现生哺乳动物分别有长鼻类、海牛类和蹄兔类。其冠群节点定义为：含有蹄兔（*Procavia capensis*）以及非洲象（*Loxodonta africana*）的最小支系（O'Leary et al., 2013）。传统的近有蹄类还包括了一些灭绝的类群，比如 Embrithopoda、

Pantodonta 和 Dinocerata（Simpson, 1945）。以后的研究中，一些化石类群被移出这个类群，从而产生了一个新的分类元名称 Uranotheria（McKenna et Bell, 1997；Shoshani et McKenna, 1998），但这个新名称代表的分类单元所包含的现生类群没有变。因此，从名称的稳定性和优先律的角度看，保留 Paenungulata，把 Uranotheria 视为其次异名是有道理的（Asher et Helgen, 2010）。

特提斯兽类（Tethytheria） 特提斯兽类包含了现生哺乳动物中的长鼻类和海牛类。其冠群节点定义为：含有海牛（*Trichechus manatus*）和非洲象（*Loxodonta africana*）的最小支系。

非洲食虫类（Afroinsectivora） 非洲食虫类由 Waddell 等（2001）提出，由非洲特有的象鼻鼩类（Macroscelidea）、无尾猬类（Tenrecidae）和金鼹类（Chrysochloridae）构成。形态学的研究，是把象鼻鼩类和啮型类归入狸兽类（Anagalida）中（McKenna, 1975；McKenna et Bell, 1997；Shoshani et McKenna, 1998）（图27），但这一分类并没有得到广泛采用和支持。分子生物学的研究，已经把象鼻鼩类和啮型类分开（图27）。

非洲食虫类中的无尾猬类和金鼹类，传统中通常是归入食虫类，现在的普遍观点是，它们是独立演化的食虫类，两者形成一个姐妹群。这个姐妹群常被称为非洲鼩目（Afrosoricida）（Stanhope et al., 1998），但这个姐妹群曾经由 McDowell（1958）命名为 Tenrecoidea（马岛猬类）。由于两个名称所指的类群内容相同，Afrosoricida 以及其他的用法，比如 Tenrecomorpha（Arnason et al., 2002）被认为是 Tenrecoidea 的次异名（Asher et Helgen, 2010）。

哺乳动物分布与环境变化

一个化石哺乳动物种在时间、空间上的分布，取决于它的产出层位和地点，层位和产地是建立这个物种时所必须有的最基本的信息之一，必须在一个化石种建立的时候明确指出。对新生代的哺乳动物化石来说，一个化石种在空间上的分布基本上就是含化石地点现在的地理位置，但由于化石保存的不完整性和样品采集的局限性，它们生活时期的分布很难确切知道。对新生代哺乳动物分布的研究，只要依据现代地球的海陆地理背景即可。对于中生代的哺乳动物来说，它们在记述中的地理分布是它们现在埋藏地点的位置。由于地球大陆板块的移动，这些哺乳动物生活时期所在大陆块的相对位置会有很大的不同。在讨论它们的分布、迁移等问题时，必须考虑当时的大陆位置和相关的地理障碍等环境因素。哺乳动物主要类群的地理分布在表1、表2中已经列出。中国的哺乳动物化石地点分布情况读者可参见书后附件：附表一、中国中生代含哺乳动物化石层位对比表，附图一、中国中生代哺乳动物化石地点分布图；附表二、中国古近纪含哺乳动物化石层位对比表，附图二、中国古近纪哺乳动物化石地点分布图。

相对而言，一个哺乳动物种的地理位置是一个比较简单的问题，由它的埋藏地点可以比较客观地判断，即使中生代哺乳动物受到板块移动的影响；而它们在时间上的分布却往往不容易确定。这与目前的测年方法和化石保存地点的具体情况有关。因此，一个哺乳动物种的分布时间往往很难精确测定。对于哺乳动物来说，由于它们演化快、分布广、化石数量多，因此在新生代的陆相地层研究中，可以根据哺乳动物的不同演化阶段、具有各自特点的种或种的组合来建立一个可识别的生物序列，这个序列可以反映相对时间。在有其他年代地层标志，比如古地磁辅助下，可以成为一种生物年代体系。我们常用的新生代陆相哺乳动物分期和分带（见下文）在概念上就是这样一个生物年代体系。因此，一个哺乳动物种的时代常常可以用哺乳动物分期来表现（见图38）。

从地史分布上看，下孔类（Synapsida）的原始类型盘龙类（Pelycosauria）生活于古生代的晚石炭世至早二叠世，大约3亿多年前。而下孔类中比较进步的兽孔类（Therapsida），大体上也是在这个时期分化出来的。兽孔类中的犬齿兽类（Cynodontia）最早出现于晚二叠世，并在二叠纪末期的全球绝灭事件中存留下来，于三叠纪演化出接近于哺乳动物的类型。犬齿兽类中比三尖叉齿兽（*Thrinaxodon*，其系统发育位置见图29）更为进步的类型，又被称为真犬齿兽类 Eucynodontia（Kemp, 1982, 1988），它们具有和哺乳动物更为接近的头骨和头后骨骼特征。

犬齿兽类的系统发育研究历史中，有6个类群的犬齿兽类曾被认为与哺乳动物的共同祖先有亲缘关系：Thrinaxodontidae, Probainognathidae, Dromatheriidae, Tritheledontidae, Tritylodontidae, Brasilodontidae。真犬齿兽类的系统发育以及它们当中哪个支系与哺乳动物关系最近，研究史上曾有不同的观点（Crompton, 1972；Kemp, 1982, 1983；Sues, 1985；Rowe, 1988, 1993；Hopson et Kitching, 2001）。从最近的一些关于犬齿兽类-哺乳动物系统发育的研究来看，多数的分析认为犬齿兽类群中的 Tritheledontidae, Tritylodontidae, Brasilodontidae 与哺乳动物更接近。到目前为止，这三个支系被认为是与哺乳动物支系（包含了中国尖齿兽）最接近的外类群（Luo et al., 2002, 2007a, 2011b；Kielan-Jaworowska et al., 2004；Meng et al., 2006b, 2011；Rowe et al., 2008；Liu et Olsen, 2010）。

哺乳类在三叠纪后期就从犬齿兽类中产生了。从地史分布上看，我们可以把哺乳动物的演化历史大体划分成中生代和新生代两个主要阶段。中生代是恐龙占绝对优势的时代，但哺乳动物的主要类群也在这个时期出现了，除了一些后来灭绝的类群，单孔类、后兽类和真兽类进入新生代，后兽类和真兽类并演化出大量的现代类型哺乳动物，让新生代成为哺乳动物的时代。

按我们现在的哺乳动物定义，最早的中生代哺乳动物出现在三叠纪晚期和早侏罗世，如摩根齿兽（*Morganucodon*）、中国尖齿兽（*Sinoconodon*）、贼兽类（Haramiyida）等。哺乳动物出现后不久，开始出现早期的分化，这在侏罗纪就已经形成。中生代主要的哺乳动物类群有多瘤齿兽类（multituberculates）、真三尖齿兽类（eutriconodonts）、对齿兽类

(symmetrodonts)，以及树掠兽类（dryolestids）、后兽类（Metatheria）和真兽类（Eutheria）等。

中生代哺乳动物在南方大陆发现较少，但最近20年在南美洲、澳大利亚、非洲的发现表明，南方大陆的哺乳动物虽然数量还不多，但有其独特且丰富的历史（Kielan-Jaworowska et al., 2004）。很长一段时期中，中生代哺乳动物的主要化石记录和研究来自北美和欧亚大陆，这与这些地区的古生物学研究起步较早有关。最近20年来，在亚洲、尤其是中国发现了大量的中生代哺乳动物，以辽西热河生物群、燕辽生物（道虎沟生物）群为代表，为中生代哺乳动物的研究提供了新内容，可以说是早期哺乳动物研究的一个突破性发展阶段。中国中生代哺乳动物的研究，正处于一个有史以来的高峰期，会对了解哺乳动物的演化过程，起到举足轻重的作用。有关中国中生代哺乳动物的已知的化石记录，请参见本册的系统记述部分。

在恐龙统治地球的一亿多年时间里，中生代的哺乳动物虽然分化成很多不同的类群，但大部分都是些体型较小的动物。在传统的观念中，这些早期的哺乳动物都生活在恐龙的阴影中，过着夜行性的生活，直到中生代结束时也没有一种哺乳动物体型超过兔子的大小。但这个看法由于辽西发现的爬兽而有所改变。巨爬兽个体如一个中等大小的狗，肉食性，食物甚至包括幼年恐龙。此外，最近一些年的新发现表明，哺乳动物在侏罗纪时，已经高度分化，出现陆栖以外的半水生、挖掘、攀爬、滑翔等各种类型，以适应不同的环境（图34）。对环境适应而发展出来的各种形态特征，可能和现生哺乳动物中相应的特征并非同源，但可以反映出，在地史时期中，哺乳动物面对自然环境，一直在做着各种适应的"实验"。但总的来说，在和恐龙共存的一亿多年中，中生代哺乳动物总体上完全没有新生代哺乳动物那样的强势和多样化。

最成功的中生代哺乳动物，是植食性的多瘤齿兽类。它们的属种数量和保存的标本数量和质量，以及研究的深入程度，都是中生代哺乳动物中最高的，也是中国中生代哺乳动物中化石比较多的类群。它们的形态特征和习性类似啮齿类，从保存情况看，它们很多可能是穴居，而一些种类可能为树栖。以蒙古的化石发现为例，白垩纪时，80%的哺乳动物都属于多瘤齿兽类，而在中生代结束的时候，多瘤齿兽类依然残存下来，直到始新世晚期，才可能由于啮齿类竞争等原因而完全灭绝，其生存的时间达到1.3亿年之久。

对于小型个体、同时又是恒温的中生代哺乳动物，通常认为它们多是食虫类型，这样可以从动物性的食物中，获取足够的能量。中生代的真三尖齿兽，曾经被认为是肉食性的，因为它们的牙齿形态，似乎更适合处理动物性食物。中国辽西爬兽身体中发现的鹦鹉嘴龙幼年个体的食物残骸，第一次直接证明这类个体较大的哺乳动物，是肉食性的。真三尖齿兽也是中国中生代哺乳动物中保存化石比较多的一个类群。与世界其他地区相比，中国的这类化石保存的质量也非常好，而且有大量的标本还在研究中。

从系统发育的角度看，哺乳动物最主要的支系在侏罗纪都已经出现，包括了后兽类和真兽类。在白垩纪时，大部分的类群高度分化。我们现在的认识，与地域性及研究程

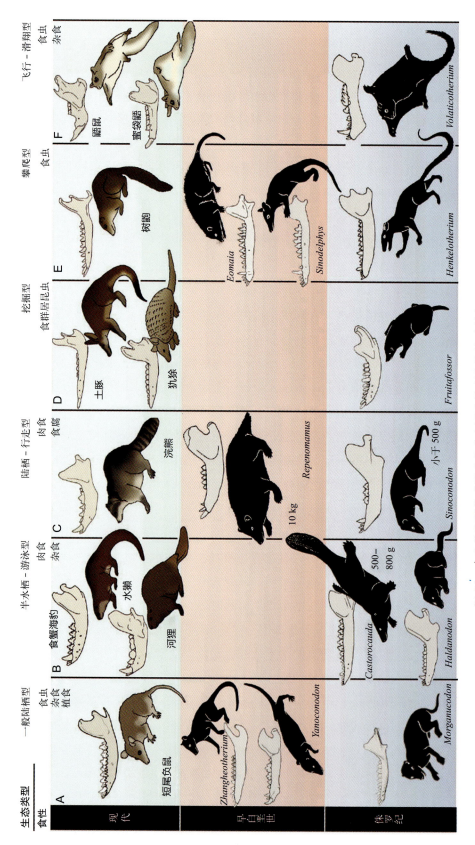

图 34 中生代和现代哺乳动物生态适应的形态比较（引自 Luo, 2007）

度有某种相关性，比如北美的白垩纪哺乳动物数量要远高于其他大陆。但从整体上看，中生代哺乳动物的演化，与同期被子植物和昆虫的辐射演化有可能相关。

除了一些现在已经灭绝的古老的类型，与现生哺乳动物有关的哺乳动物祖先类型在中生代也已经出现。但具体的分异时间存在着争议。这和我们对哺乳动物系统发育的认识相关。比如，哺乳动物冠群的起源时间、兽类的起源时间以及有胎盘类的起源时间等，都是目前关于哺乳动物演化研究中还没有令人信服结论的问题。哺乳动物冠群的出现时间，最早的可能性是在晚三叠世，这取决于我们怎么认识异兽类（包括贼兽类和多瘤齿兽类）的系统发育位置。最早的贼兽化石，见于晚三叠世，与摩根齿兽类出现的时间大体相同。如果贼兽类的确和多瘤齿兽类具有亲缘关系，而两者形成的异兽支系又位于哺乳动物冠群中，后者的起源时间就会是在晚三叠世。目前来看，这种可能性很高。在本册有关原始哺乳动物的记述中，我们将会对有关问题进行进一步的讨论。

从化石记录来看，兽类的起源时间，可能在中侏罗世。而大量后兽类和真兽类化石，均出现于白垩纪，尤其是晚白垩世。早期的有袋类化石发现得不多，但分布远比现代广泛。最早的有袋类化石发现于北美洲，在白垩纪可能在北方大陆各处都有分布，但是后来则在北方大陆消失，直到南北美洲再次相连后真正的负鼠才再次进入北美洲。但最早的有胎盘类的出现时间，却存在着争议，这个争议可以从最近的研究和相关的讨论中表现出来（O'Leary et al., 2013）。

尽管存在着争议，但实际的化石记录表明，哺乳动物演化在中生代到新生代有一个明显的转换，这个转换与白垩纪末期非鸟类恐龙灭绝可能有关。这个变化，可以从图27中见到。这个转换的主要内容，一是白垩纪古老类型哺乳动物的衰退，二是现代类型的有胎盘哺乳动物的出现和迅速适应辐射。在白垩纪末期，32个晚白垩世的哺乳动物科中，有2/3灭绝（McKenna et Bell, 1997）。在早期哺乳动物研究比较深入的北美，记录中受到绝灭事件影响的类群达到80%–90%（Clemens, 2002）。只有为数不多的一些多瘤齿兽、南美洲的与树兽类有关的Meridiolestida（Rougier et al., 2011, 2012）、真兽类和有袋类存活下来，越过白垩纪末期的绝灭事件。而这些越过K-Pg界线的真兽类和有袋类，演化出了统治陆生脊椎动物群的现代哺乳动物。当然，也可能有我们还不知道的兽类也越过了K-Pg界线，并对古近纪的哺乳动物辐射演化做出贡献，但在目前的记录中，还缺失相关的证据。

新生代中传统的第三纪现分为古近纪(Pg)和新近纪(Ng)两个阶段，前者包括古新世、始新世和渐新世，后者包括中新世和上新世。在K-Pg界线附近大约几个百万年中，出现了44个哺乳动物的新科；而在早始新世，再出现了61个新的科；在古近纪末，又有41个新的科出现。在古新世中，有20个有胎盘哺乳动物的目见于化石记录中，到了早中始新世，又出现了另外7个目（Rose, 2006）。至此，绝大部分现生哺乳动物目都已出现。到中始新世时，目前还没有化石记录的现生门类有管齿目、攀鼩目和皮翼目，它们在这个时期的缺失，很大可能是与它们稀少的化石有关。从亚洲的记录看，最晚白垩世有相当数量的兽类化石，如三角齿兽类（deltatherioidans）、重褶齿猬类（zalambdalestids）等，但与古近纪哺乳动物有直接关系的类群，是晚白垩世大量存在的多瘤齿兽类。但与晚白垩世的多瘤齿兽类相比，古近纪的多瘤齿兽类种类和保存数量都比较低，可能是面临啮型类的竞争，在始新世末绝灭。

中国的古近纪哺乳动物化石记录，大体上反映了亚洲的化石记录的面貌。在古近纪中出现的哺乳动物目一级分类单元有：多瘤齿兽目（Multituberculata），负鼠形目（Didelphimorphia），贫齿目（Edentata = 异关节目 [Xenarthra]），劳亚食虫目（Lipotyphla），灵长目（Primates），近兔猴形目（Plesiadapiformes），攀鼩目（Scandentia），狔兽目（Anagalida），兔形目（Lagomorpha），啮齿目（Rodentia），肉齿目（Creodonta），食肉目（Carnivora），踝节目（Condylarthra），北柱兽目（Arctostylopida），纽齿目（Taeniodonta），裂齿目（Tillodontia），全齿目（Pantodonta），恐角目（Dinocerata），奇蹄目（Perissodactyla），偶蹄目（Artiodactyla），翼手目（Chiroptera）。此外，根据不同的分类法，还有混齿目（Mixodontia），模鼠兔目（Mimotonida），中兽目（Mesonychia）。其他一些目，在新近纪以后才出现在中国的化石记录中：蹄兔目（Hyracoida），长鼻目（Proboscidea），鲸目（Cetacea），鳞甲目（Pholidota）。它们可能的化石记录，随着野外工作的深入开展，有可能提前。中国境内目前完全没有化石记录的是源自大洋洲的单孔目（Monotremata）和非洲的管齿目（Tubulidentata）、海牛目（Sirenia）以及象鼻鼩目（Macroscelidea）。

在这些类群中，中国和亚洲特有的门类是狔兽类，包括假古猬类。这个门类的属种从中国南方到蒙古人民共和国等东亚、中亚一带广泛分布，但它们的系统发育关系一直不是很清楚。早期认为狔兽类可能与树鼩有较近的亲缘关系，与食虫目和灵长目有一定的亲缘关系，后认为狔兽目可能是与啮型类或象鼻鼩类有较近的亲缘关系。啮型类在中国的化石记录十分独特，从古新世出现的混齿类和模鼠兔类和早期啮齿类和兔形类的分化，一个广泛认可的假说，就是啮型类起源于亚洲。北柱兽类曾经被认为与南美洲特有的南美有蹄目（Notoungulata）有关，但这个关系没有得到充分的证据支持，所以亚洲和北美的北柱兽现在被处理成一个独立的目。

哺乳动物化石本身是一种宝贵资源，为人类了解地球历史提供了最直接的证据。哺乳动物研究的意义大体反映在两个主要方面：一是生物学意义，二是年代学意义。除了科研价值外，这两方面对与矿产资源、地质构造有关的经济和生产也具有直接和间接的意义。哺乳动物化石研究的生物学意义涉及的方面非常广泛，但可以简单归纳为多样性（diversity）和复杂性（complexity）两方面相互关联的研究内容。

多样性研究侧重和生物体本身相关的内容，包括形态、形态功能、分类、动物群成分、系统发育和演化、地理分布等。这些方面的研究可以让我们认识哺乳动物在不同地史时期中的形态特点、生活特点、演化规律、动物群组成和繁盛程度、分布范围和规律，以及相关的理论。本志的编研，也是哺乳动物多样性研究的一个方面。

复杂性研究可视为主要是对影响哺乳动物多样性原因的探索。它包括哺乳动物之间的相互关系，比如外来类群与本地类群的竞争关系以及由此产生的结果，动物群中不同个体大小种类的组成，以及不同生态类型之间的关系，等等。复杂性研究也包含了外界环境与哺乳动物之间的相互关系。恐龙的灭绝可能是由于外来星体撞击地球的偶然事件引发，而恐龙灭绝所留下的生态空间或许成就了哺乳动物的辐射演化。早期哺乳动物个体均比较小，到了始新世以后才开始出现大型个体的种类，这也许跟个体较大的恐龙灭绝有一定关系。

　　应首先说明的是，新生代在研究地史时期古环境古气候中具有特别重要的意义。地史过程中，地球环境和气候受到两类因素的影响而不断有区域或全球变化。第一类是有规律的天文周期性变化。由地球轨道偏心率、黄赤交角及岁差三要素变化的综合作用形成的米兰科维奇旋回，使到达地球的日射量在分布和强度上有规律地变化。第二类是受地壳板块运动影响的单向不规则变化，包括陆地板块移动，海洋洋流变化，造山运动引起的大气流变化和风化作用，大规模火山活动，等等。这些环境和气候变化对局部或大范围的生物可能产生影响。图 35 是根据海洋钻探获得的新生代以来全球氧碳同位素变化的曲线（Zachos et al., 2001），反映了全球气候环境变化的基本格局。

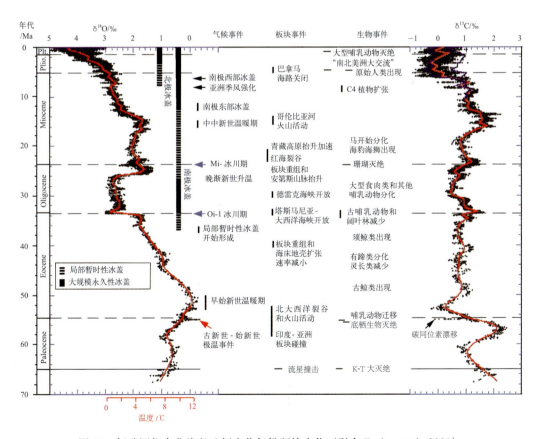

图 35　氧碳同位素曲线以及新生代气候环境变化（引自 Zachos et al., 2001）

哺乳动物的一些重要演化事件与全球气候环境变化可能是相关联的。实际上，图35中使用的生物事件绝大多数是与哺乳动物有关的。古新世-始新世之交是哺乳动物演化上的一个重要时期，许多现生类群，比如灵长类、啮齿类、兔形类、奇蹄类、偶蹄类等的最早化石记录都是在这个时期出现的（图36），而且在全球具有一定程度的同时性。这与晚古新世到早始新世时的全球性升温和古新世-始新世界线上的极温事件可能有关。哺乳动物在这个时段的辐射演化，以及大型个体的出现，与当时的环境因素相关。在中国境内，早中始新世的阿山头和伊尔丁曼哈哺乳动物期，就记录了大量的、以奇蹄类为主要分子的化石群落。

始新世-渐新世之交出现的阔叶林和古哺乳动物类型的减少，很可能与当时的全球降温有关。以温湿密林为主的始新世环境转入了以开阔干冷草地为主的渐新世环境。与这个事件在时间上相吻合的还有欧洲古近纪哺乳动物群存在一个明显更替，大部分的始新世分子灭绝并被由亚洲迁入的新物种所代替。这一事件被称为"大间断"。中亚古近纪哺乳动物群的研究也表明在始新世-渐新世之交存在一个十分明显的动物演替。始新世以奇蹄类为主，动物个体由小至大分布较均匀，多具低冠齿，反映了一种温湿森林环境。渐新世动物群则以啮齿类、兔形类等小型耐旱的动物为主，中等个体的动物稀少，动物齿冠明显高冠，牙齿结构趋复杂，反映了一种对研磨较具韧性的植物纤维的适应。这些都表明了一种较开阔、干冷的渐新世环境。这一明显的动物群演替被称为"蒙古重建"（Meng et McKenna, 1998）。它们反映的环境变化在时间和性质上与欧洲的"大间断"相互呼应。

从有蹄类的草食动物来看，似乎也反映了这个变化过程。其中的一个主要现象，是奇蹄类的衰落和偶蹄类的繁盛与植被类型的变化有关。从中国的化石记录来看，也是到了晚始新世后，偶蹄类才开始兴起，与全球哺乳动物演化的规律基本一致（图36）。

中中新世的全球温暖期在中国境内的反映也很明显。从内蒙古的通古尔动物群，到宁夏同心动物群，再到新疆北部的哈拉马盖动物群，大体上位于这个温暖期中，动物群的成分丰富，而且化石产出量也巨大。直到晚中新世后全球气温持续下降，南极永久冰盖形成，在全球范围的动物群演替和沉积物的变化上都有所反映。最近的一个研究，是披毛犀的演化和地理分布。从西藏发现的上新世披毛犀化石表明，这些动物在高海拔、寒冷气候的青藏高原"营地"中，演化出了一系列适应冰雪环境的特征和生活习惯，比如用头上的角扫开覆雪寻找食物的习性，等到冰期到来时，这些已经适应寒冷环境的大型哺乳动物，得以扩散到广大的西伯利亚和欧洲等纬度低、但气温也低的区域（图37）。这些研究让我们认识到在一个特定的时期和地理范围内，是什么可能的原因影响到生物多样性。此外，对各个时期哺乳动物的研究也可以了解相关的环境类型和变化，从而更好地了解地球历史进程。

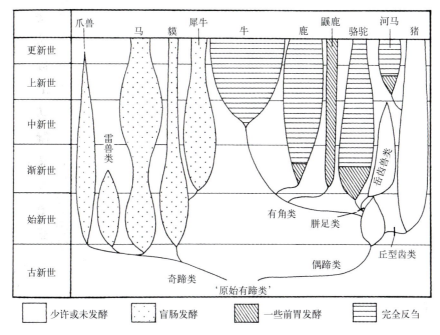

图 36　奇蹄类和偶蹄类的地史分布变化（引自 Benton, 2005）

图 37　披毛犀的演化与地理环境分布关系

A. 披毛犀 Coelodonta thibetana（IVPP V 15908）的头骨背面视（上）、上齿列冠面视（中）和下齿列冠面视（下）；B. 欧亚大陆披毛犀的起源、分布和迁徙，其中绿色表示晚更新世 C. antiquitatis 的分布，其他 Coelodonta 的分布以圈中数字表示（引自 Deng et al., 2011）

哺乳动物年代学

时间是地学研究中最为重要的概念。没有时间标尺就无法开展对地球历史进程中各种事件的研究。国际性的地质年表提供了一个时间标尺，但其中的年代地层内容基本上是基于海相地层，很难直接适用于陆相地层。而中国从古生代、中生代到新生代，尤其是中 - 新生代，有大面积的陆相地层。建立一个适合陆相地层的年代地层和生物年代体系是非常有必要的。但时间是一个抽象的概念，必须通过具体的岩石体，以及保存在其中的各种内容来确定。由于哺乳动物演化的不可逆性和连续性，从理论上看，一个演化系列既没有间断，也没有重合，给我们提供了一个识别和度量相对地质时间的方法。此外，哺乳动物有很高的多样性，演化迅速，分布广，并大量存在于陆相地层中，使其成为陆相地层年代学研究的一个主要内容，形成了一套独立的生物年代系统。

哺乳动物化石和以其为基础建立起来的生物带是我们划分对比新生代陆相地层的最重要、最便捷的方法。哺乳动物组合是哺乳动物分期的基础，形成陆相地层中一个独特的生物年代系统。通过相似或相同哺乳动物种类的横向比较在一定程度上可以建立不同区域地层的等时性或时间上的相互关系，使我们能认识、对比含化石地层的年代。与其他年代地层方法相结合，岩层序列中的哺乳动物化石也可以用来作为生物年代和年代地层标志，标定一个时间点，比如一个动物分期的底界。而各个时期的哺乳动物化石，也给目前广泛运用的古地磁测年方法提供了最直接、最方便的校正点。

我们现在常用的哺乳动物期（阶），本质上就是一个生物年代系统。这个概念来自 Wood 等（1941），几乎和年代地层学概念同时提出（Schenck et Muller, 1941）。Wood 等当时把北美的新生代陆相地层分为 18 个区域性的期。每一个期以一个生活于该期的哺乳动物组合为特征。这个哺乳动物组合还列出了该期的标准或指示化石，首次出现于该期的化石，在该期灭绝的化石（末次出现），以及特征化石（即出现在更早或更晚，但在该期最繁盛）。这个分期的提出，主要是为了避免在和欧洲的海相年代地层对比时出现的各种问题。因为海相和陆相地层，从岩性到生物特征都很难直接对比。以后欧洲又根据地区性的动物群，提出了自己的一些类似体系，其中对中国的哺乳动物年代系统影响比较大的，是欧洲新近纪哺乳动物分带，即常说的"MN"带(European Land Mammal Neogene Zones)。

与欧美相似，中国的新生代也有自己的哺乳动物年代体系，这个系统同时融合了北美和欧洲系统的不同方面，也成为亚洲最具有代表性的哺乳动物年代系统。中国最早的哺乳动物地层学研究可以追溯到德日进（Teilhard de Chardin, 1926, 1937, 1939, 1940, 1941；Teilhard de Chardin et Leroy, 1942；引自李传夔，2003）。以后美国中亚考察团又根据中国和蒙古的古近纪、新近纪地层和哺乳动物群建立了一套地层系统。其中很多的内容形成亚洲陆相古近系和新近系的核心，一直沿用至今（Romer, 1966；Li et Ting, 1983；

McKenna et Bell, 1997; Gradstein et al., 2004; 童永生等, 1995)。比较系统的中国陆相地层年代系统的提出始于 20 世纪 80 年代。Chiu 等 (1979) 提出了中国新近纪的生物年代构架。这一体系得到了不断的补充完善 (Qiu et Qiu, 1995; Qiu Z X et al., 1999; Qiu Z D et al., 2006; Deng, 2006; 李传夔等, 1984; 童永生等, 1995)。古近纪的年代体系在中亚考察团的工作基础上,由 Li 和 Ting (1983) 系统整理,并在以后的工作中得到了修改补充 (Russell et Zhai, 1987; Meng et McKenna, 1998; 童永生, 1989; 童永生等, 1995)。

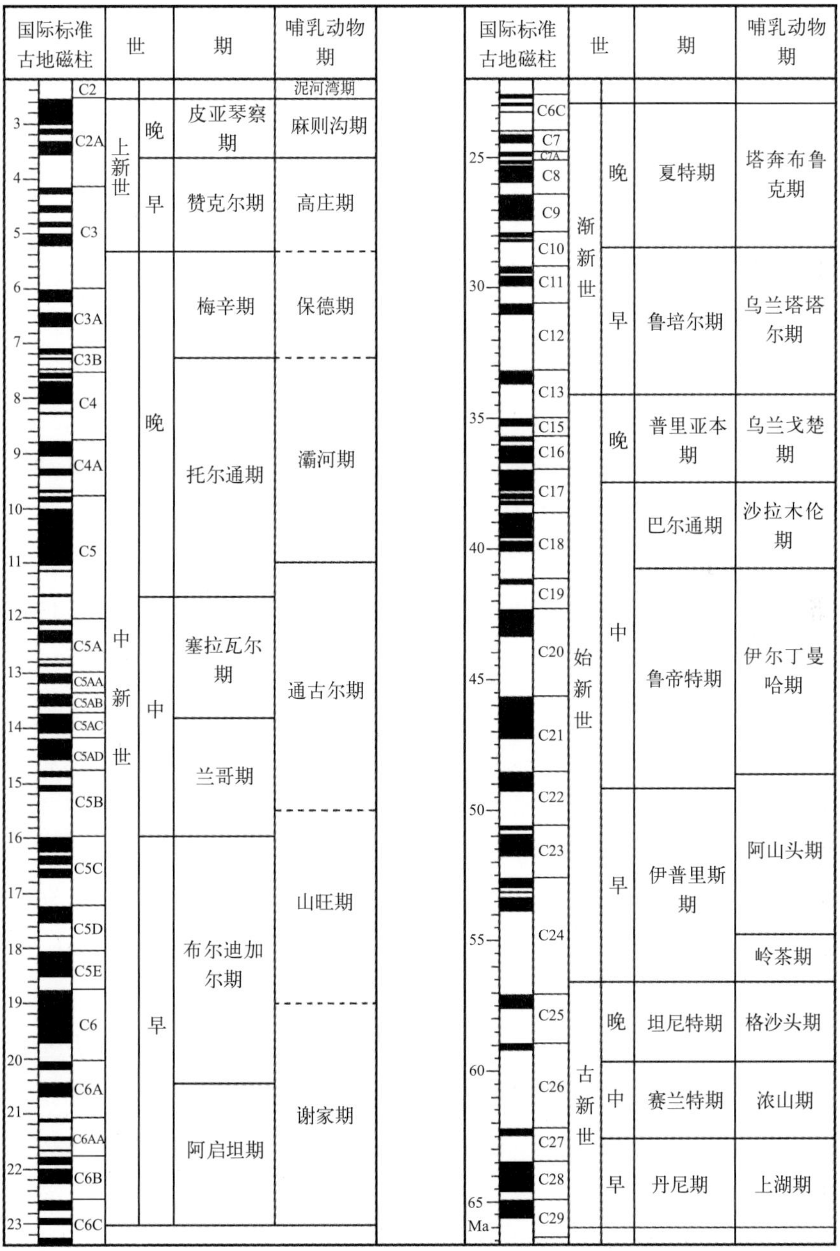

国际标准古地磁柱	世	期	哺乳动物期	国际标准古地磁柱	世	期	哺乳动物期
			泥河湾期			夏特期	塔奔布鲁克期
	上新世	晚 皮亚琴察期	麻则沟期		渐新世	晚	
		早 赞克尔期	高庄期			早 鲁培尔期	乌兰塔塔尔期
		梅辛期	保德期				
						晚 普里亚本期	乌兰戈楚期
		晚 托尔通期	灞河期			巴尔通期	沙拉木伦期
					始新世	中 鲁帝特期	伊尔丁曼哈期
	中新世	中 塞拉瓦尔期	通古尔期				
		兰哥期				早 伊普里斯期	阿山头期
		布尔迪加尔期	山旺期				岭茶期
		早				晚 坦尼特期	格沙头期
			谢家期		古新世	中 赛兰特期	浓山期
		阿启坦期				早 丹尼期	上湖期

图 38 中国古近纪和新近纪哺乳动物分期

整个的新生代被划分成 18 个哺乳动物期（童永生等，1995）或 17 个陆相地层阶（期）（《中国区域年代地层（地质年代）表说明书》）。每个哺乳动物期具有自己的特征动物，与上下哺乳动物期相区别。根据这些特征动物，可以比较容易地判断含化石地层的大体年龄。尽管作为一个年代系统，中国的新生代哺乳动物分期还有很多需要改进的地方，但目前的分期，在几十年工作的基础上，已经是一个很实用的体系（图 38）。

中国古哺乳动物研究历史

在本志书第一卷第一册的"脊椎动物总论"中已经较详细地介绍了中国古脊椎动物（包括古哺乳动物）研究历史。为避免重复，本节仅从古哺乳动物学的角度对研究史加以记述，对"脊椎动物总论"中叙述较详细的 1949 年前的历史也从简处理。另外在研究史分期上，"脊椎动物总论"中是分为 1839–1911 年的萌芽期、1912–1949 年的发展初期和 1949 年至今的独立发展期。在后一期又细分为三个阶段，即 1949–1965（快速发展的前十年）、1966–1978（"文革"动乱时代）和 1978 年至今（发展的黄金时代）。基于"文革"十年中对科研工作直接影响的也仅是 1966–1969 年的四年时间，从 1970 年开始就有大规模的"华南红层考察"、"云南新生界调查"等野外项目和室内研究，因此本节放弃了 1966–1978 年的"文革"动乱时期，而是采取了以周明镇（1983）《三十年来的古脊椎动物与古人类研究所》（1953–1983）为导线，分为前、后两个三十年予以记述。

我国历史中对古哺乳动物化石的记载和认识可以追溯到公元前 133 年（Needham, 1959, p. 619）。但在很长的历史时期中，这些化石的科学意义并没有被认识到，而是作为"龙骨"的主要类型，成为中药的一种成分，一直到现在还在使用。对中国古哺乳动物的科学研究，首先是由苏格兰学者法孔内（Hugh Falconer，1808–1865）开始的。他于 1839 年写了一篇短文，记述了发现于喜马拉雅山尼提山口（Niti Pass）以北（中国西藏阿里地区札达附近）的一些哺乳动物化石，其中包括犀类的牙齿和肢骨及某些牛类的肢骨。以后是 Adams（1868）对中国象化石的报道。Owen（1870）关于我国华南第四纪哺乳动物化石 6 个新种的记述标志了中国现代古哺乳动物科学研究的开始。德国学者寇肯（Ernst Hermann Friedrich von Koken，1860–1902）于 1885 年出版的《关于中国化石哺乳类》专著，是研究我国古哺乳动物化石的第一部专著。该专著所依据的材料主要是李希霍芬（Ferdinand Freiherr von Richthofen，1833–1905）于 1868–1872 年在中国从事地理地质调查期间所搜购的"龙骨"和"龙牙"。德国人 Max Schlosser（1854–1932）于 1903 年出版了有关从中国收购的化石的专著，其中对一颗可疑古人类牙齿的报道，成为以后一系列在中国乃至亚洲有关古人类和哺乳动物考察的引子。

在中国早期的古哺乳动物考察研究中，有两个系列考察对中国、亚洲乃至世界的相关研究具有深远影响。

第一个是瑞典人为主在中国的一系列与古哺乳动物和古人类相关的考察。从安特生（Johan Gunnar Andersson，1874–1960）1914 年在中国的地质勘探工作开始，师丹斯基（Otto Zdansky，1894–1988，奥地利人，当时在乌普萨拉做博士后）于 1921 年，步林（B. Bohlin，1898–1992）于 1927 年，以及由徐炳昶（1888–1976）和斯文赫定（Sven Hedin，1865–1952）领导、于 1927 年开始的"中瑞西北科学考查团"，在中国进行了一系列的有关古生物、古人类以及中国文化的考察。这些考察很大程度上与周口店的发掘工作有关，但后来扩展到新疆、青海、甘肃、内蒙古等地。在这些活动中，大量的哺乳动物化石被发现，并被运到瑞典乌普萨拉。其中在斯文·赫定考察过程中（与安特生不是一回事）发现的化石由布林研究（Bohlin，1937，1942，1946，1951），有些标本最后归还中国。其他的化石，主要是新近纪化石，现藏于瑞典乌普萨拉大学博物馆，是境外较大的中国哺乳动物化石收藏之一。

第二个考察是由 R. C. Andrews（1884–1960）领导的纽约美国自然历史博物馆的中亚考察。受到 Schlosser（1903）文章的影响，奥斯明（H. F. Osborn，1857–1935，当时的纽约美国自然历史博物馆馆长）（1910 年）和马修（W. D. Matthew，古生物学家）（1915 年）都认为亚洲是人类起源的中心。所以他们都支持和参加了 Andrews 领导的考察。在 20 世纪二三十年代，对蒙古高原的考察一共进行了 5 次，分别在 1922 年、1923 年、1925 年、1928 年和 1930 年。期间也对中国南方（四川、云南）裂隙堆积里的哺乳动物化石进行了收集。在内蒙古的考察收集了大量中新世通古尔期和始新世的哺乳动物化石，并发表了大量的研究论文。这些化石成为亚洲中部中新世和始新世动物群的核心内容。在这些考察中，张席禔、杨钟健、裴文中参与了 1930 年的野外工作。此外，纽约美国自然历史博物馆的原董事 Childs Frick 通过购买在中国收集了大量的新近纪哺乳动物标本，标本主要来自榆社、寿阳、保德等地。这些哺乳动物化石现存于纽约美国自然历史博物馆，是境外最大的中国哺乳动物化石收藏。

除瑞典、美国两支主要的考察团体之外，法国人桑志华（Emile Licent，1876–1952）也于 1914 年来华，先后在甘肃庆阳、内蒙古萨拉乌苏、河北阳原泥河湾及山西榆社等地做了大规模的采集，所获大量的新生代晚期哺乳动物化石，除部分运往法国外，其他留在中国，并以这些材料为基础，在天津建立了北疆博物院（即海河-白河博物馆，也就是现在的天津自然历史博物馆）（邱占祥，1994）。1923-1929 年，德日进（Pierre Teilhard de Chardin，1881–1955）加入到北疆博物院，参加野外考察并出版了《泥河湾哺乳动物化石》等三部重要著作。

中国学者研究古哺乳动物乃至古脊椎动物始于杨钟健（1897–1979）。他在德国的博士论文，《中国北部之啮齿类化石》（1927 年），导师之一就是 Schlosser。杨钟健于 1928 年回到中国，作为中方的负责人，参与了周口店的发掘工作。从 1918 年在北大任教的化学教授 J. M. Gibbs 于周口店遗址鸡骨山红色黏土中获得化石碎片到 1921 年开始的周口店早期发掘中，所获材料多是以哺乳动物，如肿骨鹿、鬣狗等化石为主。直到裴文中（1904–1982）在1929年冬天发现第一个北京猿人头盖骨，从此周口店即成为中国古脊椎动物，包括古哺乳动物研究的发源地。1929年中国地质调查所新生代研究室成立。在成立之初，地质调查所与北京协和医学院就签署了《中国地质调查所与北京协和医院关于合作研究华北第三和第四纪堆积物的协议书》，明确了研究室的研究范围和方向。在1929–1941年的十多年间，新生代研究室杨钟健、裴文中和顾问德日进三人就出版了有关周口店哺乳动物化石研究的中国古生物志12部，发表了大量的科学论文，并与步达生（Davidson Black, 1884–1934）合著了《中国原人史要》等重要学术著作。此外，德、杨在30年代初，还多次到晋、陕开展地质考察，采集哺乳动物化石，并出版中国古生物志、专刊三部。若自1921年周口店试掘算起，到1941年太平洋战争爆发，二十年间，中外科学家发表有关中国哺乳动物化石的中国古生物志就有40部之多，另外还有大量的学术论文及专著。这是中国古哺乳动物研究史上的第一个鼎盛时期，其发展速度和学术水平均令国际学界叹服。

第二次世界大战和解放战争期间中国古哺乳动物的研究陷入停滞状态。在这段时期中值得一提的有：

1）1940年德日进、罗学宾（P. Licent）和汤道平（M. Trassaert）等在北京创办了地学-生物学研究所（Institut de Géo-Biologie, Pékin）（邱占祥，1994；李传夔，2003），出版了两卷Géobiologia。其中，德日进发表了5部哺乳动物的重要专著：① Early man in China（no. 7），② Chinese fossil mammals（no. 8），③ New rodents of the Pliocene and Lower Pleistocene of North China（no. 9），④ Les Félidés de Chine（no. 11）和⑤ Les Mustélidés de Chine（no. 12）。

2）在抗战期间的1938年，中国地质调查所部分机构和人员南迁，杨钟健、李悦言等在湖南衡阳发现了华南第一个早始新世地点，采集到衡阳原古马（*Propalaeotherium henyangensis*）。迁至昆明后，继续坚持野外地质古生物考察。卞美年在1938年发现禄丰盆地的下禄丰组红层中的恐龙和似哺乳爬行动物化石。杨钟健和卞美年1939年后继续在禄丰盆地采集和挖掘到了更丰富的脊椎动物化石，包括似哺乳爬行动物，如三列齿兽科的卞氏兽（*Bienotherium*）（Young, 1940, 1947）。杨钟健在1939年发现并在1947年命名了"昆明兽"（"*Kunminia*"）。昆明兽有可能是似哺乳爬行动物，或者是哺乳动物。但"昆明兽"标本保存不全（Young, 1947），其分类位置尚存疑问（见本册志书246页）。

禄丰的发现吸引了古脊椎动物学家、原辅仁大学美籍教务长芮歌尼（H. W. Regney），他1948–1949年派欧莱尔（E. T. Oehler）去云南禄丰，采集到了大量的脊椎动物化石，其中包括芮氏中国尖齿兽（*Sinoconodon rigneyi*）和欧氏摩根齿兽（*Morganucodon oehleri*）等重要的中生代哺乳动物属种（李传夔，2009）。

3）此外西北大学王永焱于1947–1948年在甘肃武都龙家沟采集到大批的最晚中新世

三趾马动物群化石。部分材料后经薛祥煦、张云翔等研究，其余尚在陆续整理研究中。

经过了解放战争和新中国成立初期的过渡，1953年，中国科学院古脊椎动物研究室成立。截至2013年，它整整度过了六十年，一个甲子。这六十年的历史，大体可分前、后两个三十年来记述：

中华人民共和国成立后的1953年，中国科学院古脊椎动物研究室成立。1956年，按中国科学院指示，研究室成立低等脊椎动物研究组（鱼、爬行动物）、高等脊椎动物研究组（哺乳动物）和人类化石和石器组。次年，研究室升格为研究所，各研究组也改称研究室。至此，在中国有了专门从事古哺乳动物研究的机构，其掌门人就是1950年从美国取得博士学位回国的周明镇（1918–1996）。而杨钟健于1954年提出的"两种堆积"和"四个起源"中的"土状堆积"和"哺乳动物（包括灵长类）起源"大体"成为中国古哺乳动物学的研究方向，也是研究所成立三十年来的四个重点研究任务之一"（周明镇，1983）。

中国古哺乳动物学的研究主要集中于中国科学院古脊椎动物与古人类研究所，全国其他相关科研院校和博物馆等单位在古哺乳动物研究方面也做出了贡献。

（一）中国科学院古脊椎动物研究室成立后的前三十年（1953–1983）——建立到发展定型的关键阶段

1953年中国科学院古脊椎动物研究室创建时共37名职工，仅6名研究人员（裴文中兼职），80年代末，已发展到240名职工、84名研究人员。其中从事古哺乳动物学研究的人员就有30名，且多是年富力强的青年学子。队伍的壮大具备了有针对性、有计划的野外考察的条件。三十年中，涉及哺乳动物化石的大型考察有：① 1957年周明镇领导的河南卢氏始新世调查与发掘：这是中国科学院古脊椎动物研究所建立后第一次古哺乳动物专门野外作业，获得大量化石，已发表的有卢氏猴、卢氏兔、中兽等，目前研究尚在继续。②以周明镇为中方队长的中-苏古生物考察（1959–1960年）：在哺乳动物方面发掘到37具完整的古鼷鹿骨架、数个雷兽的骨架、一个个体很小的巨犀类的完整骨架，以及众多门类其他化石。③以周明镇、孙艾玲为队长的新疆考察（1962–1965年）：1963、1965年翟人杰、郑家坚、童永生等在吐鲁番盆地发现并采集到晚古新世到渐新世四个不同层位的多种有时代和古地理意义的哺乳动物化石。④陕西蓝田新生界的考察与发掘：以张玉萍、黄万波为队长的新生代地层研究室（1960年由高等室分出，"文革"期间又并回高等室），在刘东生调查的基础上，对蓝田地区新生界进行地质填图，并采集、发掘了六七个不同层位的哺乳动物化石。⑤华南红层考察：自1963年杨钟健、周明镇记述粤北白垩纪和古新世脊椎动物化石后，张玉萍、童永生等随即对广东南雄展开调查。至1970年，为配合地质队找矿的需要，研究所组成规模庞大的"华南红层队"，南队由郑家坚、张玉萍、童永生等组成，调查范围为粤、桂、赣等省区，北队由邱占祥、李传夔、黄学诗等组成，调查皖、湘、鄂、豫等省。1975年11月，"华南红层现场会议"在南雄召开，会上全面总结了考察成果，对华南新发现的古新世哺乳动物群中11个目、17科、52种化石的性质、时代及含化石层位对比做了阶段性的总结，指出以狃兽类为代表的亚洲古新世哺乳动物群与欧、美大陆者不同，具有显著的"土著"特点。⑥西藏地区综合科学考察（1973–1976年）：由黄万波、计宏祥等组成的分队在西藏吉隆和比如两地发现了三趾马动物群化石，首次为青藏高原在晚中新世所达到的高度提供了可靠的证据。此外，还有裴文中领导的大型巨猿考察（1956–1961年）和吴汝康领导的云南禄丰古猿考察（1975–1981年）等。这些考察所得的化石材料，经研究后发表了大量的学术论文，三十年中仅专著性质的刊物就有11部，其中中国古生物志2部：周明镇、张玉萍、王伴月、丁素因《广东南雄古新世哺乳动物群》（1977），胡长康、齐陶《陕西蓝田更新世哺乳动物群》（1978）；中国科学院古脊椎动物与古人类研究所专刊4部：《东北第四纪哺乳动物化石志》（第3号，中国科学院古脊椎动物与古人类研究所高等室编，1959），翟人杰、郑家坚、童永生《吐鲁番盆地第三纪地层和哺乳类化石》（第13号，1978），张玉萍、黄万波、汤英俊、计宏祥、尤玉柱、童永生、丁素因、黄学诗、郑家坚《陕西蓝田地区新生界》（第14号，1978）及王伴月《内蒙古蒙古鼻雷兽的骨架形态和系统分类》（第16号，1982）。其他专著如周明镇、张玉萍《中国的象化石》（1974），黄万波、计宏祥、郑绍华、陈万勇、徐钦琦等《西藏古生物——第一分册》（1980），郑绍华、黄万波、宗冠福、黄学诗、谢骏义、谷祖刚《黄河象》（1975）。另在《地层古生物论文集》第七集上有全部的陕西蓝田第三纪哺乳动物化石研究论文9篇、云南新生界论文8篇（1978），在《华南中、新生代红层》（1979）中有12篇赣、豫古近纪的研究论文。至于发表在《古脊椎动物学报》、《中国科学》、《地层学杂志》等刊物上的古哺乳动物学论文更是不胜枚举。较为重要的如：周明镇报道的原恐角兽（*Prodinoceras*）（1960）、裂齿类官庄兽（*Kuanchuanius*）（1963）、异节类钟健兽（*Chunchienia*）（1963），周明镇、李传夔记述的始祖貘（*Homogalax*）、犀貘（*Heptodon*）（1965）、"下草湾"、"巨河狸"、"淮河过渡区"（1978），周明镇、胡长康、李玉清"与蓝田人共生的哺乳动物群"（英文，1965），裴文中"中国第四纪哺乳动物群的地理分布"（1957），刘东生、李传夔、翟人杰"陕西蓝田上新世脊椎动物化石"（1978），邱占祥"安徽潜山古新统假古猬化石"（1977），李传夔"安徽潜山古新世Eurymyloidea化石"（1977），黄学诗"安徽古脊齿兽（*Archaeolambda*）骨骼记述"（1977），李传夔、邱铸鼎"青海西宁盆地早中新世哺乳动物化石"（1980），祁国琴"云南禄丰上新世哺乳动物群"（1979）等。

三十年中，除中国科学院古脊椎动物与古人类研究所外，在全国其他科研院校和博物馆也开展了古哺乳动物学及相关地层的调查与研究。较为显著的有薛祥煦领导的西北大学研究团队，主要在秦岭东段从事古近纪和在晋陕做新近纪的化石采集与研究；其他有淮南矿业学院刘嘉龙做的江淮第四纪工作；兰州大学谷祖刚所做西北新近纪的研究；

宜昌地质研究所雷奕振对垣曲始新世的研究；中国地质博物馆胡承志的化石调查与研究；上海自然博物馆谢万明、黄向明、曹克清等做的江淮沿海第四纪及山东山旺化石研究；天津自然博物馆黄为龙、李玉清等对新近纪的研究；辽宁博物馆张镇洪等对庙后山、金牛山等遗址的考察，并发表《庙后山——辽宁省本溪市旧石器时代文化遗址》专著。其他各省市博物馆，如山东、黑龙江、吉林、山西等，都有从事古哺乳动物化石的调查与研究者。

综合上述，这三十年中，以中国科学院古脊椎动物与古人类研究所为主体的中国古哺乳动物学研究队伍不断扩大，通过多项大型考察及零散调查，在全国各地获得了大批的哺乳动物化石材料，出版了多部专著，发表了大量论文，并初步建立起中国新生代地层框架。尽管成绩辉煌，但诚如周明镇（1979）指出的："中国古哺乳动物学研究，仍然处于资料积累阶段。"

（二）后三十年（1983-2013）——改革开放的三十年

既然前三十年中国的古哺乳动物学研究处在"资料积累阶段"，那无疑与当时国际上先进的理论、方法差距是巨大的。的确，在十年"文革"期间，国际上在地学、生物学界发生了翻天覆地的"学术革命"：从板块构造到大陆漂移、从分支系统学到分子生物学的兴起……我们对这些新兴理论一无所知，更可悲的是把我们在60年代追赶世界先进水平的努力也在彼进我退的岁月中毁于一旦，差距拉得越来越大。为此，周明镇在他执掌研究所的改革开放初期（1979-1983），就努力从多个方面来改变我们在古哺乳动物学，乃至古脊椎动物学研究领域的落后状态。其后中国科学院古脊椎动物与古人类研究所各届领导仍然坚持、继承了周明镇的思想做法，才使得古哺乳动物研究有了辉煌的今天。

1. 培养人才、提高素质、建立完善的古哺乳动物研究体系

（1）培养人才

鉴于五六十年代分配来古脊椎动物与古人类研究所的中年研究人员日趋老化，在接受新事物时存在一定困难，只有着重培养新一代的科研人员才能使古脊椎动物的研究得以健康持续发展。为此，古脊椎动物与古人类研究所除在国内招收大量的研究生和应届大学生外，于1978年开始，即陆续派出青年学子赴美欧留学，早期由周明镇推荐学习古哺乳动物学的学子有苗德岁、罗哲西（南京大学）、孟津、王晓鸣、董为等。同时也选拔有条件的中年科学家，如邱占祥、吴文裕、丁素因、李传夔、王伴月、邱铸鼎、齐陶、陈冠芳等去欧美或攻取学位，或做较长期的访问研修。至1989年，12年间共派出留学人员34人，最多的一年（1982年）派出12人。这批优秀学子回国后大多已成为学术骨干、学科带头人；部分旅居国外者，如今也都成为国际知名的专家。他们虽身居国外，但依然与研究所或国内其他专业机构紧密合作，承担着国内重要的科研合作项目，推动着中

国古脊椎动物学的发展。至 90 年代后，派往国外的留学生数量更多，而且开始把有工作经验、成绩优秀的博士送到国外院校和博物馆做博士后，如哺乳动物研究方面的王元青（美国卡内基自然历史博物馆）、倪喜军（美国自然历史博物馆）等。新一代的学子与国外知名科学家的直接合作，无疑加速提升了我们的科研水平。

（2）提高研究水平

为使科研人员能尽快学习、吸收和应用当代的理论体系，1978 年邱占祥在《古脊椎动物学报》上发表"评亨尼希＜系统发育分类学＞"，这是第一篇在国内评论分支系统学的文章。1983 年，周明镇、张弥曼、于小波等的《分支系统学译文集》出版，对分支系统学理论做了较全面的介绍。此后，孟津、王晓鸣（1988，1989）对生物系统学又做了系列的评述，这些译著无疑对我国古生物学研究起到了积极的推动作用。1996 年周明镇、张弥曼、陈宜瑜、朱敏等又编译了《隔离分化生物地理学译文集》，介绍了新兴的隔离分化生物地理学派的基本概念，又一次推动了古生物学界理论水平的提高和创新能力。

此外，研究所于 80 年代还多次聘请兰州大学丛林玉先生讲授脊椎动物比较解剖学，藉以提高研究人员的基础理论水平。

通过派出、引进、招收新一代的年轻学子，历练在职的中年科学家，进入 21 世纪的古哺乳动物研究队伍已是一支包括院士在内专业方向明确、训练有素的专业梯队，同时在全国众多的院校、博物馆中也培养出了一批骨干力量。依靠这支以新生力量为主的科研梯队，中国的古哺乳动物学研究登上了一个新台阶，中国科学家成为国际古脊椎动物研究领域不容轻视的一股新兴力量。

2. 后三十年古哺乳动物的研究业绩

（1）国际合作

国际合作既是另一种在实践中培养人才的有效途径，更可以借助国外优秀科学家的力量来带动国内科研水平的提高。

1）1980 年以周明镇、邱占祥为主的中国新近纪古生物代表团在回访德国时，即与德国慕尼黑大学 V. Falbusch 等签订了中 - 德内蒙古新近纪哺乳动物化石调查与研究的合作项目。这是第一个以小哺乳动物化石为主的国际合作项目。项目的开展使我们不仅学会了如何应用筛洗方法采集小化石，并由此开始，我国小哺乳动物化石采集的数量急剧增加，小哺乳动物化石成为我国在确定新生代地层时代中的有力证据。中 - 德项目的研究工作历时 14 年才陆续完成，在德、中两国权威学术刊物上发表了 13 种研究报告，更培养出一批出众的优秀小哺乳动物专家，如邱铸鼎、吴文裕等。

2）经过 6 年酝酿，从 1987 年正式开始，由邱占祥和美国自然历史博物馆 R. H.

Tedford 领导的中-美山西榆社新近纪地层及古生物考察项目，历经 5 年，于 1991 年结束野外工作。这是在德日进、杨钟健等 30 年代工作的基础上的一个创新项目。考察与研究的结果，不仅采获到包括众多门类大量的哺乳动物化石，而且由于榆社盆地上新世连续沉积这一得天独厚的条件，在采用了动物群分析、古地磁、填图等多种综合手段研究后，清楚地勾勒出了东北亚 6.5 Ma 以来动物群的发展史。该项目计划出版五部专著，第一部业已出版，其他四部正在由参加者邱占祥、L. J. Flynn、吴文裕、陈冠芳、叶捷、王晓鸣等分别撰写中。

3) 1992 年由齐陶、王伴月、郭建崴、李传夔等与美国卡内基自然历史博物馆 M. R. Dawson 和 C. Beard 合作的江苏溧阳始新世哺乳动物化石考察是亚洲第一个在始新世裂隙堆积中调查、采集化石的项目，历时三年，获得了大批以小哺乳动物为主的化石材料，其中尤以曙猿（*Eosimias*）最为重要，它是与类人猿冠群的亲缘关系更近的灵长类，为世界学界所注目。项目所采化石至今仍在研究中。

4) 1994–1997 年黄学诗、童永生、王景文等与上述卡内基自然历史博物馆的同行，又开展了山西垣曲盆地的始新世考察项目，在 J. G. Anderson、O. Zdansky 和杨钟健 30 年代工作的基础上，重新进行地层划分和时代厘定，并采集到包括曙猿在内多门类的哺乳动物化石。

5) 1997–2001 年张兆群、邱铸鼎、郑绍华等与芬兰赫尔辛基大学 M. Fortelius 合作开展陕西蓝田地区新近纪的考察，在 60 年代新生代研究室工作的基础上，发现了 26 个含哺乳动物化石的地点，筛洗到大量的小哺乳动物化石和发掘到数以千计的大型哺乳动物。结合细致的地层测量和古地磁及化石研究，厘定了以蓝田数据为基础的中国晚中新世陆相哺乳动物群序列。

6) 2002–2006 年王元青、胡耀明、李传夔与日本京都大学濑户口烈司等签订了"东亚早白垩世哺乳动物研究"合作项目，主要调查、采集辽宁阜新地区含煤地层中的哺乳动物化石。这是一个在时代上晚于热河动物群的早白垩世晚期动物群，在亚洲发现不多。四年中在煤渣石中采集到相当数量的多瘤齿兽类、对齿兽类、三尖齿兽类和数种不同的原始真兽类。研究工作仍在进行中。

除上述几项重要的大型合作项目外，其他零星、小型的合作项目三十年来还有多项，如黄万波与日本同行、黄万波与美国同行的新生代晚期考察，黄学诗与德国同行、张兆群与芬兰同行合作的乌兰塔塔尔渐新世考察等，另外如中-加恐龙项目（CCDP）、中-德新疆恐龙考察项目、中-比鄂尔多斯盆地恐龙考察项目中也都有重要的中生代哺乳动物化石发现，恕不详述。

（2）中国学者为主的考察、研究项目

1) **热河生物群研究** 这是一个早在 1928 年就被葛利普（Amadeus William Grabau,

1870–1946）命名的早白垩世生物群。自20世纪90年代初期发现鸟化石后，在脊椎动物各大门类几乎都有震惊世界、改写生物史的重大发现，哺乳动物也不例外。截至2012年，在热河生物群中共发现哺乳动物20属23种。其中的13个属都保存有完整骨架（见本册志书），使我们对这些早期的哺乳动物的整体形态和某些关键部位的解剖特点（例如耳区和下颌的麦氏软骨等）都有了更深入、更确切的了解。其中的巨爬兽（*Repenomamns giganticus*）是目前所知中生代最大的哺乳动物，其头-体长可达1 m，体重可达12–14 kg，而且其胃中还保存了幼年鹦鹉嘴龙的两列牙齿和部分残骨，成为哺乳动物以恐龙为食的第一件化石证据。在这个动物群中还发现了我国最早的后兽类——中国袋兽（*Sinodelphys*），表明亚洲很可能是这一类群的起源地。在比热河生物群时代较早的燕辽（道虎沟）生物群中发现的远古翔兽（*Volaticotherium antiquum*）发育有用于滑翔的翼膜，是最早的会滑翔的哺乳动物。近年罗哲西等（2011）记述发表的*Juramaia*（侏罗兽）更是把基干真兽类的出现时间提前到了距今约160 Ma。参加研究的人员主要来自两个系统：以王元青、胡耀明、李传夔及客座研究员孟津为主的中国科学院古脊椎动物与古人类研究所团队和以季强及客座研究员罗哲西为主的中国地质科学院团队。此外，大连自然博物馆、南京大学也有研究者。除研究领域外，对负责热河动物群，尤其是哺乳动物化石修复工作的中国科学院古脊椎动物与古人类研究所高级技师谢树华先生在研究史中做出的贡献也不能忘却，是他精湛无比的技艺才使研究者能获得完美的研究标本。

2）内蒙古古近纪考察　王元青领导的，由孟津、倪喜军、李茜、金迅、白滨及美国C. Beard等组成的团队，自2004年起，连续十年主要在内蒙古二连盆地考察。结合古地磁测年厘清了脑木根期、阿山头期、伊尔丁曼哈期、沙拉木伦期、乌兰戈楚期和呼尔井期的地层顺序，为东亚陆相分期提供了更精确、可以进行洲际对比的依据。项目同时采集到大量哺乳动物化石，正在结合美国中亚考察团在二连盆地所采集的材料进行对比研究。

3）新疆准噶尔盆地古近系和新近系考察　自2002年起陆续由叶捷、孟津、倪喜军分别申请、有吴文裕、毕顺东等参加的新疆准噶尔盆地古近系和新近系考察项目，在连续十年中，于乌伦古河地区，在铁尔斯哈巴合和顶山盐池两条连续沉积的剖面上（时间跨度25–13.5 Ma），采集到早始新世、中始新世、晚始新世、早渐新世、中晚渐新世、早中新世、中中新世和晚中新世化石的层位多达30个，并在其中的16个层位做了砂样筛洗。从哺乳动物群组成特点及其指示的动物群年代着手，并利用古地磁数据为各个动物群进行了年龄标定，以此对青藏高原抬升及各个时段的气候变化做出了可信的推断。特别是在24–16.8 Ma时间段的索索泉组中首次发现最早的风成黄土型堆积，为东亚季风系可能始于最晚渐新世提供了有力的证据。

4）华中地区古近纪的考察及研究成果　除内蒙古、新疆外，华中地区，包括河南、湖北、湖南、安徽诸省古近纪的调查规模虽小，但三十年来持续不断，且有令世界瞩目的重大发现。

其一是早期啮型动物的发现和系统研究。自1977年李传夒记述了安徽潜山古新世的晓鼠（*Heomys*）和模鼠兔（*Mimotona*）这两属分别与单门齿类（鼠）和双门齿类（兔）起源有关的新属种后，李传夒与丁素因合作先后在美、法、日等国际学术会议上报告并发表论文，引起古生物学界的极大关注。大致与此同时，邱占祥、徐余瑄、闫德发、李传夒、丁素因、王元青、胡耀明、王原等先后在湖北丹江口早始新世玉皇顶组发现了众多保存完好数以百计的与晓鼠相关的菱臼齿兽（*Rhombomylus*）化石。综合这些中国独有的材料，孟津、胡耀明和李传夒经过近十年的研究、对比，于2003年终于完成《The Osteology of *Rhombomylus* (Mammalia, Glires): Implications for Phylogeny and Evolution of Glires》专著。这是一部对基干啮型类从解剖、种内变异、个体发育、系统发育进行全面阐述的、划时代的专著。

其二是早期灵长类的发现与研究。早期灵长类在北美、欧洲及北非古近纪早期地层中发现众多、研究深入。而在中国广泛分布的始新世地层中，自1930年Zdansky记述了黄河猴（*Hoanghonius*）后，六十年中，仅有周明镇（1961）发表过卢氏猴（*Lushius*）的四颗上颊齿和吴汝康、周明镇（Woo et Chow, 1957）对黄河猴新发现的牙齿材料的补充记述。直到90年代胡耀明在湖南衡东最早始新世的岭茶组中发现了一个保存完整的鼩猴类（Omomyid）头骨，才有了突破性的进展。2004年，倪喜军、王元青、胡耀明、李传夒在《Nature》上发表了这一头骨的研究报告，命名为亚洲德氏猴（*Teilhardina asiatica*）。德氏猴是世界上出现最早、保存最为完整的真灵长类化石之一。它的发现不仅有可能与欧美含德氏猴的层位对比，而且显示欧洲和北美大陆的德氏猴其根可能在亚洲，或者可以进一步推论真灵长类的起源即在亚洲。从亚洲德氏猴的形态特点推测，真灵长类最后的共同祖先可能是一种小型、可调节视向的昼行性动物。2013年，倪喜军与D. L. Gebo、孟津等又在《Nature》上发表"The oldest known primate skeleton and early haplorhine evolution"论文，记述了他十年前在湖北荆州早始新世地层中发现的一具完整的灵长类骨架——阿喀琉斯基猴（*Archicebus*）。化石显示它是跗猴（眼睛猴）型类支系上的最为基干的一员，它的发现对于确定类人猿与其他灵长类的分异时间和早期演化模式提供了非常关键的证据，证明最早期的灵长类动物，与跗猴以及类人猿的共同祖先一样，都是极小的、昼行性的，而不是像以往推断的类人猿谱系的最早期成员体积较大，跟现代猴相当。

5）甘肃和政哺乳动物化石集群的发现　1999年在得知和政县发现大量哺乳动物化石后，由邱占祥领导的，包括中国科学院古脊椎动物与古人类研究所邓涛、王伴月、倪喜军及甘肃博物馆谢骏义、颉光普等的团队，经过近十年的考察，初步发现，整个临夏盆地从渐新世至第四纪至少含有6个层位的极为丰富的哺乳动物化石，特别是中中新世铲齿象动物群和晚中新世三趾马动物群的化石。这一工作一直持续至今。经过多年努力，已在近100个化石点中发现和征集了几万件标本，其中还有众多完整的骨架。这是新中国建立以来在新近纪哺乳动物方面最重要的一次发现。目前大部分化石仍在修理和整理中，只有一部专著《甘肃东乡龙担早更新世哺乳动物群》（邱占祥等，2004）和邓涛（2001–2008 年）对犀类化石的初步研究报告发表。

6）内蒙古中部新近纪考察　内蒙古中部地区新近纪古哺乳动物考察，最早可追溯到 20 世纪 20 年代，欧洲人发现了二登图地点，美国人发现了通古尔地点。1959 年中 - 苏考察队在通古尔做过发掘；1986 年邱占祥等又在同一地区考察并发现了成倍增长的各门类化石。而化德二登图地点则是 1980 年开始的中 - 德合作项目（见前述）的主要工作区。在前人工作的基础上，结合内蒙古中部地区新近系发育广泛、有的地段出露又好的条件，自 1995 年，中国科学院古脊椎动物与古人类研究所邱铸鼎、李强及美籍客座研究员王晓鸣等前后十多次在这一地区考察，并先后掘土 50 余吨进行筛洗。结果发现了数个新的化石地点。所发现的哺乳动物化石，数量大，种类多，既有大中型动物，也有包括食虫目、翼手目、啮齿目和兔形目等上百个属、种的小型哺乳动物。在这些化石组合中，如早中新世的敖尔班动物群、中中新世的通古尔动物群、晚中新世的二登图动物群和早上新世的比例克动物群，不仅填补了这一地区新近纪化石层位上的一些空白，也对研究我国北方哺乳动物的演化过程和生态环境提供了可靠的科学依据。

7）兄弟院校、博物馆对华北中新世调查、采集及研究　1979–1980 年及 1985 年北京自然博物馆的关键等在宁夏同心地区收集、发掘到大批中中新世的哺乳动物化石，包括铲齿象、库班猪、上猿等，部分材料业已发表，研究还在继续中。1985 年起，西北大学薛祥煦、张云翔、岳乐平等在陕西府谷老高川持续野外工作数年，发现了两个不同层位的三趾马动物群（下层喇嘛沟动物群，上层庙梁动物群），并采集到大量哺乳动物化石，已发表部分化石，大量材料还在研究中。

约在上述两项进行的同时，中国科学院古脊椎动物与古人类研究所的闫德发、叶捷、贾航等也在同一地区采集化石。部分材料已由陈冠芳、叶捷、邓涛等研究发表。

8）青海柴达木盆地和西藏新生代晚期哺乳动物群的发现　中国科学院古脊椎动物与古人类研究所客座研究员王晓鸣及邓涛、李强等从 1998 年开始对青海柴达木盆地新近纪地层及脊椎动物化石进行考察，逐渐向西藏高原深入，经过十几年的探索，最终在阿里地区札达附近发现相当丰富的上新世哺乳动物化石。邓涛等（Deng et al., 2011）对札达披毛犀类化石的研究表明，在第四纪大冰期之前某些大型植食性动物已经开始在西藏高原地区有了某种耐寒的适应，到第四纪冰期时它们逐渐从高原来到了亚洲东部大陆，并逐渐适应了冰期气候。

9）国家"九五"攀登专项"早期人类起源及环境背景的研究"　以首席科学家邱占祥领导的"九五"攀登项目其初衷是探寻亚洲早期人类活动的踪迹，当时选择了三个适宜于人类繁衍栖息且有线索的地区：中国地貌单元的第二和第三阶梯南端的云南；北端的郧西、建始；东部沿江低地的皖南。多年的考察结果，虽无"震惊世界"的发现，但对古哺乳动物的调查与发掘确是个国家赋予的难得机遇。

i) 云南蝴蝶古猿产地研究　由中国科学院古脊椎动物与古人类研究所祁国琴、董为、潘悦容、倪喜军等和云南省文物考古研究所郑良、吉学平、高峰组成，西北大学张云翔参加的云南课题组自 1998–2001 年先后进行了五次调查，除对蝴蝶古猿的地层重新厘定、划分外，还采集到包括小型灵长类、肉食类、长鼻类、奇蹄类、偶蹄类及大量小哺乳动物化石。研究成果由祁国琴、董为主编成《蝴蝶古猿产地研究》一书。

ii) 建始人遗址　由中国科学院古脊椎动物与古人类研究所的哺乳动物专家郑绍华、张兆群、刘丽萍、陈冠芳、同号文等组成，并有中国地质大学（北京）程捷和湖北考古研究所李天元等参加的鄂西考察队，在 1998–2000 年三个野外季度的考察中，除发现了巨猿、"魁人"外，还在建始龙骨洞的洞穴堆积中发现 8 目 35 科 70 属 87 种哺乳动物化石。研究报告由郑绍华主编成《建始人遗址》一书。

iii) 安徽繁昌人字洞　由中国科学院古脊椎动物与古人类研究所金昌柱任组长，董为、刘金毅、同号文、魏光飚、崔宁、张颖奇、徐钦琦、郑家坚和安徽省博物馆郑龙亭、安徽省文物考古研究所韩立刚等组成的皖南考察队，从 1998 年开始，历经五年，在繁昌人字洞堆积中发现 10 目 29 科 70 余种哺乳动物化石，并采获多具锯齿虎、中国乳齿象、貘和丽牛的完整骨架。研究成果由金昌柱、刘金毅主编成《安徽繁昌人字洞》一书。

除上述大型的考察、研究项目外，小型的野外调查、发掘与研究尚有多项，如孙艾玲、崔贵海、张法奎、吴肖春、罗哲西等对云南禄丰红层的调查和化石采集；童永生、王景文在山东昌乐五图早始新世的调查与采集；王元青等在安徽潜山古新世、河南李官桥盆地始新世的调查；黄学诗、郑绍华、刘丽萍在湖北丹江口古近纪的考察；宗冠福、黄学诗、陈万勇、徐钦琦在横断山新生界的考察等。至于与古人类、旧石器有关的第四纪哺乳动物考察及研究报告，如"巫山猿人遗址"、"和县人遗址"、"南京直立人"、"大连古龙山遗址研究"、河北阳原泥河湾盆地研究等更是多得难以计数，恕不详述。

10）中国新生代陆相地层阶/期的建立　1984 年李传夔等首次提出依据哺乳动物化石建立我国新近纪陆相地层阶/期的建议。1995 年童永生等则提出了一个整个新生代陆相地层的阶/期划分方案。但是这些方案分别是按照欧洲的"MN"和北美的"Mammal Age"的模式建立的。这两者都不是国际地层委员会所要求的年代地层和地质年代单元，而是生物年代单元，而且也没有按照国际地层委员会建议的程序建立界线层型。这导致了我国古哺乳动物学家对几乎遍布全国的新生代哺乳动物化石地点和大约 1500 种哺乳动物的年代排序的大调查。在此基础上已对古近纪和新近纪的阶/期提出了改进的划分方案，并对某些界线层型提出了选择方案。这项工作尚在进行中，其中中国新近纪陆相哺乳动物的分期与时代已获得阶段性的总结成果（Qiu et al., 2013）。

11）某些门类和地区的系统总结　除上述各项考察、研究的成果外，后三十年中还有不少未计其中的总结报告和专著。较重要者有：①中国古生物志 6 部：《广东南雄古新世贫齿目化石》（丁素因，1987 年）；《中国的三趾马化石》（邱占祥、黄为龙、郭志慧，

1987年）；《河南李官桥和山西垣曲盆地始新世中期小哺乳动物》（童永生，1997年）；《甘肃东乡龙担早更新世哺乳动物群》（邱占祥、邓涛、王伴月，2004年）；《山东昌乐五图盆地早始新世哺乳动物群》（童永生、王景文，2006年）；《中国的巨犀化石》（邱占祥、王伴月，2007年）。②专著11部：《中国的老第三纪哺乳动物》（李传夔、丁素因，1983年，英文）；《中国路西尼期和维拉方期的鬣狗化石》（邱占祥，1987年，德文）；《广西柳城巨猿洞及其他山洞之食肉目、长鼻目和啮齿目化石》（裴文中，1987年）；《亚洲古近纪：哺乳动物和地层》（Russell、翟人杰，1987年，英文）；《川黔地区第四纪啮齿类》（郑绍华，1993年）；《内蒙古通古尔中新世小哺乳动物群》（邱铸鼎，1996年）；《横断山地区新生代哺乳动物及其生活环境》（宗冠福、陈万勇、黄学诗等，1996年）；《秦岭东段山间盆地的发育及自然环境变迁》（薛祥煦、张云翔、毕延、岳乐平、陈丹玲，1996年）；《周口店新发现的第四纪哺乳动物群及其环境变迁研究》（程捷、田明中、曹伯勋、李龙吟，1996年）；《中、东亚中第三纪梳趾鼠科》（王伴月，1997年）；《中国的真马化石及其生活环境》（邓涛、薛祥煦，1999年）。

系 统 记 述

概述 在导论中我们提到,原始哺乳动物并非一个自然的哺乳动物分类单元,只是一个方便的归类,便于我们在本册志书中记述和表达所包含的内容。从系统关系和演化上看,相对于其他分册中记述的以有胎盘类为主的哺乳动物,本册记述的门类多是在形态上比较原始的类群。此外,除了少数几个多瘤齿兽和有袋类的属种,本册包含的相关属种,都见于从晚三叠世到晚白垩世的中生代。因此,从时代分布上看,这一册主要记述了中国的中生代哺乳动物。

表3是中生代哺乳动物的一个简略分类表。可以看出,主要的中生代哺乳动物化石中国都有记录。而且近二十年来发现的中生代哺乳动物化石,无论从数量和保存质量上都可以说是誉冠全球,为早期哺乳动物的形态学、系统发育和演化等研究提供了极为丰富和珍贵的资料。这些化石的发现,一方面,使我们了解了中生代哺乳动物具有很高的多样性,形态上已高度分化,以适应各种生活环境;另外一方面,也带来了很多需要思考和更深入研究的课题。

在早期的研究中,存在哺乳动物多起源的观点,即哺乳动物的几个主要支系,比如单孔类、多瘤齿兽、兽类等分别独立起源于不同的犬齿类祖先(Simpson, 1928, 1959)。这种观点后来被哺乳动物单起源的观点所代替(Hopson et Crompton, 1969),这种观点除了认为哺乳动物为单起源,也把哺乳动物大体分为原兽亚纲和兽亚纲两大分支,前者包含了单孔类和摩根齿兽相关的最早期哺乳动物,后者包括了有袋类、有胎盘类和孔耐兽相关的最早期哺乳动物(表2)(Kermack, 1963, 1967;Hopson et Crompton, 1969;Kermack et Kielan-Jaworowska, 1971;Crompton et Jenkins, 1979)。尽管这种两分的格局,也因为不同的研究者而在细节上有所不同,但大体意见是一致的。最近的研究,仍然支持哺乳动物是单起源和单系的冠群兽类,但曾经被归入原兽亚纲的门类,表现出了复杂的系统关系。许多系统发育分析,会得出不同的结果,图30—图33表现了其中一些例子。这种不稳定性,一直持续到现在。但一个基本的观点,就是传统的原兽亚纲是一个多系类群,现在的分类中基本上已经弃用。

有关早期哺乳动物系统关系的问题,目前主要集中在与单孔类有关的南方大陆类群的关系,真三尖齿兽的系统位置,以及多瘤齿兽和贼兽的系统发育位置。这些类群的系统发育关系,也影响对哺乳动物主要支系分异时间的确定。在这些问题中,最不清楚的,是多瘤齿兽和贼兽的系统发育位置。由于它们特别的牙齿结构,即具有两排多尖的上、下臼齿，在咀嚼时下颌具有向上、向后移动的特点（Butler et MacIntyre, 1994；Butler, 2000；Butler et Hooker, 2005；Hahn et Hahn, 2006）与其他哺乳动物具有三个齿尖，咀嚼时具有横向运动不同（Crompton, 1995），加上它们出现的时间，与摩根齿兽几乎同时，所以，对它们的起源演化，一直没有定论。尽管 Jenkins 等（1997）认为贼兽和多瘤齿兽没有近亲关系，但现在多数学者认为多瘤齿兽是一个单系类群，它们是从贼兽中演化出来，后者形成一个并系类群（Butler, 2000；Butler et Hooker, 2005；Hahn et Hahn, 2006）。但这些作者也倾向于认为由多瘤齿兽和贼兽构成的异兽，其起源可能是独立于其他哺乳动物，这个观点，至少是部分延续了 Simpson（1928, 1959）对哺乳动物起源的观点。但依据简约法则进行的系统发育发育分析，通常支持异兽成为一支，但将其置于哺乳动物冠群中 (Rowe et al., 2008；Ji et al., 2009；Luo et al., 2011a)。由于贼兽的材料基本上都是单个牙齿，对它们的认识还很有限。但随着更多新标本在中国发现，将会对异兽类的系统发育有更好的认识。

此外，在各个类群中，由于新标本的不断发现，有大量的形态学、系统发育和其他生物学方面的工作需要去做，尤其是多瘤齿兽、真三尖齿兽及其相关类群。此外，在中国发现的后兽类和真兽类，也为兽类的起源时间提供了进一步研究的大量信息。这不仅引起了古生物学家的兴趣，也受到现生生物学家的重视。

表 3 是我们根据 Kielan-Jaworowska 等（2004, Table 1.1）以及 Rose（2006, Table 4.1）做的一个中生代哺乳动物分类表。我们着重列举了中国具有的门类，精简了南方大陆的分类单元。此外，对于目前在系统关系上还不稳定的高分类单元，也进行了精简。其中，Trechnotheria 在 Rose（2006）中是一个亚纲，但和他所使用的 Boreosphenida 亚纲（我们使用了兽亚纲）在分类级别和系统关系上具有矛盾。因此，我们采取了 Kielan-Jaworowska 等（2004, Table 1.1）的方法，没有给 Trechnotheria 一个分类等级单元，而是列出作为一个没有分类级别的支系，由 Spalacotheriidae 与兽类冠群的共同祖先和所有后裔构成。同样的理由也用在 Zatheira 上，即 Zatheira 由 Peramuridae 与兽类冠群的共同祖先和所有后裔构成。我们采用 Trechnotheria 和 Zatheria 这个两个支系，是因为现在的研究表明，它们的系统关系和包含的内容已经比较稳定。

表 3　中生代哺乳动物分类简表

Class MAMMALIA (*Sinoconodon* + Crown Mammalia)
    Sinoconodontidae*
      Adelobasileus incertae familiae
      Kuehneotheriidae
    Order MORGANUCODONTA*
      Morganucodontidae*
      Hadrocodium* incertae familiae
      Megazostrodontidae
    Order DOCODONTA*
    Order SHUOTHERIDIA*

续表

      Order GONDWANATHERIA
      Order AUSKTRIBOSPHENIDA
      Order MONOTREMATA
      Order VOLATICOTHERIA*[1]
      Order EUTRICONODONTA*
           Amphilestidae*
           Triconodontidae*
           Gobiconodontidae*[1]
           Repenomamidae*[1]
           Klameliidae*[1]
           Austrotriconodontidae
   Subclass ALLOTHERIA*
           Theroteinidae
           Eleutherodontidae*
      Order HARAMIYIDA
           Haramiyidae
      Order MULTITUBERCULATA*
        Superfamily Plagiaulacoidea
       Suborder CIMOLODONTA*
        Superfamily Ptilodontoidea
        Superfamily Taeniolabidoidea
        Superfamily Djadochtatherioidea
TRECHNOTHERIA*(clade)
  Superorder SYMMETRODONTA*
          Amphidontidae
          Tinodontidae
          Spalacotheriidae
  Superorder DRYOLESTOIDEA
          Vincelestidae
    Order DRYOLESTIDA
          Dryolestidae
          Paurodontidae
    Order AMPHITHERIIDA
          Amphitheriidae
ZATHERIA (clade)
  Order "EUPANTOTHERIA" *[1]
  Order PERAMURA
          Peramuridae
          Arguitheriidae
          Arguimuridae
BOREOSPHENIDA (clade)
  Order AEGIALODONTIA
          Aegialodontiae
  Subclass THERIA*[1]
  Infraclass METATHERIA*
  Infraclass EUTHERIA*

注：本分类表依据 Rose（2006, Table 4.1）修改。
  * 示中国目前有化石记录的门类。
  [1] 示 Rose 原表中没有列出、但根据中国的化石记录，本分册添加的分类单元。

最后，Kielan-Jaworowska 等（2004）与 Rose（2006）使用了 Boreosphenida 亚纲，其中包括了 Aegialodontia 目、真兽下纲和后兽下纲。这些作者都没有使用传统的兽亚纲（Theria）。我们在哺乳动物高阶分类单元的讨论中，认为将北方磨楔兽（或者 Tribosphenida）视为兽类的全类群可能更好。因此，我们在表 3 中使用了传统的兽亚纲 Theria，包括真兽下纲和后兽下纲，把 Boreosphenida 也处理成没有分类级别的支系，即由"tribotherians"（包括 Aegialodontiae 和一些分类位置不确定的属种，见 Kielan-Jaworowska et al., 2004）与兽类冠群的共同祖先和所有后裔构成。

哺乳动物纲 Class MAMMALIA Linnaeus, 1758

中国尖齿兽科 Family Sinoconodontidae Mills, 1971

模式属 *Sinoconodon* Patterson et Olson, 1961

概述 在最初报道中，根据其三个主要齿尖前后排列的牙齿结构，*Sinoconodon rigneyi* Patterson et Olson, 1961 被归入三尖齿兽科（Triconodontidae）。Mills（1971）建立了中国尖齿兽科（Sinoconodontidae），包括了 *Sinoconodon* 和 *Megazostrodon*，认为它们有类似的牙齿咬合关系，即下牙主尖咬合在对应的两个上牙之间（Crompton et Jenkins, 1968）。但 Crompton（1974）认为 *Sinoconodon* 的下颌有很多类似非哺乳动物的犬齿兽类的特征，牙齿也缺少齿带和相应的小尖，因此把 *Megazostrodon* 排除在 Sinoconodontidae 外。Crompton 和 Sun（1985）进一步认识到 *Sinoconodon* 的上、下颊齿没有一对一的稳定咬合关系，是一种原始的特征。此后更充裕的化石表明中国尖齿兽的门齿和犬齿有多次替换，相似于现代爬行动物和犬齿兽类的牙齿替换的原始性状（Crompton et Luo, 1993；张法奎等, 1998），而且多次牙齿替换的过程伴随成年头骨持续生长（Luo et al., 2001b, 2004）。因此研究者普遍认为 *Sinoconodon* 比摩根齿兽等同时期的基干哺乳动物要更原始，而将它从三尖齿兽类中移出，而且放到比摩根齿兽更原始的演化位置（见 Crompton et Sun, 1985；Crompton et Luo, 1993；张法奎等, 1998）。*Sinoconodon* 现在基本上被认为是最为基干的哺乳动物（根据本志书所采用的哺乳动物定义）（Crompton et Luo, 1993；Luo et al., 2002；Kielan-Jaworowska et al., 2004）。

定义与分类 目前中国尖齿兽科仅有一个属种：*Sinoconodon rigneyi* Patterson et Olson, 1961。

中国尖齿兽属 Genus *Sinoconodon* Patterson et Olson, 1961

Lufengoconodon：杨钟健，1982a

模式种 *Sinoconodon rigneyi* Patterson et Olson, 1961

名称来源 属名源自 *Sino-*，中国。

鉴别特征 *Sinoconodon* 在哺乳动物的这个范畴里，缺少自己的特有特征，但它可以通过一系列原始特征而识别。与非哺乳动物的犬齿兽 cynodonts 相比，*Sinoconodon* 的岩骨中具有了包裹耳蜗的岬。下颌骨（齿骨）具有发育完全的颌关节突，比摩根齿兽，kuehneotheriids 和 *Hadrocodium* 的下颌关节突都要强壮；麦氏软骨沟平行于颌骨底缘，齿骨后骨槽上方的内脊（medial ridge）明显退化。从牙齿上看，*Sinoconodon* 与摩根齿兽的差别在于上下颊齿基本没有齿带。与其他哺乳动物不同的是，*Sinoconodon* 不具有上下牙齿一一对应的关系，牙齿上也没有磨蚀面。

中国已知种 仅模式种。

分布与时代 云南禄丰，早侏罗世。

评注 过去曾有不同的种归入中国尖齿兽中（*Lufengoconodon changchiawaensis* Young, 1982 [= "*Sinoconodon changchiawaensis*" Crompton et Sun, 1985]；*S. parringtoni* Young, 1982；*S. yangi* Zhang et Cui, 1983），但随着更多、更好的标本被发现，这些中国尖齿兽实际上代表了同一个属种的不同生长阶段（Crompton et Luo, 1993；Luo et Wu, 1994）。这个观点得到了后人的认可（张法奎等，1998）。所以目前这个科中，只有 *Sinoconodon rigneyi* 一个属一个种（Kielan-Jaworowska et al., 2004）。如果按照我们现在的哺乳动物定义，中国尖齿兽无疑代表了最原始的哺乳动物，为哺乳动物的干群分子之一。因为其特别的系统发育地位，中国尖齿兽的头骨和牙齿等形态学特征，得到了仔细的研究（Patterson et Olson, 1961；张法奎、崔贵海，1983；Crompton et Sun, 1985；Crompton et Luo, 1993；Luo, 1994；Luo et al., 1995；张法奎等，1998）。

芮氏中国尖齿兽 *Sinoconodon rigneyi* Patterson et Olson, 1961

（图 39，图 40）

Lufengoconodon changchiawaensis：杨钟健, 1982a

Sinoconodon parringtoni：杨钟健, 1982a

Sinoconodon yangi：张法奎、崔贵海, 1983

Sinoconodon changchiawaensis：Crompton et Sun, 1985

正模 C.U.P. No. 1 头骨和下颌前部（C.U.P. No. 1–9 现存 FMNH）。

归入标本 C.U.P. No. 2–9，3 件破头骨及颅顶残片、4 件下颌残段、1 件残破肱骨；IVPP V 4726，1 件头骨连同下颌；IVPP V 4727，1 件完整的头骨连同下颌及部分前肢；IVPP V 6747，1 件较完好的头骨及下颌。

名称来源 种名源于美国古生物学家芮歌尼 H. W. Rigney。

产地与层位 云南禄丰大地（Tati）、大荒田"张家洼"，下侏罗统下禄丰组深红色泥岩。

鉴别特征 同属（有关中国尖齿兽和摩根齿兽的牙齿形态术语，请参见图 56）。

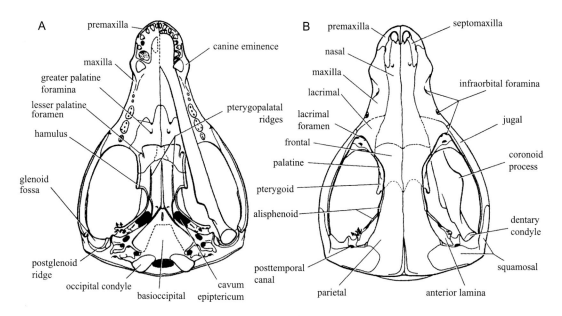

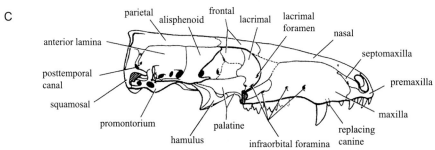

图 39 芮氏中国尖齿兽 *Sinoconodon rigneyi* 头骨复原线条图

A. 腹面视，B. 背面视，C. 侧面视（引自 Kielan-Jaworowska et al., 2004, p. 166）。

alisphenoid, 翼蝶骨; anterior lamina, 岩骨前板; basioccipital, 基枕骨; canine eminence, 犬齿隆; cavum epiptericum, 上翼腔; coronoid process, 冠状突; dentary condyle, 齿骨髁; frontal, 额骨; glenoid fossa, 关节窝; greater palatine foramina, 大腭孔; hamulus, 钩突; infraorbital foramina, 眶下孔; jugal, 轭骨; lacrimal, 泪骨; lacrimal foramen, 泪孔; lesser palatine foramen, 小腭孔; maxilla, 上颌骨; nasal, 鼻骨; occipital condyle, 枕髁; palatine, 腭骨; parietal, 顶骨; postglenoid ridge, 关节后嵴; posttemporal canal, 颞后沟; premaxilla, 前颌骨; promontorium, 岩骨岬; pterygoid, 翼骨; pterygopalatal ridges, 翼腭嵴; replacing canine, 正在替换的犬齿; septomaxilla, 隔颌骨; squamosal, 鳞骨

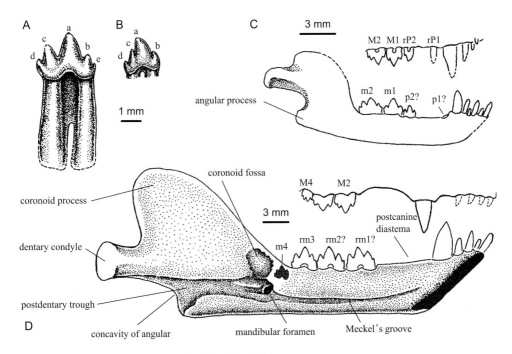

图 40 芮氏中国尖齿兽 *Sinoconodon rigneyi*
A. 一个较大个体（生长晚期）的倒数第二下颊齿（舌侧视），B. 一个较小个体（生长早期）正在萌出的最后下颊齿（舌侧视），C. 生长早期头骨的组合上下颌，D. 生长晚期头骨的组合上下颌（引自 Kielan-Jaworowska et al., 2004, p. 167）。
angular process, 角突; concavity of angular, 隅骨凹; coronoid fossa, 冠状窝; coronoid process, 冠状突; dentary condyle, 齿骨髁; mandibular foramen, 下颌孔; Meckel's groove, 麦氏软骨沟; postcanine diastema, 犬齿后齿隙; postdentary trough, 齿骨后沟; a, b, c, d, e 为下颊齿齿尖

摩根齿兽目 Order MORGANUCODONTA Kemark, Mussett et Rigney, 1973

定义与分类 摩根齿兽目，是哺乳动物的一个基干类群，Kermack 等（1973）最初建立的是一个亚目 Suborder Morganucodonta，Stucky 和 McKenna（1993）将其提升为一个目级分类单元，此后众多学者（如 McKenna et Bell, 1997, Kielan-Jaworowska et al., 2004 等）都沿用了这一分类阶元。这个目包括了摩根齿兽科（Morganucodontidae）和巨带齿兽科（Megazostrodontidae）（Kielan-Jaworowska et al., 2004），但巨带齿兽科（Megazostrodontidae）至今在中国尚未发现。

形态特征 个体小，与 *Sinoconodon* 以及大多数的犬齿兽相比，最主要的进化特征包括：臼前齿（门齿、犬齿、前臼齿）均为两出齿，具有前臼齿和臼齿的分化，上、下臼齿有一一对应的咬合关系，对应上、下牙的齿尖也具有比较稳定的咬合关系。但比哺乳动物冠群中的分子要原始的地方，在于牙齿的磨蚀面在牙齿萌出时并没有稳定的对应关系，它们

的咬合关系是相对的上下牙齿在磨合过程中,釉质层有了相当的磨损后才形成的。摩根齿兽的牙齿,有前后排列一线的三个主尖,但和真三尖齿兽牙齿不同的是具有上下臼齿齿带的原始特征。摩根齿兽的齿骨上具有齿后骨槽,下颌角(或者是假下颌角)位置靠前,具有接隅骨(angular or ectotympanic)的浅凹,在齿骨舌侧没有翼肌窝(pterygoid fossa)。

分布与时代　欧洲、亚洲、非洲、北美洲,晚三叠世至中侏罗世。

评注　在早期的分类中,根据牙齿的某些特征,摩根齿兽类曾被归入三尖齿兽目(Triconodonta)(Kermack et al., 1973)中。在相当长的一段时间内,这个分类法得到了广泛的认可(Jenkins et Crompton, 1979; Miao et Lillegraven, 1986; Hopson, 1994, fig. 8)。但摩根齿兽类在牙齿、头骨和头后骨骼上相比真三尖齿兽类的原始性,很快被人们认识到(Rowe, 1988; Wible et Hopson, 1993; Rougier et al., 1996; Ji et al., 1999)。近期的哺乳动物系统发育分析,通常是把中国尖齿兽和摩根齿兽类置于哺乳动物基干位置,它们比真三尖齿兽类要原始得多,这一点在 McKenna 和 Bell (1997) 的分类中已经反映出来。在他们的分类系统中,摩根齿兽类和中国尖齿兽都被移出了"Triconodonta",以显示它们不同于由"triconodontids"以及"amphilestids"为主要内容的真三尖齿兽类。但 *Sinoconodon* 和 morganucodontids 与真三尖齿兽在牙齿齿尖形态上十分相似。morganucodontids 和真三尖齿兽在牙齿的磨蚀面和齿间铰合形态上相似,因此牙齿形态描述术语大体相同(Crompton, 1974)。

摩根齿兽科　Family Morganucodontidae Kühne, 1958

模式属　*Morganucodon* Kühne, 1958

名称来源　科名源自模式属。

鉴别特征　见目的鉴别特征。

中国已知属　仅模式属。

分布与时代　欧洲、亚洲、非洲、北美洲,晚三叠世至中侏罗世。

摩根齿兽属　Genus *Morganucodon* Kühne, 1958

模式种　*Morganucodon watsoni* Kühne, 1949

名称来源　化石产于英国威尔士郡布里真德附近的 South Glamorgan。在 Domesday 书中的 South Glamorgan = Morgan,故依地名为属名。

鉴别特征　摩根齿兽属除了相对于中国尖齿兽比较进步的一些特征(见摩根齿兽目的鉴别特征)外,它是由一系列原始特征组合与同科其他属种相区别的。这个属中的种,臼齿除了三个纵向一线排列的齿尖,下臼齿通常具齿带,上臼齿具有舌侧和唇侧的齿带。

下臼齿远中端的 d 尖，嵌于后方白齿近中端由 e 和 b 尖形成的凹中。下臼齿的 a 尖，在咬合时位于上白齿 B 和 A 尖之间低谷的舌侧；而上臼齿的 A 尖，咬合于下臼齿 a 和 c 尖之间低谷的舌侧（Crompton et Jenkins, 1968；Crompton, 1974）。此外，摩根齿兽属的种类中，下颌联合部具有移动性，有齿骨后槽，下颌外侧咬肌窝浅，齿骨颌关节也比较发育。

中国已知种 奥氏摩根齿兽 *Morganucodon oehleri* Rigney, 1963；黑果蓬摩根齿兽 *Morganucodon heikoupengensis* (Young, 1978)。

分布与时代 云南禄丰，早侏罗世。

评注 与中国尖齿兽不同，*Morganucodon* 所知的材料和产出地点比较多。因此，对 *Morganucodon* 研究的程度也更加深入，为早期基干哺乳动物中研究得最为详细的一个类群，包括牙齿、头骨和头后骨骼（Mills, 1971；Kermack et al., 1973, 1981；Parrington, 1973, 1978；Crompton, 1974；Jenkins et Parrington, 1976；Lewis, 1983；Graybeal et al., 1989；Crompton et Luo, 1993）。此外，由于 *Morganucodon* 的标本保存有缩小的齿骨后骨，为研究哺乳动物中耳的演化提供了重要的信息。相关的研究内容非常多，这里就不列出参考文献了，读者可以参考有关哺乳动物耳区部分。中国已知的两个种，在摩根齿兽中较为进步（Luo et Wu, 1994）。

奥氏摩根齿兽 *Morganucodon oehleri* Rigney, 1963

（图 41）

正模 FMNH CUP 2320，一个近于完整的头骨，有咬合的一对下颌。

名称来源 种名源自标本的发现者 E. T. Oehler。

鉴别特征 齿式：4•1•4•3/4•1•5•3–4。下臼形齿大于 *M. watsoni* 的下臼齿。与 *M. heikoupengensis* 类似，但与别的摩根齿兽不同在于后部臼齿缩小，齿骨关节突较强壮，后齿骨槽（postdentary trough）上缘的内脊（medial ridge）极弱，在摩根齿兽中显得比较进步。*M. oehleri* 与 *M. heikoupengensis* 的不同见后者的鉴别特征。

产地与层位 正模产自云南禄丰羊草地（Yang Tsao Ti [Goat Grass Place]）（＝大地）地点，下侏罗统下禄丰组深红色泥岩（Luo et Wu, 1994）。该点也产出 *Bienotherium*（Rigney, 1963）。

评注 在原始报道中，Rigney（1963）还提到一个编号为 FMNH CUP 5 的部分脑模标本，这个标本在 Patterson 和 Olsen（1961）中被提到，Rigney 认为那个脑膜标本几乎肯定可以归入 *M. oehleri* 中。禄丰产出的欧氏摩根齿兽标本，都来自于下禄丰组的深红色泥岩（孙艾玲等，1985；Luo et Wu, 1994），但有些地点现在不是很清楚。比如 1947–1949 年间，Oehler 受当时的辅仁大学 H. W. Rigney 委托采集的标本，包括 *Morganucodon oehleri* 正模，其产地羊草地，由当地群众确认即与大地为同一地点（Luo et Wu, 1994）。

黑果蓬摩根齿兽 *Morganucodon heikoupengensis* (Young, 1978)

（图 41）

Eozostrodon heikoupengensis：杨钟健，1978

选模 IVPP V 4728，较完整的头骨，与左、右两下颌咬合在一起。

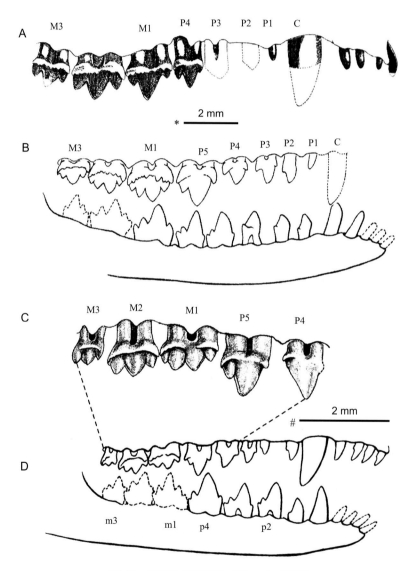

图 41 摩根齿兽的牙齿形态和齿式比较

A, B. 奥氏摩根齿兽 *Morganucodon oehleri*：A. 一件较大（较老？）标本的上齿列复原（侧面视），B. 一件较小（或较年轻？）标本近乎完整的上下齿列（侧面视）；C, D. 黑果蓬摩根齿兽 *Moganucodon heikoupengensis*（侧面视）：C. 上犬齿后齿细节图，D. 完整上下齿列；比例尺：*-A, B，#-C, D（均引自 Kielan-Jaworowska et al., 2004, p. 175）

副选模 IVPP V 4729，头骨中段，上下牙床咬合在一起，吻端和齿列后部缺失。

名称来源 种名源自标本产出地之一：云南禄丰黑果蓬。

鉴别特征 与 *Morganucodon oehleri* 相似特征在于犬齿相当粗大，上齿列齿式为：3•1•5•3。上犬齿与最后一枚门齿间无齿隙。第一上白齿为齿列中最长者（杨钟健，1978）。*M. heikoupengensis* 与 *M. oehleri* 的不同还在于前者的颊侧齿带小尖没有后者发育，齿尖 A 与齿尖 B、C 的差别不如后者明显。此外，*M. heikoupengensis* 的 M3 比 M2 明显要小很多，而在 *M. oehleri* 这个差别没有那么明显（Luo et Wu, 1994）。

产地与层位 黑果蓬摩根齿兽的选模（IVPP V 4728），产于云南禄丰张家洼，而副选模产于黑果蓬（杨钟健，1978）。下侏罗统下禄丰组深红色泥岩（孙艾玲等，1985；Luo et Wu, 1994）。

评注 在杨钟健（1978）命名 *M. heikoupengensis* 时，把这个种放在始带齿兽属 *Eozostrodon* 中。Luo et Wu（1994）认为黑果蓬摩根齿兽的"正模"与 *M. oehleri* 有很多相似之处，因此把它们认为是同属的不同种，即把黑果蓬种归入到摩根齿兽属中。这一修正被后来的学者认可（Kielan-Jaworowska et al., 2004）。

杨钟健（1978）命名 *M. heikoupengensis* 时，根据的是两块标本：IVPP V 4728 和 IVPP V 4729。他没有指明那块是正模。他文章中的绘图，根据的是 V 4728。从使用的情况看，两块标本有近似"群模"的意义。由于 V 4728 是已被绘图的标本，我们根据国际动物命名法规的相关规定，将 V 4728 指定为选模，V 4729 自然成为副选模。

巨颅兽属 Genus *Hadrocodium* Luo, Crompton et Sun, 2001

Morganucodon：Crompton et Luo, 1993, fig. 4.3A

模式种 *Hadrocodium wui* Luo, Crompton et Sun, 2001

名称来源 属名源自希腊文 *Hadro*，大的；*codium*，头；意为脑容量相对于头骨比例较大。

鉴别特征 齿式为：5•1•2•2/4•1•2•2；白齿的三个主尖和两个附尖在侧向压缩的冠面上排列成行。下白齿主尖咬合于相对两上白齿之间的齿隙中。与 *Morganucodon*、*Erythrotherium*、*Dinnetherium*、*Haldanodon* 和 triconodontids 的不同在于，后者下白齿的主尖咬合于上白齿的 A 尖和 B 尖之间。与 *Megazostrodon* 的不同在于缺乏显著的上白齿小尖唇侧齿带，与 kuehneotheriids 的不同在于白齿上各尖不组成三角形排列。与 morganucodontids、eutriconodonts 和 kuehneotheriids 不同在于具有较大的犬齿后齿隙。与 *Sinoconodon* 和所有的 cynodonts 的不同在于其上下白齿具有一对一的精确咬合关系。

中国已知种 仅模式种。

分布与时代 云南禄丰，早侏罗世。

评注 该标本为一近完整的头骨，吻枕长12 mm，颞颌关节处头骨横宽为8 mm。未修理的标本曾被认为是 *Morganucodon oehleri*（Crompton et Luo, 1993）的幼年个体，但Luo等（2001）认为 *Hadrocodium* 的正型标本上的一些特征，见于其他一些哺乳形动物和现生哺乳动物典型生长阶段晚期的成年或亚成年个体。比如，有大的犬齿后齿隙，即犬齿和第一前臼齿之间的间隙；臼齿上保存有磨蚀面，表示其已经成长到自主取食阶段的较后期；功能完全的颞下颌关节（TMJ），下颌上缺乏麦氏软骨沟。Wang等（2001）和Meng等（2003）则认为 *Hadrocodium* 的正型标本来自一幼年个体的可能性不能排除，很多的特征，比如个体很小，正在萌发的第一枚犬齿后牙齿，仅有两枚臼形齿，细弱的齿骨，m2和冠状突间较大的距离，耳区较大的岬（promontorium）以及相对较大的脑腔，

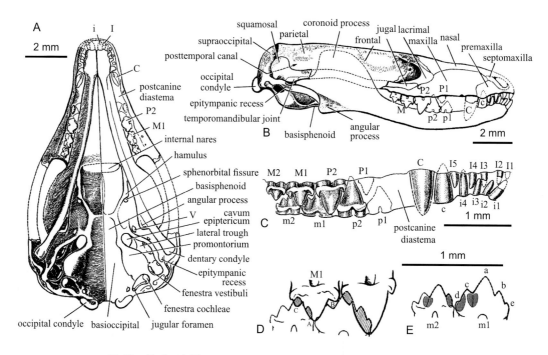

图42 吴氏巨颅兽 *Hadrocodium wui* 头骨及齿列（IVPP V 8275）
A.头骨腹侧视，B.头骨外侧视，C.齿列侧视复原，D.齿尖咬合关系（上臼齿的主尖咬合在对应的两下臼齿之间的空隙中），E.臼齿磨蚀状况（阴影部为磨蚀面）（均引自Kielan-Jaworowska et al., 2004）。
angular process，角突；basioccipital，基枕骨；basisphenoid，基蝶骨；cavum epiptericum，上翼腔；coronoid process，冠状突；dentary condyle，齿骨髁；epitympanic recess，鼓室上隐窝；fenestra cochleae，蜗窗；fenestra vestibuli，前庭窗；frontal，额骨；hamulus，钩突；internal nares，内鼻孔；jugal，轭骨；jugular foramen，颈静脉孔；lacrimal，泪骨；lateral trough，侧槽；maxilla，上颌骨；nasal，鼻骨；occipital condyle，枕髁；parietal，顶骨；postcanine diastema，犬齿后齿隙；posttemporal canal，颞后沟；premaxilla，前颌骨；promontorium，岩骨岬；septomaxilla，隔颌骨；sphenorbital fissure，眶蝶裂；squamosal，鳞骨；supraoccipital，上枕骨；temporomandibular joint，齿骨-鳞骨关节；a, b, c, d, e 代表下颊齿齿尖；A, B, C 代表上颊齿齿尖

都是幼年个体中常见的特征。此外，在禄丰同样层位发现的 *Sinoconodon* 也体现了不同年龄段个体的差别（张法奎等，1998）。比如最年轻的个体，也只有两枚白齿，而成年个体会有至少 4 枚。此外，犬齿后齿隙在幼年的 *Sinoconodon* 个体中，比如 FMNH CUP1（张法奎等，1998，图 2），与成年个体的相当。这一特征用来区别成年个体和幼年个体不是很有说服力。在最近的一些文章中，针对 *Hadrocodium* 的下颌结构有一些新的讨论（Averianov et Lopatin, 2014；Bi et al., 2014；Meng, 2014），其中一个主要原因，是原作者在网上一段公开的科技录像中修改了对 *Hadrocodium* 的看法，认为它已具有齿骨后骨。因此，我们认为 *Hadrocodium* 的形态更加接近于 *Morganucodon*，将其归入摩根齿兽科是合适的。

吴氏巨颅兽 *Hadrocodium wui* Luo, Crompton et Sun, 2001

（图 42）

Morganucodon oehleri：Crompton et Luo, 1993, fig. 4.3A

正模 IVPP V 8275，一个近于完整的头骨，带下颌。发现于云南禄丰张家洼，下侏罗统禄丰组下部深红色泥岩。

名称来源 种名馈赠于正型标本的发现者吴肖春。

鉴别特征 同属。

翔兽目 Order VOLATICOTHERIA Meng, Hu, Wang, Wang et Li, 2006

概述 翔兽目是 Meng 等（2006）建立的一个目。其特化的牙齿结构，适应攀缘和滑翔的骨骼特征以及具有翼膜，使它与其他已知的中生代哺乳动物有明显区别。它的发现进一步证明了哺乳动物在演化的早期阶段，其形态、系统发育和生活习性等方面的分异，要远远超出人们以往的认识。翔兽的牙齿特征与三尖齿兽类中的鱼尖齿兽 *Ichthyoconodon*（Sigogneau-Russell, 1995）有某些相似性。鱼尖齿兽发现于非洲的摩洛哥早白垩世沉积，但标本极为残破，仅有两颗下白齿，鱼尖齿兽已知的两颗下白齿更像翔兽的上白齿，这有可能是鱼尖齿兽在鉴定时发生了错误。

Rougier 等（2007a）以及 Gaetano 和 Rougier（2011）报道了来自南美洲阿根廷的一种侏罗纪哺乳动物 *Argentoconodon*。他们认为 *Argentoconodon* 是一种真三尖齿兽类。Gaetano 和 Rougier（2011）进一步认为 *Argentoconodon* 和 *Volaticotherium* 形成一个姐妹群。因此，他们也认为 *Volaticotherium* 是一种真三尖齿兽类。在他们的分类中，

把 *Volaticotherium* 归入真三尖齿兽科中的 Alticonodontinae 亚科中，使用了一个新的分类单元：Tribe Volaticotherini（Meng et al., 2006b）。但在 Gaetano 和 Rougier（2011）的系统发育分析中，他们所依据的分类单元和特征，是以真三尖齿兽类为主（Rougier et al., 2001, 2007a；Gao et al., 2010）。Meng 等（2006b）的系统发育分析，有 58 个分类单元和 435 个特征，其中真三尖齿兽类分类单元只有 7 个。但在 Gaetano 和 Rougier（2011）的分析中，有 92 个特征和 37 个分类单元，其中有 14 个是真三尖齿兽类的成员（不包括 *Volaticotherium*）。Gaetano 和 Rougier（2011）的分析结果，*Volaticotherium* 和 *Argentoconodon* 构成了真三尖齿兽中的最特化类群，从 Meng 等（2006b）列出的原始特征和 *Argentoconodon* 以及 *Volaticotherium* 出现的时代，Gaetano 和 Rougier 的分析结果都有很多不能解释的问题。在这种情况下，我们在志书中，仍然使用翔兽目，而不是把它看做一个真三尖齿兽类的特化类群，把翔兽的系统分类问题存疑留待以后更深入的研究。

翔兽属 Genus *Volaticotherium* Meng, Hu, Wang, Wang et Li, 2006

模式种 *Volaticotherium antiquum* Meng, Hu, Wang, Wang et Li, 2006

鉴别特征 近松鼠大小的哺乳动物，与所有已知的中生代哺乳动物不同在于有如下的特征：保存有相当大的带毛的翼膜；增长的肢骨；股骨具小的卵形股骨头，无股骨颈；趾骨中央分叉；近中侧趾骨具有显著的屈肌腱鞘脊；尾长，具增长的、腹背向扁平的尾椎和血管弓；齿列高度分化，齿式为：3·1·4·3/2·1·4·2；门齿小，圆锥形；犬齿长且尖；臼形齿有着高而尖、向后斜卧的尖，这些尖排列成行但位置较为分开；下臼形齿的各尖较上臼齿更加向后倾斜，相互位置更加紧密；m1 的 d 尖与 m2 的 d 尖舌侧重叠。

分布与时代 内蒙古宁城道虎沟，中侏罗世晚期至晚侏罗世早期。

评注 在翔兽发表时，对化石产出地道虎沟地层时代及划分对比具有争议，其时代有中侏罗世、晚侏罗世、晚侏罗世/早白垩世等不同观点。但综合最新的研究成果，在地层划分上，暂称"道虎沟层"为宜，其时代更可能是中侏罗世晚期至晚侏罗世早期（Sullivan et al., 2014），应属于燕辽（道虎沟）生物群，其动物群的时代肯定早于热河生物群。

远古翔兽 *Volaticotherium antiquum* Meng, Hu, Wang, Wang et Li, 2006

（图 43）

名称来源 *antiquus*：古老的。

正模 IVPP V 14739，一具压扁的近完整骨架，在劈开石板另一侧的副本上同样保

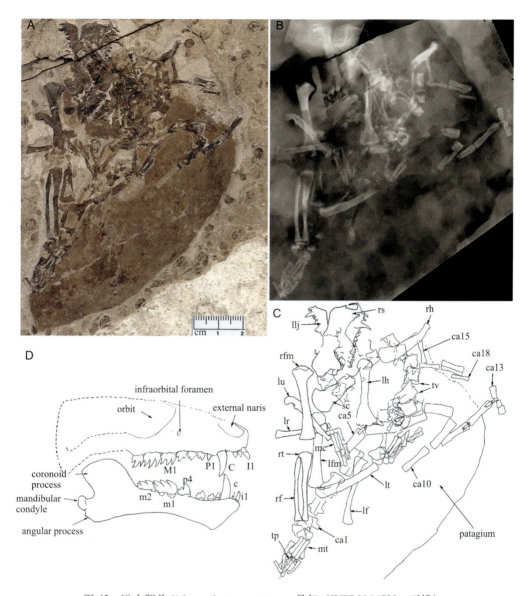

图43 远古翔兽 *Volaticotherium antiquum* 骨架（IVPP V 14739，正模）

A. 上面观，B. X射线图，C. 主要骨骼线条图，D. 头骨和下颌重建（引自 Meng et al., 2006b）。angular process，角突；ca1, 5, 10, 13, 15, 18 (the 1st, 5th, 10th, 13th, 15th and 18th preserved caudal vertebrae)，第一、五、十、十三、十五和十八枚尾椎；coronoid process，冠状突；external naris，外鼻孔；infraorbital foramen，眶下孔；lf (left fibula)，左腓骨；lfm (left femur)，左股骨；lh (left humerus)，左肱骨；llj (left lower jaw)，左下颌；lr (left radius)，左桡骨；lt (left tibia)，左胫骨；lu (left ulna)，左尺骨；mandibular condyle，下颌髁；mc (metacarpals)，掌骨；mt (metatarsals)，蹠骨；orbit，眼眶；rf (right fibula)，右腓骨；patagium，翼膜；rfm (right femur)，右股骨；rh (right humerus)，右肱骨；rs (rostrum of the skull)，头骨吻突；rt (right tibia)，右胫骨；sc (scapula)，肩胛骨；tp (terminal phalange)，末端趾骨；tv (thoracic vertebrae)，胸椎；A–C 等大

存有许多小叶肢介（*Euestheria*）的壳瓣。产于内蒙古宁城道虎沟，中-上侏罗统道虎沟层。

评注　除了其独特的翼膜以及与翼膜相关的骨骼特征之外，*Volaticotherium* 的颊齿与大多数的中生代哺乳动物不同，但其臼齿却有类似于三尖齿型的齿尖前后向地排列成行，有可能由三尖齿兽类演化而来。该类群较已知的三尖齿兽类更特化。除了臼形齿上高且向后斜卧的各尖，*V. antiquum* 的颊齿与三尖齿兽类的牙齿不同在于其 m1 的 d 尖与 m2 的 b 尖在唇侧重叠，下前臼形齿上缺少前附尖，臼形齿缺少互锁的关系。此外，齿骨后部位置上的角突的存在将 *V. antiquum* 与其他三尖齿兽类进一步区分开来。

V. antiquum 的上臼形齿与产自摩洛哥早白垩世滨海相沉积的 *Ichthyoconodon* 两独立的、鉴定为下臼齿的牙齿（Sigogneau-Russell, 1995）最有可能进行类比。现今 *Ichthyoconodon* 一般被作为 eutriconodontan 对待，但其亲缘关系不明（Cifelli et al., 1998；Kielan-Jaworowska et al., 2004）。如果 *Ichthyoconodon* 的已知牙齿其实为下牙的话，它们与 *V. antiquum* 的牙的区别在于下齿尖较少向后倾斜且更锋利。*V. antiquum* 的下臼形齿与其他任何已知的三尖齿兽类都不同。

V. antiquum 具体毛，具一般被视为典型哺乳动物特征的单齿骨下颌骨。单齿骨下颌骨和跖骨与趾骨之间的成对籽骨等特征能进一步将 *Volaticotherium* 与 *Sinoconodon*、*Morganucodon*、docodontans（Kielan-Jaworowska et al., 2004；Ji et al., 2006）区分开来。保存有前颌骨上鼻间突为哺乳动物的主要特征，但该突在 *V. antiquum* 上并未向后延展直至与鼻骨相连，从而与 *Sinoconodon*、*Morganucodon* 和非哺乳犬齿兽类情况不同。此外，其鼻孔比例大于 *Sinoconodon*、*Morganucodon* 和非哺乳犬齿兽类。

基于 58 个分类群和 435 个特征的数据，对选取的中生代哺乳动物进行的系统发育分析显示，*Volaticotherium* 形成哺乳动物的一独立分支（Meng et al., 2006b）。在哺乳动物中，*Volaticotherium* 与包含有 eutriconodontans、multituberculates 和 trechnotherians 的一个支系组成姐妹群。其系统发育位置和很多特性表明，*Volaticotherium* 可能代表了一个尚未发现的、高度特化的哺乳动物分支，该支系很有可能从某类具有似三尖齿兽齿列的哺乳动物演化而来，所以原作者以翔兽为基础，建立了翔兽目。

柱齿兽目 Order DOCODONTA Kretzoi, 1946

概述 Docodonta 有两种中文译法：柱齿兽目和梁齿兽目。在正式的出版物中，目前使用柱齿兽目比较多（李锦玲等，2000；Hu et al., 2007），我们在本志书中也采用之。柱齿兽类是一类个体比较小，多样性不高的中生代哺乳动物，时代分布于中侏罗世到早白垩世。比较确切的柱齿兽类，见于欧洲、北美和亚洲（Kielan-Jaworowska et al., 2004）。在早期的研究中，柱齿兽类常作为一种基干的兽类被归入 "pantotheres"（Simpson, 1928, 1929），这主要是因为柱齿兽类比较复杂的牙齿结构，尤其是上臼齿横向排列的舌、颊齿尖。1956 年 Patterson（1956）进一步解释了柱齿兽类的臼齿齿尖结构，及与其他哺乳动物牙尖的同源性，得到其他作者的认同（Kermack et Mussett, 1958；Hopson et Crompton, 1969；Jenkins, 1969；Hopson, 1970；Krusat, 1980；Prothero, 1981；Butler,

1988；Pascual et al., 2000）。简单来说，柱齿兽类的牙齿结构可以从摩根齿兽这样的三尖齿类型的牙齿演化而来。再加上柱齿兽类具有齿骨后骨槽的下颌特征，柱齿兽类不再被认为是"pantotheres"，而被认为是由摩根齿兽演化而来，归入到了原兽类（Prototheria）（Kermack et Mussett, 1958；Hopson, 1969, 1970；Hopson et Crompton, 1969；Kermack et al., 1973；Krusat, 1980）。但柱齿兽类的系统关系一直不是很稳定，Kermack 等（1987）认为它们与蜀兽（*Shuotherium*）有关。依据下臼齿形态的相似性，Butler（1997）认为柱齿兽与 *Woutersia* 有系统关系（也见 Luo et Martin, 2007）。

柱齿兽类中保存很好的代表种类是 *Haldanodon*，包括牙齿、头骨和头后骨骼（Krusat, 1980, 1991；Henkel et Krusat, 1980；Lillegraven et Krusat, 1991；Martin, 2005）。中国发现的獭形狸尾兽 *Castorocauda lutrasimilis*（Ji et al., 2006）也是一件保存不错的标本，而且牙齿、骨骼形态显示出对水生习性的一些适应结构。Lillegraven 和 Krusat（1991）在仔细研究 *Haldanodon* 后，认为 *Haldanodon* 在许多特征上比摩根齿兽还要原始，因此认为在哺乳动物的系统发育上，*Haldanodon* 甚至有可能在摩根齿兽和中国尖齿兽之外。但后来的形态比较研究表明柱齿兽类的头骨和头后骨骼多数特征都比中国尖齿兽和摩根齿兽的特征更加进步（如：Wible et Hopson, 1993；Luo, 1994；Martin, 2005；Ruf et al., 2013）。1994 年以后发表的文章形成的系统发育分析的共识，是柱齿兽类比中国尖齿兽和摩根齿兽更接近于哺乳动物冠群（Luo, 1994；Wible et al., 1995；Rougier et al., 1996；Ji et al., 2006；Luo et al., 2007a；Meng et al., 2011）。柱齿兽类通常都比中国尖齿兽和摩根齿兽更接近于哺乳动物冠群，但要比真三尖齿兽类、多瘤齿兽类等原始（Hopson, 1994；Wible et al., 1995；Rougier et al., 1996；Ji et al., 2006；Luo et al., 2007a；Meng et al., 2011）。

定义与分类 柱齿兽类是一个已灭绝的、中生代的单系哺乳动物类群。这个类群来源于一个共同祖先，包括了 *Docodon*、*Simpsonodon* 以及其他与这两者亲缘关系更为接近，与摩根齿兽、*Shuotherium* 以及 cladotherians 关系较远的中生代哺乳动物（Kielan-Jaworowska et al., 2004）。

柱齿兽类的种类不多，在科一级的分类上现在比较乱。在 Kielan-Jaworowska 等（2004）的专著中，柱齿兽目中仅有 Docodontidae（Simpson, 1929）一个科。这些作者将 Tegotheriidae（Tatarinov, 1994）列为 Docodontidae 的异名（synonym），但没有解释。在 Averianov 等（2010）的文章中，除了柱齿兽类的基干属种外，认可了三个科：Docodontidae, Tegotheriidae 和 Simpsonodontidae。其中 Simpsonodontidae 是当时新建的科。在 Averianov 等（2010）认可的三科中，Docodontidae 包括了 *Docodon* 和 *Haldanodon*，Simpsonodontidae 包含了 *Simpsonodon* 和 *Dsungarodon*，而 Tegotheriidae 包含了 *Tegotherium*、*Sibirotherium*、*Krusatodon* 和 *Hutegotherium*。Martin 和 Averianov（2010）又将 *Paritatodon* 和 *Tashkumyrodon* 归入 Tegotheriidae 科中。但在该篇研究中，作者似乎没有认可 Simpsonodontidae 这个科，因

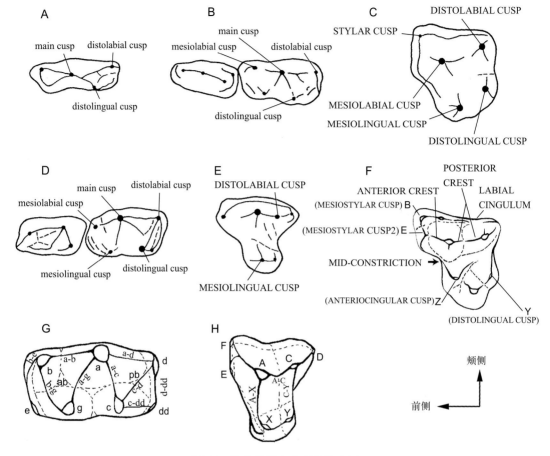

图 44 柱齿兽牙齿主要结构术语

A. *Cyrtlatherium canei*, 右下臼齿; B, C. *Simpsonodon oxfordensis*: B. 右侧最后下前臼齿及第一下臼齿, C. 右侧上臼齿(已翻转); D, E. *Haldanodon exspectatus*: D. 右侧最后下前臼齿? d3 和第一下臼齿 m1, E. 左上臼齿; F. *Krusatodon kirtlingtonensis* 上臼齿; G, H. 柱齿兽臼齿型牙齿冠面结构术语: G. 下颊齿, H. 上颊齿 (A–E 引自 Kielan-Jaworowska et al., 2004; F. 改自 Luo et Martin, 2007; G, H 引自 Hu et al., 2007)。

A–E. main cusp, 主尖; distolabial cusp, 后唇侧尖; distolingual cusp, 后舌侧尖; mesiolabial cusp, 前唇侧尖; mesiolingual cusp, 前舌侧尖; stylar cusp, 柱尖 (其中下颊齿齿尖用小写字母表示, 上颊齿齿尖用大写字母表示, 下同)。

F. anterior crest, 前边棱; labial cingulum, 唇侧齿带; mid-constriction, 中腰; posterior crest, 后边棱; B (mesiostylar cusp), B 尖 (前柱尖); E (mesiostylarcusp 2), E 尖 (前柱尖 2); Y (distolingual cusp), Y 尖 (后舌侧尖); Z (anteriocingular cusp), Z 尖 (前齿带尖)。

G, H. a, 主尖 (main cusp); b, 前颊侧尖 (双小尖) (mesiobuccal cusp [or twin cuspules]); c, 后舌侧尖 (distolingual cusp); d, 后颊侧齿带小尖 (distobuccal cingular cuspule); dd, 后舌侧齿带小尖 (distolingual cingular cuspule); e, 前舌侧齿带小尖 (mesiolingual cingular cuspule); g, 前舌侧尖 (mesiolingual cusp); ab, 前凹 (anterior basin); pb, 后凹 (posterior basin); A, 主尖 (main cusp); C, 后颊侧尖 (distobuccal cusp); X, 前舌侧尖 (mesiolingual cusp); Y, 后舌侧尖 (distolingual cusp); D, 后颊侧齿带小尖 (distobuccal cingular cuspule); E, 前舌侧齿带 (mesiolingual cingular cuspule); F, 前颊侧齿带小尖 (mesiobuccal cingular cuspule); 下颊齿使用小写字母, 上颊齿使用大写字母; a-b、a-c、c-d、a-g、b-g、a-d、b-e、d-dd 以及 c-dd 为连接齿尖的下齿脊, A-C、A-X 以及 C-Y 为上臼齿齿脊

为他们将 *Simpsonodon* (Kermack et al., 1987) 直接置于 Docodonta 下，而没有将其归入任何科。此外，Martin 等（2010）也认可了 Tegotheriidae 这个科级分类元，但这些作者与 Pfretzschner 等（2005）一样，将 *Dsungarodon* 归入了 Docodontidae。

中国现在已知的柱齿兽类有：*Castorocauda* (Ji et al., 2006), *Dsungarodon* (Pfretzschner et al., 2005), *Tegotherium* sp. (Martin et al., 2010), *Acuodulodon* (Hu et al., 2007), 以及 Docodonta indet. (Martin et al., 2010)。*Castorocauda* 这个属在建立时，就被认为是科未定。*Dsungarodon* 的科级归属，由于 Docodontidae 和 Simpsonodontidae 现在的定义不清，成为一个不确定的问题。此外，Martin 等（2010）认为最初归入 Docodontidae 的 *Acuodulodon* (Hu et al., 2007) 是 *Dsungarodon* 的次异名（junior synonym），但 Averianov 等（2010）则认可 *Acuodulodon* 为一个有效的属。在他们的系统发育分析中，*Acuodulodon* 与 Averianov 等（2010）认可的 Simpsonodontidae 和 Docodontidae 关系不确定，这些作者没有将 *Acuodulodon* 归入上述三科中的任何一个科。鉴于上述这些不确定情况，我们在下面的记述中，除了将 *Tegotherium* sp. (Martin et al., 2010) 留在 Tegotheriidae 中，其他的属，都以科未定来处理。

齿尖结构术语 柱齿兽类牙齿的齿尖结构同源性一直不是很清楚，不同的人用不同的术语，或用同样的符号，代表了不同的结构（Crompton et Jenkins, 1968；Jenkins, 1969；Krusat, 1980；Kermack et al., 1987；Butler, 1988, 1997；Prasad et Manhas, 2001；Sigogneau-Russell, 2003；Martin et Averianov, 2004；Luo et Martin, 2007；Martin et al., 2010）。由于术语使用有很大的不同，我们这里列出三种柱齿兽牙齿的齿尖结构术语供参考（图 44）。在描述牙齿结构时，最好能明确说明是根据哪个作者的术语，以减少混淆。

梯格兽科 Family Tegotheriidae Tatarinov, 1994

模式属 *Tegotherium* Tatarinov, 1994

定义与分类 定义不明。目前 Tegotheriidae 包含了 *Tegotherium*，*Sibirotherium*，*Krusatodon*，*Hutegotherium*，*Paritatodon*，*Tashkumyrodon* 6 个属（Averianov et al., 2010；Martin et Averianov, 2010）。

名称来源 源于模式属 *Tegotherium*。

鉴别特征 上臼齿有 Z 尖（*Tegotherium* 除外），A-X 脊不存在，下臼齿具 bb 尖（位于 b 尖与 e 尖之间），大的假跟座，由 a-b、b-bb、bb-g 以及 a-g 围成，b-g 脊缺失（Averianov et al., 2010）。

中国已知属 *Tegotherium* (Martin et al., 2010)。

分布与时代 欧洲，中侏罗世；亚洲，中侏罗世到早白垩世。

评注 尽管 Kielan-Jaworowska 等（2004）认为 Tegotheriidae 是 Docodontidae 的异

名，但其他的作者，主要是俄罗斯作者都认可这个科（Maschenko et al., 2002；Lopatin et Averianov, 2005, 2006；Lopatin et al., 2009；Averianov et al., 2010）。

梯格兽属 Genus *Tegotherium* Tatarinov, 1994

模式种 *Tegotherium gubini* Tatarinov, 1994

名称来源 化石因采自蒙古阿尔泰戈壁的沙尔梯格（Shar Teeg）地点而得名。

鉴别特征 与 Tegotheriidae 外的所有其他柱齿兽的不同在于，假跟座由 a-g、a-b、b-e 和 g-e 脊围绕。在 Tegotheriidae 中，*Tegotherium* 与 *Tashkumyrodon* Martin et Averianov (2004) 的区别是假跟座具有一个强的 a-d 脊，但缺失 c-d 脊（在 *Tashkumyrodon* 中，c-d 脊强而 a-d 脊缺失）。与 *Krusatodon* Sigogneau-Russell (2003) 的不同在于下臼齿冠远端部分缺失额外的脊；与 *Tashkumyrodon* 和 *Krusatodon* 的不同在于下臼齿具有完整的舌侧齿带。与 *Sibirotherium* Maschenko et al. (2002) 的区别是有较强的 e-g 脊和极弱的远端齿带（d-dd 脊）。与 *Krusatodon* 和 *Sibirotherium* 的不同，还有上臼齿上存在两个（X 和 Y）而不是三个（X、Y 和 Z）舌侧齿尖。与 *Paritatodon* 的不同在于后者的 a-b 脊减弱，舌侧齿带围绕齿冠，假跟座较小。

中国已知种 *Tegotherium* sp. (Martin et al., 2010)。

分布与时代 亚洲（蒙古和中国西北部）中-晚侏罗世。

梯格兽（未定种）*Tegotherium* sp.

（图 45）

Dsungarodon zuoi：Pfretzschner et al., 2005, fig. 2A, C（partim）

cf. *Tegotherium*：Martin et Averianov, 2006, fig. 2A, B

归入标本 SGP 2001/23 和 SGP 2005/7，右上臼齿，前唇侧破损；SGP 2004/32，一右上臼齿，后端未保存；SGP 2004/23、SGP 2004/25 和 SGP 2004/34，右侧上臼齿颊侧碎片；SGP 2005/13、SGP 2004/30 和 SGP 2004/36，右侧上臼齿舌侧碎片；SGP 2004/20，一右侧齿骨残段，带最后三枚臼齿碎片；SGP 2004/11，一左侧齿骨残段，带两枚臼齿；SGP2005/8，一左侧齿骨带后端三个臼齿的齿槽；SGP 2004/3，一右下臼齿；SGP 2004/29，一右下臼齿，缺失假跟座部分；SGP 2001/25，左下臼齿碎片；SGP 2004/26、SGP 2004/27、SGP 2004/35 和 2004/37，左下臼齿后端碎片；SGP 2005/12，右下臼齿后端碎片；SGP 2004/28，右下臼齿碎片；SGP 2004/5 和 SGP 2004/13，右下臼齿。产于乌鲁木齐西南 40 km 的硫磺沟，中侏罗统齐古组。

评注 参见 *Dsungarodon zuoi* 的评注。时代讨论见 *Sineleutherus uyguricus* 的评注。

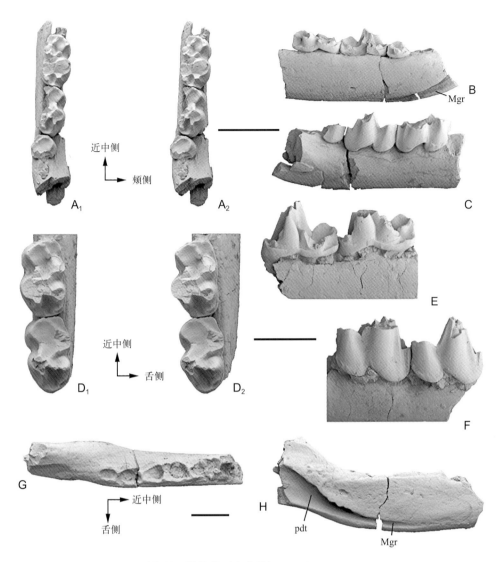

图 45 梯格兽（未定种）*Tegotherium* sp.

A–C. 带有最后三枚臼齿的右侧齿骨残段（SGP 2004/20）：$A_{1,2}$. 冠面视（立体照片），B. 舌侧视，C. 唇侧视；D–F. 带有两枚臼齿的左侧齿骨残段（SGP 2004/11）：$D_{1,2}$. 冠面视（立体照片），E. 舌侧视，F. 唇侧视；G, H. 带有最后三枚臼齿齿槽的左侧齿骨残段（SGP 2005/8）：G. 冠面视，H. 舌侧视（均引自 Martin et al., 2010）；比例尺均为 1 mm。

Mgr，麦氏软骨沟（Meckel's groove）；pdt，齿骨后沟（postdentary trough）

科不确定 Incertae familiae

准噶尔齿兽属 Genus *Dsungarodon* Pfretzschner et Martin in Pfretzschner et al., 2005

模式种 *Dsungarodon zuoi* Pfretzschner et Martin in Pfretzschner et al., 2005

名称来源 属名来源于准噶尔盆地的旧式拼音（Dsungar），意即来自准噶尔盆地的牙。

鉴别特征 与所有其他柱齿兽类的不同在于，下臼齿具有一个由 a-b、a-g 和 b-g 三条脊所围成的大假跟座，下臼齿冠远端具褶，在麦氏沟上方有一额外的沟与后齿骨槽分开。与 *Simpsonodon*（Kermack et al., 1987）的不同在于下臼齿近端的齿带结构：在 *Dsungarodon* 中，该结构由两部分组成，舌侧齿带明显，伸向前舌方，而颊侧的齿带弱，伸至 g 尖基部。在 *Simpsonodon* 中，齿冠近端的齿带连续，在齿尖 b 和 g 之间围绕齿冠前缘。此外，与 *Simpsonodon* 相比，*Dsungarodon* 具有更发达的 dd 齿尖。

中国已知种 仅模式种。

分布与时代 中国西北部（新疆），中侏罗世。

评注 在原始记述中，Pfretzschner 等（2005, p. 800）认为，*Dsungarodon* 与 *Simpsonodon* 的区别仅仅在于上臼齿的特征，包括颊侧 A 和 C 尖比 X 和 Y 尖更纤细而且明显要高，牙齿舌侧部分更窄更收缩，齿冠轮廓更呈三角形状。但当时归入 *Dsungarodon* 的一枚上臼齿（SGP 2001/23），后来被归入 *Tegotherium*（Martin et al., 2010），那些仍然归入 *Dsungarodon* 的上臼齿（不完整）与 *Simpsonodon* 的上臼齿非常相似。因此，在现在使用的鉴别特征中，*Dsungarodon* 是根据下臼齿近端齿带的结构来与 *Simpsonodon* 进行区别。另外一个下臼齿的特征也可以将两者区分开：在 *Dsungarodon* 中，最后一个下臼齿上有一个发育微弱的齿尖 c，而在 *Simpsonodon* 中，这个齿尖完全不存在。但这个特征只保存于西伯利亚发现的 *Simpsonodon* 种中，而在英国发现的 *Simpsonodon* 标本，最后一枚下臼齿都没有保存。

左氏准噶尔齿兽 *Dsungarodon zuoi* Pfretzschner et Martin in Pfretzschner et al., 2005

（图 46）

正模 SGP 2001/21，一枚右下臼齿。

归入标本 SGP 2004/39 和 SGP 2005/15，左上臼齿碎片；SGP 2004/9，一左下乳前臼齿；SGP 2001/24，一左下破碎乳前臼齿；SGP 2004/19，一右下破碎乳前臼齿；SGP 2004/18，一段右齿骨带破碎的犬齿和完整的 p1；SGP 2005/6，一左下前臼齿；SGP 2004/21，一破碎右下臼齿；SGP 2004/24，一右下臼齿远端；SGP 2004/22，一右下臼齿碎片；SGP 2004/31，一左下臼齿的假跟座残段；SGP 2001/22，一位于右齿骨残段中最后位臼齿；SGP 2004/7，一左下最后位臼齿。

名称来源 种名源自乌鲁木齐新疆地质局信息部左学义教授。

鉴别特征 同属。

产地与层位 新疆乌鲁木齐西南 40 km 的硫磺沟，中侏罗统齐古（Qigu）组上部。

评注 Pfretzschner 等（2005）原来归入 *D. zuoi* 的六个标本中，Martin 等（2010）认为只有三个属于这个属种。一个上臼齿（SGP 2001/23）和一个下臼齿的碎片（SGP

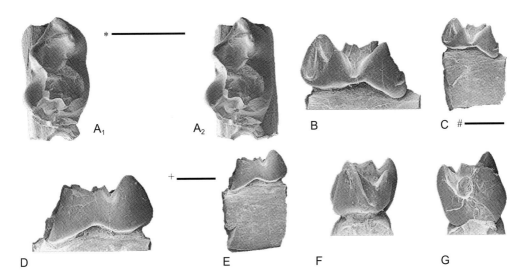

图 46 左氏准噶尔齿兽 Dsungarodon zuoi 右下臼齿（SGP 2001/21，正模）

$A_{1,2}$. 冠面视（立体照片），B, C. 舌侧视，D, E. 唇侧视，F. 前侧视，G. 后侧视（引自 Pfretzschner et al., 2005）；比例尺：* - $A_{1,2}$, B, D, F, G，# - C；+ - E，均为 1 mm

2001/25）（原来描述为 D. zuoi 的乳前臼齿），归入到 Tegotherium sp.，过去认为是 D. zuoi 的一枚前臼齿（SGP 2001/26），现在归入 Docodonta indet.。

D. zuoi 的正模编号在 Pfretzschner 等（2005）中是 SGP 21，在 Martin 等（2010）中是 SGP 2001/21。标本是中德合作项目在新疆采集的，使用了中德合作项目（Sino-German Project, SGP）的编号。中德合作项目的标本目前暂存在德国波恩大学 Steinmann 研究所（Steinmann-Institut），研究结束后标本将永久保存于吉林大学古生物学与地层学研究中心（Martin et al., 2010）。

尖钝齿兽属 Genus *Acuodulodon* Hu, Meng et Clark, 2007

模式种 *Acuodulodon sunae* Hu, Meng et Clark, 2007

名称来源 *Acuo-*，拉丁文 *acutus*，尖锐的；*dulo-*，中世纪英语，钝化；*-odon*，希腊文 *odous*，牙齿。属名表示尽管有磨蚀，该动物下臼齿的 a 尖和 c 尖仍然尖锐，而 g 尖和 b-g 脊却深度磨蚀。

鉴别特征 下齿式为 2?•1•3(4)•5(4)，齿具柱齿兽类典型特征，齿尖 b 位于齿尖 a 前方，齿尖 c 位于齿尖 a 后舌侧；齿尖 a 前唇侧发育有齿尖 g。齿尖 g 和齿脊 b-g 很快被磨蚀掉，而齿尖 a 和 c 却能保持尖锐状态，表明该动物的臼齿在生活中具备并保持切割和碾压双重功能。与 *Docodon* 相似、但不同于其他柱齿兽，*Acuodulodon* 下臼齿无齿脊 b-e；与 *Tegotherium*、*Sibirotherium*、*Itatodon* 以及 *Castorocauda* 的不同在于无齿尖 e，也没有齿脊 a-g 和 c-dd；与 *Simpsonodon* 的差别在于有一个小的 b 尖，残存的下前齿带，但没有 a-g 脊。

中国已知种 仅模式种。

分布与时代 新疆准噶尔盆地，晚侏罗世。

评注 Martin 等（2010）认为最初归入 Docodontidae 的 *Acuodulodon*（Hu et al., 2007）是 *Dsungarodon* 的次异名（junior synonym）。Martin 等（2010）认为前臼齿的特征已经不能用来区分 *Acuodulodon* 与 *Dsungarodon*，因为最初被认为是 *Dsungarodon*（Pfretzschner et al., 2005, fig. 3C）的唯一的前臼齿（SGP 2001/26）已被重新划分归入 Docodonta indet.。这些作者认为后来归入 *Dsungarodon* 的标本中，包括一枚前臼齿（SGP 2005/6），与 *Acuodulodon* 的前臼齿相似。此外，Martin 等（2010）对 *Acuodulodon* 只有 8 个犬齿后齿的齿式表示怀疑，但这个很难在目前标本保存的条件下得到确认。Martin 等（2010）的另外一个理由，是认为 Pfretzschner 等（2005）在描述 *Dsungarodon* 时，把正型标本远端褶皱系统的隆起误认为是 d 尖，而真正的 d 尖在那个标本上没有保存。因此他们认为 Hu 等（2007）当时的比较至少是部分不能成立。在后来又归入 *Dsungarodon* 的破碎下臼齿标本中，有一块保存了后半部分的破碎牙齿（SGP 2004/24），Martin 等（2010）认为是它的后齿带，d 尖和 dd 尖与 *Acuodulodon* 的没有什么差别。

我们认为目前以保留 *Acuodulodon* 比较合理。首先，别的学者（Averianov et al., 2010）认可 *Acuodulodon* 为一个有效的属。在 Hu 等（2007）以及 Averianov 等（2010）的系统发育分析中，*Acuodulodon* 和 Simpsonodontidae 以及 Docodontidae 的关系不确定，Averianov 等（2010）甚至没有将 *Acuodulodon* 归入 Docodontidae、Simpsonodontidae 及 Tegotheriidae 三科中的任何一个科。其次，Martin 等（2010）也认为 *Dsungarodon* 与 *Acuodulodon* 之间存在差别：在 *Acuodulodon* 的下臼齿远端没有齿冠上的褶皱系统。柱齿兽类各个属的鉴别特征本身差别就小。尽管 Martin 等（2010）认为这一特征为 Simpsonodontidae 科的特征，但 Martin 和 Averianov（2010）似乎没有认可 Simpsonodontidae 这个科，因为他们将 *Simpsonodon*（Kermack et al., 1987）直接置于 Docodonta 下，而没有将其归入任何科中。更进一步说，Martin 和 Averianov（2010）报道的标本都很破碎，比如那枚保存了后半部分的牙齿（SGP 2004/24），被归入 *Dsungarodon*，这本身就存在问题，作为判定 *Acuodulodon* 分类的依据不够充分。那枚最初被认为是 *Dsungarodon* 前臼齿的标本（SGP 2001/26），被重新归入 Docodonta indet.。其他的一些理由，比如认为 *Acuodulodon* 的一些特征可能是因为牙齿的磨蚀造成的等等，多是主观的认识而不是可信的证据。

孙氏尖钝齿兽 *Acuodulodon sunae* Hu, Meng et Clark, 2007
（图 47）

正模 IVPP V 15332，为一破碎左下颌骨，带三个前臼形齿，两枚后部的臼形齿。化石采自新疆东北部准噶尔盆地五彩湾地区，上侏罗统牛津阶石树沟组上部，年代为 159–161 Ma。

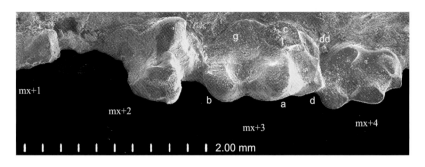

图 47 孙氏尖钝齿兽 *Acuodulodon sunae* 臼齿形齿冠面视（IVPP V 15332，正模）
齿尖缩写参照图 44；m，臼齿形齿（molariform）；x=0 或 1，mx+4 为最后一枚臼齿形齿（引自 Hu et al., 2007）

名称来源 种名来自孙艾玲教授姓的汉语拼音 Sun。

鉴别特征 同属。

狸尾兽属 Genus *Castorocauda* Ji, Luo, Yuan et Tabrum, 2006

模式种 *Castorocauda lutrasimilis* Ji, Luo, Yuan et Tabrum, 2006

名称来源 *Castor*（拉丁文），河狸；*cauda*（拉丁文），尾；意指类似河狸宽扁、具鳞状、适于游泳的尾巴。

鉴别特征 下齿式 4·1·5·6；与其他中生代哺乳动物相比，m3–6 具有柱齿兽类特有的一些特化特征：增大并前移的齿尖 g（Butler, 1997；Martin et Averianov, 2004），在齿尖 a-c 和 a-g 间有三角形的脊，具有两个封闭或半封闭的凹，分别由齿尖 a、b 和 g 以及齿尖 a、c 和 d 构成。与其他柱齿兽类似，下颌角突内偏，隅骨（=外鼓骨）在下颌角上的附着凹相对后置。*Castorocauda* 的前肢特征与 *Haldanodon*（Martin, 2005）相同，尽管都是原始特征。与其他齿列保存完整的柱齿兽类（*Borealestes*，*Simpsonodon*，*Haldanodon*，*Docodon*，*Sibirotherium*）相比，*Castorocauda* 的不同在于其 m1–2 齿冠侧向较窄，齿尖也横向较扁，向后倾，并呈前后排列，类似三尖齿兽类的齿尖排列。此外，*Castorocauda* 的前臼齿、臼齿数量不同于 *Borealestes*、*Simpsonodon*、*Haldanodon* 以及 *Docodon*。与很多的柱齿兽类（不包括 *Simpsonodon* 和 *Krusatodon*）不同，*Castorocauda* 的下臼齿上具有较大的几乎与 c 尖相当的齿尖 g，两尖之间形成一 V 形豁口。除了 *Tashkumyrodon* 外，*Castorocauda* 与其他的柱齿兽类还有一个差别，在下臼齿前端，b 尖和 e 尖之间有一凹，它容纳前面臼齿后部的 d 尖，使相邻两个牙齿之间形成一种嵌锁关系。下臼齿的 e 尖为半月形，这与 *Krusatodon* 以及 *Borealestes* 相似，但不同于其他的柱齿兽类；其他的柱齿兽类 e 尖通常是锥状。与 *Krusatodon*、*Borealestes* 以及 *Dsungarodon* 相似，*Castorocauda* 具有 b-g 脊，其间有一 V 形豁口。这一点与 *Haldanodon* 以及 *Docodon* 不同，后者 b-g 脊连续，没有豁口。在 *Tashkumyrodon*、*Tegotherium* 和 *Sibirotherium* 中，b-g 脊缺失。与

Tashkumyrodon、*Tegotherium* 和 *Sibirotherium* 相比，*Castorocauda* 的假跟座盆由 b-e-g 脊围成。*Castorocauda* 下臼齿 c-d 脊缺失，这点与 *Tegotherium* 以及 *Sibirotherium* 类似，但不同于其他的柱齿兽类。

中国已知种 仅模式种。

分布与时代 内蒙古，中-晚侏罗世。

评注 *Castorocauda* 前端臼齿的形态，被认为是和有胎盘类的中兽和始新世鲸类的牙齿具有趋同相似性，这种具有后弯直列齿尖的臼齿，可能是对捕食鱼类或其他海生无脊椎动物的特殊适应（Ji et al., 2006）。*Castorocauda* 在下颌骨上保留有完整的中耳骨骼，包括关节骨（锤骨）、上隅骨和外鼓骨。这些中耳骨与下颌骨的解剖学位置关系，支持了过去对柱齿兽中耳结构的解释（Lillegraven et Krusat, 1991）。下颌角后方具有的凹，可容纳外鼓骨和上隅骨。不同于 *Sinoconodon* 和 *Morganucodon*，在柱齿兽类中，位于下颌角的外鼓骨凹位置偏后，*Sinoconodon* 和 *Morganucodon* 中，外鼓骨凹位于下颌骨侧面中部。

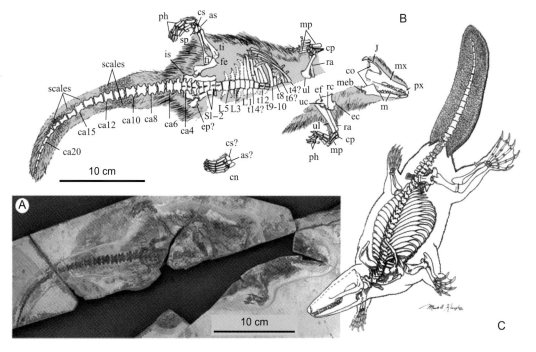

图 48 獭形狸尾兽 *Castorocauda lutrasimilis* 骨架（JZMP 04-117，正模）
A. 标本照片，B. 骨骼结构，C. 复原图（引自 Ji et al., 2006）。

as，距骨（astragalus）；ca，尾椎（caudal vertebrae）；cn，内楔骨、中楔骨和外楔骨（ento-, meso-, and ecto-cuneiforms）；co，齿骨冠状突（coronoid process of dentary）；cp，腕骨（carpals）；cs，跟骨（calcaneus）；ec，外上髁和旋后肌架（肱骨）（ectepicondyle and supinator shelf [humerus]）；ef，内上髁孔（entepicondyle foramen）；ep?，可能的上耻骨（probable epipubis）；fe，股骨（femur）；fi，腓骨（fibula）；is，坐骨（ischium）；J，轭骨（jugal）；L1、L3、L5，第一、第三、第五腰肋（lumbar ribs 1, 3, 5）；m，臼齿（molars）；meb，锤骨柄（manubrium of malleus）；mp，掌骨（metacarpals）；mx，上颌骨（maxilla）；ph，趾骨（phalange）；px，前颌骨（premaxilla）；ra，桡骨（radius）；rc，桡骨髁（radial condyle）；S1-2，第一和第二荐椎（sacrals 1 and 2）；sp，附加跗骨刺（extratarsal ["poisonous"] spur）；ti，胫骨（tibia）；t4-t14，第四至第十四胸椎，t7 后保存有胸肋（preserved ribs through thoracic t7）；uc，尺骨髁（ulnar condyle）；ul，尺骨（ulna）

獭形狸尾兽 *Castorocauda lutrasimilis* Ji, Luo, Yuan et Tabrum, 2006

（图 48，图 49）

正模 JZMP-04-117，一个不完整、压扁的骨架，头骨部分保存，保存有皮毛和鳞。大部分右侧头骨和咬合的齿骨，右侧齿列完整。

名称来源 种名源自 *lutra*（拉丁文），水獭；*similis*（拉丁文），相似；某些牙齿和脊椎特征与现生水獭相似。

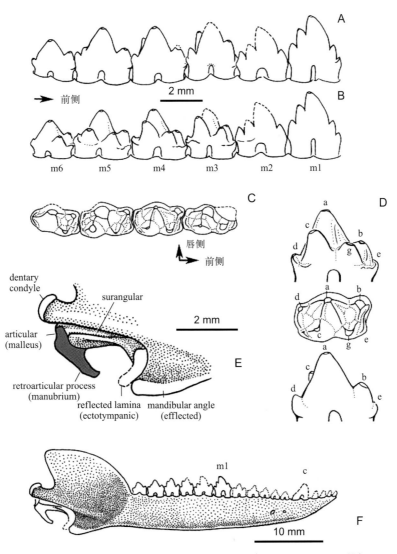

图 49 獭形狸尾兽 *Castorocauda lutrasimilis*（JZMP-04-117，正模）
A. 下臼齿 m1–6（颊侧视），B. 下臼齿 m1–6（舌侧视），C. 下臼齿 m3–6（嚼面视），D. 齿尖结构及术语，E. 中耳骨（外侧视），F. 下颌与中耳的重建图（外侧视）（引自 Ji et al., 2006）。
articular (malleus)，关节骨（锤骨）；c (canine)，犬齿；dentary condyle，齿骨髁；m (molars)，臼齿；mandibular angle (effected)，下颌角（外翻）；reflected lamina (ectotympanic)，外鼓骨（后翻）；retroarticular process (manubrium)，后关节突（锤骨柄）；surangular，上隅骨；a, b, c, d, e, g 为颊齿各尖

鉴别特征 同属。

产地与层位 内蒙古宁城道虎沟，中-上侏罗统道虎沟层（见 *Volaticotherium antiquum*），时代为 164 Ma（陈文等，2004；季强等，2004；Liu et Liu, 2005）。

柱齿兽目不定属、种 Docodonta indet.

（图 50）

Dsungarodon zuoi：Pfretzschner et al., 2005, fig. 3C（partim）

归入标本 一个右上犬齿（SGP 2004/10），一枚右下或左上前臼齿（SGP 2001/26）。

产地与层位 新疆乌鲁木齐西南 40 km 的硫磺沟，中侏罗统齐古（Qigu）组上部。

评注 这两块标本原来归入 *Dsungarodon zuoi*（Pfretzschner et al., 2005）。Martin 等（2010）认为上犬齿可能属于 *Dsungarodon*，因为它似乎与归入 *Dsungarodon* 的部分保存完好的下犬齿（SGP 2004/18）的大小相似，但是不能完全排除其归属于 *Tegotherium* 的可能性。

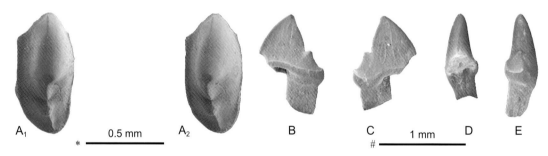

图 50 柱齿兽目不定属种的前臼齿（SGP 2001/26）

$A_{1,2}$. 冠面视（立体照片），B. 舌侧视，C. 颊侧视，D. 前侧视，E. 后侧视（引自 Pfretzschner et al., 2005）；比例尺：* - $A_{1,2}$，# - B, C, D, E

蜀兽目 Order SHUOTHERIDIA Chow et Rich, 1982

概述 蜀兽目（Shuotheridia）是 Chow 和 Rich（1982）创立的一个分类单元，目名源自最早命名的属——蜀兽属（*Shuotherium*）。这是一类已经灭绝的哺乳动物，化石仅发现于我国和英国侏罗纪地层中，共有 2 属 4 种，我国有其中的 2 属 3 种（Chow et Rich, 1982；Sigogneau-Russell, 1998；Wang et al., 1998；Luo et al., 2007b）。

定义与分类 蜀兽目是哺乳动物的一个基干类群。蜀兽目特征明确，因而定义清楚，目前仅包含蜀兽科（Shuotheriidae）的全部成员。

形态特征 个体小，粗壮假磨兽（*Pseudotribos robusta*）的吻臀距约为90 mm，臼齿为假磨楔式（pseudotribosphenic），下臼齿具有位于下三角座之前的假下跟座（pseudotalonid），其上仅假下次尖（pseudohypoconid）发育；上臼齿长宽近等，外架窄，外中凹浅，附尖和柱尖不发育，有一个发育的舌侧齿尖——假原尖（pseudoprotocone）。齿骨内侧具麦氏软骨沟（Meckelian groove）和齿骨后骨槽（postdentary trough）。

分布与时代 中国，中-晚侏罗世（Chow et Rich, 1982；Wang et al., 1998；Luo et al., 2007b）；英国，中侏罗世（Sigogneau-Russell, 1998）。

磨楔式臼齿和假磨楔式臼齿比较 我们在导论中提到，磨楔式（tribosphenic）这一概念是Simpson（1936）提出的，用来描述兽类臼齿的咬合方式。这种咬合方式兼有切割和研磨的功能。切割功能是由上臼齿上的前尖和后尖的齿脊与下臼齿的下三角座和其后的下跟座上的齿脊实现的，而研磨功能是由上臼齿的原尖咬合在下臼齿的下跟座中完成的，它们具有类似于杵臼的功能。除单孔类之外的所有现生哺乳动物要么仍保留了这样的牙齿结构，要么就是具有这种牙齿结构的祖先的后裔。

Chow和Rich（1982）描述蜀兽时，基于其下臼齿上类似下跟座的结构（称为假下跟座）位于下三角座之前这个特点，提出了假磨楔式的概念，并推测蜀兽的上臼齿具有一个舌侧齿尖（假原尖）。磨楔式臼齿与假磨楔式臼齿的根本区别在于：磨楔式下臼齿在研磨功能中起作用的"臼"（下跟凹）位于下三角座之后，而在假磨楔式下臼齿中，类似的结构（假下跟座）则位于下三角座之前（图51）。

在随后的很长一段时间内，没有获得新的证据支持这一观点。相反，一些研究者还对此提出了一些质疑。Tatarinov（1994）认为蜀兽与发现于蒙古Trans-Altai戈壁的一种奇特的"对齿兽类"梯格兽（*Tegotherium*）有较近的亲缘关系，从而对蜀兽的系统位置产生怀疑。但是，梯格兽很快被归入柱齿兽目并被广泛接受（Hopson, 1995；Maschenko et al., 2002；Kielan-Jaworowska et al., 2004；Martin et Averianov, 2004；Lopatin et Averianov, 2005；Pfretzschner et al., 2005；Averianov et Lopatin, 2006；Hu et al., 2007；Luo et Martin, 2007；Averianov et al., 2010；Martin et al., 2010）。Hopson（1995）认为蜀兽不是柱齿兽类，而且认为蜀兽的上臼齿并不具有舌侧齿尖，因而也就不具备与磨楔式臼齿类似的切割和研磨的双重功能。虽然后来的发现支持了蜀兽上臼齿具有舌侧齿尖并且臼齿具有研磨功能的观点（Sigogneau-Russell, 1998；Wang et al., 1998），但直到2007年，假磨兽咬合在一起的上下臼齿的发现才最终证实了这一观点（Luo et al., 2007a；Rich et Vickers-Rich, 2010）。

关于蜀兽类的系统位置与更高阶的分类单元 Chow和Rich（1982）命名蜀兽目时，曾提出了一个更高阶的分类单元——阴兽阵（Legion Yinotheria），作为包含对齿兽类和现生兽类的共同祖先及全部后裔的阳兽阵（Legion Yangotheria）的姐妹群。阳兽类大致

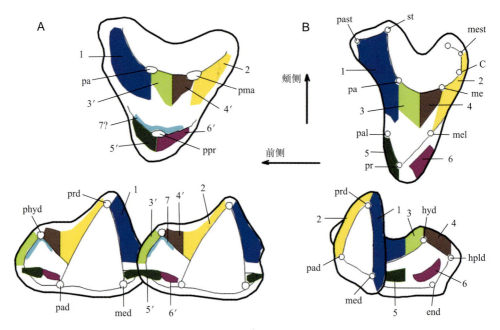

图 51 磨楔式与假磨楔式咬合关系比较

A. 假磨楔式：上白齿（上：石龙蜀兽）和下白齿（下：董氏蜀兽）；B. 磨楔式：*Pappotherium pattersoni* 上白齿（上）和下白齿（下）（改自 Wang et al., 1998）。

C, C尖；end, 下内尖；hpld, 下次小尖；hyd, 下次尖；me, 后尖；med, 下后尖；mel, 后小尖；mest, 后附尖；pa, 前尖；pad, 下前尖；pal, 前小尖；past, 前附尖；phyd, 假下次尖；pma, 假后尖；ppr, 假原尖；pr, 原尖；prd, 下原尖；st, 柱尖；数字表示磨蚀面

相当于 Trechnotheria（McKenna, 1975）。Wang 等（1998）基于下颌和牙齿特征所做的系统发育分析认为，阴兽类是除对齿兽类之外的阳兽类其他类群的姐妹群。蜀兽类也被认为是南方磨楔兽类（Australosphenida）的姐妹群（Luo et al., 2001a；Luo et Wible, 2005；Luo et al., 2007b），但在 Rougier 等（2007b）的系统发育分析结果中，蜀兽类的系统位置则与 Wang 等（1998）的相似。虽然蜀兽类的系统位置仍存在争议，但在各种观点中，蜀兽类都是一个单系类群。由于阴兽阵的定义与蜀兽目完全相同，因此本志认为没有必要使用阴兽阵这一名称。

蜀兽科 Family Shuotheriidae Chow et Rich, 1982

模式属 *Shuotherium* Chow et Rich, 1982

定义与分类 蜀兽科包括现知所有具有假磨楔式臼齿的哺乳动物，共有两属，没有进一步的亚科级划分。

名称来源 科名源自模式属——蜀兽属（*Shuotherium*）。

鉴别特征 同蜀兽目。

中国已知属 *Shuotherium* Chow et Rich, 1982 和 *Pseudotribos* Luo, Ji et Yuan, 2007。

分布与时代　中国，中-晚侏罗世（Chow et Rich, 1982；Wang et al., 1998；Luo et al., 2007b）；英国，中侏罗世（Sigogneau-Russell, 1998）。

蜀兽属 Genus *Shuotherium* Chow et Rich, 1982

模式种　*Shuotherium dongi* Chow et Rich, 1982

名称来源　属名源自属型种模式标本产地四川省的古称"蜀"。

鉴别特征　与蜀兽科另一个属——假磨兽属的区别在于：齿骨内侧具中凸缘（medial flange，又称 medial ridge）；下颊齿齿式为：3•4；下臼齿舌侧齿带发育，下后齿带不与唇侧齿带相连，假下次尖更发育，高度约为下前尖的一半；上臼齿长略大于宽。

中国已知种　模式种和石龙蜀兽 *S. shilongi* Wang, Clemens, Hu et Li, 1998。

分布与时代　四川，晚侏罗世（Chow et Rich, 1982；Wang et al., 1998）；英国，中侏罗世（Sigogneau-Russell, 1998）。

评注　Sigogneau-Russell（1998）描述了产于英国牛津郡中侏罗统 Forest Marble 组的 *Shuotherium* 材料，除 *Shuotherium dongi* 和一个未定种之外，还命名了一个新种——科氏蜀兽（*Shuotherium kermacki*）。

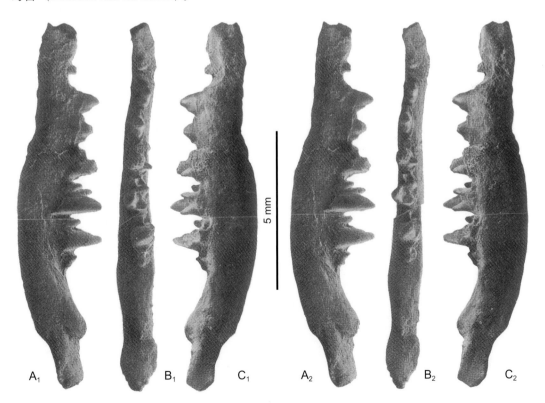

图 52　董氏蜀兽 *Shuotherium dongi* 左下颌（IVPP V 6448，正模，立体照片）
$A_{1,2}$. 颊侧视，$B_{1,2}$. 冠面视，$C_{1,2}$. 舌侧视（改自 Chow et Rich, 1982）

董氏蜀兽 *Shuotherium dongi* Chow et Rich, 1982

(图 52)

正模 重庆自然博物馆 V. 729，左下颌具 p2–3、m1–3 以及 p1 齿根和 m4 假跟座，下颌前后端和冠状突缺失。产于四川省南江县赶场石龙寨（32°22′N, 106°54′E），上侏罗统上沙溪庙组（Chow et Rich, 1982）。

名称来源 种名源自对四川中生代陆生脊椎动物和地层学研究做出重要贡献的董枝明先生。

鉴别特征 个体较小的蜀兽，无唇侧齿带，假下跟座较宽。

评注 Chow 和 Rich（1982）报道该种时，正模编号用的是 IVPP V 6448。后该标本交由重庆自然博物馆收藏，重新编号为 V. 729（总登记号为 C. 1570）。

石龙蜀兽 *Shuotherium shilongi* Wang, Clemens, Hu et Li, 1998

(图 53)

正模 IVPP V 7467，1 枚右上臼齿。产于四川省南江县赶场石龙寨（32°22′N, 106°54′E），上侏罗统上沙溪庙组（Wang et al., 1998）。

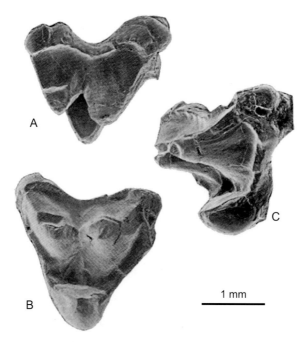

图 53 石龙蜀兽 *Shuotherium shilongi* 上臼齿（IVPP V 7467，正模）
A. 颊腹面视，B. 冠面视，C. 前腹面视（引自 Wang et al., 1998）

名称来源 种名源自模式标本产地石龙寨以及蜀兽的命名人之一周明镇先生的号"石龙子"。

鉴别特征 个体较大的蜀兽，上臼齿长度约为董氏蜀兽上臼齿长度估计值的两倍。

假磨兽属 Genus *Pseudotribos* Luo, Ji et Yuan, 2007

模式种 *Pseudotribos robusta* Luo, Ji et Yuan, 2007

名称来源 属名意指假磨楔式臼齿的研磨功能。

鉴别特征 与蜀兽科模式属——蜀兽属的区别在于：齿骨内侧无中凸缘；齿式为 2+•1•5•3/4•1•5•3；下臼齿舌侧齿带不发育，下后齿带与颊侧齿带相连，假下次尖低小；上臼齿长略小于宽，假原尖前后向较长。

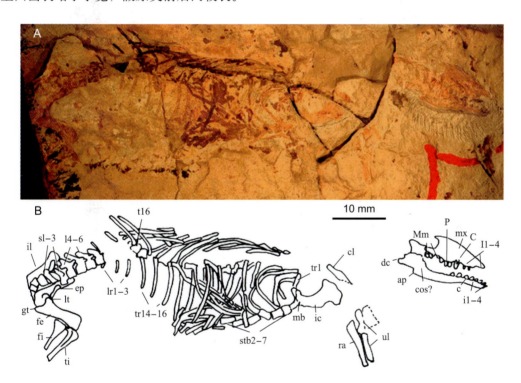

图 54 粗壮假磨兽 *Pseudotribos robusta* 残破骨架（CAGS 040811A，正模，正面）
A. 标本照片，B. 轮廓图（引自 Luo et al., 2007b）。
ap (angular process of mandible)，下颌角突；C/c (Upper/lower canine)，上、下犬齿；cl (clavicle, incomplete)，锁骨，不完整；cos? (putative coronoid scar on dentary)，推测的齿骨上的冠状突压迹；dc (dentary condyle)，齿骨髁；ep (epipubis)，上耻骨；fe (femur)，股骨；fi (fibula)，腓骨；gt (greater trochanter)，股骨大转子；I1–4 and i1–4 (upper and lower incisors 1–4, or alveoli)，上、下第一至第四门齿或齿槽；ic (interclavicle)，间锁骨；il (ilium)，髂骨；l4–6 (lumbar vertebrae 4 to 6)，第四至第六腰椎；lr1–3 (lumbar ribs 1 to 3)，第一至第三腰肋；lt (lesser trochanter)，股骨小转子；mb (manubrium)，胸骨柄；Mm (upper and lower molars, in partial occlusion)，上、下臼齿，部分咬合；mx (maxilla)，上颌骨；P (upper premolars 1–5 or their loci indicated by roots)，第一至第五上前臼齿或齿根指示的位置；ra (radius)，桡骨；s1–3 (sacral vertebrae 1–3)，第一至第三荐椎；stb2–7 (sternebrae 2–7)，第二至第七胸骨；t16 (thoracic centrum 16)，第十六胸椎椎体；ti (tibia)，胫骨；tr1 (thoracic rib 1)，第一胸肋；tr14–16 (thoracic ribs 14–16)，第十四至十六胸肋；ul (ulna)，尺骨

中国已知种 仅模式种。

分布与时代 内蒙古，中 - 晚侏罗世（Luo et al., 2007b）。

评注 原作者命名该种时，将种名拼写为 *robustus*（Luo et al., 2007b）。由于属名 *Pseudotribos* 的词尾为阴性，而 *robustus* 的词尾是阳性，根据国际动物命名法规，种名的词尾"必须相应地加以改变"（卜文俊、郑乐怡，2007），因此，其种名应修改为 *robusta*。

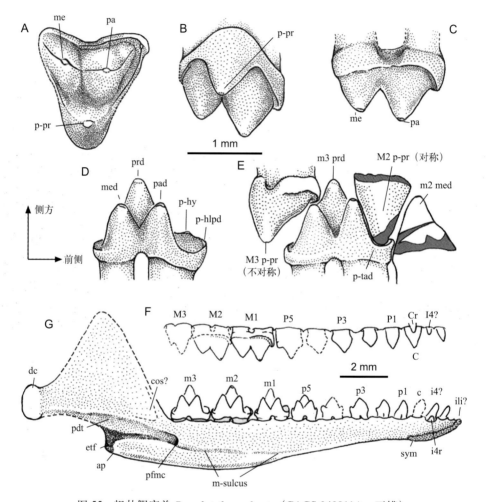

图 55 粗壮假磨兽 *Pseudotribos robusta*（CAGS 040811A，正模）

A. 右 M2 复原图，冠面视（综合 CAGS 040811A 和 CAGS 040811B）；B. 右 M2，舌腹侧视（CAGS 040811A）；C. 右 M2，颊侧视（CAGS 040811A）；D. 左 m2 复原图，舌侧视（综合 CAGS 040811A 和 CAGS 040811B）；E. 左 M2–3 与 m2–3 咬合关系（CAGS 040811B 中的原始位置未动）；F. 上牙综合复原图，颊侧视（综合 CAGS 040811A 和 CAGS 040811B）；G. 左下颌复原图，舌侧视（综合 CAGS 040811A 和 CAGS 040811B）（均改自 Luo et al., 2007b）。

ap（angular process），隅骨突；cos?（coronoid ?surface），可能的冠状骨表面；Cr（replacing canine），替换中的犬齿；dc（dentary condyle），齿骨髁；etf（ectotympanic facet on the mandibular angle），下颌角上的外鼓骨关节面；i1i?（incisor i1 alveolus?），可能的第一下门齿齿槽；i4?（possible incisor i4），可能的第四下门齿；I4?（possible incisor I4），可能的第四上门齿；i4r（erupting i4），正在萌出的第四下门齿；m-sulcus（Meckel's groove），麦氏沟；me（metacone），后尖；med（metaconid），下后尖；pa（paracone），前尖；pad（paraconid），下前尖；pdt（postdentary trough），齿骨后沟；pfmc（posterior foramen of mandibular canal），下颌管后开孔；p-hlpd（pseudo-hypolophid），假下次脊；p-hy（pseudo-hypoconid），假下次尖；p-pr（pseudo-protocone），假原尖；prd（protoconid），下原尖；p-tad（pseudo-talonid），假下跟座；sym（mandibular symphysis），下颌联合

Luo 等（2007b）将下臼齿不具假下内尖和上臼齿后尖处颊侧齿带明显作为假磨兽属区别于蜀兽属的特征。根据 Chow 和 Rich（1982）的描述，蜀兽中所谓的假内尖仅仅是假下跟座舌侧边缘的一个小尖，而且仅存在于 m3 上。实际上，这个小尖并不明显，从标本照片上看甚至很难分辨。因此这一特征在蜀兽中可能变化很大，不应作为属级分类单元的鉴别特征。从 Luo 等（2007b）提供的牙齿素描图上看，后尖处的唇侧齿带并不比前尖处的发育，而且 *Pseudotribos* 上臼齿的颊侧齿带也不比 *Shuotherium shilongi* 上臼齿的明显。

粗壮假磨兽 *Pseudotribos robusta* Luo, Ji et Yuan, 2007

（图 54，图 55）

正模　CAGS 040811A, B，保存为正负面的不完整骨架。产于内蒙古宁城道虎沟（41°18.979′N, 119°14.318′E），中 - 上侏罗统道虎沟层。

名称来源　种名意指四肢骨骼粗壮。

鉴别特征　同属。

评注　原作者认为假磨兽产于中侏罗统九龙山组，但关于内蒙古宁城道虎沟含脊椎动物的地层时代及划分存在很大的争议。综合最新的研究成果，其时代更可能是中侏罗世晚期至晚侏罗世早期。在地层划分上，暂称"道虎沟层"为宜。

牙齿长度比董氏蜀兽约大 20%，比石龙蜀兽约小 30%。假磨兽的肱骨有膨大的三角肌脊和大圆肌结节以及宽大的远端，表明它适应掘穴生活。

真三尖齿兽目 Order EUTRICONODONTA Kermack, Mussett et Rigney, 1973

概述　如前所述，传统的三尖齿兽类，包含了一些早期的哺乳动物，比如摩根齿兽，它们的臼齿齿冠侧扁，具有三个前后排列一线的主要齿尖。这被认为是哺乳动物牙齿结构的一种原始类型，这样的齿尖排列方式，甚至出现在一些非哺乳动物的犬齿兽类中（Kemp, 2005）。随着中生代哺乳动物的不断发现，人们意识到原来的三尖齿兽类不是一个单系类群（Kermack et al., 1973）。那些晚三叠世—早侏罗世的种类，现在通常都归入 Morganucodonta 亚目当中。而中侏罗世到白垩纪比较进步的类型，归入了真三尖齿兽目（Eutriconodonta）中。真三尖齿兽类具有很多比较进步的特征，在最近的很多系统发育分析中，它们都落入了哺乳动物的冠群中。Eutriconodonta 也有可能是非单系类群（Gao et al., 2010；Meng et al., 2011）。

真三尖齿兽类在哺乳动物系统发育研究中，有时被置于哺乳动物的冠群之中（Rowe, 1988；Rougier et al., 1996），有时处于冠群之外（Hu et al., 1997；Ji et al., 1999；Rowe, 1999）。但在近年的研究中，由于分类单元和形态特征的样本量趋大，通常的结果是真三尖齿兽类都位于哺乳动物冠群中（Luo et al., 2002, 2007a；Meng et al., 2006b, 2011；Rowe et al., 2008），这个系统发育位置现在看来是趋于稳定。

真三尖齿兽类的基本内容，根据不同的分类，包含了三尖齿兽科（Triconodontidae）、戈壁尖齿兽科（Gobiconodontidae）、"热河兽科"（"Jeholodentidae"）、爬兽科（Repenomamidae）、克拉美丽兽科（Klameliidae）、"双掠兽科"（"Amphilestidae"）以及一些科未定的属种。各个科都有自己存在的问题，我们在每个科的评述中，有进一步的简介，这里不再赘述。

中文名称问题 "三尖齿"兽的最初来源为"*Triconodon*"。但在中文翻译中，对不同的名字有不同的译法：有的不翻译"尖齿"，如戈壁兽属 *Gobiconodon*（李传夔等，2003），此译名因与 *Gobiatherium* 译名重复，故后来改译为戈壁锥齿兽。还有三锥齿兽目（Triconodonta）（周明镇等，1991；Godefroit et Guo, 1999）、戈壁锥齿兽（*Gobiconodon*）（Meng et al., 2005），等等。但也有译为三尖齿兽目（Triconodonta）的（赵资奎、张文定，1991；李锦玲等，2000）。有些译法，比如辽尖齿兽（*Liaoconodon*），更是为了与辽兽（*Liaotherium*）相区别。考虑到这些因素，我们在这里建议采用统一的译法，把"conodon"译为"尖齿"，因为"*Triconodon*"的原始含义，指臼齿上具有三个主要齿尖的哺乳动物。比如：煤尖齿兽（*Meiconodon*）、燕尖齿兽（*Yanoconodon*），等等。此外，在翻译类似的名称时，比如 *Sinoconodon* 通常翻译为中国尖齿兽（张法奎等，1998；李锦玲等，2000）。

牙齿结构术语 图 56 中的三尖齿兽类牙齿术语，可以适用于摩根齿兽到真三尖齿兽类。这些类群的上、下臼齿形态，具有一个基本的特征，就是齿冠上有三个主尖，基本上前后排列。上臼齿尖以大写的字母 A、B、C 等来标示，而下臼齿的齿尖，则以小写字母来标示。中间的主尖为 A(a) 尖，前面的主尖为 B(b) 尖，后面的主尖为 C(c) 尖。在不同的种类中，还有其他一些次要的齿尖，出现在齿冠的唇、舌侧，也分别以字母表示（图 56）。不同的属种，各齿尖的存在与否，它们的大小、高低、位置，齿带的发育和相邻臼齿内嵌的形态等，都会有变化。尤其重要的是，齿尖和齿冠的微小差别，可以有上下臼齿齿尖对应的很大不同。

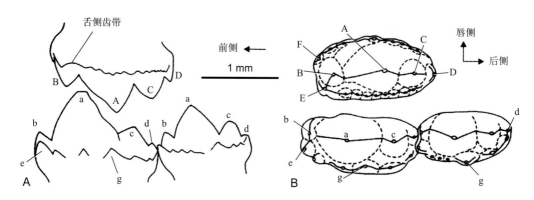

图 56 三尖齿兽类的牙齿结构术语

A. 右侧上、下臼齿舌侧视，B. 上、下臼齿冠面视（改自 Crompton, 1974 和 Kielan-Jaworowska et al., 2004）。
a–e, g 为下臼齿齿尖；A–F 为上臼齿齿尖

三尖齿兽科 Family Triconodontidae Marsh, 1887

模式属 *Triconodon* Owen, 1859

定义与分类 无明确定义。但系真三尖齿兽最早报道和具有典型代表性的类群。目前包括两个亚科，分别是 Triconodontinae Marsh, 1887 以及 Alticonodontinae Fox, 1976。

鉴别特征 一个单系类群的真三尖齿兽；岩骨耳旁嵴（crista parotica）与外缘（lateral flange）间隔宽广，上颌骨向背、后方延伸，扩展到颧弓，并构成后部上臼齿的齿槽支撑部分。上颌骨的腭面后部近齿列处有纵向槽（可以容纳下臼齿），位于上齿列和骨腭本体之间。臼齿的主尖 A-C/c-c 高度几乎相同。下臼齿 e 尖退化或消失，臼齿的齿间内嵌结构（interlocking system）没有齿带尖参与，而是 d 尖嵌入后面臼齿 b 尖前基部的凹中（依据 Kielan-Jaworowska et al., 2004 修改）。

中国已知属 *Meiconodon* Kusuhashi, Hu, Wang, Hirasawa et Matsuoka, 2009

分布与时代 欧洲、亚洲，早白垩世；北美洲，晚侏罗世到晚白垩世。

评注 在真三尖齿兽类中，三尖齿兽科是一个相对比较稳定，鉴定特征比较明确的类群。这个科中的种类，其臼齿形态特征有：上、下臼齿主尖的高度近于相等，舌侧 e 尖缩小或缺失，b 尖前缘有内凹或浅沟，可以使前后相邻的臼齿通过嵌锁关系"锁"定。在一般的系统发育分析中，三尖齿兽科的成员通常都形成一个单系类群（Ji et al., 1999；Meng et al., 2006b；Luo et al., 2007a）。

三尖齿兽科种类的化石，虽然很早就在欧洲被发现，但在亚洲，则是近年才有报道。到目前为止，三尖齿兽科仅煤尖齿兽一属二种，*Meiconodon lii* 和 *M. setoguchii*，见于辽宁的下白垩统沙海组和阜新组（Kusuhashi et al., 2009a）。煤尖齿兽也是 Alticonodontinae 亚科在北美洲外的首次记录，表明白垩纪早期（Aptian-Albian）北美和亚洲大陆间存在哺乳动物群的交流。

高尖齿兽亚科 Subfamily Alticonodontinae Fox, 1976

煤尖齿兽属 Genus *Meiconodon* Kusuhashi, Hu, Wang, Hirasawa et Matsuoka, 2009

模式种 *Meiconodon lii* Kusuhashi, Hu, Wang, Hirasawa et Matsuoka, 2009

名称来源 Mei，中文"煤"的拼音，体现标本产于煤矿中的煤矸石；conodon，拉丁文 *conus* 和希腊文 *odon* 的合拼，意为"尖齿"，是三尖齿兽类属名常用的后缀。

归入种 模式种以及 *Meiconodon setoguchii* Kusuhashi, Hu, Wang, Hirasawa et Matsuoka, 2009。

鉴别特征 小到中等个体的高尖齿兽类，下颌具麦氏软骨沟，5 枚臼形齿，齿尖后倾、冠视两侧明显不对称——颊侧面较圆鼓而舌侧面较棱状。臼形齿间具发育的齿间内嵌结构（interlocking system），但此结构未见于 p4 和 m1 之间，m3 上 a 尖最高、b 尖最短，m4 横向厚度向后变薄、齿尖高度相近，d 尖在 m3 和 m4 上都很发育，m5 缩小、由冠状突基部相对较高的位置萌出。煤尖齿兽具麦氏软骨沟而不同于 *Astroconodon* 和 *Corviconodon*，与后两属和 *Arundelconodon* 相比，煤尖齿兽 m3 的 a 尖高于 b 和 c 尖。煤尖齿兽以 p4 与 m1 间没有齿间内嵌结构区别于 *Arundelconodon* 和 *Astroconodon*。与 *Arundelconodon* 的差别还在于具较发育的 d 尖。与 *Astroconodon* 的差别还在于齿尖后倾较弱、齿尖基部分隔较窄。与 *Corviconodon* 的不同还在于相对于齿冠长，齿冠较高。与 *Alticonodon* 的差别在于臼形齿齿冠较低、齿尖间隔较明显、齿尖唇侧面较鼓，以及 d 尖较短。与 *Jugulato* 的不同在于牙齿较小、臼形齿齿尖后倾较弱，并具有指状的 d 尖。

分布与时代 辽宁，早白垩世晚期（Aptian–Albian）。

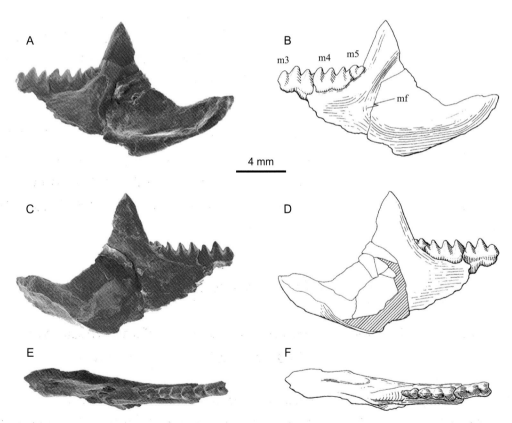

图 57　李氏煤尖齿兽 *Meiconodon lii* 左下颌骨（IVPP V 14515，正模）
A, B. 颊侧视：A. 电镜照片，B. 线条图；C, D. 舌侧视：C. 电镜照片，D. 线条图；E, F. 冠面视：E. 电镜照片，F. 线条图（引自 Kusuhashi et al., 2009a）。
mf（masseteric foramen），咬肌孔

李氏煤尖齿兽 *Meiconodon lii* Kusuhashi, Hu, Wang, Hirasawa et Matsuoka, 2009

（图 57）

正模　IVPP V 14515，一段带三枚臼形齿的左下颌骨。

归入标本　IVPP V 14512，一左下颌骨，具 4 个臼形齿；IVPP V 14513，一左下颌骨，具 2 个臼形齿。

名称来源　种名馈赠于李传夔先生。

鉴别特征　如果 m4 舌侧、颊侧齿带存在，一般比较钝，m4 的 d 尖发育。不同于 *M. setoguchii*，*M. lii* 个体较小、臼形齿具较发育的 d 尖，m4 舌侧、颊侧不具锋利的齿带；相对于齿冠长，*M. lii* 的臼形齿略显低冠。此外，m3 的 a 尖较高，m4 三个主尖高度相近，臼形齿宽度向后变窄，m5 明显缩小。

产地与层位　辽宁阜新韩家店六矿（IVPP V 14515），下白垩统阜新组；辽宁黑山八道壕，下白垩统沙海组。

濑户口氏煤尖齿兽 *Meiconodon setoguchii* Kusuhashi, Hu, Wang, Hirasawa et Matsuoka, 2009

（图 58，图 59）

正模　IVPP V 14514，一段带两枚臼形齿的左下颌骨。

名称来源　种名馈赠于濑户口烈司（Takeshi Setoguchi）先生，他是中 - 日阜新、八道壕合作项目的日方领队。

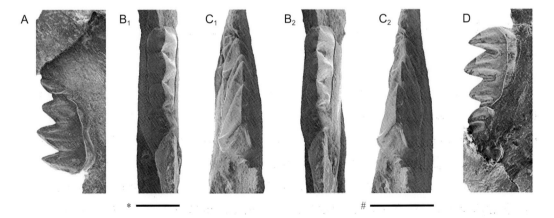

图 58　濑户口氏煤尖齿兽 *Meiconodon setoguchii* 左下颌骨（IVPP V 14514，正模）
A. 唇侧视，B$_{1, 2}$. 冠面视（立体照片，上侧为前端），C$_{1, 2}$. 前背面视（立体照片），D. 舌侧视（引自 Kusuhashi et al., 2009a）；比例尺：*- A, B$_1$, B$_2$, D, #- C$_1$, C$_2$, 均为 4 mm

鉴别特征 m4 舌侧、唇侧齿带锐利，d 尖发育程度一般。不同于 *Meiconodon lii*，*M. setoguchii* 个体较大、臼形齿 d 尖相对发育较弱，相对于齿冠长度，齿冠高度似乎较高。

产地与层位 辽宁阜新韩家店东方一矿，下白垩统阜新组。

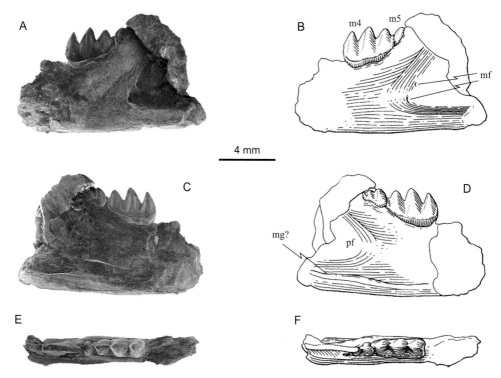

图 59 濑户口氏煤尖齿兽 Meiconodon setoguchii 左下颌骨（IVPP V 14514，正模）照片与线条图
A, B. 颊侧视：A. 电镜照片，B. 线条图；C, D. 舌侧视：C. 电镜照片，D. 线条图；E, F. 冠面视：E. 电镜照片，F. 线条图（引自 Kusuhashi et al., 2009a）。
mf（masseteric foramen），咬肌孔；mg（meckelian groove），麦氏软骨沟；pf（pterygoid fossa），翼肌窝

"热河兽科" Family "Jeholodentidae" Luo, Chen, Li et Chen, 2007

模式属 *Jeholodens* Ji, Luo et Ji, 1999

概述 热河兽科依据的属型种为金氏热河兽（*Jeholodens jenkinsi* Ji, Luo et Ji, 1999）。在建立燕尖齿兽（*Yanoconodon allini*）时（Luo et al., 2007a），作者建立了热河兽科（Jeholodentidae）。原作者列出了下列近裔特征：相对于下颌的长和高，燕尖齿兽（原作者在国内媒体宣传时用的是燕兽）和热河兽的臼形齿（原作中为白齿）比较大，下颌的底缘平直或微凹。其他的真三尖齿兽，牙齿相对较小，下颌底缘腹向弓凸。此外，燕尖齿兽和热河兽与其他真三尖齿兽（除 *Phascolotherium*）的差别还在于仅有两枚前臼形齿。燕尖齿兽与 *Phascolotherium* 的差别还在于仅有两枚门齿。与三尖齿兽科的成员相比，燕尖齿兽和热河兽的下臼形齿上，d 小尖位于后面臼形齿前缘的齿带凹中，而不是像三尖齿兽科的成员，具有明显的舌 - 槽的内嵌结构（tongue-in-groove interlock）。

在 Gao 等（2010）的系统发育分析中，燕尖齿兽和热河兽的姐妹群关系仍然成立。但在建立 *Liaoconodon* 时，Meng 等（2011）在系统发育分析中使用了 Gao 等（2010）的特征矩阵，但加上 *Liaoconodon* 后，*Jeholodens* 和 *Yanoconodon* 形成了一个并系类群，位于 *Liaoconodon* 和三尖齿兽科形成的支系外侧。由于这个科的特征不是很明确，比如两个前臼齿这个特征，至少在爬兽和辽尖齿兽中都存在。所以，*Jeholodens* 和 *Yanoconodon* 是否形成一个稳定的单系类群，并以此建立一个科，目前并不确定。考虑到目前整个真三尖齿兽的系统发育关系还不稳定，新的类群不断在增加，我们在这里仍然暂时使用这个科级分类单元。

热河兽属 Genus *Jeholodens* Ji, Luo et Ji, 1999

模式种 *Jeholodens jenkinsi* Ji, Luo et Ji, 1999

名称来源 属名来源为"热河"的传统拼法：Jehol。

鉴别特征 齿式为 4·1·2·4/4·1·2·4（Kielan-Jaworowska et al., 2004）。门齿勺状。与摩根齿兽的不同在于没有摩根齿兽的 d-e-b 凸凹的嵌锁关系，与三尖齿兽不同在于没有三尖齿兽的"舌-沟"嵌锁关系。相邻两个下臼形齿之间，没有凸凹的内嵌结构，上臼形齿有微弱的唇侧齿带，下臼形齿没有 e、f 和 g（kuhneocone）小尖，没有下颌角突和齿骨后槽。金氏热河兽与 amphilestids 以及戈壁齿兽（gobiconodontids）的差别在于下臼形齿的 a 尖，咬合在上臼形齿 A 和 B 尖之间的谷中，同时缺少 e 和 f 小尖。在 amphilestids 和戈壁齿兽中，下臼形齿的 a 尖咬在上臼形齿 B 尖前的凹中。金氏热河兽下臼形齿 a 尖明显高于 b 和 c 尖，是一个原始特征，不同于三尖齿兽科。除 *Alticonodon* 和 *Ichthyoconodon*，金氏热河兽与三尖齿兽科的另外一个不同点，是下臼形齿没有连续的舌侧齿带；金氏热河兽与 *Alticonodon* 和 *Ichthyoconodon* 的不同在于有架状的 d 尖。其他特征参见燕尖齿兽的相关内容。

中国已知种 仅模式种。

分布与时代 辽宁，早白垩世。

评注 由于标本产出时代当时存在争议，在热河兽的命名文章中，列出了几种产出地层的时代：晚侏罗世，侏罗-白垩纪界线上下，或早白垩世。新近的研究，基本上趋于认为义县组为早白垩世。热河兽命名时，分类上使用了科未定（incertae familiae）。进一步的讨论，参见燕尖齿兽的相关评注。

金氏热河兽 *Jeholodens jenkinsi* Ji, Luo et Ji, 1999

（图 60）

正模 GMC V 2139a, b，一个几乎完整的骨架，保存为对半劈开的两部分。标本采自辽宁北票四合屯，下白垩统义县组。

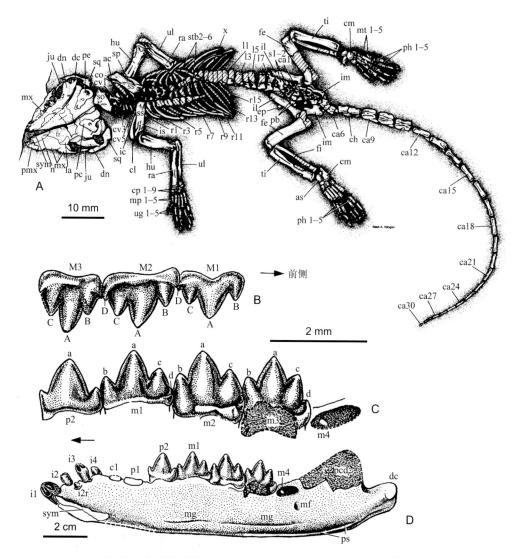

图 60　金氏热河兽 *Jeholodens jenkinsi*（GMC V 2139，正模）

A. 骨架线条图（背视），B. 上臼齿 M1–3（唇侧视），C. 下齿列 p2–m3（舌侧视），D. 下颌骨（舌侧视）（引自 Ji et al., 1999）。
ac（acromion of scapula），肩胛骨肩峰；as（astragalus），距骨；c（canine），犬齿；cv1, cv3, cv5（cervical vertebrae 1, 3, 5），第一、第三、第五颈椎；ca1–ca30（caudal vertebrae 1–30），第一至第三十尾椎；cl（clavicle），锁骨；cm（calcaneum），跟骨；co（coracoid process of scapula [or the unfused coracoid]），肩胛骨喙突（或者未愈合的乌喙骨）；cp1–cp9（carpals 1–9），第一至第九腕骨；dc（dentary condyle），齿骨髁；dn（dentary），齿骨；ep（epipubis），上耻骨；fe（femur），股骨；fi（fibula），腓骨；fr（frontal），额骨；hu（humerus），肱骨；ic（interclavicle），间锁骨；il（ilium），髂骨；im（ischium），坐骨；is（infraspinous fossa [of scapula]），冈下窝；i1–i4（incisors 1–4），第一至第四下门齿；i2r（replacing incisor 2），正在替换的第二下门齿；ju（jugal），轭骨；la（lacrimal），泪骨；l1–l7（lumbar vertebrae 1–7），第一至第七腰椎；mf（mandibular foramen），下颌孔；mg（meckelian groove），麦氏软骨沟；m1–4（molars 1–4），第一至第四下臼齿；mp1–5（metacarpals 1–5），第一至第五掌骨；mt1–5（metatarsals 1–5），第一至第五蹠骨；mx（maxillary），上颌骨；n（nasal），鼻骨；pb（pubic），耻骨；pc（pars cochlearis of petrosal），岩骨耳蜗部；pcd（coronoid process of dentary），齿骨冠状突；pe（petrosal），岩骨；ph1–5（phalanges 1–5），第一至第五趾骨；pmx（premaxillary），前颌骨；ps（pterygoid shelf on the ventral border of the mandible），下颌翼肌架；p1, p2（premolars 1, 2），第一、第二前臼齿；ra（radius），桡骨；r1–r15（thoracic ribs 1–15），第一至第十五胸肋；so（supraoccipital），上枕骨；sp（spine of scapula），肩胛冈；sq（squamosal），鳞骨；ss（supraspinous fossa of scapula），冈上窝；stb2–6（sternebrae 2–6），第二至第六胸骨；sym（mandibula symphysis），下颌联合；s1–2（sacral vertebrae 1, 2），第一、第二荐椎；ti（tibia），胫骨；ug1–5（ungual phalanges 1–5），第一至第五爪骨；ul（ulna），尺骨；x（xiphoid process of sternum），胸骨剑突；

齿尖术语参照 Crompton, 1974

名称来源 种名来自 F. A. Jenkins, Jr.。

鉴别特征 同属。

燕尖齿兽属 Genus *Yanoconodon* Luo, Chen, Li et Chen, 2007

模式种 *Yanoconodon allini* Luo, Chen, Li et Chen, 2007

名称来源 属名来源为"燕"的汉语拼音：Yan，指河北北部的燕山。

鉴别特征 齿式为 2·1·2·3/2·1·2·3。在具有三尖齿状颊齿的哺乳型动物中，燕尖齿兽与 *Sinoconodon* 和摩根齿兽等的差别在于下颌骨没有齿骨后槽，也没有下颌角。与其他真三尖齿兽比，燕尖齿兽与所有的双掠兽类（"Amphilestidae"）和戈壁尖齿兽类（Gobiconodontidae）的差别在于没有下齿带小尖 e 和 f，也没有上舌侧齿带。燕尖齿兽与热河兽在臼形齿形态上完全相同。燕尖齿兽不同于热河兽在于：有两枚下门齿，而不是后者的 4 枚；第一下门齿不增大也不呈勺状。在头后骨骼方面，燕尖齿兽的肩胛骨轮廓三角形，而不像热河兽的肩胛骨上下缘近于平行。燕尖齿兽的肱骨结间沟（intertubercular groove）较宽，肱骨头较不明显。此外，燕尖齿兽的胸、腰椎有 26 个椎体（初步区分为 18 个胸椎和 8 个腰椎），而且胸、腰椎形态呈逐渐过渡状，前 7 个腰椎上，保留了原始的、未愈合的肋。与此相比，热河兽的胸、腰椎有 22 个。15 个胸椎和 7 个腰椎形态分明，后者不具有腰肋。

中国已知种 仅模式种。

分布与时代 河北，早白垩世。

评注 对燕尖齿兽研究的一个重要内容，是命名者提出哺乳动物中耳演化中，存在一种幼体持续现象（paedomorphism）。即燕尖齿兽在胚胎发育过程中麦氏软骨由于提前骨化，使其在成年个体中得以保留，因此听小骨和下颌（齿骨）没有完全分开，由骨化的麦氏软骨和齿骨保持联系，形成一种过渡类型的哺乳动物中耳。

阿氏燕尖齿兽 *Yanoconodon allini* Luo, Chen, Li et Chen, 2007

（图 61）

正模 NJU-P 06001，一个不完整的骨架，保存在劈开的两板薄层粉砂岩中，分别编号为 NJU-P06001A 和 NJU-P06001B。标本采自河北丰宁大骡子沟，下白垩统义县组。

名称来源 种名来自对哺乳动物耳区做了很多工作的 Edgar Allin。

鉴别特征 同属。

评注 由于标本的保存比较差，发表的照片中很难见到牙齿的细节，因此，*Y. allini* 在牙齿特征的对比上显得不够充分。

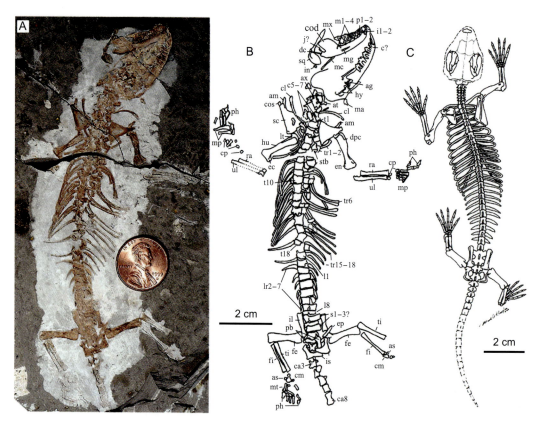

图 61 阿氏燕尖齿兽 *Yanoconodon allini* 骨架（NJU-P06001A，正模）

A. 标本照片，B. 骨骼结构，C. 复原图（引自 Luo et al., 2007a）。

ag (angular [ectotympanic ring]), 隅骨（外鼓骨环）; am (acromion of scapula), 肩胛骨肩峰; as (astragalus), 距骨; at (atlas [cervical vertebra, c1]), 寰椎（第一颈椎）; ax (axis [c2]), 枢椎（第二颈椎）; c? (canine?), 犬齿?; c5–7 (cervical vertebrae 5–7), 第五至第七颈椎; ca3, ca8 (caudal vertebrae 3 and 8), 第三和第八尾椎; cl (clavicle), 锁骨; cm (calcaneum), 跟骨; cod (coronoid process of dentary), 齿骨冠状突; cos (coracoid process of scapula), 肩胛骨喙突; cp (carpals), 腕骨; dc (dentary condyle), 齿骨髁; dpc (deltopectoral crest), 三角-胸肌嵴; ec (ectepicondyle), 外上髁; en (entepicondyle), 内上髁; ep (epipubis), 上耻骨; fe (femur), 股骨; fi (fibula), 腓骨; hu (humerus), 肱骨; hy (hyoid elements), 舌器; i1–2 (incisors 1 and 2), 第一、第二下门齿; il (ilium), 髂骨; in (incus), 砧骨; is (ischium), 坐骨; j? (jugal?), 轭骨?; l1, l8 (lumbar vertebrae 1 and 8), 第一和第八腰椎; lr2–7 (lumbar ribs 2–7), 第二至第七腰肋; lt (lesser tubercle [humerus]), 小结节（肱骨）; m1–4 (lower molars 1–4), 第一至第四下白齿; ma (malleus), 锤骨; mc (Meckel's cartilage [ossified]), 麦氏软骨（骨化）; mg (Meckel's groove), 麦氏沟; mp (metacarpals), 掌骨; mt (metatarsals), 蹠骨; mx (maxillary), 上颌骨; p1–2 (premolars 1 and 2), 第一至第二下前白齿; pb (pubic), 耻骨; ph (phalanges), 指骨（趾骨）; ra (radius), 桡骨; sc (scapula), 肩胛骨; sq (squamosal), 鳞骨; stb (sternum and sternabrae), 胸骨和胸骨椎; s1–3? (sacral vertebrae 1, 2 and possibly sacral vertebra 3?), 第一和第二荐椎，以及可能的第三荐椎; t1, t10, t18 (thoracic vertebrae 1, 10 and 18), 第一、第十和第十八胸椎; ti (tibia), 胫骨; tr1–2, 6, 15–18 (thoracic ribs 1, 2, 6 and 15–18), 第一、二、六和十五至十八胸肋, ul (ulna), 尺骨

辽尖齿兽属 Genus *Liaoconodon* Meng, Wang et Li, 2011

模式种 *Liaoconodon hui* Meng, Wang et Li, 2011

名称来源 属名"*Liao*"，为中文"辽"的拼音，辽宁省简称。

鉴别特征 中等个体的真三尖齿兽。体长 195 mm（加上尾长为 357 mm）。齿式：3·1·2·3/2·1·2·4。与其他已知的三尖齿兽相比，辽尖齿兽的下门齿、犬齿和第一前白形齿相对增大，具有相似的门齿形态，三者紧密相邻。此外，下颌外侧咬肌窝底缘形成一深沟。更多与三尖齿兽科的差别，在于白形齿的主尖 A/a 比其他尖明显地高和膨大。与 *Jeholodens* 和 *Yanoconodon* 的不同在于个体较大，具有相对较小（短）的白形齿以及不

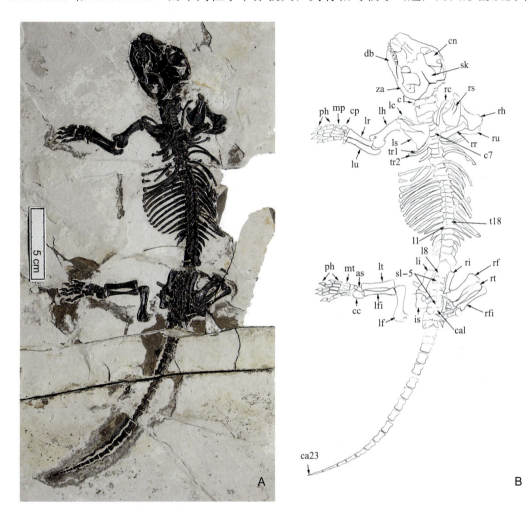

图 62 胡氏辽尖齿兽 *Liaoconodon hui* 骨架（IVPP V 16051，正模）
A. 骨骼背视，B. 线条图（引自 Meng et al., 2011）。

as（astragalus），距骨；c1, c7（first and seventh cervical vertebrae），第一、第七颈椎；ca1, ca23（first and twenty-third caudal vertebrae），第一、第二十三尾椎；cc（calcaneum），跟骨；cn（coronoid），冠状突；cp（carpals），腕骨；db（dentary bone），齿骨；is（ischium），坐骨；l1, l8（first and eighth lumbar vertebrae），第一、第八腰椎；lc（left clavicle），左侧锁骨；lf（left femurs），左侧股骨；lfi（left fibular），左侧腓骨；lh（left humerus），左侧肱骨；li（left ilium），左侧髂骨；lr（left radius），左侧桡骨；ls（left scapula），左侧肩胛骨；lt（left tibia），左侧胫骨；lu（left ulna），左侧尺骨；mp（metacarpals），掌骨；mt（metatarsals），蹠骨；ph（phalanges），指（趾）骨；rc（right clavicle），右侧锁骨；rf（right femurs），右侧股骨；rfi（right fibular），右侧腓骨；rh（right humerus），右侧肱骨；ri（right ilium），右侧髂骨；rr（right radius），右侧桡骨；rs（right scapula），右侧肩胛骨；rt（right tibia），右侧胫骨；ru（right ulna），右侧尺骨；s1–5（first to fifth sacral vertebrae），第一至第五荐椎；sk（skull），头骨；t18（thoracic vertebra），第十八胸椎；tr1, tr2（thoracic ribs 1, 2），胸肋；za（zygomatic arch），颧弓

同的齿式。与戈壁尖齿兽类的不同在于具有较少的臼形齿，没有相对增大的第一门齿，也没有下臼形齿之间的嵌锁关系。与爬兽的差别，在于个体小，有不同的齿式，臼形齿的主尖也不是很膨大。与"amphilestids"的差别在于具有较少的臼形齿，颊齿侧视也不具有对称性。

中国已知种 仅模式种。

分布与时代 辽宁，早白垩世。

评注 辽尖齿兽的形态特征，似乎与已知真三尖齿兽科特征都不太符合，相关的初步系统发育分析，把它放在三尖齿兽科和并系的"Jeholodentidae"之间。这个标本的研究目前还没有全部完成，仅仅是对它的齿列、中耳形态以及与哺乳动物中耳演化相关的内容进行了研究（Meng et al., 2011）。辽尖齿兽研究的一个重要内容，是它首次呈现

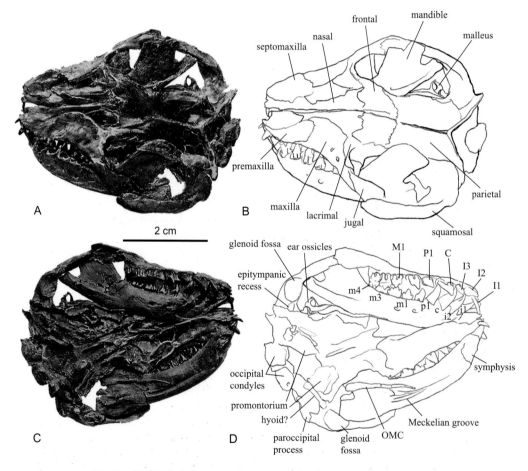

图 63 胡氏辽尖齿兽 *Liaoconodon hui* 头骨（IVPP V 16051，正模）

A, B. 背面视：A. 照片，B. 线条图；C, D. 腹面视：C. 照片，D. 线条图（引自 Meng et al., 2011）。ear ossicles, 听小骨；epitympanic recess, 鼓室上隐窝；frontal, 额骨；glenoid fossa, 关节窝；hyoid?, 可能的舌骨；jugal, 轭骨；lacrimal, 泪骨；malleus, 锤骨；mandible, 下颌骨；maxilla, 上颌骨；Meckelian groove, 麦氏沟；nasal, 鼻骨；occipital condyles, 枕髁；OMC, 骨化麦氏软骨；parietal, 顶骨；paroccipital process, 副枕突；premaxilla, 前颌骨；promontorium, 岩骨岬；septomaxilla, 隔颌骨；squamosal, 鳞骨；symphysis, 下颌联合部

了比较完整并且相关联的外鼓骨、锤骨、砧骨和骨化麦氏软骨，为哺乳动物中耳由附着于下颌的"听小骨"到完全的哺乳动物听小骨，提供了一个演化过渡类型的形态学证据。

胡氏辽尖齿兽 *Liaoconodon hui* Meng, Wang et Li, 2011

（图62—图64）

正模 IVPP V 16051，一个几乎完整的骨架，保存在一块粉砂岩石板中。标本采自辽宁建昌喇嘛洞肖台子，下白垩统九佛堂组。

名称来源 种名 *hui* 来自胡耀明的姓的拼音，表彰他对中生代哺乳动物研究做出的贡献。

鉴别特征 同属。

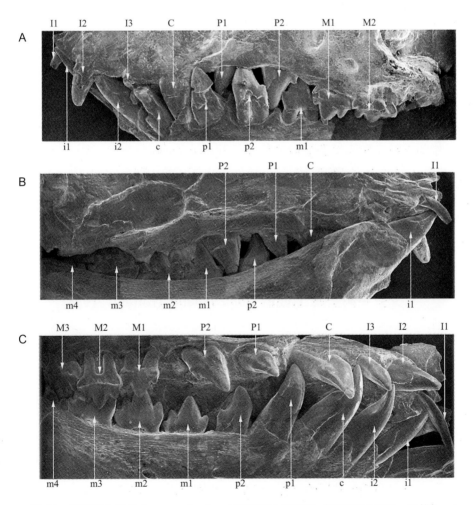

图64 胡氏辽尖齿兽 *Liaoconodon hui* 上下齿列电镜照片（IVPP V 16051，正模）
A. 左侧上下齿列外侧视，B. 左侧上下齿列内侧视；C. 右侧上下齿列，下齿列为外侧视，上齿列为外侧-冠面视；比例尺为5 mm（引自 Meng et al., 2011）

戈壁尖齿兽科 Family Gobiconodontidae Chow et Rich, 1984

模式属 *Gobiconodon* Trofimov, 1978

定义与分类 无明确定义。分类也比较混乱，目前包括在这个科里的、没有争议的属，都在中国有报道。Kielan-Jaworowska 等（2004）把爬兽属归入到戈壁尖齿兽科，认为 Repenomamidae 是 Gobiconodontidae 的次异名，有关讨论见爬兽部分。

中国已知属 *Gobiconodon* Li et al., 2003，*Hangjinia* Godefroit et Guo, 1999，*Meemannodon* Meng et al., 2005，Gobiconodontidae indet.（Tang et al., 2001）。

分布与时代 蒙古（Trofimov, 1978；Kielan-Jaworowska et Dashzeveg, 1998；Rougier et al., 2001）、中国（Godefroit et Guo, 1999；李传夔等，2003；Meng et al., 2005）、北美（Jenkins et Schaff, 1988）、俄罗斯（Maschenko et Lopatin, 1998）以及欧洲（Cuenca-Bescós et Canudo, 2003）；早白垩世。

评注 戈壁尖齿兽最初是"双掠兽科"（"Amphilestidae"）中的一个亚科，由 Chow 和 Rich（1984）建立。这个分类关系得到后人的认可（Kielan-Jaworowska et Dashzeveg, 1998）。Jenkins 和 Schaff（1988）在报道北美的 *Gobiconodon ostromi* 时，将戈壁尖齿兽亚科提升为一个科级分类元，Gobiconodontidae fam. nov.。但 Kielan-Jaworowska 和 Dashzeveg（1998）认为 Chow 和 Rich（1984）建立的名称具有优先权，同时引用 McKenna 和 Bell（1997）作为支持。作为戈壁尖齿兽科（Globiconodontidae Chow et Rich, 1984）这一分类方案得到比较广泛的接受（Cuenca-Bescós et Canudo, 2003；Kielan-Jaworowska et al., 2004），也为我们所采用。"双掠兽科"（"Amphilestidae"）的系统发育关系目前比较乱（见相关评述），但戈壁尖齿兽科（Gobiconodontidae）则得到了广泛的认可（Rougier et al., 2001；李传夔等，2003；Kielan-Jaworowska et al., 2004；Meng et al., 2005）。

戈壁尖齿兽属 Genus *Gobiconodon* Trofimov, 1978

Guchinodon：Trofimov, 1978

模式种 *Gobiconodon borissiaki* Trofimov, 1978

名称来源 属名来源于化石产出的 Gobi（戈壁）。

鉴别特征 属下的不同种的个体大小差别大，头骨估计长度由 27 mm（*G. hoburensis*）到 106 mm（*G. ostromi*）。眶下孔不止一个，上颌骨腭面具有 5 个圆形凹，分别位于各个上臼齿舌侧稍后的位置。下颌有 5 枚臼齿（臼形齿）和 5–6 枚其他牙齿。上下门齿减少到 I2/i1。唯一的下门齿极度增大并前倾，下犬齿缩小。门齿、犬齿以及近中侧的前臼齿齿冠均为简单的尖锥形。通常有 3–4 枚单根的前臼齿；p4 直立，具三尖，下臼齿具四或五个齿尖，m3 通常最大。M2–M5 的三个主尖显出初步的三角排列，其中 A 尖较 B、C 尖稍微偏靠舌侧。下臼齿的内嵌结构（interlocking）类似于"双掠兽"，由牙齿的 d 尖嵌入后方牙齿近中端的 e、f 尖形成的凹中。牙齿咬合方式，以下臼齿的 a 尖紧位于相对上臼齿后缘的近中侧，而不是位于 A、B 尖之间，后一种咬合方式见于摩根齿兽和三尖齿兽科成员。

中国已知种　*Gobiconodon zofiae* Li, Wang, Hu et Meng, 2003 和 *G. luoianus* Yuan, Xu, Zhang, Xi, Wu et Ji, 2009。

分布与时代　亚洲、北美洲，早白垩世。

评注　戈壁尖齿兽在北美和亚洲都有发现，但主要化石产于亚洲，见表 4。

表 4　戈壁兽类的地理和地史分布（据李传夔等，2003 修改）

分类单元	材料	产地	时代	著者	年份
Gobiconodon borissiaki	十件上下颌	蒙古 Khoboor	Aptian – Albian (K$_1$)	Trofimov	1978
Gobiconodon hoburensis	十二件上下颌	蒙古 Khoboor	Aptian – Albian (K$_1$)	Trofimov	1978
Gobiconodon ostromi	两件不完整骨架	美国蒙大拿州，Cloverly 组	Aptian – Albian (K$_1$)	Jenkins et Schaff	1988
Gobiconodon borissiaki	三件上下颌	蒙古 Khoboor	Aptian – Albian (K$_1$)	Kielan-Jaworowska 等	1998
?*Gobiconodon borissiaki*	一件破下颌	俄罗斯西伯利亚	Neocomian – Albian	Maschenko et Lopatin	1998
Hangjinia chowi	残下颌，仅 m2	中国内蒙古杭锦旗，伊金霍洛组	K$_1$	Godefroit 等	1999
Gobiconodontidae indet.	残头及牙	中国甘肃马鬃山	Late Barremian – Aptian (K$_1$)	Tang 等	2001
Gobioconodon hopsoni	两件上下颌	蒙古 Oshih (Ashile)	?Valanginian – Neocomian (K$_1$)	Rougier 等	2001
Gobiconodon sp.	两件破下颌	蒙古 Oshih (Ashile)	?Valanginian – Neocomian (K$_1$)	Rougier 等	2001
Gobiconodon zofiae	头及下颌	中国辽宁，义县组一段	Hauterivian (K$_1$)	李传夔等	2003
Gobiconodon luoianus	一件头骨	中国辽宁，义县组	Hauterivian (K$_1$)	Yuan 等	2009
Meemannodon lujiatunensis	一件下颌骨	中国辽宁，义县组一段	Hauterivian (K$_1$)	Meng 等	2005

注：*Guchinodon hoburensis* 为 *Gobiconodon hoburensis* 的次异名，故未列入。

索菲娅戈壁尖齿兽 *Gobiconodon zofiae* Li, Wang, Hu et Meng, 2003

（图 65）

正模　IVPP V 12585，同一个体的头骨左侧部分及左、右下颌骨，大部分右侧头骨和咬合的齿骨，右侧齿列完整。标本采自辽宁北票上园陆家屯，下白垩统义县组。

名称来源 种名赠与波兰古生物学家 Zofia Kielan-Jaworowska。

鉴别特征 个体大小与 *G. borissiaki* 相近；头骨窄长，齿式：2·1·4·4/1·1·4·5；上臼齿有明显的环状齿带，A，B，D 三尖呈直线排列，E 和 F 尖突出而 D 尖退化；下臼齿齿带几近缺失，b 尖小于 c 尖，e 尖发育，f 尖退化缺失；眶下孔偏后，位于 M2 之上；第五脑神经的第 II、III 支共用一个出口；下颌骨具 4 个颏孔；保留有骨化麦氏软骨。

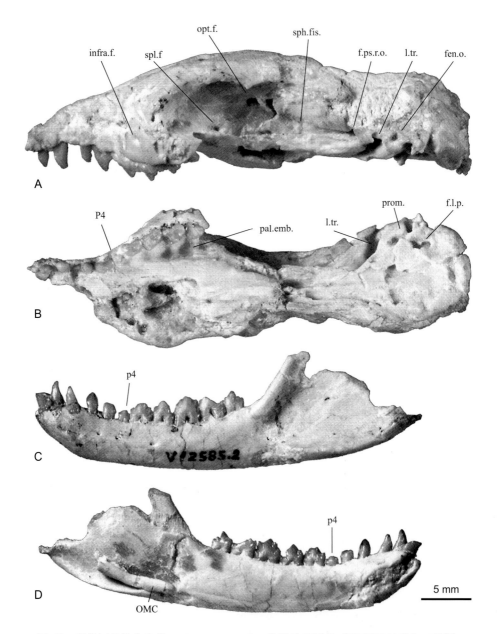

图 65 索菲娅戈壁尖齿兽 *Gobiconodon zofiae* 头骨及下颌骨（IVPP V 12585，正模）
A. 头骨左侧视，B. 头骨腹面视，C. 左下颌颊侧视，D. 左下颌舌侧视（引自李传夔等，2003）。
fen.o.，卵圆窗；f.l.p.，后破裂孔；f.ps.r.o.，假（卵）圆孔；infra.f.，眶下孔；l.tr.，外凹槽；OMC，骨化麦氏软骨；opt.f.，视神经孔；pal.emb.，腭面斗坑；prom.，岩骨岬；sph.fis.，蝶裂；spl.f.，蝶腭孔

罗氏戈壁尖齿兽 *Gobiconodon luoianus* Yuan, Xu, Zhang, Xi, Wu et Ji, 2009

（图 66）

正模 一个近于完整的头骨，带有上下齿列（HNGM 41HIII-0320）。标本采自辽宁北票上园陆家屯，下白垩统义县组。

名称来源 种名源于罗哲西的姓的拼音"Luo"。

鉴别特征 个体大小近于 *G. ostromi*；齿式：2•1•2–3•5/2•1•3•5；头骨低窄，颧弓直，前基部具有一突起，人字脊强烈前弯，矢状脊短而低。臼齿的三个主尖前后直线排列，其中 A 尖突出。下门齿与犬齿前倾，p1 直立，以较大的齿缺与犬齿相隔；p2 和 p3 近等高，都低于 p1；p3 双根并与 m1 紧邻。

评注 这个种的正模，虽然是一个头骨，但在命名文章中，上、下颌处于咬合状态，牙齿的冠面特征不清。此外，戈壁尖齿兽的第一前臼齿明显增大的特征也不明显，这个种是否应归入戈壁尖齿兽属存疑。

图 66 罗氏戈壁尖齿兽 *Gobiconodon luoianus* 头骨关联下颌（HNGM 41HIII-0320，正模）
A. 顶面视，B. 左侧面视，C. 右侧面视（引自 Yuan et al., 2009）

杭锦兽属 Genus *Hangjinia* Godefroit et Guo, 1999

模式种 *Hangjinia chowi* Godefroit et Guo, 1999

名称来源 属名来源于内蒙古杭锦旗的拼音（hangjin）。

鉴别特征 从保存的齿槽看，齿式为 3•1•?2•?2。与已知所有的真三尖齿兽的不同在于下犬后齿仅有 4 枚，分别被鉴定为 p1、p2?、m1?、m2?。齿骨粗壮，最后一个臼齿的齿尖 b 和 c 相对较小；i1 比 *Gobiconodon* 的 i1 要小。

中国已知种 仅模式种。

分布与时代 内蒙古鄂尔多斯盆地，早白垩世。

评注 产自内蒙古的 *Hangjinia* 最初被归入"双掠兽科"（"Amphilestidae"）中可能的戈壁尖齿兽亚科（?Gobiconodontinae）中（Godefroit et Guo, 1999）。原作者认为 *Hangjinia* 在已知的真三尖齿兽中与 *Gobiconodon* 最为相似；与后者的不同在于颊齿数较少，门齿数较多。但 Rougier 等（2001）认为 *Hangjinia* 唯一的正型标本来自于一个幼年个体，因此它的齿式存在疑问。Kielan-Jaworowska 等（2004）认为 *Hangjinia* 的下齿列可以被解释为：1•1•2•4。由于唯一的模式标本保存的结构有限，加上标本可能来自于一个幼年个体，几种可能的齿式解释仍然不能够真正确定 *Hangjinia* 的齿式（Meng et al., 2005）。我们沿用原作者的分类以及 Kielan-Jaworowska 等（2004）对 Gobiconodontidae 分类位置的看法，将 *Hangjinia* 归入 Gobiconodontidae。

周氏杭锦兽 *Hangjinia chowi* Godefroit et Guo, 1999

（图 67）

正模 IMM 96NMHJLII-1，一块保存了大部分的左齿骨，齿槽保存，牙齿齿冠几乎都破碎。标本采自内蒙古鄂尔多斯盆地，下白垩统伊金霍洛组。

名称来源 种名来源为周明镇先生早年使用的姓的拼音（Chow）。

鉴别特征 同属。

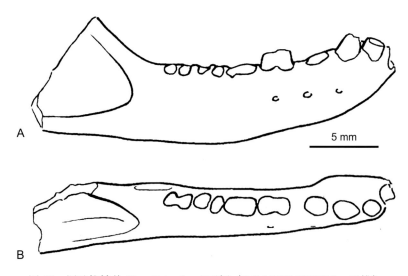

图 67 周氏杭锦兽 *Hangjinia chowi* 下颌（IMM 96NMHJLII-1，正模）
A. 唇侧视，B. 嚼面视（引自 Godefroit et Guo, 1999）

弥曼齿兽属 Genus *Meemannodon* Meng, Hu, Wang et Li, 2005

模式种 *Meemannodon lujiatunensis* Meng, Hu, Wang et Li, 2005

名称来源 属名赠与张弥曼先生。

鉴别特征 齿式为2•1•2•5。本属与戈壁尖齿兽（*Gobiconodon*）共有以下区别于其他三尖齿兽类的特征：两枚下门齿，i1增大，i2、犬齿和前部前臼齿尖锥形，前臼齿具有高的中央尖和小的附尖，i–p1向前平伏。弥曼尖齿兽与戈壁尖齿兽及其相近属的区别在于：下门齿和下犬齿更加平伏，i1在比例上更大，而i2更小；最后一枚下前臼齿与第一枚下臼齿之间没有齿隙，前臼齿退化；下臼齿长度大于高度，主尖向后倾斜，与b尖和c尖相比，a尖较低；m1显著小于m2–4。此外，本属下臼齿没有齿带，与爬兽（*Repenomamus*）相似，而与戈壁尖齿兽不同。

中国已知种 仅模式种。

评注 在唯一的正型标本中，m5仍然在下颌骨中没有萌出，但可以从下颌骨顶面看到m5的a尖。戈壁尖齿兽类的下齿列中，过去认为只有一枚增大的门齿。从*Meemannodon*的门齿，可以确定戈壁尖齿兽类的门齿可以为两枚，而不是以前认为的仅有一枚，从而将戈壁尖齿兽类下齿列齿式修订为2•1•2–3•5。

分布与时代 辽宁，早白垩世。

陆家屯弥曼齿兽 *Meemannodon lujiatunensis* Meng, Hu, Wang et Li, 2005

（图68）

正模 IVPP V 13102，一段带完整牙列的左下颌骨。标本采自辽宁北票上园陆家屯，

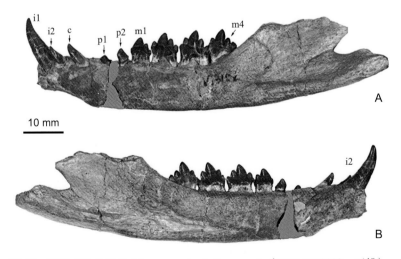

图68 陆家屯弥曼齿兽 *Meemannodon lujiatunensis* （IVPP V 13102，正模）
A. 下颌外侧视，B. 下颌内侧视，破损部分用灰色表示（引自 Meng et al., 2005）

下白垩统义县组。

名称来源 种名源自模式标本的产地陆家屯的汉语拼音。

鉴别特征 同属。

爬兽科 Family Repenomamidae Li, Wang, Wang et Li, 2000

模式属 *Repenomamus* Li, Wang, Wang et Li, 2000

名称来源 科名源自模式属——爬兽属（*Repenomamus*）。

鉴别特征 同属。

评注 爬兽科的成立与否，是一个有争议的问题。爬兽最初被建为一个独立的科，一是在发表时（李锦玲等，2000），模式标本的上、下颌骨没有分开，对齿列和头骨形态的观察不够充分。比如，爬兽的上齿式被认为是 3•1•2•4（下齿列的齿式当时没有），颊齿齿型简单，上臼齿齿尖分化不明显（李锦玲等，2000）。但在后来模式标本完全修理好后，发现其上齿列齿式是 3•1•2•5；而且上臼形齿齿尖不是分化不明显，而是 A 尖膨大特化而造成齿尖相连（Wang et al., 2001）。对其个体大小的认识，也有误点。比如李锦玲等（2000，2548 页）认为："在强壮爬兽发现之前，已知最大的种类是一种早白垩世的戈壁尖齿兽类（*Gobiconodon ostromi* Jenkins et Schaff, 1988），头长为 79 mm，强壮爬兽以其巨大的个体（头长约 101.5 mm）区别于其他所有已知的中生代哺乳动物。"但实际上，*Gobiconodon ostromi* 并没有完整的头骨保存下来。当时已知的仅有完整下颌，长度是 78 mm（Jenkins et Schaff, 1988, p. 4），其头骨不可能只有 79 mm。这在一定程度上，拉大了爬兽和戈壁尖齿兽的大小差别。最重要的是，原作者认为强壮爬兽保留了后齿骨棒，这种结构只在进步的犬齿兽类以及摩根齿兽类中才有。基于这些特征，李锦玲等（2000，2548 页）推测："强壮爬兽的支系较早就从早期哺乳动物演化的主线分化出来，它保留了许多爬行类的特点，可能代表原始哺乳类中的一个孑遗类群（relic group）。"因此建立了一个新科。

后来的工作进一步澄清了一些爬兽形态上的问题（Wang et al., 2001；Meng et al., 2003；Hu et al., 2005b）。比如，爬兽的牙齿形态以 A 尖的膨大为特征。最重要的是认识到"后齿骨棒"实际上只是骨化的麦氏软骨；它们的齿骨后骨已经脱离了齿骨，形成中耳的听小骨。因此，爬兽并非如最初认为的那样原始，而是一类个体比较大的真三尖齿兽类。

以后一些研究中，对爬兽的分类位置有了不同看法。Luo 等（2003）认为 *Repenomamus* 是戈壁尖齿兽科的成员，Kielan-Jaworowska 等（2004）把爬兽属归入到戈壁尖齿兽科（Gobiconodontidae），而且认为 Repenomamidae 是 Gobiconodontidae 的次异名（junior synonym）。但 Hu 等（2005b）以及 Meng 等（2003）仍然使用了爬兽

科。在将 *Repenomamus* 归入 Gobiconodontidae 后，Kielan-Jaworowska 等（2004）认为 Gobiconodontidae 的鉴定特征中，包括下列一些特征：唯一的下门齿（i1）前匍并增大；个体发育中前部臼形齿有序替换；上臼形齿横宽，具有发育的颊侧和舌侧齿带；从 M1 到 M5 三个主尖的三角错位逐渐增强。所有这些特征中，除了牙齿因齿尖膨大而横宽外，其他特征在 *Repenomamus* 中都不明显或不存在。比如 *Repenomamus* 的下门齿为两对，第一对也不增大。臼形齿的替换也没有表现出规律性。上臼形齿的齿带通常很弱，颊侧齿带基本没有。此外，上臼齿的 A 尖极为增大，但三个主尖没有显出三角错位排列。因此，在更好的系统发育分析出来之前，我们仍然保留 Repenomamidae。

如 Meng 等（2005）指出，戈壁尖齿兽科的一个重要特征，是最前面门齿的增大。这在爬兽中是没有的。但在很多方面，比如下颌的形态和牙齿形态上，爬兽和 *Gobiconodon* 有一些相似性。在最近的一些系统发育分析中，*Gobiconodon* 和 *Repenomamus* 形成一个姐妹群（Gao et al., 2010；Meng et al., 2011）。但爬兽的臼齿膨大粗壮的齿尖结构，比戈壁尖齿兽要进步。到目前为止，还没有一个系统的真三尖齿兽类的系统发育分析，因此，爬兽是否能构成一个单独的科和 Gobiconodontidae 并立，存在疑问。一种可能的情况，是爬兽在 Gobiconodontidae 中构成一个亚科级别的分类单元。在本志书中，我们沿用了原作者的爬兽科。

爬兽属 Genus *Repenomamus* Li, Wang, Wang et Li, 2000

模式种 *Repenomamus robustus* Li, Wang, Wang et Li, 2000

名称来源 爬兽属名中的词源，来自拉丁文 "*repen*"（爬行）和 "*mam*"（哺乳动物）。

鉴别特征 个体大于已知的真三尖齿兽类。齿式：3·1·2·4(5)/2·1·2·5。前部下牙（门齿、犬齿、前臼齿）都是单根，且有一定程度的前倾，前倾度向后减低。前部上牙除了 P2 外也都是单根，但齿尖指向后下方。犬齿相对较小，呈门齿状。上臼形齿横向增宽，具相对膨大的 A 尖。除了 *Gobiconodon*（Jenkins et Schaff, 1988；Rougier et al., 2007b），个体比其他中生代哺乳动物都明显要大；与 gobiconodotids 和 amphilestids 的差别在于外齿带以及 B 尖的减弱，而 A 尖膨大；与 *Gobiconodon* 的差别，还在于有相对较小（没有增大）的最前面的门齿。

中国已知种 模式种和 *Repenomamus giganticus* Hu, Meng, Wang et Li, 2005。

分布与时代 辽宁，早白垩世。

评注 上述特征，可以作为修订特征使用。原因是在 *Repenomamus giganticus*（Hu et al., 2005）发表时，并没有对爬兽属的特征进行修订。在一些正在进行的工作中，相关的内容已经具备，但都还没有发表。

强壮爬兽 *Repenomamus robustus* Li, Wang, Wang et Li, 2000

（图 69）

正模 IVPP V 12549，保存完好的头骨及下颌，以及属于同一个体的部分头后骨骼。标本采自辽宁北票上园陆家屯，下白垩统义县组。

名称来源 种名 *robustus*（强壮的）为拉丁词，意指该动物在中生代哺乳动物中个体巨大。

鉴别特征 以如下特征组合区别于其他中生代哺乳类：个体大（正模头骨长约 101.5 mm）；齿式：3•1•2•4(5)/2•1•2•5。上犬齿大小与I3近于相等，上前臼齿锥状单尖，上、下臼形齿有膨大的主尖（A/a 尖）和相对弱的 B/b 尖、C/c 尖，无外齿带。前颌骨有短的背突，但不与鼻骨相连，保留一大的隔颌骨；顶骨矢状脊短而低，人字脊发育，强烈前倾，使向后下方延伸的枕面明显暴露；下颌保存有骨化的麦氏软骨棒。

评注 这个种的正模（IVPP V 12549），提供了完整的大型真三尖齿兽类的头骨特征，同时也是中生代哺乳动物中第一次保存了骨化麦氏软骨的标本，为哺乳动物中耳的演化提供了一个非常关键的形态证据。

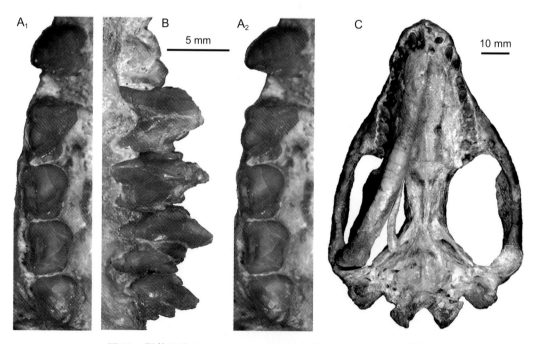

图 69 强壮爬兽 *Repenomamus robustus*（IVPP V 12549，正模）
$A_{1,2}$. 上颊齿冠面立体照片，B. 下颊齿列颊侧视，C. 头骨腹视，带右侧下颌骨和骨化麦氏软骨（引自 Wang et al., 2001）

巨爬兽 *Repenomamus giganticus* Hu, Meng, Wang et Li, 2005

（图 70）

正模 IVPP V 14155，属于同一个体的部分头骨及头后骨骼，具有完整的右上齿列

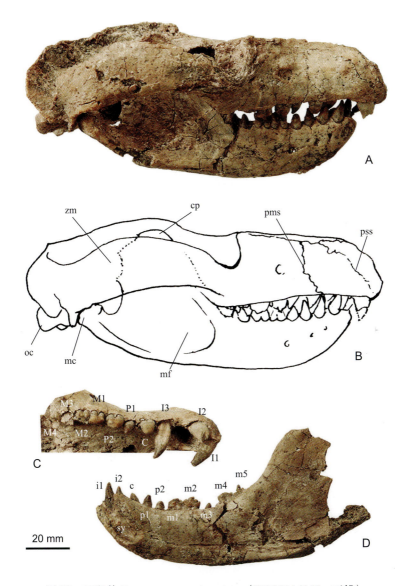

图 70 巨爬兽 *Repenomamus giganticus*（IVPP V 14155，正模）

A, B. 含下颌头骨（外侧视）：A. 照片，B. 线条图；C. 右上齿列（腹面视）；D. 右下颌骨（舌侧视）（引自 Hu et al., 2005b）。

cp（coronoid process），冠状突；mc（mandibular condyle），下颌髁；mf（masseteric fossa），咬肌窝；oc（occipital condyle），枕髁；pms（premaxilla-maxillary suture），前颌-上颌骨缝；pss（premaxilla-septomaxillary suture），前颌-隔颌骨缝；sy（mandibular symphysis），下颌联合；zm（zygomatic arch），颧弓；I1–3 and i1, 2（upper and lower incisors），上下门齿；C and c（upper and lower canine），上下犬齿；P1, 2 and p1, 2（upper and lower premolariforms），上下前臼齿形齿；M1–4 and m1–5（upper and lower molariforms），上下臼齿形齿

以及完整右下颌带完整齿列。标本采自辽宁北票上园陆家屯，下白垩统义县组。

名称来源 巨爬兽的种名，来源于希腊文"*gigantos*"（巨大的），意指个体巨大。

鉴别特征 齿式：3·1·2·4/2·1·2·5。与 *R. robustus* 的差别在于头骨比后者长50%，也具有相对较大的门齿，双根的上犬齿，最前端的上前臼形齿明显小于犬齿，上臼形齿具完整的舌侧齿带和部分唇侧齿带；下颌更强壮，门齿、犬齿和前臼齿间的间隔较小，以及下臼形齿具有较大的c和d尖。头骨具有较强的矢状脊，枕脊（lambdoid crest）和颧弓。

评注 该种和强壮爬兽的差别，最明显地在个体大小。辽西地区义县组产的真三尖齿兽，随着标本的发现，属种不断增加，对于辽西义县组中真三尖齿兽的分类，出现新的问题。到底是种类高度的分化，还是不同年龄段的形态差别，现还没有定论。目前基本上是依据传统的形态种概念来处理已经有的标本。同样，巨爬兽和强壮爬兽是否代表了同种不同发育时段的个体或雌雄差异，不能完全排除。但现阶段，把它们定做不同的种更适合。

克拉美丽兽科 Family Klameliidae Martin et Averianov, 2006

模式属 *Klamelia* Chow et Rich, 1984

名称来源 因标本采自新疆克拉美丽山。

鉴别特征 下臼齿具有纵向排列齿尖的哺乳动物，舌侧齿带上没有g尖，从而类似真三尖齿兽而有别于摩根齿兽。与戈壁尖齿兽共有下列特化特征：齿冠高度和长度大体相当，齿冠侧视时，b尖（存在时）和c尖分别趋离而不是平行于中央a尖，c尖高于b尖，c尖基部位置明显高于齿带。与戈壁尖齿兽不同在于在嚼面视中，下臼形齿呈平行四边形，相互呈叠瓦状（imbrication）而不是e-d-f尖构成的内嵌结构，具一特别的后-唇侧方向上的齿带尖，以及唇侧齿冠的釉质具垂向的褶。

中国已知属 仅模式属。

评注 *Klamelia* 和大部分戈壁尖齿兽相似之处在于有比较陡直的下颌联合部，差别在于最后一个前臼形齿横向膨大，颏孔（mental foramina）明显较大，位于臼形齿而不是前臼形齿下。此外，*Klamelia* 有可能不具有麦氏软骨沟，张法奎（1984）对麦氏软骨沟的报道可能有误。随着越来越多的戈壁尖齿兽标本被发现，过去认为有分类价值的特征，比如颏孔的大小和位置，实际上是变化很大的（Minjin et al., 2003；Hu et al., 2005b；Martin et Averianov, 2006）。Martin 和 Averianov（2006）根据来自于吉尔吉斯斯坦中侏罗统的一枚下臼形齿，建立了一个属种：*Ferganodon narynensis*。这些作者同时以 *Klamelia* 为依据，建立了克拉美丽兽科。*Klamelia* 过去通常是归于"双掠兽科"（"Amphilestidae"）中（Chow et Rich, 1984；Kielan-Jaworowska et al., 2004）。这个科的建立，依据的化石以及相关的形态特征非常有限，其中 *Ferganodon* 仅有一枚下臼齿。但由于"双掠兽科"（"Amphilestidae"）目前多被认为是一个非单系类群（Kielan-Jaworowska et al., 2004；

Gao et al., 2010; Meng et al., 2011), 所以, 建立克拉美丽兽科似乎也是一个可以接受的选择, 我们在本志中采用这个分类单元。

克拉美丽兽属 Genus *Klamelia* Chow et Rich, 1984

模式种 *Klamelia zhaopengi* Chow et Rich, 1984

名称来源 克拉美丽兽(*Klamelia*)名称来源于标本的出产地, 新疆的吉木萨尔县五彩湾。

鉴别特征 下臼齿的 a 尖位于齿冠中轴位置前部, 齿带上的 b 尖很小; 因此, 从舌侧或唇侧看, 齿冠不对称, 这一点类似于摩根齿兽, 不同于 "Amphilestidae" 的下臼齿。与摩根齿兽不同在于具有弱的舌侧齿带, 不具齿带小尖(比如 g 尖)。与 Gobiconodontidae 以及 Triconodontidae 相似处在于 c 尖位置高, c 尖基部位置明显高于齿带。进一步类似于

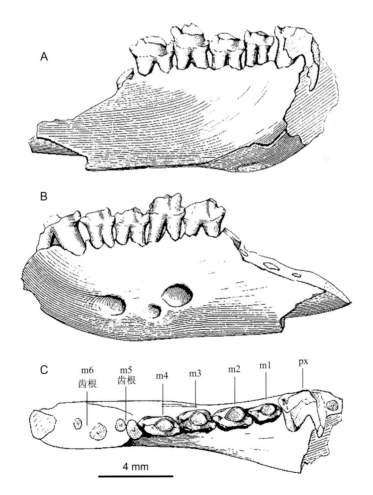

图 71 赵彭氏克拉美丽兽 *Klamelia zhaopengi* 左侧下颌 (IVPP V 6447, 正模)
A. 舌侧视, B. 唇侧视, C. 嚼面视 (引自 Chow et Rich, 1984)

Gobiconodontidae，都有比较陡直的下颌联合部。与所有真三尖齿兽不同之处在于具有三个大的颏孔（mental foramen），臼形齿间叠瓦状，即 b 尖与前面邻齿 d 尖的舌侧相叠。

中国已知种 仅模式种。

分布与时代 新疆准噶尔盆地，晚侏罗世。

评注 在属种建立的特征中，原作者（Chow et Rich, 1984）认为 *Klamelia* 与当时已经报道的三尖齿兽类的差别在于有至少 6 枚下臼齿，联合部中线向后伸至 m2 和 m3 之间的位置，最后一个前臼齿明显大于 m2。Rougier 等（2001）对 *Klamelia* 的齿式确立的理由提出了怀疑，但在 2006 年的研究中，这个齿式数得到了认可（Martin et Averianov, 2006）。但 Martin 和 Averianov 认为原作者对 *Klamelia* 下臼齿齿尖 b 的鉴定有误，而这个解释，导致了张法奎（1984）把 *Klamelia* 归入 Morganucodontidae。Martin 和 Averianov 认为 *Klamelia* 下臼齿上的 b 尖已经完全退化，而存在于前齿带上的尖不是 b 尖，而应当是和双掠兽以及戈壁尖齿兽的 e 尖同源。Martin 和 Averianov 的观点在图 72D 中可以看到。

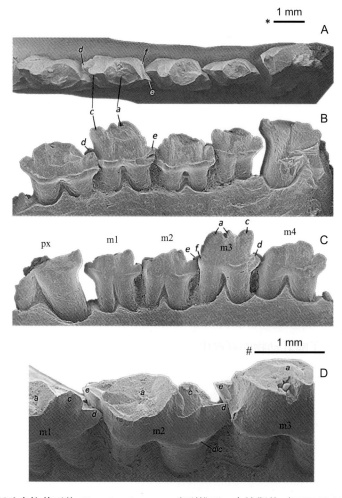

图 72 赵彭氏克拉美丽兽 *Klamelia zhaopengi* 齿列模型，电镜照片（IVPP V 6447，正模）
A. 嚼面视, B. 舌侧视, C. 唇侧视, D. 嚼 - 唇视（引自 Martin et Averianov, 2007）；比例尺：* - A, B, C, # - D

由于 Martin 和 Averianov（2006）所依据的证据仅为 *Ferganodon* 唯一知道的标本，一枚下臼齿，其上 b 尖缩小，所以，我们认为他们的解释证据不够充分。因此，我们基本上采用了 Kielan-Jaworowska 等（2004）对 *Klamelia* 的鉴定特征，他们沿用了 Chow 和 Rich（1984）对 *Klamelia* 下臼齿 b 尖的看法。

赵彭氏克拉美丽兽 *Klamelia zhaopengi* Chow et Rich, 1984

(图 71，图 72)

正模 IVPP V 6447，一段左侧下颌具有大部分前臼齿和臼齿。标本采自新疆准噶尔盆地吉木萨尔县五彩湾地区老山沟，上侏罗统石树沟组。

名称来源 种名来自 Zhao Xijin（赵喜进）和 Peng Xiling（彭希龄）两姓的合成。

评注 这个点的时代也可能更早，为中侏罗世晚期（赵喜进，1980；Chow et Rich, 1984）。

"双掠兽科" Family "Amphilestidae" Osborn, 1888

模式属 *Amphilestes* Owen, 1859

名称来源 amphi，双，lestes，掠兽。

评注 真三尖齿兽类中一个现存的问题，是双掠兽及其相关类群的分类。前面提到，传统中说的三尖齿兽类，指一些早期的哺乳动物，比如摩根齿兽，它们的臼齿齿冠侧扁，具有三个前后排列一线的主要齿尖。这被认为是哺乳动物牙齿结构的一种原始类型，这样的齿尖排列方式，甚至出现在一些非哺乳动物的犬齿兽中（Kemp, 1983, 2005）。随着中生代哺乳动物的不断发现，人们意识到原来的三尖齿兽类不是一个单系类群（Kermack et al., 1973）。那些晚三叠世—早侏罗世的种类，现在通常都归入 Morganucodonta 目当中。而中侏罗世到白垩纪比较进步的类型，归入了真三尖齿兽目 Eutriconodonta 中。真三尖齿兽类具有很多比较进步的特征，在最近的很多系统发育分析中，它们都落入了哺乳动物的冠群中。

在传统的分类中，双掠兽类是真三尖齿兽类中一个重要类群，另外一个重要类群是 Triconodontidae（Simpson, 1928；Jenkins et Crompton, 1979）。这两个类群在颊齿上有明显差别。Triconodontidae 的臼齿通常前后相对较长，三个主尖的大小、高度差别不大，分布时间从晚侏罗世到晚白垩世，见于北美洲、欧洲和亚洲（Kusuhashi et al., 2009a）。

双掠兽类的牙齿整体上显得比较尖，具有一个突出而主要的中央主尖（A/a 尖），以及较小的 b 和 c 尖，b 和 c 尖大小相近。咬合时，上臼齿 A 尖位于相对应的两个下臼齿之间；前臼齿唇视和舌视近于对称（Simpson, 1928；Kielan-Jaworowska et al., 2004）。

双掠兽类的时代分布从中侏罗世到早白垩世，目前已知分布于亚洲、非洲、北美洲和欧洲，也有可能分布于南美洲和印度次大陆（Kielan-Jaworowska et al., 2004；Averianov et al., 2005；Rougier et al., 2007a, b）。戈壁尖齿兽、爬兽等的臼齿在基本轮廓上近似于双掠兽，但它们具有不同程度的膨大，与双掠兽臼齿明显不同。

目前有关真三尖齿兽类的系统发育分析中，三尖齿兽科和戈壁尖齿兽科的成员，通常比较稳定地聚合在一起，但双掠兽类的分子，分布显得很不稳定（Ji et al., 1999；Luo et al., 2002；Meng et al., 2006b, 2011；Rougier et al., 2007b；Gao et al., 2010）。因此，在没有更好的分类体系之前，我们采用 Kielan-Jaworowska 等（2004）的处理办法，将"双掠兽科"（"Amphilestidae"）置于引号中，以表示它很可能是非单系类群。因为双掠兽类臼齿的齿尖有微弱的三角错动，即三个主尖不在一条直线上，有人认为它们更接近于一些更进步的哺乳动物，比如对齿兽类（Mills, 1971；Rougier et al., 2007b）。

辽兽属 Genus *Liaotherium* Zhou, Cheng et Wang, 1991

模式种 *Liaotherium gracile* Zhou, Cheng et Wang, 1991

名称来源 liao 为化石产地辽宁省的简称，therium（希），兽。

鉴别特征 下颌骨水平支长而纤弱；骨体上、下缘平直，近于平行；下缘在下颌骨前端呈弧形上翘。冠状突小而弱；关节突略高于齿列；髁上凹发育。齿式可能为：1•1•3•5 或 2•1•4•4。

中国已知种 仅模式种。

分布与时代 辽宁，中侏罗世。

评注 *Liaotherium gracile* 目前已知的仅有正型标本一块。由于保存差，它的分类鉴定很难确定。在鉴别特征中，我们保留了原作者的文字。在 Kielan-Jaworowska 等（2004, p. 239）文章中，有一不同的鉴别特征："下臼齿具有'双掠兽'齿冠形态；与具有类似齿型的哺乳动物不同的地方，是具有高和钩状的冠状突，髁上凹深，以及关节突位置相对于齿列位置比较高。"Kielan-Jaworowska 等（2004, p. 239）认为，这块齿骨的形态与典型的真三尖齿兽类有明显差别，而有些类似对齿兽。这些作者仍然把 *Liaotherium* 归入 "Amphilestidae" 中，我们采用了这个分类法。

纤细辽兽 *Liaotherium gracile* Zhou, Cheng et Wang, 1991

（图 73）

正模 GMC V 2006，较完整的右下颌骨，具最后一枚臼齿（m5?）（周明镇等，1991）。标本采自辽宁凌源房身，中侏罗统九龙山组。

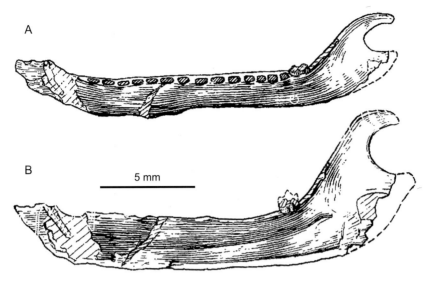

图 73 纤细辽兽 *Liaotherium gracile* 右下颌骨（GMC V 2006，正模）
A. 内侧顶视，B. 内侧视（引自周明镇等，1991）

名称来源　gracil（拉），细的、薄的、简单的。
鉴别特征　同属。

科不确定 Incertae familiae

朝阳兽属 Genus *Chaoyangodens* Hou et Meng, 2014

模式种　*Chaoyangodens lii* Hou et Meng, 2014
名称来源　属名为辽宁省朝阳市的拼音。
鉴别特征　同模式种鉴别特征。
中国已知种　仅模式种。
分布与时代　辽宁，早白垩世。

李氏朝阳兽 *Chaoyangodens lii* Hou et Meng, 2014

（图 74，图 75）

正模　JZT005-2010，劈开的正负面，保存了大部分的压扁的骨架和几乎完整的头骨，也是该种目前唯一的标本。标本采自辽宁省凌源市大王杖子，下白垩统义县组，年代大约为 122.2–124.6 Ma。
名称来源　种名赠与收藏标本并捐赠出来研究的李还君。

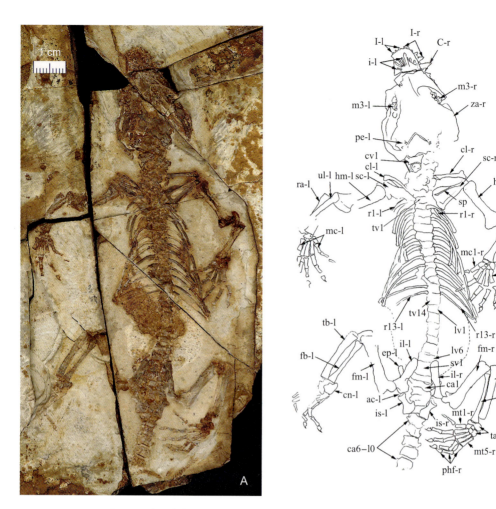

图 74 李氏朝阳兽 Chaoyangodens lii 骨架（JZT 005-2010，正模）

A. 标本照片，B. 线条图（引自 Hou et Meng, 2014）。

ac-l (left acetabulum)，左侧髋臼；C-r (right upper canine)，右上犬齿；ca1 (1st caudal vertebra)，第一尾椎；ca6–10 (6th–10th caudal vertebrae)，第六至第十尾椎；cl-l (left clavicle)，左侧锁骨；cl-r (right clavicle)，右侧锁骨；cn-l (left calcaneum)，左侧跟骨；cv1 (1st cervical vertebra)，第一颈椎；ep-l (left epipubic)，左侧上耻骨；fb-l (left fibula)，左侧腓骨；fb-r (right fibula)，右侧腓骨；fm-l (left femur)，左侧股骨；fm-r (right femur)，右侧股骨；hm-l (left humerus)，左侧肱骨；hm-r (right humerus)，右侧肱骨；i-l (left lower incisors)，左下门齿；I-l (left upper incisors)，左上门齿；I-r (right upper incisors)，右上门齿；il-l (left ilium)，左侧髂骨；il-r (right ilium)，右侧髂骨；is-l (left ischium)，左侧坐骨；is-r (right ischium)，右侧坐骨；lv1 (1st lumbar vertebra)，第一腰椎；lv6 (6th lumbar vertebra)，第六腰椎；m3-l (left m3)，左 m3；m3-r (right m3)，右 m3；mc-l (left metacarpal)，左侧掌骨；mc1-r (1st right metacarpal)，右侧第一掌骨；mc5-r (5th right metacarpal)，右侧第五掌骨；mt1-r (1st right metatarsal)，右侧第一蹠骨；mt5-r (5th right metatarsal)，右侧第五蹠骨；pe-l (left petrosal)，左侧岩骨；ph-r (right phalanges, hand)，右侧指骨；phf-r (right phalanges, foot)，右侧趾骨；r1-l (1st left rib)，左侧第一肋骨；r1-r (1st right rib)，右侧第一肋骨；r13-l (13th left rib)，左侧第十三肋骨；r13-r (13th right rib)，右侧第十三肋骨；ra-l (left radius)，左侧桡骨；ra-r (right radius)，右侧桡骨；sc-l (left scapula)，左侧肩胛骨；sc-r (right scapula)，右侧肩胛骨；sp (scapular spine)，肩胛冈；sv1 (1st sacral vertebra)，第一荐椎；ta-r (right tarsus)，右侧跗骨；tb-l (left tibia)，左侧胫骨；tb-r (right tibia)，右侧胫骨；tv1 (1st thoracic vertebra)，第一胸椎；tv14 (14th thoracic vertebra)，第十四胸椎；ul-l (left ulna)，左侧尺骨；ul-r (right ulna)，右侧尺骨；za-r (right zygomatic arch)，右侧颧弓

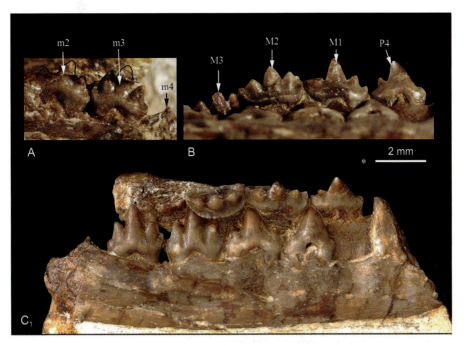

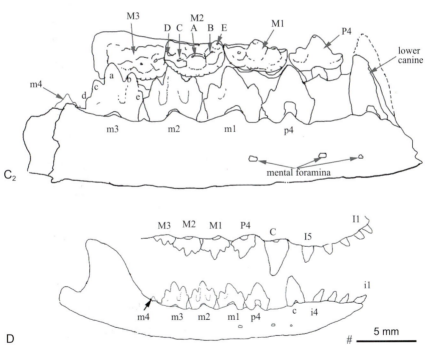

图 75 李氏朝阳兽 *Chaoyangodens lii* 牙齿（JZT 005-2010，正模）

A. 右 m2－3 舌侧视；B. 左 P4－M3 舌侧视；$C_{1,2}$. 右 P4－M3 冠面视以及右下犬齿和 p4－m3 的颊侧视，C_2 为 C_1 的线条图；D. 上、下齿列复原图（引自 Hou et Meng, 2014）；比例尺：* - A, B, $C_{1,2}$；# - D。lower canine, 下犬齿；mental foramina, 颏孔。牙齿测量（长／宽，单位毫米）：P4, 2.2/0.7；M1, 2.5/1.2；M2, 2.5/1.4；M3, 2.2/1.5；p4, 2.1/?；m1, 2.3/?；m2, 2.4/?；m3, 2.4/1.0

鉴别特征 一个小型的真三尖齿兽，吻端至坐骨后缘的体长为109 mm。具有典型三尖齿兽类的犬齿后牙齿的特征，即牙齿由前后排列的三个主尖构成。与中国尖齿兽和摩根齿兽不同在于没有后齿骨槽，但保留了骨化的麦氏软骨；齿式 5•1•1•3/4•1•1•4；与其他真三尖齿兽的不同在于上、下齿列中都只有一枚前臼齿，并且在上、下犬齿和前臼齿间有一齿缺。与戈壁尖齿兽类的更多的区别在于没有增大的下门齿（i1）；臼齿侧面观不具有双掠兽臼齿的对称性；与三尖齿兽科的差别在于上、下臼齿的 A/a 尖明显大于其他齿尖；与燕尖齿兽和辽尖齿兽的差别在于有较多但小的门齿；与辽尖齿兽和爬兽的更多的差别，在于个体较小和具有小的门齿，颊齿比较纤弱并有明显的齿带；与热河兽的差别在于有较大并直立的上、下犬齿，下臼齿 a 尖咬合于相邻两枚上臼齿间，同时具有较为三角形的肩胛骨（热河兽的肩胛骨较为长方形）。

真三尖齿兽目不定属、种 Eutriconodonta gen. et sp. indet.

（图76）

归入标本 一枚近端损坏了的右下臼齿（SGP 2005/4）。

产地与层位 新疆准噶尔盆地南部，中侏罗统齐古组。

评注 从保存的情况来看，这枚可能的下臼齿可能具有较小的 b 尖。此外，它的 a 尖明显大于 c 尖，表明这枚牙齿很可能是属于"双掠兽科"（Martin et al., 2010）。

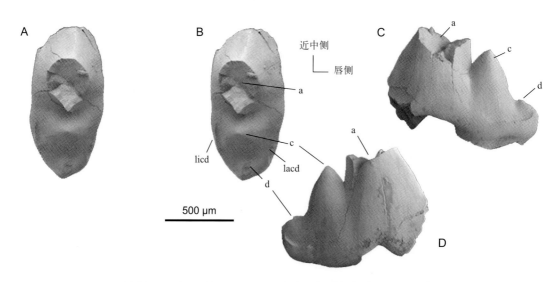

图76 Eutriconodonta gen. et sp. indet. 右下臼齿（SGP 2005/4）
A, B. 冠面视（立体照片），C. 舌侧视，D. 唇侧视（引自 Martin et al., 2010）。
lacd（labial cingulid），唇侧下齿带；licd（lingual cingulid），舌侧下齿带

目不确定 Incerti ordinis

科不确定 Incertae familiae

锯齿兽属 Genus *Juchilestes* Gao, Wilson, Luo, Maga, Meng et Wang, 2010

模式种 *Juchilestes liaoningensis* Gao, Wilson, Luo, Maga, Meng et Wang, 2010

名称来源 Juchi，中文"锯齿"的拼音，显示三尖齿兽犬后齿的形状近于锯齿，lestes，希腊文掠食者，省去"掠"后，属名为锯齿兽。

鉴别特征 齿式为 4•1•3•5/4•1•3•6。在所有真三尖齿兽类中，*Juchilestes liaoningensis* 和日本早白垩世的 *Hakusanodon archaeus* (Rougier et al., 2007b) 最为相似；都只有三枚前臼齿，后部的臼齿向后趋小，以及在舌侧和颊侧视时，臼齿齿尖形状几乎相同。*Juchilestes* 和 *Hakusanodon* 的不同在于前者最后一枚前臼齿的 b 尖高于 c 尖，而后者则刚好相反，c 尖高于 b 尖；前者最后前臼齿的主尖直立，而后者的 a 尖向后倾。与 *Hakusanodon* 相比，*Juchilestes* 的 m2–m4 上齿尖具有稍微明显些的三角错位。与

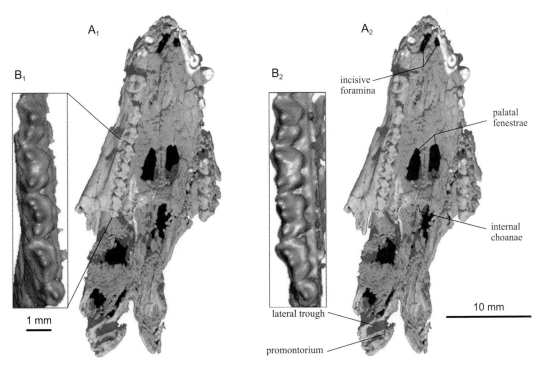

图 77 辽宁锯齿兽 *Juchilestes liaoningensis* 头骨（CT 立体照片）（D 2607，正模）

$A_{1,2}$. 头骨腹视，$B_{1,2}$. 右上齿列冠面视（M1–5）（引自 Gao et al., 2010）。

incisive foramina，门齿孔；internal choanae，内鼻孔；lateral trough，侧沟；palatal fenestrae，腭窗；promontorium，岩骨岬

Juchilestes 相比，Hakusanodon 犬齿后的牙齿每一个要小16%到20%。Juchilestes 的裔征（autapomorphies）有：高冠柱状的犬齿，下门齿齿槽有升起的钝弧边缘。后部的门齿披针形（lanceolate）。上颌骨的面部具有一条明显的脊（para-maxillary crest for *M. buccinator*），与上犬齿的齿槽缘平行。Juchilestes 与三尖兽齿科以及热河兽的差别在于后部上臼齿没有植于上颌骨颧弓根部，上、下牙咬合时，上臼齿的A尖位于相对应的两枚下臼齿的c尖（前）和b尖（后）之间。Juchilestes 与 tinodontids 的差别，在于有微弱角度的臼齿，单齿根、柱状直立的犬齿；后者的犬齿具双根，低且呈锥状。

中国已知种　仅模式种。

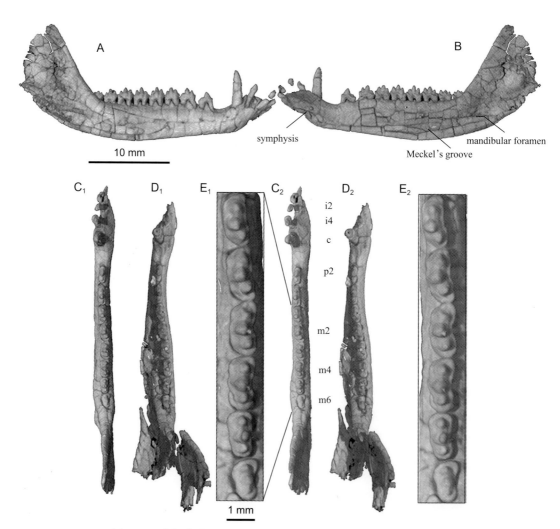

图78　辽宁锯齿兽 *Juchilestes liaoningensis* 下颌（D 2607，正模）
A. 右下颌外侧视，B. 右下颌内侧视，$C_{1,2}$. 右下颌冠面视（立体照片），$D_{1,2}$. 左下颌背视（立体照片），$E_{1,2}$. 右 m1–6 冠面视（均引自 Gao et al., 2010）。
mandibular foramen，下颌孔；Meckel's groove，麦氏软骨沟；sysmphysis，下颌联合

分布与时代　辽宁，早白垩世。

评注　在 Gao 等（2010）的原文中，*Juchilestes* 的分类位置不确定，被处理成目未定和科未定。但在他们的系统发育分析中，*Juchilestes* 与 *Hakusanodon*、*Comodon*、*Amphidon* 以及 *Aploconodon* 构成一个支系。在同一个系统发育分析中，另外一些常见的"Amphilestidae"的成员 *Phascolotherium*、*Amphilestes* 和 *Tinodon* 形成复系类群，位于 trechnotheria 之外。这个系统关系，充分说明"Amphilestidae"是一个非单系类群，我们在这里也将 *Juchilestes* 作为目、科不确定来处理。

辽宁锯齿兽 *Juchilestes liaoningensis* Gao, Wilson, Luo, Maga, Meng et Wang, 2010

（图 77，图 78）

正模　D 2607（辽宁省，大连自然博物馆），一个压扁变形但三维保存的成年个体的头骨，带咬合的下颌骨，左侧齿列损坏。标本采自辽宁北票陆家屯，下白垩统义县组。

名称来源　种名来自于辽宁的汉语拼音。

鉴别特征　同属。

异兽亚纲　Subclass ALLOTHERIA Marsh, 1880

概述　Marsh（1880）提出一个目级分类单元 Allotheria，并将其归入有袋类，代表颊齿具两列或两列以上齿尖的灭绝类型，包括现归于多瘤齿兽类的两个属：*Plagiaulax* 和 *Ctenacodon*。Cope（1884）提出多瘤齿兽亚目（Multituberculata），并将其归入有袋类，包括三列齿兽科（Tritylodontidae）、多乳齿兽科（Polymastodontidae）（=纹齿兽科 Taeniolabididae）和斜沟齿兽科（Plagiaulacidae）。同时，他还指出斜沟齿兽科与 Marsh 的异兽目相当。目前，三列齿兽科已经被归入犬齿兽目（Cynodontia）（Carroll, 1988），而后两个科仍留在多瘤齿兽目中。Simpson（1929）将异兽类提升为一个亚纲，用以包括多瘤齿兽目，并将后来称为贼兽类的属种作为未定亚目归在多瘤齿兽目中。

定义与分类　异兽亚纲是哺乳动物的一个基干类群，特征明确，定义清楚，目前包含两个目级分类单元：贼兽目（Haramiyida）和多瘤齿兽目（Multituberculata）。

形态特征　上、下臼齿基本上具有颊侧和舌侧两列齿尖，上臼齿可能发育有额外的齿尖列，每列有多个齿尖。在齿尖大小不均匀的属种中，下臼齿最大的齿尖位于舌侧前端，上臼齿最大的齿尖，位于颊侧后端。臼齿双侧（bilateral）咬合，最后一枚下臼齿舌侧列齿尖与最后一枚上臼齿两列齿尖之间的沟谷咬合。咬合时，下牙向上或向后移动，或者二者兼有，但不具有实质性的侧向移动。原始的哺乳形动物和真三尖齿兽类与异兽类的差别在于：臼齿只有一列纵向的齿尖，具有三个主尖，其咬合方式为单侧（unilateral）咬合，下臼齿齿尖的颊侧与上臼齿齿尖的舌侧构成剪切关系，并可做侧向移动。其他哺乳动物与异兽类的差别，主要在于上、下臼齿齿尖成倒转三角排列，咀嚼过程中，下臼齿可侧向移动。

分布与时代 除南极以外的世界各地，晚三叠世至晚始新世。

评注 关于贼兽目和多瘤齿兽目的系统关系存在一定的争议。一些研究者认为两者没有很近的亲缘关系（如 Rowe, 1988, 1993；Sigogneau-Russell, 1989；Jenkins et al., 1997；Kielan-Jaworowska et al., 2004；Luo, 2007），甚至将贼兽目排除在异兽亚纲之外（Jenkins et al., 1997）。而另一些研究者则认为贼兽目是多瘤齿兽目的姐妹群（Butler et MacIntyre, 1994；Luo et Wible, 2005；Luo et al., 2007a）。虽然存在争议，但大多数研究者仍然将贼兽目置于异兽亚纲中（Butler, 2000；Heinrich, 2001；Kielan-Jaworowska et al., 2004；Butler et Hooker, 2005；Maisch et al., 2005；Anantharaman et al., 2006；Clemens, 2007；Martin et al., 2010；Averianov et al., 2011）。

本志采用的异兽类形态特征，主要是以 Butler（2000）的工作为基础，根据一些新发现的多瘤齿兽类（Kielan-Jaworowska et al., 2007；Rich et al., 2009；Parmar et al., 2013）和贼兽类（Zheng et al., 2013；Bi et al., 2014）修订而成。

贼兽目 Order HARAMIYIDA Hahn, Sigogneau-Russell et Wouters, 1989

概述 Hahn 等（1989）将 Hahn（1973）提出的贼兽亚目（Haramiyoidea）提升为与多瘤齿兽目并列的目级分类单元。尽管它被认为是一个并系类群（Butler, 2000），但仍然被广泛采用（Kielan-Jaworowska et al., 2004；Butler et Hooker, 2005；Maisch et al., 2005；Clemens, 2007；Martin et al., 2010；Averianov et al., 2011）。

定义与分类 贼兽目是异兽亚纲的基干类群，包括异兽亚纲中除多瘤齿兽类以外的所有属种，特征变化较大。目前包含两个亚目：Theroteinida Hahn et al., 1989 和贼兽亚目 Haramiyoidea Hahn, 1973。

形态特征 臼齿齿尖高度不相等；上牙的舌侧列，最高的齿尖位于中部；上牙颊侧列最高齿尖位于后端，下牙两列齿尖的最高者位于前端。臼齿咬合时从垂直至前后运动，具有多瘤齿兽类缺乏的垂直运动；上臼齿颊侧远端的一个高的齿尖与下臼齿纵向的沟咬合，而下臼齿舌侧近端的一个高的齿尖与上臼齿的沟咬合；与多瘤齿兽类不同，最后一枚上臼齿不向舌侧位移。

术语 为了表示贼兽目上下牙齿尖结构，Hahn（1973）提出了齿尖的命名系统，后经 Sigogneau-Russell（1989）、Butler 和 MacIntyre（1994）以及 Jenkins 等（1997）完善，如今得到广泛采用。上颊齿颊侧齿尖用"A"表示，舌侧齿尖用"B"表示，下颊齿舌侧齿尖用"a"表示，颊侧齿尖用"b"表示。上颊齿各列齿尖从后向前编号，下颊齿各列从前往后编号（Butler，2000）。

分布与时代　欧洲，晚三叠世至中侏罗世；北美洲，早侏罗世；非洲，晚侏罗世（Butler，2000）；亚洲，中-晚侏罗世（Martin et al.，2010；Averianov et al.，2011）。

评注　形态特征中，上、下牙齿的方向依最新研究进展重新定位。

Butler（2000）将下颌具齿骨后骨槽作为贼兽目的特征，但由于当时大多数属种仅以零散牙齿为代表，下颌的齿骨后骨槽仅见于祖贼兽（*Haramiyavia*）一属中。Zheng等（2013）报道的树贼兽（*Arboroharamiya*）以及Bi等（2014）报道的神兽和仙兽的下颌并没有齿骨后骨槽，因此可以认为下颌具齿骨后骨槽不是贼兽类的共同特征。

贼兽亚目 Suborder HARAMIYOIDEA Hahn, 1973

概述　贼兽亚目（Haramiyoidea）由Hahn（1973）提出，作为多瘤齿兽目下的一个亚目，名称源自Simpson（1947）基于贼兽属（*Haramiya* Simpson，1947）建立的贼兽科（Haramiyidae）。因为被归入贼兽属的牙齿被认为是同地点同层位的托马斯兽（*Thomasia* Poche，1908）的上牙，两者应该属于同一个属（Sigogneau-Russell，1989；Butler et MacIntyre，1994）。目前，贼兽属已经被广泛接受为托马斯兽的次主观同物异名（Butler，2000；Kielan-Jaworowska et al.，2004）。

定义与分类　贼兽亚目目前包括4个科：祖贼兽科（Haramiyaviidae）、贼兽科（Haramiyidae）、艾榴齿兽科（Eleutherodontidae）和树贼兽科（Arboroharamiyidae）。

形态特征　下臼齿几乎与上臼齿相对，因此仅与更靠前的上臼齿有短的接触；除前面的下臼齿外，中谷较长，占据牙齿长度的大半；向后的咬合运动有不同程度的发育，这在祖贼兽科中比较弱，在艾榴齿兽科最发育（Sigogneau-Russell，1989；Butler，2000）。

分布与时代　欧洲，晚三叠世至中侏罗世；北美洲，早侏罗世；非洲，晚侏罗世（Butler，2000）；亚洲，中-晚侏罗世（Martin et al.，2010；Averianov et al.，2011；Zheng et al.，2013；Bi et al.，2014）。

评注　2013年，两种新的中生代哺乳动物被归入贼兽类：*Megaconus mammaliaformis* Zhou et al.，2013和*Arboroharamiya jenkinsi* Zheng et al.，2013。但两篇论文所做的系统发育分析却得出了不同的结果。Zheng等（2013）的分析认为多瘤齿兽类与贼兽类（非单系）构成一个单系类群，处于哺乳动物冠群之中。Zhou等（2013）则认为贼兽类是哺乳型动物（Mammaliaformes）基部的一个单系类群，与多瘤齿兽类的系统发育关系较远。2014年，Bi等又报道了三种贼兽类化石，进一步支持了贼兽类与多瘤齿兽类有较近亲缘关系的观点。由于相关的问题有待进一步的研究与讨论，本志仍采用将贼兽类与多瘤齿兽类置于异兽亚纲的传统方案。

Bi 等（2014）识别了一个新的贼兽类分支——真贼兽类（Euharamiyida），包括神兽（*Shenshou*）、*Millsodon* 以及艾榴齿兽科 (Eleutherodontidae) 和树贼兽科（Arboroharamiyidae）。其形态特征为齿式为 1–2·0·2·2/1·0·1·2（*Eleutherodon* 和 *Sineleutherus* 齿式未知）；I1 退化或缺失；I2 具有多个齿尖；后部的上前臼齿盆状，具釉质脊。上臼齿菱形或长方形，具两个主要的齿尖列，也可能发育额外的齿尖列，颊侧齿尖列的前、后端齿尖最大；中央盆前缘被脊或小的齿尖封闭。仅具一对增大的下门齿（i2），被釉质层完全覆盖。下前臼齿一枚，无锯齿（脊）。下前臼齿 a1 尖增大，但大小和形态多变。下臼齿 a1 增大为最大的齿尖，顶部有后弯趋势。下臼齿中央盆后端由脊或小尖封闭。下臼齿舌侧齿尖咬合于上臼齿齿盆。咬合时，下臼齿以向后移动为主，但也具有向上的垂直移动。下颌由齿骨和残存的冠状骨构成，冠状突小，关节突背腹向长大于横向宽。咬肌窝前伸至前臼齿处。具小的、向内偏的角突。没有齿骨后骨槽或麦氏软骨沟。无上耻骨，掌（蹠）骨短、指骨伸长。因真贼兽类与本志采用的分类体系不相适应，本志暂不使用。

艾榴齿兽科 Family Eleutherodontidae Kermack, Kermack, Lees et Mills, 1998

模式属　*Eleutherodon* Kermack, Kermack, Lees et Mills, 1998

定义与分类　艾榴齿兽科是贼兽目中比较特化的一类，没有进一步的亚科级划分，有 4 个属被归入该科，但其中 *Megaconus* 的归属仍存争议（见相关评注）。

名称来源　科名源自模式属——艾榴齿兽属（*Eleutherodon*）。*Eleutherodon* 源自希腊文，"eleutheros" 意为"自由"，"-don" 意为牙齿，暗含对弗里曼（E. Freeman）的敬意。他是第一个在英国 Forest Marble（模式属产地）采集和发表哺乳动物牙齿的人。这里按属名读音译为"艾榴齿兽"。

鉴别特征　具两对上门齿，I2 增大且具有三个分开的齿尖，I3 极度缩小（门齿仅见于 *Xianshou linglong* 和 *Sineleutherus uyguricus*）。上前臼齿盆状，椭圆形，前后向长；下前臼齿具极大的 a1 尖（在 *Eleutherodon* 中未知），其后为两短的齿尖列，构成一盆形后跟。上臼齿宽、菱形，具有 2–3 列齿尖。A1 尖大并后伸。A1 尖与增大的颊侧前端齿尖之间具有数目不等的小齿尖。上颊齿具有釉质脊，但下颊齿的釉质脊不明显或不存在。下臼齿嚼面轮廓为纺锤状，a1 尖比颊侧前端的齿尖更向前伸。

中国已知属　*Sineleutherus* Martin, Averianov et Pfretzschner, 2010 和 *Xianshou* Wang, Meng, Bi, Guan et Sheng, 2014。Zhou 等（2013）将 *Megaconus* 归入艾榴齿兽科，但其确切的系统位置尚有疑问（见 *Megaconus mammaliaformis* 评注）。

分布与时代　中国，中 - 晚侏罗世（Martin et al., 2010；王思恩等，2012；Zheng et al., 2013；Bi et al., 2014）；英国，中侏罗世（Kermack et al., 1998）；俄罗斯，中侏罗世

（Averianov et al., 2011）。

评注 艾榴齿兽科最初被归入其专属的亚目中（Kermack et al., 1998），Butler（2000）将其置入贼兽亚目，本志遵从这一分类。

具有很多边缘齿尖和釉质细褶曾被认为是艾榴齿兽科的特征（Kermack et al., 1998；Butler, 2000；Kielan-Jaworowska et al., 2004），但由于中华艾榴兽边缘齿尖少、没有釉质细褶（Martin et al., 2010），这些特征只能作为模式属——艾榴齿兽的属征。

由于以前归入艾榴齿兽科的所有标本均为单个牙齿，确定其定位和定向的证据并不很充分，因此与之相关的特征（如臼齿最大的齿尖位置、上臼齿额外齿尖列的位置等）的认识也存在较大的不确定性。根据 Zheng 等（2013）以及 Bi 等（2014）的研究，以往关于艾榴齿兽科颊齿的定向是错误的，即将左侧颊齿认为是右侧的，而将右侧颊齿认为是左侧的。Bi 等（2014：Supplementary Information）修订了科的鉴别特征，本志采用修订后的特征。

Zhou 等（2013）依据 *Megaconus mammaliaformis* Zhou et al., 2013 修订了艾榴齿兽科以及艾榴齿兽亚目（Eleutherodontoidea Kermack et al., 1998，仅包括艾榴齿兽科）的特征。由于对 *Megaconus* 的一些特征及系统位置尚存在争议（见 *Megaconus mammaliaformis* 评注），本志暂不采用 Zhou 等（2013）关于艾榴齿兽科的修订特征。

中华艾榴兽属 Genus *Sineleutherus* Martin, Averianov et Pfretzschner, 2010

模式种 *Sineleutherus uyguricus* Martin, Averianov et Pfretzschner, 2010

名称来源 属名源自中国（Sino-）与科的模式属（*Eleutherodon*）的组合。

鉴别特征 与模式属（*Eleutherodon*）的区别在于下臼齿边缘齿尖更大、数目更少，中央谷盆缺失横向细褶或沟槽（Martin et al., 2010）。

中国已知种 仅模式种。

分布与时代 中国新疆，中侏罗世（Martin et al., 2010；王思恩、高林志，2012；王思恩等，2012）；俄罗斯，中侏罗世（Averianov et al., 2011）。

评注 Averianov 等（2011）描述了产于西西伯利亚中侏罗统 Itat 组的 *Sineleutherus* 材料，命名了一个新种——伊塞顿中华艾榴兽（*S. issedonicus*）。

维吾尔中华艾榴兽 *Sineleutherus uyguricus* Martin, Averianov et Pfretzschner, 2010

（图 79）

Eleutherodon sp.：Maisch et al., 2005, p. 41

Sineleutherus uyguricus：Martin et al., 2010, p. 297

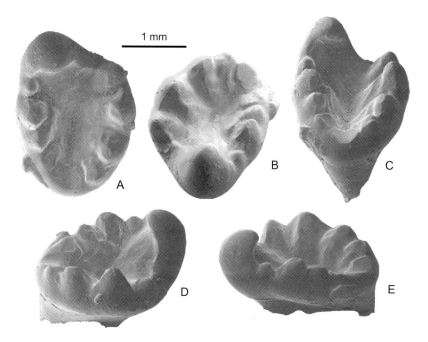

图 79 维吾尔中华艾榴兽 Sineleutherus uyguricus 右下臼齿（SGP 2001/33，正模）
A. 冠面视，B. 前冠面视，C. 后侧视，D. 颊侧视，E. 舌侧视（修改自 Maisch et al., 2005）

正模 SGP 2001/33，左下臼齿一枚。

副模 SGP 2001/34，右上门齿；SGP 2005/5，右上门齿碎块；SGP 2005/3，右上前臼齿；SGP 2004/15 和 SGP 2004/16，左下前臼齿；SGP 2004/17，右下前臼齿；SGP 2004/6，左下最后前臼齿；SGP 2004/12，右下最后臼齿（Martin et al., 2010）。

名称来源 种名源自生活于新疆维吾尔自治区的维吾尔人。

鉴别特征 下臼齿大小比同属的另一个种 S. issedonicus 的大 40%。

产地与层位 新疆乌鲁木齐硫磺沟，中侏罗统齐古组（Martin et al., 2010；王思恩等，2012）。

评注 标本是中德合作项目在新疆采集的，暂存在德国波恩大学 Steinmann 研究所（Steinmann-Institut），研究结束后标本将永久保存于吉林大学古生物学与地层学研究中心（Martin et al., 2010）。

齐古组的时代长期被认为是晚侏罗世，最新的生物地层学研究及锆石 SHRIMP U-Pb 测年结果认为属中侏罗世（王思恩等，2012；王思恩、高林志，2012），本志采用这一观点。

仙兽属 Genus *Xianshou* Wang, Meng, Bi, Guan et Sheng, 2014

模式种 *Xianshou linglong* Wang, Meng, Bi, Guan et Sheng, 2014

名称来源 属名源自汉字"仙"和"兽"的拼音。

鉴别特征 齿式为 2·0·2·2/1·0·1·2；上、下臼齿卵圆形，具浅的中央盆。与中华艾榴兽（*Sineleutherus*）的区别在于：I2 有三个分得很开的齿尖，p4 非臼齿化、具肥大的前舌侧齿尖（a1）和一弱的盆形后跟。与艾榴齿兽（*Eleutherodon*）的区别在于：上臼齿卵圆形、缺少第三列齿尖以及中央盆中无小尖和横脊。与神兽（*Shenshou*）和树贼兽（*Arboroharamiya*）的区别在于：有一极小的 I3，上、下臼齿卵圆形，P4 和 M1 的后颊

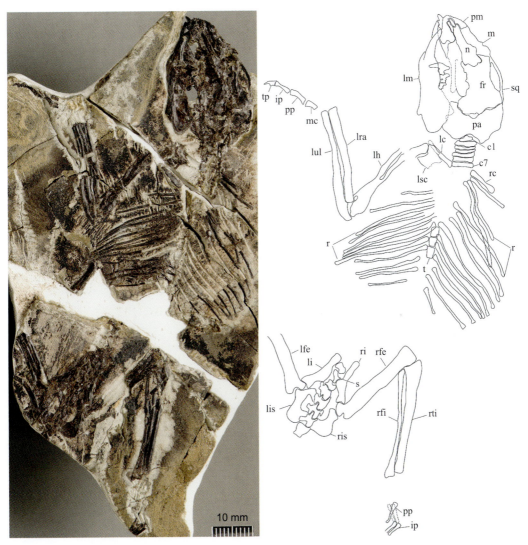

图 80 玲珑仙兽 *Xianshou linglong* 标本及线条图（IVPP V 16707A，正模）

c1, c7（cervical vertebrate），第一、七颈椎；fr（frontal），额骨；ip（intermediate phalanges），中间指（趾）骨；lc（left clavicle），左锁骨；lfe（left femur），左股骨；lh（left humerus），左肱骨；li（left ilium），左髂骨；lis（left ischium），左坐骨；lm（left mandible），左下颌骨；lra（left radius），左桡骨；lsc（left scapular），左肩胛骨；lul（left ulna），左尺骨；m（maxilla），上颌骨；mc（metacarpal），掌骨；n（nasal），鼻骨；pa（parietal），顶骨；pm（premaxilla），前颌骨；pp（proximal phalanges），近端指（趾）骨；r（rib），肋骨；rc（right clavicle），右锁骨；rfe（right femur），右股骨；rfi（right fibula），右腓骨；ri（right ilium），右髂骨；ris（right ischium），右坐骨；rti（right tibia），右胫骨；s（sacral vertebrae），荐椎；sq（squamosal），鳞骨；t（thoracic vertebrae），胸椎；tp（terminal phalanges），末端指（趾）骨

侧齿尖（A1）位置更靠后，下臼齿前舌侧齿尖（a1）肥大。

中国已知种 模式种和 *Xianshou songae* Meng, Guan, Wang, Bi et Sheng, 2014。

分布与时代 辽宁，晚侏罗世（Bi et al., 2014）。

评注 在 Bi 等（2014）的文章中（p. 579），*Xianshou* 的属征"与神兽（*Shenshou*）和树贼兽（*Arboroharamiya*）的区别在于：有一极小的 I1"，有极小的 I1 实为 I3 之笔误，特予说明。

玲珑仙兽 *Xianshou linglong* Wang, Meng, Bi, Guan et Sheng, 2014

（图 80，图 81）

正模 IVPP V 16707A, B, 正负面保存的不完整骨架。产于辽宁省建昌县玲珑塔大西山，上侏罗统髫髻山组（Bi et al., 2014）。

名称来源 种名源自汉字"玲珑"的拼音，同时指模式标本产地建昌县玲珑塔。

鉴别特征 I2 具三个齿尖；I3 极小，呈芽苞状。上臼齿具尖锐的齿尖，脊也比神兽和宋氏仙兽强壮、明显；M1 颊侧和舌侧齿尖列各有两个主要齿尖，并以明显的脊相连；P4 和 M1 的后颊侧齿尖（A1）增大并向后伸；p4 增大，前舌侧齿尖（a1）肥大，后跟小；下臼齿 a1 尖平伏，前伸超过齿冠。

评注 原作者将"估计体重 83 g"作为该种的特征。考虑到该数值为估计值，且动物体重通常会有一定的变化，本志不将其作为种的特征。

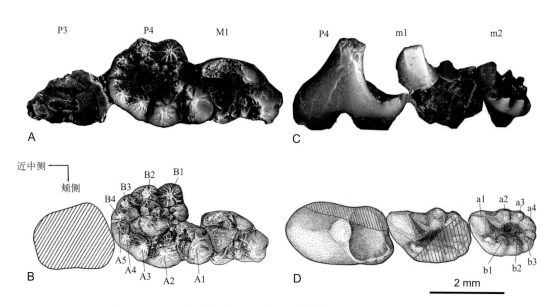

图 81 玲珑仙兽 *Xianshou linglong* 齿列（IVPP V 16707，正模）
A, B. 右上齿列；C, D. 左下齿列

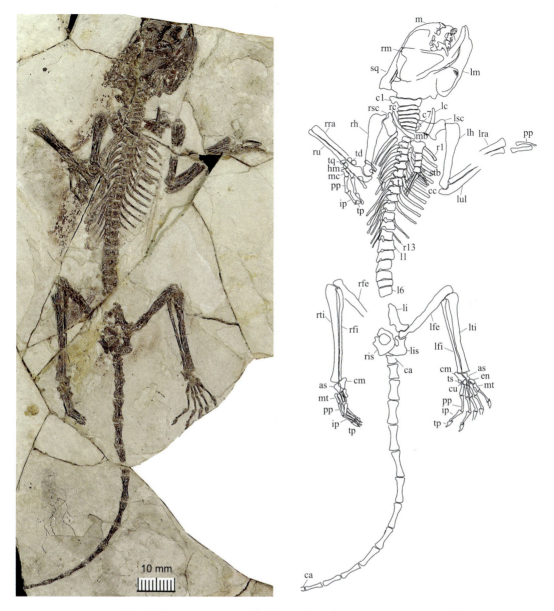

图 82 宋氏仙兽 *Xianshou songae* 标本及线条图（BMNH PM003253，正模）

as（astragalus），距骨；c1, c7（cervical vertebrate），第一、七颈椎；ca（caudal vertebrate），尾椎；cc（costal cartilage），肋软骨；cm（calcaneum），跟骨；cu（cuboid），骰骨；en（entocuneiform），内楔骨；hm（hamate），钩骨；ip（intermediate phalanges），中间指（趾）骨；l1, l6（lumbar vertebrae），第一、六腰椎；lc（left clavicle），左锁骨；lfe（left femur），左股骨；lfi（left fibula），左腓骨；lh（left humerus），左肱骨；li（left ilium），左髂骨；lis（left ischium），左坐骨；lm（left mandible），左下颌骨；lra（left radius），左桡骨；lsc（left scapular），左肩胛骨；lti（left tibia），左胫骨；lul（left ulna），左尺骨；m（maxilla），上颌骨；mb（manubrium），胸骨柄；mc（metacarpal），掌骨；mt（metatarsal），蹠骨；pp（proximal phalanges），近端指（趾）骨；r1, r13（rib），第一、十三肋骨；rc（right clavicle），右锁骨；rfe（right femur），右股骨；rfi（right fibula），右腓骨；rh（right humerus），右肱骨；ris（right ischium），右坐骨；rm（right mandible），右下颌骨；rra（right radius），右桡骨；rsc（right scapular），右肩胛骨；rti（right tibia），右胫骨；ru（right ulna），右尺骨；sq（squamosal），鳞骨；stb（sternebra），胸骨；t（thoracic vertebrae），胸椎；td（trapezoid），小多角骨；tp（terminal phalanges），末端指（趾）骨；tq（triquetrum），三角骨；ts（tarsal spur），跗节距

宋氏仙兽 *Xianshou songae* Meng, Guan, Wang, Bi et Sheng, 2014

（图 82，83）

正模 BMNH PM003253，一近于完整的骨架。产于辽宁省建昌县玲珑塔大西山，上侏罗统髫髻山组（Bi et al., 2014）。

名称来源 种名源自模式标本的采集者宋茹芬。

鉴别特征 小型真贼兽类。与玲珑仙兽的区别在于：个体明显较小，I2 具三个齿尖；P4 横向椭圆，P4 和 M1 的 A1 尖比例上更小且后伸较少。M1 舌侧列有三个齿尖，中间的齿尖（B2）最大；下臼齿前后向短，肥大的前舌侧尖（a1）直立，颊侧齿尖低。

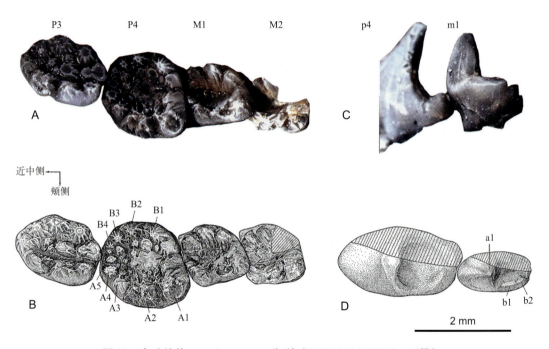

图 83 宋氏仙兽 *Xianshou songae* 齿列（BMNH PM003253，正模）
A, B. 右上齿列；C, D. 左下齿列

巨齿尖兽属 Genus *Megaconus* Zhou, Wu, Martin et Luo, 2013

模式种 *Megaconus mammaliaformis* Zhou, Wu, Martin et Luo, 2013

名称来源 Mega-，希腊语，意为大；conus，拉丁语，意为齿尖。属名意指第一下前臼齿上独特而增大的前齿尖。

鉴别特征 与模式种相同。

中国已知种 仅模式种。

分布与时代 内蒙古，中 - 晚侏罗世（Zhou et al., 2013）。

哺乳型巨齿尖兽 *Megaconus mammaliaformis* Zhou, Wu, Martin et Luo, 2013

（图 84，图 85）

正模 PMOL AM00007A, B，正负面保存的近于完整的骨架。产于内蒙古宁城道虎沟，中-上侏罗统道虎沟层。

名称来源 种名 *mammaliaformis* 指其系统发育位置位于哺乳型动物的基部。

鉴别特征 齿式为 2•0•2•3/1•0•2•3。下门齿增大、前伏，I2 长菱形，无犬齿。下前臼齿有一增大的前齿尖和由两列齿尖组成的后跟（talonid heel），p1 前齿尖肥大。M1–M2 有三列齿尖，M1 每列 4 个齿尖，M2 从颊侧到舌侧齿尖数分别为 4、3、2，M3 有两列齿尖，每列 5 个齿尖，舌侧列最后齿尖显著大于其他齿尖，M3 的两列齿尖分别与 M2 的中间列和颊侧列相对，M3 向颊侧偏移，臼齿齿根前部愈合，后部保持分离，相邻的臼齿形成嵌锁结构。脑颅与下颌关节由齿骨关节突与鳞骨关节窝构成，同时存在方骨（砧骨）与关节骨（槌骨）连接，中耳骨的隅骨（外鼓骨）、关节骨和上隅骨通过齿骨后骨槽与齿骨相连，齿骨有角突。脊柱包括 7 个颈椎、24 个背椎（其中前 21 个具肋

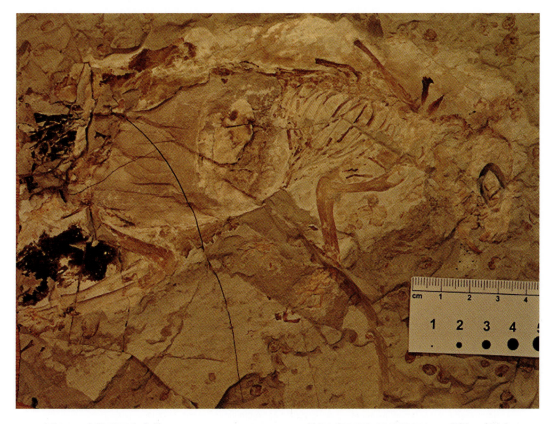

图 84 哺乳型巨齿尖兽 *Megaconus mammaliaformis* 骨架（PMOL AM00007A，正模）（引自 Zhou et al., 2013）

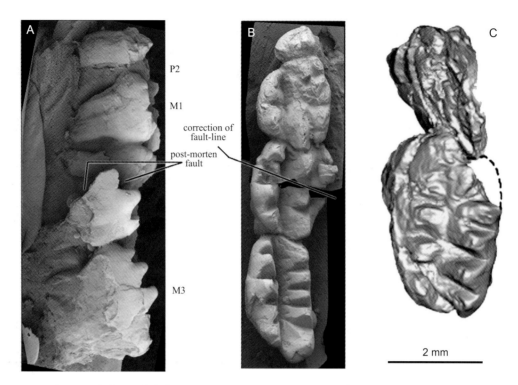

图 85 哺乳型巨齿尖兽 *Megaconus mammaliaformis* 牙齿（PMOL AM00007A，正模）
A, B. 右上颊齿：A. 颊侧视，B. 冠面视（断裂修复后）；C. 左 m1-2（冠面视，CT 扫描复原）（引自 Zhou et al., 2013）。
correction of fault-line，错断线；post-morten fault，化石形成中的错断处

骨）、3 个荐椎，直棘胸椎位于第二十一背椎，胫骨与腓骨在近端和远端愈合，踝关节具一肥大的外跗骨距（extratarsal spur）（Zhou et al., 2013）。另外，Zhou 等（2013）列举的艾榴齿兽亚目（或科）的某些特征也可以作为该种的鉴别特征：M3 舌侧齿尖列的远中齿尖最大，下臼齿最大齿尖位于颊侧列最前端。

评注 Zhou 等（2013）报道该种时，认为其产出层位为中侏罗统髫髻山组，但宁城道虎沟含脊椎动物化石的地层时代及划分存在很多的争议。综合最新的研究成果，其时代更可能是中侏罗世晚期至晚侏罗世早期。在地层划分上，宜暂称"道虎沟层"。

Zhou 等（2013）最初将哺乳型巨齿尖兽归入哺乳型类贼兽目艾榴齿兽科中。可能是由于标本严重压扁的原因，相关研究者对其齿式、颊齿的左右定位以及有关中耳及齿骨后骨的解释有一些疑问。此外，根据已经发表的巨齿尖兽牙齿照片，其最后两枚上臼齿的齿尖排列和形态与贼兽类（特别是艾榴齿兽类）差别明显。因此，可以认为，这个标本本身无疑代表了一个新的物种，但它的形态特征、分类位置和系统发育关系尚有待进一步认识。为了避免读者在使用本志时产生新的误解和混乱，我们暂时遵从原作者的意见，将巨齿尖兽作为艾榴齿兽科的成员，并保留原作者列举的鉴别特征。

树贼兽科 Family Arboroharamiyidae Zheng, Bi, Wang et Meng, 2013

模式属 *Arboroharamiya* Zheng, Bi, Wang et Meng, 2013

定义与分类 树贼兽科是贼兽目中比较特化的一类，仅有 1 属，没有进一步的亚科级划分。

名称来源 科名源自模式属——树贼兽属（*Arboroharamiya*）。

鉴别特征 同模式属及其模式种。

中国已知属 仅模式属。

分布与时代 中国，中-晚侏罗世（Zheng et al., 2013）。

树贼兽属 Genus *Arboroharamiya* Zheng, Bi, Wang et Meng, 2013

模式种 *Arboroharamiya jenkinsi* Zheng, Bi, Wang et Meng, 2013

名称来源 属名源自拉丁语"树（arbor）"与贼兽属（*Haramiya*）的组合。

鉴别特征 同模式种。

中国已知种 仅模式种。

分布与时代 河北，中-晚侏罗世（Zheng et al., 2013）。

金氏树贼兽 *Arboroharamiya jenkinsi* Zheng, Bi, Wang et Meng, 2013
（图 86，图 87）

正模 STM33-9，不完整骨架。产于河北青龙木头凳，中-上侏罗统髫髻山组。

名称来源 种名源自哈佛大学教授 Farish A. Jenkins, Jr.，其在包括贼兽类在内的中生代哺乳动物研究方面做出了重要贡献。

鉴别特征 已知最大的贼兽类，I2 具有三个紧邻的齿尖，其上有釉质脊（釉质脊也可能存在于 *Sineleutherus uyguricus* 的上门齿上）。上前臼齿宽缓盆状，P4 的横向宽大于前后长。上、下臼齿的齿尖多于其他的真贼兽类。M1 轮廓近于长方形，前后向长，前缘弧形、稍凸。下臼齿 a1 极为膨大，齿冠中央盆前后长且深，底部具有锐脊，由齿尖向谷底和齿后方延伸。

评注 Zheng 等（2013）命名了树贼兽科和模式属及其模式种，并提出了相应的鉴别特征。由于神兽（*Shenshou*）和仙兽（*Xianshou*）的发现，Bi 等（2014: Supplementary Information）修订了树贼兽科的鉴别特征，本志予以采纳。

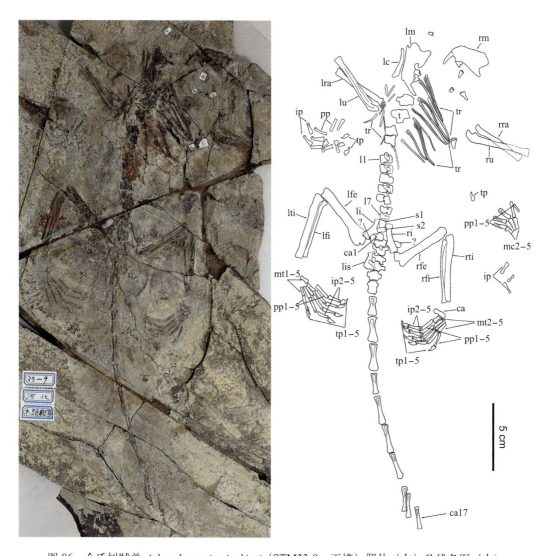

图 86 金氏树贼兽 *Arboroharamiya jenkinsi*（STM33-9，正模）照片（左）及线条图（右）
ca (calcaneum)，跟骨；ca1, ca17 (first and seventeenth caudal vertebrae)，第一、第十七尾椎；ip (intermediate phalanges)，中间指骨；ip2–5 (second to fifth intermediate phalanges) 第二至第五中间趾骨；l1, l7 (first and seventh lumbar vertebrae)，第一、第七腰椎；lc (left clavicle) 左锁骨；lfe (left femur)，左股骨；lfi (left fibula)，左腓骨；li (left ilium)，左髂骨；lis (left ischium)，左坐骨；lm (left mandible)，左下颌；lra (left radius)，左桡骨；lti (left tibia)，左胫骨；lu (left ulna)，左尺骨；mc2–5 (second to fifth metacarpals) 第二至第五掌骨；mt1–5 (first to fifth left metatarsals)，第一至第五左侧蹠骨；mt2–5 (second to fifth right metatarsals)，第二至第五右侧蹠骨；pp (proximal phalanges)，近端指骨；pp1–5 (first to fifth proximal phalanges)，第一至第五近端趾骨；rfe (right femur)，右股骨；rfi (right fibula)，右腓骨；ri (right ilium)，右髂骨；rm (right mandible)，右下颌；rra (right radius)，右桡骨；rti (right tibia)，右胫骨；ru (right ulna)，右尺骨；s1, s2 (first to second sacral vertebrae)，第一至第二荐椎；t (thoracic vertebrate)，胸椎；tp (terminal phalanges)，末端指骨；tp1–5 (first to fifth terminal phalanges)，第一至第五末端趾骨；tr (thoracic ribs)，胸肋（引自 Zheng et al., 2013）

图 87 金氏树贼兽 *Arboroharamiya jenkinsi*（STM33-9，正模）

A. 左下颌骨（舌侧视）；B. 左 P3；C. 左 P4；D. 右 M1；E. 左 p4（颊侧视）；F. 右 m2；G. 右 m1（除指明者外，均为冠面视）（改自 Zheng et al., 2013）

科不确定 Incertae familiae

神兽属 Genus *Shenshou* Bi, Wang, Guan, Sheng et Meng, 2014

模式种　*Shenshou lui* Bi, Wang, Guan, Sheng et Meng, 2014

名称来源　属名源自汉字"神"和"兽"的拼音。

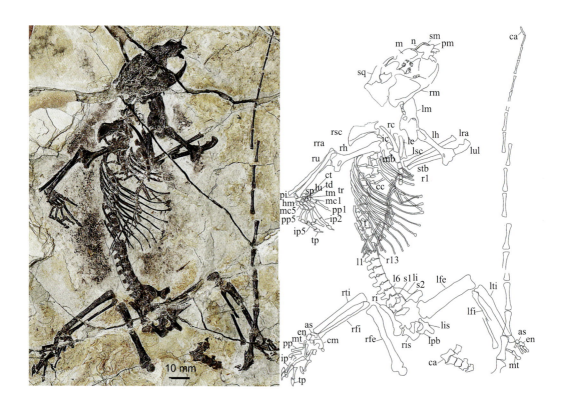

图 88　陆氏神兽 *Shenshou lui* 标本及线条图（LDN HMF2001，正模）

as（astragalus），距骨；ca（caudal vertebrate），尾椎；cc（costal cartilage），肋软骨；cm（calcaneum），跟骨；ct（capitate），头状骨；en（entocuneiform），内楔骨；hm（hamate），钩骨；ic（interclavicle），间锁骨；ip（intermediate phalanges），中间指（趾）骨；ip2, ip5（intermediate phalanges 2 and 5），第二、第五中间指骨；l1, l6（lumbar vertebrae 1 and 6），第一、第六腰椎；lc（left clavicle），左锁骨；lfe（left femur），左股骨；lfi（left fibula），左腓骨；lh（left humerus），左肱骨；li（left ilium），左髂骨；lis（left ischium），左坐骨；lm（left mandible），左下颌骨；lpb（left pubis），左耻骨；lra（left radius），左桡骨；lsc（left scapular），左肩胛骨；lti（left tibia），左胫骨；lu（lunate），月骨；lul（left ulna），左尺骨；m（maxilla），上颌骨；mb（manubrium），胸骨柄；mc1, mc5（metacarpals 1 and 5），第一、第五掌骨；mt（metatarsal），蹠骨；n（nasal），鼻骨；pi（pisiform），豌豆骨；pm（premaxilla），前颌骨；pp（proximal phalanges），近端指（趾）骨；pp1, pp5（proximal phalanges 1 and 5），第一、第五近端指骨；r1, r13（ribs 1 and 13），第一、第十三肋骨；rc（right clavicle），右锁骨；rfe（right femur），右股骨；rfi（right fibula），右腓骨；rh（right humerus），右肱骨；ri（right ilium），右髂骨；ris（right ischium），右坐骨；rm（right mandible），右下颌骨；rra（right radius），右桡骨；rsc（right scapular），右肩胛骨；rti（right tibia），右胫骨；ru（right ulna），右尺骨；s1, s2（sacral vertebrae 1 and 2），第一、第二荐椎；sm（septomaxilla），间颌骨；sp（scaphoid），舟骨；sq（squamosal），鳞骨；stb（sternebra），胸骨；t（thoracic vertebrae），胸椎；td（trapezoid），小多角骨；tm（trapezium），大多角骨；tp（terminal phalanges），末端指（趾）骨；tr（thoracic ribs），胸肋

鉴别特征 同模式种。

中国已知种 仅模式种。

分布与时代 辽宁，晚侏罗世（Bi et al., 2014）。

陆氏神兽 *Shenshou lui* Bi, Wang, Guan, Sheng et Meng, 2014

（图 88，图 89）

正模 河北唐山兰德自然博物馆 LDN HMF2001，一近于完整的骨架。

副模 武夷山博物馆 WGMV-001，一近于完整的骨架。辽宁济赞堂化石博物馆 JZT005-CK037A-B，保存为正负面的骨架。JZT-D061，一近于完整的骨架。

名称来源 种名源自正模的采集者陆建华。

鉴别特征 中等大小的真贼兽类，体重约 300 g。齿式：1·0·2·2/1·0·1·2。上门齿两个齿尖，左右 I2 相互接触，近中侧有压痕。P3 小，不成盆形；P4 比臼齿略大。上臼齿颊侧列有两个齿尖，被低脊分开；舌侧列有 3 个齿尖，其中倒数第二个齿尖（B2）最大。p4 亚臼齿化，有一个大的前舌侧尖（a1）和一个由两列齿尖组成的盆形后跟；m1 颊侧和舌侧各有 3 个齿尖，而 m2 舌侧有 4 个齿尖，颊侧有 3 个齿尖。

产地与层位 辽宁建昌玲珑塔大西山，上侏罗统髫髻山组（Bi et al., 2014）。

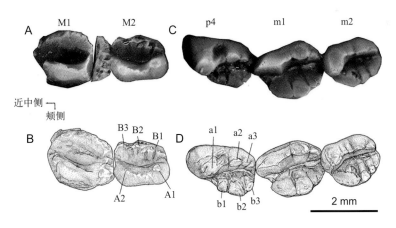

图 89 陆氏神兽 *Shenshou lui* 齿列冠面视（LDN HMF2001，正模）
A, B. 右上齿列；C, D. 左下齿列。A, C. 照片；B, D. 素描图

多瘤齿兽目 Order MULTITUBERCULATA Cope, 1884

概述 多瘤齿兽目是一类已经灭绝的草食性或杂食性哺乳动物，其因颊齿有多个成排的瘤状小尖而得名。Cope（1884）提出多瘤齿兽目这个分类单元时，将其作为有袋目

(Marsupialia) 的一个亚目。Simpson (1928) 将其提升为一个独立的目，并于后来 (Simpson, 1945) 将多瘤齿兽目归于重新启用的异兽亚纲 (Allotheria) 中。大多数多瘤齿兽类身体大小如鼠，少数大的种类大小接近河狸。多瘤齿兽类最早出现于中侏罗世 (Butler et Hooker, 2005)，在晚始新世（见评注）灭绝。化石发现于除南极以外的所有大陆 (Butler, 2000；Kielan-Jaworowska et al., 2004；Rich et al., 2009)。

定义与分类 多瘤齿兽目特征明确，因而定义清楚，是哺乳动物中的一个基干单系类群，与贼兽目 (Haramiyida) 共同构成异兽亚纲。生活于早白垩世至晚始新世的较进步的多瘤齿兽类通常被归入白垩齿兽亚目 (Cimolodonta) 这个单系类群中，而晚侏罗世至早白垩世更原始的多瘤齿兽类则被归入"斜沟齿兽亚目"（"Plagiaulacida"）中 (Kielan-Jaworowska et al., 2004)，或者直接置于多瘤齿兽目之下而没有亚目一级分类阶元的划分 (McKenna et Bell, 1997)。鉴于"斜沟齿兽亚目"显然是一个非自然类群，本书采用 McKenna 和 Bell 的分类方案。我国已经发表的多瘤齿兽类共有 10 属 13 种，分别属于萧菲特兽科 (Paulchoffatiidae)、始俊兽科 (Eobaataridae)、阿尔布俊兽科 (Albionbaataridae) 和白垩齿兽亚目的牙道黑他兽科 (Djadochtatheriidae)、纹齿兽科 (Taeniolabididae)、新斜沟齿兽科 (Neoplagiaulacidae)。

形态特征 多瘤齿兽目成员的齿式为 2-3·0-1·1-5·2/1·0·0-4·2；下门齿增大，后期种类的门齿类似于啮齿类，单面釉质层；前臼齿与臼齿分异明显；下前臼齿形成一个刀片状结构，由一个或几个下前臼齿组成，其上缘有小的锯齿，在颊舌两侧有弱的脊自锯

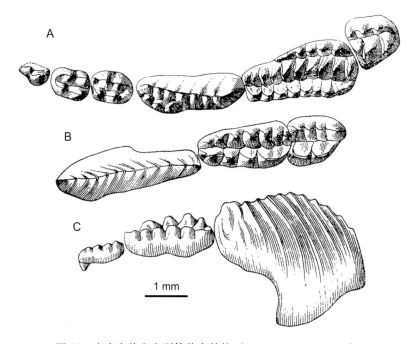

图 90 多瘤齿兽类齿列的基本结构 (*Mesodmops dawsonae*)
A. 右上颊齿 DP1–M2（冠面视）；B, C. 左下颊齿 p4–m2, B. 冠面视，C. 颊侧视（引自童永生、王景文，1994）

齿向前下方延伸；颊齿每列内的齿尖高度相等；最后一枚上臼齿（M2）向舌侧偏移。与其他哺乳动物不同，多瘤齿兽类的头骨相对较宽，背腹压缩，眶后突位于顶骨上。

分布与时代 除南极以外的世界各地，中侏罗世至晚始新世。

评注 多瘤齿兽类的最晚化石记录来自北美 Chadronian 哺乳动物期，曾经被认为是早渐新世（Krishtalka et al., 1982），但随着始新统-渐新统界线的确定（Premoli Silva et Jenkins, 1993）以及对北美相关地层时代的重新认识（Swisher et Prothero, 1990；Prothero et Swisher, 1992），其时代也被确定为晚始新世（Woodburne, 2004）。

多瘤齿兽类的颊齿有数目不等、成排的瘤状齿尖，其排列状况用齿尖式表示，将每列齿尖的数目按从颊侧至舌侧的顺序排列，以冒号隔开。如道森拟间异兽（*Mesodmops dawsonae*），M1 的齿尖式为 8:10:5，表明其第一颗上臼齿有三列齿尖，颊侧列有 8 个齿尖，中间列有 10 个齿尖，舌侧列有 5 个齿尖；m1 的齿尖式为 4:7，表示其有两列齿尖，颊侧列有 4 个齿尖，舌侧列有 7 个齿尖（图 90）。

萧菲特兽科 Family Paulchoffatiidae Hahn, 1969

模式属 *Paulchoffatia* Kühne, 1961

定义与分类 萧菲特兽科是多瘤齿兽目的基干类群中比较原始的类群，共有 13 属，分为两个亚科：萧菲特兽亚科（Paulchoffatiinae Hahn, 1971）和孔耐兽亚科（Kuehneodontinae Hahn, 1971）。

名称来源 科名源自模式属——萧菲特兽属（*Paulchoffatia*）。属名纪念瑞士地质学家和古生物学家保罗·萧菲特（Paul Choffat, 1849–1919），他在葡萄牙做了大量地质学和古生物学工作。

鉴别特征 齿式为 3·1-0·5-4·2/1·0·4-3·2；m1 具带小尖的前齿带和增大的前颊侧尖；m2 盆形，具小尖，仅有一个前舌侧尖；P4–P5 臼齿形，具两列齿尖，有时在外侧有小齿尖构成的齿尖列；M2 大，齿尖式为 2–3:3–6；臼齿釉质层有弱的纹饰；I3 增大，有 3–4 个齿尖，冠面呈方形或梯形，m2 颊侧齿尖融合，臼齿齿尖高度不等，M1 无后舌侧脊，p3–p4 颊侧视呈椭圆形或长方形，p3 有一列颊侧齿尖，p3 与 p4 近等长，p4 较短，不超过 4 个锯齿，齿列与齿骨纵轴之间的夹角 7°–20°（Kielan-Jaworowska et Hurum, 2001）。

中国已知属 *Rugosodon* Yuan, Ji, Meng, Tabrum et Luo, 2013。

分布与时代 中国，晚侏罗世；欧洲，中侏罗世（?）、晚侏罗世—早白垩世。

皱纹齿兽属 Genus *Rugosodon* Yuan, Ji, Meng, Tabrum et Luo, 2013

模式种 *Rugosodon eurasiaticus* Yuan, Ji, Meng, Tabrum et Luo, 2013

名称来源　Rugoso-，拉丁语，意为皱纹和褶皱；-odon，拉丁语，意为牙齿。属名指臼齿冠面发育褶皱和纹饰。

鉴别特征　与模式种相同。

中国已知种　仅模式种。

分布与时代　辽宁，晚侏罗世（Yuan et al., 2013）。

欧亚皱纹齿兽 *Rugosodon eurasiaticus* Yuan, Ji, Meng, Tabrum et Luo, 2013
（图91）

正模　BMNH PM1142A, B，正负面保存的不完整骨架。产于辽宁建昌玲珑塔，上侏罗统髫髻山组（Yuan et al., 2013）。

名称来源　种名指萧菲特兽科分布于东亚和西欧以及皱纹齿兽与葡萄牙 *Plesiochoffatia* 相似（Yuan et al., 2013）。

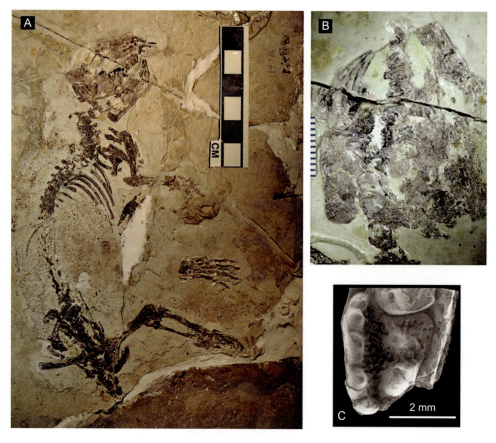

图91　欧亚皱纹齿兽 *Rugosodon eurasiaticus*（BMNH PM1142A, B，正模）
A. 骨架（BMNH PM1142A），B. 头部（BMNH PM1142B），C. 左 M2（BMNH PM1142A，冠面视）（引自 Yuan et al., 2013）

鉴别特征 齿式为 3·1·5·2/1·0·4·2，P5、M1 具两列纵向齿尖列，M1 无后舌侧翼，M2 齿尖式为 5:2:Ri（Ri 为舌侧脊），齿尖列向舌侧偏移；下门齿增大，前伏，齿根伸到前白齿之下，p4 刀片状，具 7 个小锯齿，m1 齿尖式为 4:4，第二个齿尖最高，m2 舌侧齿尖列前端齿尖高且肥大，其余齿尖小，融合形成盆形齿冠的瘤状边缘；关节突侧向压扁，无角突，咬肌窝前伸至 p4–m1 结合部之下（Yuan et al., 2013）。

评注 Yuan 等（2013）在补充材料中描述该种时，指出其正模编号为 BMNH PM1142，但在正文及补充材料中绝大多数采用的是 BMNH 1142。另外在补充材料中，有一处提到模式标本编号为 BMNH 1134 应该是笔误。

始俊兽科 Family Eobaataridae Kielan-Jaworowska, Dashzeveg et Trofimov, 1987

模式属 *Eobaatar* Kielan-Jaworowska, Dashzeveg et Trofimov, 1987

定义与分类 始俊兽科是多瘤齿兽目的基干类群中比较进步的类群，共有 9 属，没有进一步的亚科级划分。

名称来源 科名源自模式属——始俊兽属（*Eobaatar*）。

鉴别特征 齿式为 3·0·5·2/1·0·3·2。下门齿相对较纤细，基部增大不显著；p4 具 8–12 个锯齿和 1 个后颊侧齿尖；m1–2 齿冠不对称，齿尖并生，舌侧比颊侧短。

中国已知属 *Sinobaatar* Hu et Wang, 2002，*Liaobaatar* Kusuhashi, Hu, Wang, Setoguchi et Matsuoka, 2009 和 *Heishanobaatar* Kusuhashi, Hu, Wang, Setoguchi et Matsuoka, 2010。另有两个未定属种（Kusuhashi et al., 2009b, 2010）。

分布与时代 中国、蒙古、日本、英国、西班牙，早白垩世。

中国俊兽属 Genus *Sinobaatar* Hu et Wang, 2002

模式种 *Sinobaatar lingyuanensis* Hu et Wang, 2002

名称来源 "Sino-"，拉丁语，意为"中国"；"baatar"，源自蒙古语，意为"英雄"，常用作多瘤齿兽类的词尾。

鉴别特征 齿式：3?·0·5·2/1·0·3·2；下门齿纤细，釉质层覆盖整个齿冠；p2 单根，钉状；p3 双根，齿冠侧视近椭圆形；p4 具有 8–11 个锯齿和一个后外侧齿尖；m1 齿尖式为 3–4:2（颊侧:舌侧）；m2 齿尖式为 1（融合）:2；I2 单锥状，但比较粗壮，I3 单根，横向宽，纵向扁，位于前颌骨的侧边缘；P1–3 各有 3 个齿尖，成三角形排列（齿尖式为 1:2）；P3 比 P1 和 P2 小；P4 齿尖式为 2–3:4；P5 有 3 个主尖，前后排列；M1 有后舌翼，齿尖式为 4:4:Ri；M2 齿尖式为 Ri:3:3–4。

中国已知种　模式种、*Sinobaatar xiei* Kusuhashi, Hu, Wang, Setoguchi et Matsuoka, 2009 和 *S. fuxinensis* Kusuhashi, Hu, Wang, Setoguchi et Matsuoka, 2009。

分布与时代　辽宁凌源、阜新、黑山，早白垩世（胡耀明、王元青，2002；Kusuhashi et al., 2009b）。

评注　胡耀明、王元青（2002）描述属型种凌源中国俊兽时，依据Kielan-Jaworowska等（1987）对始俊兽（*Eobaatar*）的描述，将M1舌侧后部和M2唇侧前部的低脊当作齿尖，从而认为两者的齿尖式分别为3:4:1和1:3:4。Kielan-Jaworowska 和 Hurum（2001, p. 415）在讨论始俊兽科的特征时，将M1的这一特征描述为明显的舌侧脊。

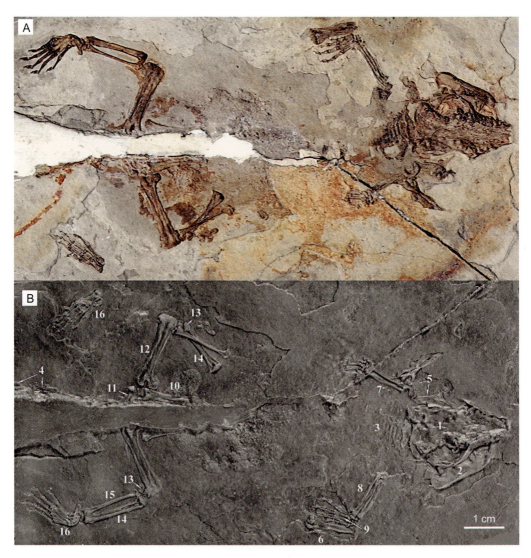

图 92　凌源中国俊兽 *Sinobaatar lingyuanensis* 骨架（IVPP V 12517，正模）
A. 标本照片，B. 标本揭片照片（背视）（引自胡耀明、王元青，2002）。
1, 头骨；2, 下颌；3, 颈椎；4, 尾椎；5, 锁骨；6, 肱骨；7, 尺骨；8, 桡骨；9, 腕；10, 髂骨；11, 耻骨；12, 股骨；13, 髌骨；14, 胫骨；15, 腓骨；16, 脚

Kielan-Jaworowska 等（2004）在齿尖式中用 Ri 表示这个特征。Kusuhashi 等（2009b）重新观察了属型种的模式标本，认为在颊侧齿尖列的前面很可能还有一个齿尖，因此将凌源中国俊兽 M1 的齿尖式确定为 4:4。但在已知的三种 *Sinobaatar* 中，M1 存在后舌翼且具有低脊，因此其齿尖式应为 4:4:Ri。

凌源中国俊兽 *Sinobaatar lingyuanensis* Hu et Wang, 2002

（图 92，图 93）

正模 IVPP V 12517，主要以印模保存的不完整骨架的背、腹面。产于辽宁省朝阳市凌源市大王杖子，下白垩统义县组（胡耀明、王元青，2002）。

名称来源 种名源自模式标本产地凌源市。

鉴别特征 I1 和 I2 细小，I3 比 I1 和 I2 大；P4 齿尖式为 3:4；P5 齿尖式为 3:5:4，3

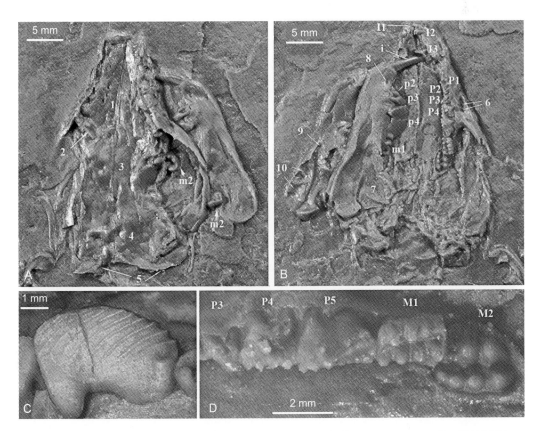

图 93 凌源中国俊兽 *Sinobaatar lingyuanensis* 的头骨及牙齿（IVPP V 12517，正模，揭片照片）
（引自胡耀明、王元青，2002）

A. 头骨背视，B. 头骨腹视，C. 左 p4（颊侧视），D. 左 P3 – M2（冠面视）。
1，鼻骨；2，泪骨；3，额骨；4，顶骨；5，人字脊（lambdoid crest）；6，眶下孔；7，下颌上升支；8，下颌关节髁；9，颏孔；10，下颌孔；I1–I3，上门齿；i，下门齿；P1–P5，上前臼齿；p2–p4，下前臼齿；M1–M2，上臼齿；m1–m2，下臼齿个较大的齿尖位于中间齿尖列上；M1 齿尖式为 4:4:1；M2 齿尖式为 1:3:4，舌侧齿尖列前两个尖未完全分开。p4 有 11 个锯齿；下臼齿齿尖有聚合趋势，m1 齿尖式为 4:?；m2 齿尖式为 3:2，唇侧尖低平。

评注 除了上述齿列特征之外，凌源中国俊兽还有如下骨骼特征：头骨相对较窄，无眶上脊及眶后突；双眶下孔。9 块腕骨，中央骨大于小多角骨，第五掌骨不与三角骨接触；第五蹠骨只与骰骨相关节，不与跟骨接触。

凌源中国俊兽是已知保存最好的早于晚白垩世的多瘤齿兽类，其头后骨骼特征与时代更晚的多瘤齿兽类在形态上基本一致，可能代表了多瘤齿兽类的模式形态。凌源中国俊兽胫骨踝大，胫距关节、跟距关节不对称且活动范围大，与北美古近纪的 *Ptilodus* 比较相似，显示中国俊兽可能像 *Ptilodus* 一样偏向于树栖生活（胡耀明、王元青，2002）。

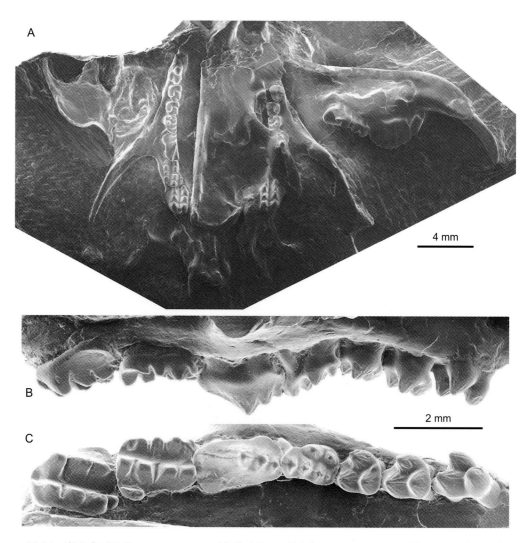

图 94 谢氏中国俊兽 *Sinobaatar xiei* 不完整头骨及下颌（IVPP V 14491，正模模型，电镜照片）
A. 头骨及下颌；B, C. 右上齿列：B. 外侧视，C. 冠面视（改自 Kusuhashi et al., 2009b）

谢氏中国俊兽 *Sinobaatar xiei* Kusuhashi, Hu, Wang, Setoguchi et Matsuoka, 2009

（图 94，图 95）

正模 IVPP V 14491，不完整头骨（保存有左右上颌骨且具左 P1–5、M2 和右 P1–M2，左前颌骨具 I2–3，以及破损的带有鳞骨的颅基部），左下颌具 p4 和 m1，右下颌具门齿、p2–m2。

副模 IVPP V 14477，V 14487，V 14488，V 14496，V 14502，V 14508，左下颌残段；V 14478，V 14480，V 14485，V 14495，V 14497，右下颌残段；V 14481，V 14486，右上颌残段。

名称来源 种名源自中国科学院古脊椎动物与古人类研究所高级实验师谢树华先生，对他参加野外工作并精心修理了大量采自阜新和八道壕的易碎且细小的标本表示感谢。

图 95 谢氏中国俊兽 *Sinobaatar xiei* 左下颌（IVPP V 14487，副模，电镜照片）
A. 颊侧视，B. 舌侧视，C. 冠面视（改自 Kusuhashi et al., 2009b）

鉴别特征 I2 比 I3 大；P1–3 没有明显的后齿带；P4 齿尖式为 2:4；P5 仅有 3 个前后排列的齿尖；M1 齿尖式为 4:4:Ri；M2 齿尖式为 Ri:3:4。p4 具有 8 或 9 个锯齿；m1 齿尖式为 3:2；m2 齿尖式为 3:2。

产地与层位 正模产于辽宁阜新南荒，下白垩统阜新组。副模产于辽宁阜新南荒、韩家店，下白垩统阜新组。

评注 谢氏中国俊兽在下列特征上与凌源中国俊兽相似：下门齿纤细，釉质层完整；p3 椭圆形；I3 前后向扁，有两个小锯齿；P5 齿冠轮廓近长方形；M1 齿尖式为 4:4:Ri，M2 齿尖式为 Ri:3:4。这些特征显示了它们的亲缘关系。但其 P5 颊侧没有小尖、P4 颊侧齿尖列只有两个齿尖、p4 有 8 或 9 个锯齿等特点又与凌源中国俊兽不同。

阜新中国俊兽 *Sinobaatar fuxinensis* Kusuhashi, Hu, Wang, Setoguchi et Matsuoka, 2009

（图 96—图 98）

正模 IVPP V 14160，压扁的头骨及下颌，具右 I2–3、P1–M1、i2、p2–m1 以及左 I2–3、P1–3、P5–M2、i2、p3–4、m2。其他牙齿未保存或被掩盖。

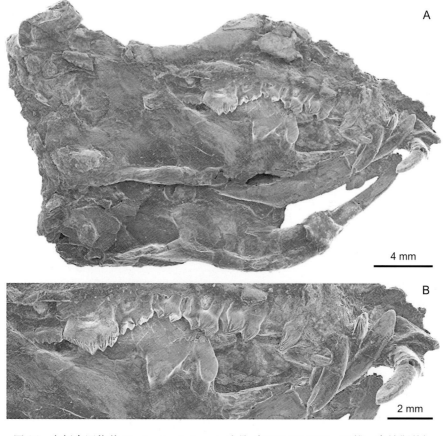

图 96 阜新中国俊兽 *Sinobaatar fuxinensis* 头骨（IVPP V 14160，正模，电镜照片）
A. 头骨右侧视，B. 右侧上、下齿列（改自 Kusuhashi et al., 2009b）

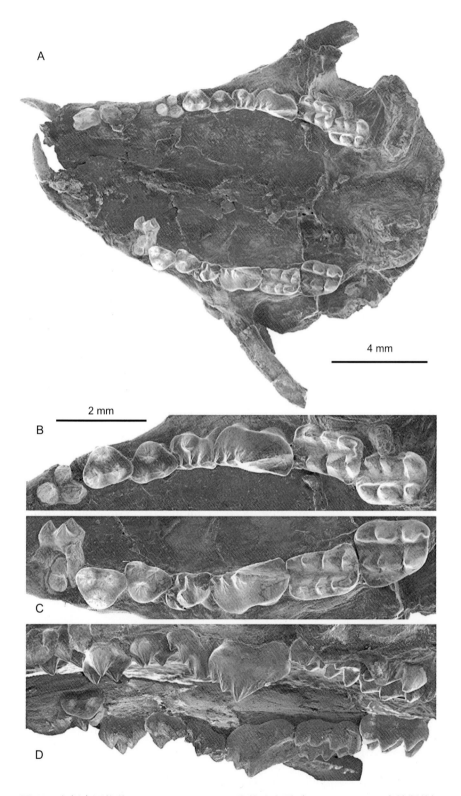

图 97 阜新中国俊兽 Sinobaatar fuxinensis 头骨及齿列（IVPP V 14490，电镜照片）
A. 部分头骨（腭面视），B. 左上齿列（冠面视），C. 右上齿列（冠面视），D. 上齿列侧视（改自 Kusuhashi et al., 2009b）

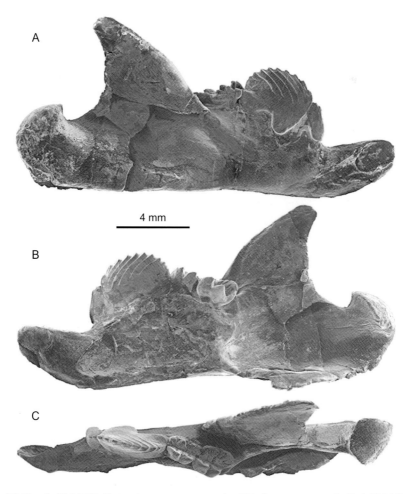

图 98 阜新中国俊兽 *Sinobaatar fuxinensis* 右下颌（IVPP V 14499）的电镜照片
A. 颊侧视，B. 舌侧视，C. 冠面视（改自 Kusuhashi et al., 2009b）

副模 IVPP V 14490，左右上颌及左下颌残段；V 14505，右上颌及左下颌残段；V 14479，V 14501，左下颌残段；V 14499，右下颌残段；V 14482，左右上颌一对；V 14503，左上颌残段；V 14494，右 M2；V 14507，右上颌残段。

名称来源 种名源自正模产地阜新市。

鉴别特征 I2 比 I3 大；P1–3 后齿带发育，齿冠相对较低，P4 齿尖式为 2:4，P5 刀片状，仅有 3 个前后排列的齿尖；M1 齿尖式为 4:4，M2 齿尖式为 3:3。m1 齿尖式为 4:2。

产地与层位 正模产于辽宁阜新南荒，下白垩统阜新组。IVPP V 14507 产于辽宁黑山八道壕，下白垩统沙海组；其他副模产于辽宁阜新南荒、韩家店，下白垩统阜新组。

评注 阜新中国俊兽在牙齿特征上与凌源中国俊兽和谢氏中国俊兽都很相似。它与凌源中国俊兽的主要区别在于 P5 颊侧没有小尖，P4 颊侧齿尖列只有两个齿尖，M2 的齿尖式为 3:3，p4 有 9 个锯齿。它与谢氏中国俊兽的主要区别在于个体更大，P1–3 后齿带发育，M2 齿尖式为 3:3，m1 齿尖式为 4:2。

辽俊兽属 Genus *Liaobaatar* Kusuhashi, Hu, Wang, Setoguchi et Matsuoka, 2009

模式种 *Liaobaatar changi* Kusuhashi, Hu, Wang, Setoguchi et Matsuoka, 2009

名称来源 Liao-，"辽"，模式种产地所在省辽宁省的简称；-baatar，蒙古语，意为"英雄"，常用作多瘤齿兽类的词尾。

鉴别特征 同模式种。

中国已知种 仅模式种。

分布与时代 辽宁，早白垩世。

常氏辽俊兽 *Liaobaatar changi* Kusuhashi, Hu, Wang, Setoguchi et Matsuoka, 2009

（图 99）

正模 IVPP V 14489，同一个体的左、右下颌，具右 i2、p2–4 和 m1–2 以及左 p2–4、m1。

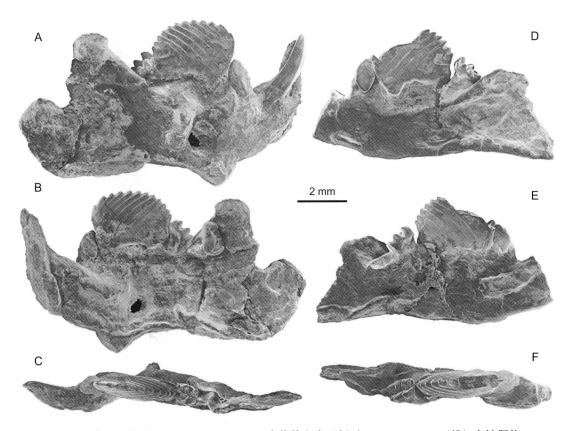

图 99 常氏辽俊兽 *Liaobaatar changi* 同一个体的左右下颌（IVPP V 14489，正模）电镜照片
A. 右下颌骨颊侧视，B. 右下颌骨舌侧视，C. 右下颌骨冠面视，D. 左下颌骨颊侧视，E. 左下颌骨舌侧视，F. 左下颌骨冠面视（改自 Kusuhashi et al., 2009b）

副模 IVPP V 14483，右下颌残段；IVPP V 14500，左下颌残段。

名称来源 种名源自东北煤炭集团一〇七队常征路先生，他对中国东北地区中生代地层古生物研究做出了贡献。

鉴别特征 个体较大的始俊兽类，相对于 p3 而言，p4 相当大且相对较长，有 11–12 个小锯齿，m1 齿尖式为 2–3:3。

产地与层位 正模产于辽宁阜新新地，下白垩统阜新组。副模产于辽宁阜新韩家店，下白垩统阜新组（Kusuhashi et al., 2009b）。

评注 常氏辽俊兽具有一系列始俊兽科的特点：下前臼齿 3 枚，p3 缩小，p4 上缘弓形，m2 仅有一个并生的颊侧尖。它以体型大、p3 相对更小、p4 小锯齿数目较多等特点与其他始俊兽类相区别。

黑山俊兽属 Genus *Heishanobaatar* Kusuhashi, Hu, Wang, Setoguchi et Matsuoka, 2010

模式种 *Heishanobaatar triangulus* Kusuhashi, Hu, Wang, Setoguchi et Matsuoka, 2010

名称来源 Heishan-，"黑山"，正模标本产地所在县——辽宁省黑山县；-baatar，蒙古语，意为"英雄"，常用来作为多瘤齿兽类的词尾。

鉴别特征 同模式种。

中国已知种 仅模式种。

分布与时代 辽宁，早白垩世。

三角黑山俊兽 *Heishanobaatar triangulus* Kusuhashi, Hu, Wang, Setoguchi et Matsuoka, 2010

（图 100，图 101）

正模 IVPP V 14493，左下颌具 i2、p2–4 及 m1。

副模 IVPP V 14484，右下颌具 i2、p2–p4 及 m1–m2；IVPP V 14492，右下颌具 i2 及 p2–4。

名称来源 种名 triangulus 源自拉丁语，指其 p3 侧面视齿冠三角形。

鉴别特征 中等大小的始俊兽类，下齿列齿式为 1·0·3·2；下门齿细，全部被釉质层覆盖；p2 单根，钉状；p3 双根，侧视齿冠呈三角形；p4 有 8 个锯齿；m1 齿尖式为 2:2，m2 齿尖式为 1:2。

产地与层位 正模产于辽宁黑山八道壕，下白垩统沙海组。副模均产于辽宁阜新南荒，下白垩统阜新组（Kusuhashi et al., 2010）。

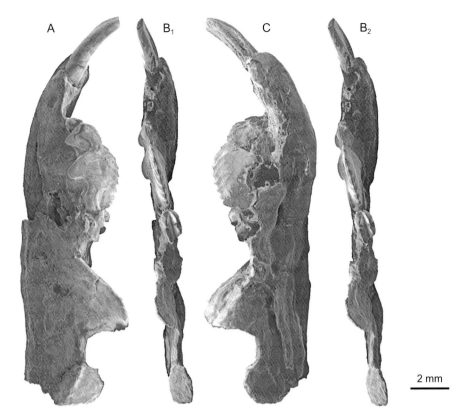

图 100 三角黑山俊兽 *Heishanobaatar triangulus* 左下颌（IVPP V 14493，正模）电镜照片
A. 颊侧视，$B_{1,2}$. 冠面视（立体照片），C. 舌侧视（修改自 Kusuhashi et al., 2010）

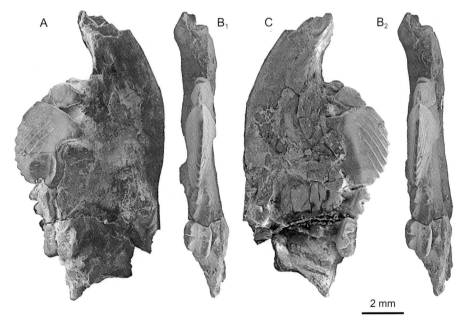

图 101 三角黑山俊兽 *Heishanobaatar triangulus* 右下颌（IVPP V 14484）电镜照片
A. 颊侧视，$B_{1,2}$. 冠面视（立体照片），C. 舌侧视（修改自 Kusuhashi et al., 2010）

阿尔布俊兽科 Family Albionbaataridae Kielan-Jaworowska et Ensom, 1994

模式属 *Albionbaatar* Kielan-Jaworowska et Ensom, 1994

定义与分类 阿尔布俊兽科共有 3 属：*Albionbaatar* Kielan-Jaworowska et Ensom, 1994, *Proalbionbaatar* Hahn et Hahn, 1998 以及 *Kielanobaatar* Kusuhashi, Hu, Wang, Setoguchi et Matsuoka, 2010，没有进一步的亚科级划分。

名称来源 科名源自模式属——阿尔布俊兽属（*Albionbaatar*），Albion 是英格兰最早的名称，可能是凯尔特语。

鉴别特征 大小如松鼠；前面的前臼齿具 10–14 个齿尖，排成三列；前臼齿舌侧面具有明显且近于平行的脊；P5 长明显大于宽，齿尖数目多，分为三列。

中国已知属 *Kielanobaatar* Kusuhashi, Hu, Wang, Setoguchi et Matsuoka, 2010。

分布与时代 中国、英国，早白垩世；葡萄牙，晚侏罗世。

评注 阿尔布俊兽科的鉴别特征主要是基于模式属的材料。

盖兰俊兽属 Genus *Kielanobaatar* Kusuhashi, Hu, Wang, Setoguchi et Matsuoka, 2010

模式种 *Kielanobaatar badaohaoensis* Kusuhashi, Hu, Wang, Setoguchi et Matsuoka, 2010

名称来源 属名源自波兰古生物学家索菲亚·盖兰 - 娅瓦洛夫斯卡（Zofia Kielan-Jaworowska）博士，她是著名的中生代哺乳动物专家，对亚洲中生代哺乳动物研究贡献颇丰。-baatar，蒙古语，意为"英雄"，常用来作为多瘤齿兽类的词尾。

鉴别特征 同模式种。

中国已知种 仅模式种。

分布与时代 辽宁，早白垩世。

八道壕盖兰俊兽 *Kielanobaatar badaohaoensis* Kusuhashi, Hu, Wang, Setoguchi et Matsuoka, 2010

（图 102）

正模 IVPP V 14504，左上颌骨具 P1 和 P3。产于辽宁黑山八道壕，下白垩统沙海组。

名称来源 种名源自模式标本产地辽宁黑山八道壕。

鉴别特征 P1–3 咬合面相对较平；P1–2 有三列齿尖，齿尖式为 1:3:2；P3 有 4 个齿尖，分成两列，齿尖式为 2:2。

评注 盖兰俊兽前部的前臼齿具有三列齿尖，齿尖上覆有放射状的细褶，且咬合面比较平，这些都与阿尔布俊兽属相似。但盖兰俊兽的齿尖数目少且舌侧面没有细脊，与阿尔布俊兽属不同。这些差别可以作为盖兰俊兽属的鉴别特征，同时也使得将盖兰俊兽归入阿尔布俊兽科存在不确定性（Kusuhashi et al., 2010）。

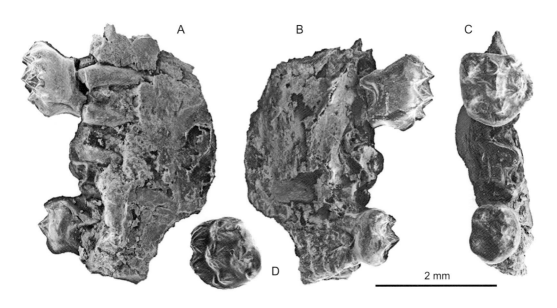

图 102 八道壕盖兰俊兽 *Kielanobaatar badaohaoensis* 左上颌骨（IVPP V14504，正模）
A. 颊侧视，B. 舌侧视，C. 冠面视，D. 左 P2 冠面视（改自 Kusuhashi et al., 2010）

白垩齿兽亚目 Suborder CIMOLODONTA McKenna, 1975

概述 Cimolodonta 由 McKenna（1975）提出，名称源自 Marsh（1889）基于 *Cimolodon* Marsh, 1889 建立的 Cimolodontidae 科。

定义与分类 Cimolodonta 包括所有较进步的多瘤齿兽类，分为 3 个超科：羽齿兽超科（Ptilodontoidea Sloan et Van Valen, 1965）、牙道黑他兽超科（Djadochtatheroidea Kielan-Jaworowska et Hurum, 2001）和纹齿兽超科（Taeniolabidoidea Granger et Simpson, 1929）。Cimolodonta 存在两个主要的演化趋势：一个是 p4 增大和齿脊数目增加；另一个是 p4 变小、前臼齿数目减少（Kielan-Jaworowska et al., 2004）。

形态特征 小型至大型多瘤齿兽类，齿式：2•0•1–4•2/1•0•1–2•2，I1 缺失，p3 缺失或为钉状、非功能性牙齿，p4 上缘弓形。

分布与时代 欧洲、亚洲、北美洲，早白垩世至始新世。

牙道黑他兽超科 Superfamily Djadochtatheroidea Kielan-Jaworowska et Hurum, 2001

定义与分类 牙道黑他兽超科是多瘤齿兽目中比较进步的类型，共分两个科：斯隆俊兽科（Sloanbaataridae Kielan-Jaworowska, 1974）和牙道黑他兽科（Djadochtatheriidae Kielan-Jaworowska et Hurum, 1997）。

鉴别特征 齿式：2·0·3–4·2/1·0·2·2。额骨大，向前插入鼻骨之间；额 - 顶缝 U 形；前颌骨在侧面和腭面交界处形成锐缘；眶后突由顶骨构成。泪骨面支大，近长方形。I3 位于前颌骨上，下门齿釉质层限于腹面和侧面，为巨釉柱结构 (Kielan-Jaworowska et Hurum, 2001)。

分布与时代 亚洲，晚白垩世。

牙道黑他兽科 Family Djadochtatheriidae Kielan-Jaworowska et Hurum, 1997

模式属 *Djadochtatherium* Simpson, 1925

定义与分类 牙道黑他兽科是 Kielan-Jaworowska 和 Hurum（1997）基于 Simpson（1925a）命名的牙道黑他兽属建立的，共有 4 属：*Djadochtatherium* Simpson, 1925, *Catopsbaatar* Kielan-Jaworowska, 1994, *Kryptobaatar* Kielan-Jaworowska, 1970 和 *Tombaatar* Rougier, Novacek et Dashzeveg, 1997，没有进一步的亚科级划分。

名称来源 科名源自模式属——牙道黑他兽属（*Djadochtatherium*），属名则源于该属模式种 *D. matthewi* Simpson, 1925 的产出地层牙道黑他组（Djadochta Formation）。

鉴别特征 吻部亚梯形，长度达到或超过头长的 50%，侧缘与颧弓融合，岩骨胛前部不规则，鼻骨上有两对脉管孔，腭面无腭隙（palatal vacuities）(Kielan-Jaworowska et Hurum, 1997)。

中国已知属 *Kryptobaatar* Kielan-Jaworowska, 1970。Ladevèze 等（2010）采用 CT 技术研究产于内蒙古乌拉特后旗巴彦满达呼上白垩统的一件多瘤齿兽类头骨（IMM 99BM-IV/4）的岩骨时，根据头骨形态认为应属于牙道黑他兽科，并暂时归入 cf. *Tombaatar* Rougier et al., 1997。

分布与时代 中国、蒙古，晚白垩世。

隐俊兽属 Genus *Kryptobaatar* Kielan-Jaworowska, 1970

Gobibaatar：Kielan-Jaworowska, 1970, p. 38

Tugrigbaatar：Kielan-Jaworowska et Dashzeveg, 1978, p. 117

模式种 *Kryptobaatar dashzevegi* Kielan-Jaworowska, 1970

名称来源 Kryptos，希腊语，意为隐藏的，指其眶下孔隐藏于上颌骨颧突腹面；-baatar，蒙古语，意为"英雄"，常用作多瘤齿兽类的词尾。

鉴别特征 牙道黑他兽科已知最小的成员（头骨长 25–32 mm），吻部较短，泪骨面支较小，眶后突短，顶脊不太明显，I3 齿槽仅由前颌骨构成；齿式为 2•0•4•2/1•0•2•2；p4 弓形，具 8 个锯齿，M1 齿尖式 4–5:4:3–5，舌侧齿尖列不超过齿长的一半，下门齿不太粗壮（Kielan-Jaworowska et Hurum, 1997）。

中国已知种 *Kryptobaatar mandahuensis* Smith, Guo et Sun, 2001。

分布与时代 中国、蒙古，晚白垩世。

满达呼隐俊兽 *Kryptobaatar mandahuensis* Smith, Guo et Sun, 2001

（图 103—图 105）

正模 IMM 96BM-II/3，完整头骨。

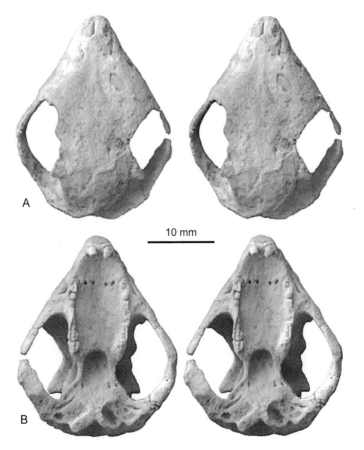

图 103 满达呼隐俊兽 *Kryptobaatar mandahuensis* 头骨（IMM 96BM-II/3，正模）
A. 背视，B. 腹视（立体照片）（均引自 Smith et al., 2001）

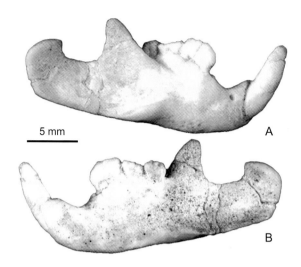

图 104 满达呼隐俊兽 *Kryptobaatar mandahuensis* 右下颌（IMM 96BM-I/4）
A. 颊侧视，B. 舌侧视（均引自 Smith et al., 2001）

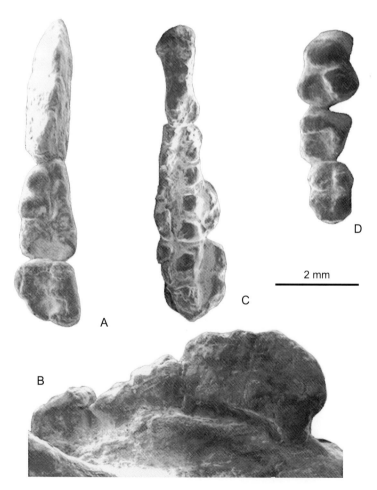

图 105 满达呼隐俊兽 *Kryptobaatar mandahuensis* 颊齿
A, B. 右 p4–m2（IMM 96BM-I/4）：A. 冠面视，B. 颊侧视；C. 右 P4–M2（IMM 96BM-II/3，正模）冠面视；D. 左 P1–3（IMM 96BM-I/4）冠面视（均引自 Smith et al., 2001）

归入标本 IMM 96BM-I/4，近于完整的头骨，带下颌。

名称来源 种名源自标本产地巴彦满达呼。

鉴别特征 颧弓基部位于 P4 前齿根，眼眶前部窄，腭孔之间的上颌骨-腭骨缝 V 形，下颌在齿缺部高且厚，下颌切迹部长而低，冠状突前后短；M1 齿尖式为 4:5:?，m1 齿尖式为 5:3，p4 较长，下门齿较粗壮（Smith et al., 2001）。

产地与层位 内蒙古乌拉特后旗宝音图苏木巴彦满达呼，上白垩统乌兰苏海组。

评注 原作者将含化石的地层称为巴彦满达呼红层（Bayan Mandahu redbeds）（Smith et al., 2001）。《内蒙古区域地质志》将这套地层称为乌兰苏海组（内蒙古自治区地质矿产局，1991），本志采用乌兰苏海组。

纹齿兽超科 Superfamily Taeniolabidoidea Granger et Simpson, 1929

定义与分类 纹齿兽超科是多瘤齿兽目中比较进步的类型，仅有 1 个科：纹齿兽科（Taeniolabididae Granger et Simpson, 1929）。

鉴别特征 同纹齿兽科。

分布与时代 中国、蒙古，古新世；北美洲，晚白垩世至古新世。

评注 Sloan 和 Van Valen（1965）将纹齿兽科提升为亚目 Taeniolabidoidea（现为超科），并将 Eucosmodontidae、Taeniolabididae 和 Cimolomyidae 归入其中。Fox（1999）认为不存在将它们归在一起的衍征，并被其他研究者接受（Kielan-Jaworowska et Hurum, 2001；Kielan-Jaworowska et al., 2004）。周明镇和齐陶（1978）命名 *Lambdopsalis* 的同时，建立了斜剪齿兽科（Lambdopsalidae），仅包括 *Lambdopsalis* 一属。Kielan-Jaworowska 和 Sloan（1979）在对 *Lambdopsalis* 属的有效性提出质疑的同时，认为 *Lambdopsalis* 是典型的纹齿兽科成员，不应另列一科。Miao（1988）详细研究了属型种 *Lambdopsalis bulla* 的头骨后，认为 Lambdopsalidae 应该是 Taeniolabididae 的次异名。因此，纹齿兽超科目前仅包括纹齿兽科。

纹齿兽科 Family Taeniolabididae Granger et Simpson, 1929

模式属 *Taeniolabis* Cope, 1882

定义与分类 纹齿兽科是 Granger 和 Simpson（1929）基于 Cope（1882）命名的纹齿兽属建立的，共有 6 属，没有进一步的亚科级划分。

名称来源 科名源自模式属——纹齿兽属（*Taeniolabis*）。

鉴别特征 齿式：2•0•1–2•2/1•0•1•2。吻部短宽，颧弓前部横向伸展，以至于头骨近方形；额骨小，后端尖，几乎或完全不构成眼眶边缘；I3 和前白齿之间的齿隙长；门齿大，釉质层仅限于外侧；I3 靠近 I2，位于前颌骨边缘；P4 和 p4 侧视呈三角形，与增大的白齿相比很退化；上下白齿宽，强烈增大。多数进步属种中，M1 具 3 列齿尖（Kielan-Jaworowska et Hurum, 2001）。

中国已知属　*Prionessus* Matthew et Granger, 1925，*Sphenopsalis* Matthew, Granger et Simpson, 1928，*Lambdopsalis* Chow et Qi, 1978。

分布与时代　中国、蒙古，古新世；北美洲，晚白垩世至古新世。

小锯齿兽属 Genus *Prionessus* Matthew et Granger, 1925

模式种　*Prionessus lucifer* Matthew et Granger, 1925

名称来源　属名源于希腊语，意为弱的锯齿，同时暗示它与北美上白垩统兰斯组（Lance Formation）发现的三个属（*Dipriodon*、*Tripriodon* 和 *Meniscoessus*）的关系（Matthew et Granger, 1925）。

鉴别特征　同模式种。

中国已知种　仅模式种。

分布与时代　中国内蒙古，晚古新世；蒙古，晚古新世。

断代小锯齿兽 *Prionessus lucifer* Matthew et Granger, 1925

（图 106，图 107）

Prionessus lucifer：Matthew et Granger, 1925, p. 6；Matthew et al., 1928, p. 1；周明镇、齐陶，1978，77 页；Meng et al., 1998, p. 155

Prionessus cf. *P. lucifer*：Meng et al., 1998, p. 155

Prionessus sp.：Missiaen et Smith, 2008, p. 359

正模　AMNH 20423，右下颌，牙齿缺失。

地模　AMNH 21717，上腭板，具左右 M1–2；AMNH 21731，左下颌具 p4、m1–2。

归入标本　IVPP V 5421–5425，上下颌及单个牙齿（周明镇、齐陶，1978）；IVPP V 11131.1–4，破碎头骨、上颌及下颌；IVPP V 11132，一左下颌（Meng et al., 1998）；IMM-2004-SB-019，破碎的右 M1（Missiaen et Smith, 2008）。

名称来源　种名暗指因多瘤齿兽类的发现而确定了动物群的时代（Matthew et Granger, 1925）。周明镇和齐陶（1978）未将该种另起中文译名，仅译为小锯齿兽，我们依据原作者的创意，取名断代小锯齿兽。

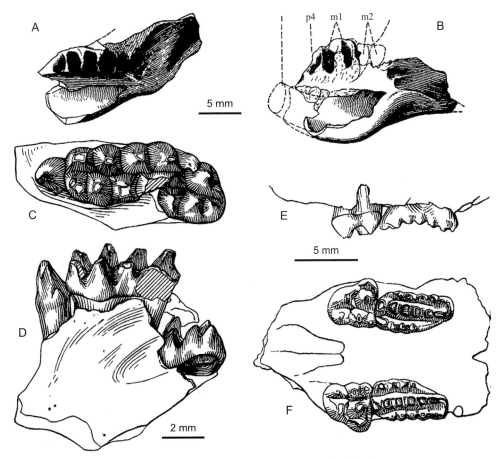

图 106 断代小锯齿兽 *Prionessus lucifer* 模式标本

A, B. 右下颌（AMNH 20423, 正模）：A. 背视，B. 内侧视（引自 Matthew et Granger, 1925）；C, D. 左下颌具 p4、m1–2（AMNH 21731, 地模）：C. 冠面视，D. 颊侧视（引自 Granger et Simpson, 1929）；E, F. 上腭板，具左右 M1–2（AMNH 21717, 地模）：E. 右上白齿颊侧视，F. 腹面视（引自 Granger et Simpson, 1929）

鉴别特征 小型纹齿兽类，齿式为 1·0·1·2，门齿增大，凿形，齿根长；齿隙短，前白齿很退化，具两个并生的齿根；下白齿小，近等大；m1 齿尖式为 5:4，m2 齿尖式为 3:2；M1 齿尖式为 6:7:5，M2 齿尖式为 1:3:3。下颌短而深，下缘平，咬肌窝之下的外侧脊发育，内侧脊从门齿齿根之后延伸至内翻的角突。

产地与层位 正模和地模均产于蒙古，上古新统格沙头组（Matthew et Granger, 1925；Granger et Simpson, 1929）。归入标本产于内蒙古四子王旗脑木更、苏尼特右旗巴彦乌兰、二连浩特市苏崩，上古新统脑木根组（周明镇、齐陶，1978；Meng et al., 1998；Missiaen et Smith, 2008）。

评注 Matthew 和 Granger（1925）命名该种时，仅有一件无牙下颌。Matthew 等（1928）对新材料进行了描述，Granger 和 Simpson（1929）指定了地模，并对特征进行了修订，但对 M2 齿尖式的描述并不准确。

Meng 等（1998）将采自巴彦乌兰脑木根组中 p4 具双根的材料定为 *Prionessus* cf. *P.*

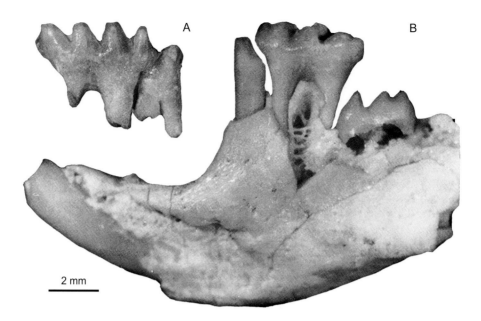

图 107 断代小锯齿兽 *Prionessus lucifer* 归入标本
A. 左 p4–m1，颊侧视（IVPP V 11131.2）；B. 左下颌，颊侧视（IVPP V 11132）（引自 Meng et al., 1998）

lucifer，认为可能代表另一种形态类型，但不能完全排除种内变异的可能性。Missiaen 和 Smith（2008）定为 *Prionessus* sp. 的破损 M1（IMM-2004-SB-019），也有可能属于该种。

楔剪齿兽属 Genus *Sphenopsalis* Matthew, Granger et Simpson, 1928

模式种 *Sphenopsalis nobilis* Matthew, Granger et Simpson, 1928

名称来源 属名源于希腊语，意为"楔形的剪子"，指其楔形的剪切尖和与 *Catopsalis* 可能的关系（Matthew et al., 1928）。

鉴别特征 同模式种。

中国已知种 仅模式种。

分布与时代 中国、蒙古，晚古新世。

伟楔剪齿兽 *Sphenopsalis nobilis* Matthew, Granger et Simpson, 1928

（图 108）

Sphenopsalis nobilis：Matthew et al., 1928, p. 2；周明镇、齐陶，1978，77 页

正模 AMNH 21736，左 M2。

归入标本 IVPP V 5426–5428，单个牙齿（周明镇、齐陶，1978）。

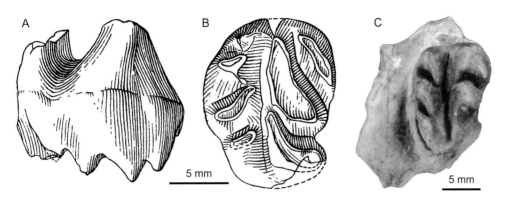

图 108 伟楔剪齿兽 *Sphenopsalis nobilis*
A, B. 左 M2（AMNH 21736，正模）（引自 Matthew et al., 1928）：A. 颊侧视，B. 冠面视；C. 左 m2（IVPP V 5426），冠面视（引自周明镇、齐陶，1978）

鉴别特征 大型纹齿兽类。M2 齿尖式为 1:2:4，长略大于宽，前内侧尖呈强烈的新月形，其他齿尖都发育斜的、窄而锋利的脊。m1 齿尖式为 2:2。

产地与层位 正模产于蒙古，上古新统格沙头组（Matthew et al., 1928）。归入标本产于内蒙古四子王旗脑木更，上古新统脑木根组（周明镇、齐陶，1978）。

评注 该种已知的材料很少，而且零散，虽然可以将它暂时归入纹齿兽科，但它的亲缘关系仍然存疑。

斜剪齿兽属 Genus *Lambdopsalis* Chow et Qi, 1978

模式种 *Lambdopsalis bulla* Chow et Qi, 1978

鉴别特征 同模式种。

中国已知种 仅模式种。

分布与时代 内蒙古，晚古新世。

评注 周明镇和齐陶（1978）建立该属后不久，Kielan-Jaworowska 和 Sloan（1979）对其有效性提出质疑。他们认为 *Lambdopsalis* 与 *Prionessus* 很接近，并指出不能排除 *Lambdopsalis* 是 *Sphenopsalis* 次异名的可能性。Miao（1986）详细研究了属型种的牙齿特征和个体发育之后，确认了 *Lambdopsalis* 属及属型种的有效性。

鼓泡斜剪齿兽 *Lambdopsalis bulla* Chow et Qi, 1978

（图 109）

Lambdopsalis bulla：周明镇、齐陶，1978，77 页；Miao, 1986, p. 65；Miao et Lillegraven, 1986, p. 501；Miao, 1988, p. 5

正模 IVPP V 5429，头骨及下颌骨。产于内蒙古四子王旗脑木更，上古新统脑木根组。

归入标本 IVPP V 7151，V 7152，头骨、下颌及大量单个牙齿；V 9932，镫骨 2 件。

名称来源 种名意指该种头骨具有大的鼓泡（见评注）。

鉴别特征 个体较大。吻部短；脑颅部小；枕髁很小；岩骨的前庭部（vestibular apparatus）膨大成球形；镫骨柱形。下颌骨角突不太发育；冠状突宽大；关节突的关节面向下外方倾斜；下颌孔 1 个，位于齿隙之下靠前部位。

齿式为 2·0·1·2/1·0·1·2；I2 较发育，成凿状；I3 强烈退化，仅为细小的针状。下门齿发达，向后延伸到 m3 附近，釉质层限于腹侧及外侧，向后延伸到齿根末端附近。P4 和 p4 均为单根，单尖、钉状。门齿和前臼齿之间的齿隙很长。齿尖式：M1, 6–7:7–8:5–6；M2, 1:2:3–4；m1, 5:4；m2, 4–5:2。M1 中间列齿尖及 m2 的颊侧列齿尖均为尖利的新月形；m2 颊侧齿尖列比舌侧齿尖列窄得多，其宽度约为后者的 1/2。

产地与层位 内蒙古四子王旗脑木更、苏尼特右旗巴彦乌兰、二连浩特苏崩，上古新统脑木根组。

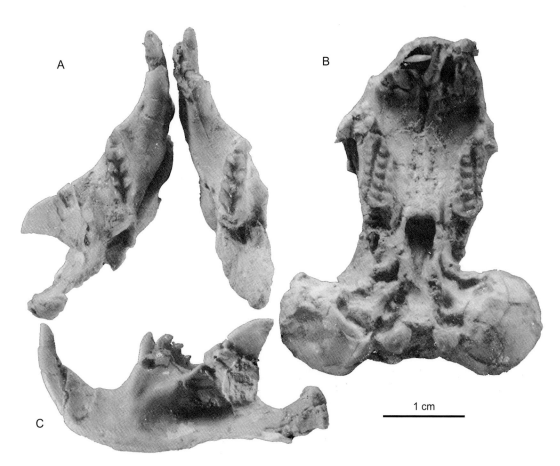

图 109 鼓泡斜剪齿兽 *Lambdopsalis bulla* 头骨及下颌（IVPP V 5429，正模）
A. 左、右下颌，冠面视；B. 头骨，腭面视；C. 左下颌，颊侧视（引自周明镇、齐陶，1978）

评注　周明镇和齐陶(1978)描述该种时,误将膨大的岩骨前庭部当作鼓泡,而将其命名为鼓泡种,并以此为主要依据建立了 Lambdopsalidae（新科）。Miao (1988) 系统研究该种的头骨形态后,确认膨大的是岩骨前庭部。Miao (1986)、Miao 和 Lillegraven (1986) 以及 Meng (1992) 分别描述了斜剪齿兽的牙齿和听小骨的形态。Missiaen 和 Smith (2008) 报道了发现于二连浩特市苏崩的鼓泡斜剪齿兽的 108 枚完整或破损的臼齿,编号不详。

羽齿兽超科 Superfamily Ptilodontoidea Sloan et Van Valen, 1965

定义与分类　羽齿兽超科是多瘤齿兽目中比较进步的类型,共分三个科：Ptilodontidae Gregory et Simpson, 1926, Neoplagiaulacidae Ameghino, 1890, Cimolodontidae Marsh, 1889。

鉴别特征　齿式为 2·0·4·2/1·0·2·2。下门齿纤细,釉质层完整；p4 很大,上缘弓形,大大高出臼齿齿面。I2 单尖,I3 位于前颌骨边缘；P4 伸长,侧视呈等边三角形,向下突出超过前面的前臼齿和臼齿构成的齿面。臼齿上有沟、脊组成的纹饰,齿尖趋于联合。吻部宽,在颧弓之前稍微内弯；额骨后端尖。

分布与时代　欧洲、北美洲,晚白垩世至始新世；亚洲,古新世至始新世。

新斜沟齿兽科 Family Neoplagiaulacidae Ameghino, 1890

模式属　*Neoplagiaulax* Lemoine, 1882

定义与分类　新斜沟齿兽科包括 *Neoplagiaulax* 及相近的属种,共有 12 属,没有进一步的亚科级划分。

名称来源　科名源自模式属——新斜沟齿兽属（*Neoplagiaulax*）。

鉴别特征　小型羽齿兽类。p4 相对较低,p4 与 m1 的长度比为 1.4–2.0；P4 颊侧齿尖列趋于消失。

中国已知属　*Mesodmops* Tong et Wang, 1994。

分布与时代　亚洲、欧洲,晚古新世至早始新世；北美洲,晚白垩世至晚始新世。

评注　Sloan 和 Van Valen (1965) 根据 *Ectypodous* Matthew et Granger, 1921 命名了 Ectypodidae 科,并将新斜沟齿兽科的模式属也包括在内。次年,科名被修改为 Ectypodontidae (Van Valen et Sloan, 1966)。因其包括了新斜沟齿兽科的模式属而被认为是新斜沟齿兽科的同义名 (Gazin, 1969)。此后,新斜沟齿兽科被广泛采用（如 Lillegraven et al., 1979；Lillegraven et McKenna, 1986；Kielan-Jaworowska et Hurum, 2001；Kielan-Jaworowska et al., 2004；Hunter et al., 2010）,只有 Kielan-Jaworowska (1970) 使用了 Ectypodontidae 作为科级分类单元。

拟间异兽属 Genus *Mesodmops* Tong et Wang, 1994

模式种 *Mesodmops dawsonae* Tong et Wang, 1994

名称来源 属名意指它与北美的 *Mesodma* 属在牙齿形态上有较高的相似性。

鉴别特征 中等大小的新斜沟齿兽类。无 p3。p4 齿冠低，第一锯齿高稍大于齿长的 1/3，牙齿前后延长，长度大于 m1 和 m2 齿长的总和。P4 侧面视呈三角形，齿尖式为 4:7，最后一个锯齿最高；M1 齿尖式为 8:10:5。

中国已知种 模式种和 *Mesodmops tenuis* Missiaen et Smith, 2008。

分布与时代 内蒙古，晚古新世；山东，早始新世。

评注 拟间异兽属命名时仅有模式种，其特征与模式种相同（童永生、王景文，1994）。Missiaen 和 Smith（2008）命名了另一个种。本志对属的特征进行了综合。

道森拟间异兽 *Mesodmops dawsonae* Tong et Wang, 1994

（图 110，图 111）

正模 IVPP V 10699，破碎的头骨保存右 dP1–M2 和零散的左 dP1、dP3–M2，以及

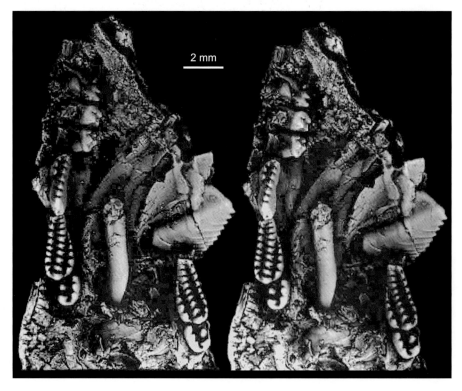

图 110 道森拟间异兽 *Mesodmops dawsonae* 头骨腭面视（IVPP V 10699，正模，立体照片）
（改自童永生、王景文，1994）

图 111 道森拟间异兽 *Mesodmops dawsonae* 下颌骨及牙齿（IVPP V10699，正模）
A, B. 右下颌：A. 舌侧视，B. 颊侧视；C. 左 m1－2，冠面视（改自童永生、王景文，1994）

同一个体的一近于完好的右下颌骨具有 i1 和 p4–m2，不完整的左下颌骨具 p4–m2，并有两颗脱落的下门齿。

副模 IVPP V 10699.1，左下颌骨具 p4–m2 和一脱落的下门齿；V 10699.2，右 p4。

归入标本 IVPP V 10700.1，右下颌骨具 i1 和 p4；V 10700.2，左下颌骨具 i1 和 p4；V 10700.3，左 p4；V 10700.4，右 M1–2。

名称来源 种名源自美国匹茨堡卡内基自然历史博物馆道森（Mary R. Dawson）博士。

鉴别特征 m1 齿尖式为 7:5，m2 齿尖式为 4:2。M1 中间列齿尖长方形，宽大于长。

产地与层位 山东昌乐五图，下始新统五图组。

细小拟间异兽 *Mesodmops tenuis* Missiaen et Smith, 2008

（图 112）

正模 IMM-2004-SB-013，右 m1。

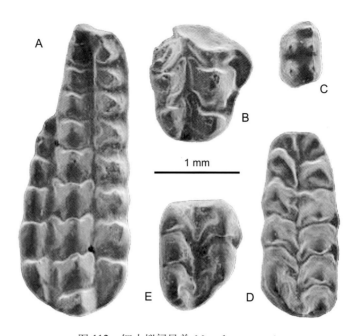

图 112　细小拟间异兽 *Mesodmops tenuis*
A. IMM-2001-SB-016，左 M1；B. IMM-2004-SB-014，左 M2；C. IMM-001-SB-017，右 DP3；D. IMM-2004-SB-013，右 m1（正模）；E. IMM-2004-SB-016，左 m2（改自 Missiaen et Smith, 2008）

副模　IMM-2001-SB-016–018，IMM-2004-SB-014–018，2 枚左 M1，1 枚左 M2，3 枚左 m1，1 枚左 m2，1 枚右 DP3（?）。

名称来源　种名意指其臼齿更纤细并且前后伸长。

鉴别特征　下臼齿轮廓不太规则，m1 齿尖式为 6:5，m2 齿尖式为 3:2。M1 最前面的齿尖相对更小，中间列齿尖方形。臼齿相对长而窄。

产地与层位　内蒙古二连浩特苏崩，上古新统脑木根组（Missiaen et Smith, 2008）。

"对齿兽目"　Order "SYMMETRODONTA" Simpson, 1925

概述　"对齿兽目"（Symmetrodonta）是 Simpson（1925c）创立的一个分类单元，并将其作为与三尖齿兽目（Triconodonta）和古兽目（Pantotheria）并列的目级分类单元，名称意为"对称的牙齿"，指其下臼齿没有跟座、形态对称。这是一类已经灭绝的哺乳动物，化石发现于除大洋洲和南极之外的所有大陆的中生代地层中。

虽然支序分析并不强烈支持"对齿兽目"这个类群（Prothero, 1981），但它仍然在后来的分类中被继续使用（如 Fox, 1985；Hu et al., 1997；McKenna et Bell, 1997；Hu et al., 2005a；Eaton, 2006b），同时一些研究者也在避免使用"对齿兽目"（如 Tsubamoto et al., 2004；Luo et Ji, 2005；Eaton, 2006a；Li et Luo, 2006；Ji et al., 2009）。一些新的支序分析结果显示，传统上归入"对齿兽目"的两个科（Tinodontidae 和鼩兽科 Spalacotheriidae）并

不具有独有的共同祖先（Luo et al., 2002）。另外，对称的臼齿也被认为代表的是特征演化阶段，而不能作为"对齿兽目"的独有衍征（Kielan-Jaworowska et al., 2004）。由于多数归入"对齿兽目"的材料比较零散，它们的系统发育位置并不确定。

鉴于该类群目前的状态，本志仍然沿用"对齿兽目"，并加引号以表示其非单系类群的可能性。

定义与分类　"对齿兽目"包括 7 个科：Amphidontidae Simpson, 1925，Bondesiidae Bonaparte, 1990，Kuehneotheriidae Kermack et al., 1968，Thereuodontidae Sigogneau-Russell et Ensom, 1998，Tinodontidae Marsh, 1887，Woutersiidae Sigogneau-Russell et Hahn, 1995，Spalacotheriidae Marsh, 1887；以及不能归入上述各科的 4 个属。

形态特征　通常为小型的哺乳动物。臼齿双根，主要齿尖排列成对称的三角形，上臼齿的三角形顶点指向舌侧，下臼齿的指向唇侧（即倒转三角形排列）；咬合时，主尖构成的三角形对位于对应颌骨相邻牙齿间的斗隙。岩骨岬（promontorium）不膨大、指状或亚筒状，耳蜗不旋卷；下颌无角突。颈肋不愈合；具间锁骨，但锁骨起肩带的主要支撑作用；间锁骨、锁骨和肩胛骨之间构成可活动关节。

鼩兽科　Family Spalacotheriidae Marsh, 1887

模式属　*Spalacotherium* Owen, 1854

定义与分类　鼩兽科属于"对齿兽类"中的进步类型，包括所有臼齿主尖排列成锐角三角形的属种，被认为是一个单系类群。共有 13 属，除鼩兽属、张和兽属、毛兽属和尖吻兽属之外，其他均归入鼩掠兽亚科（Spalacolestinae Cifelli et Madsen, 1999）。

名称来源　科名源自模式属——鼩兽属（*Spalacotherium*）。

鉴别特征　上下臼齿主尖排列成顶角为锐角的倒转三角形；臼齿数目 5 个或更多；后剪面与下前剪面发育完整；下臼齿齿冠较高，主尖发育；原始类型上臼齿前棱中部有 B' 尖，进步种类中此尖消失。

中国已知属　*Zhangheotherium* Hu, Wang, Luo et Li, 1997，*Maotherium* Rougier, Ji et Novacek, 2003，*Heishanlestes* Hu, Fox, Wang et Li, 2005，*Akidolestes* Li et Luo, 2006。

分布与时代　欧洲，晚三叠世至早白垩世；亚洲，早侏罗世至晚白垩世；摩洛哥，早白垩世；北美洲，晚侏罗世至晚白垩世；南美洲，晚白垩世。

评注　鼩兽科是 Marsh（1887）为识别 *Spalacotherium* 和 *Menacodon*（后来被认为是 *Tinodon* 的同义名）建立的。Osborn（1888）将其作为一个亚科归入 Triconodontidae 中。Simpson（1925a, 1928）从牙齿形态上将对齿兽类与三尖齿兽类分开。Patterson（1956）首次注意到 *Spalacotherium* 和 *Tinodon* 臼齿数目和齿尖夹角的不同，但仍然将后者带有疑问地归入鼩兽科中。Crompton 和 Jenkins（1968）将 *Tinodon* 置于不同的科中。目前，

在分类上将 *Spalacotherium* 和 *Tinodon* 分开的做法被广泛接受（Kielan-Jaworowska et al., 2004）。

Rougier 等（2003）建立了张和兽科（Zhangheotheriidae）（包括张和兽属和毛兽属），并将其作为鼩兽科的姐妹群。Kielan-Jaworowska 等（2004）并没有采用这一分类。在后来的系统发育分析中，除 Sweetman（2008）认为张和兽和毛兽构成单系类群外，Li 和 Luo（2006, p. 197）以及 Ji 等（2009, supplementary, p. 17）并不支持这样的单系类群。Cifelli 和 Madsen（1999）的分析结果则将模式属 *Spalacotherium* 置于张和兽之外。这样，如果张和兽等独立成科，传统的鼩兽科将不再是自然类群。鉴于此，本志不采用张和兽科，而将张和兽和毛兽归入鼩兽科。

张和兽属 Genus *Zhangheotherium* Hu, Wang, Luo et Li, 1997

模式种 *Zhangheotherium quinquecuspidens* Hu, Wang, Luo et Li, 1997

名称来源 属名源自张和先生，他将模式种正模标本捐献给中国科学院古脊椎动物与古人类研究所。作者以他的名字命名该属以表示感谢。

鉴别特征 同模式种。

中国已知种 仅模式种。

分布与时代 辽宁，早白垩世。

五尖张和兽 *Zhangheotherium quinquecuspidens* Hu, Wang, Luo et Li, 1997

（图 113，图 114）

正模 IVPP V 7466，保存很好的骨架。

归入标本 IGCAGS 97-07352，一幼年个体的不完整骨架。

名称来源 种名指其下臼齿具有 3 个主尖和 2 个大的附尖。

鉴别特征 中等大小的鼩兽科哺乳动物，齿式：3·1·2·5/3·1·2·6。主尖锥形、圆钝，齿脊不发育；上臼齿前棱中部有 B' 尖，B' 尖比 C 尖大，外中凹极浅，无内齿带；下臼齿 b 尖与 c 尖近等高，无内、外齿带。剑突（xiphoid process）后端扩大。背椎 13 枚，腰椎 6 枚，荐椎 4 枚。

产地与层位 辽宁北票上园镇尖山沟（正模）及四合屯（归入标本），下白垩统义县组（Hu et al., 1997；Luo et Ji, 2005）。

评注 1) Luo 和 Ji（2005）文中出现标本号之处，绝大部分使用的是 CAGS 97-07352，但第一次提到时使用的是 CAGS-IG99-07352，可能系笔误。

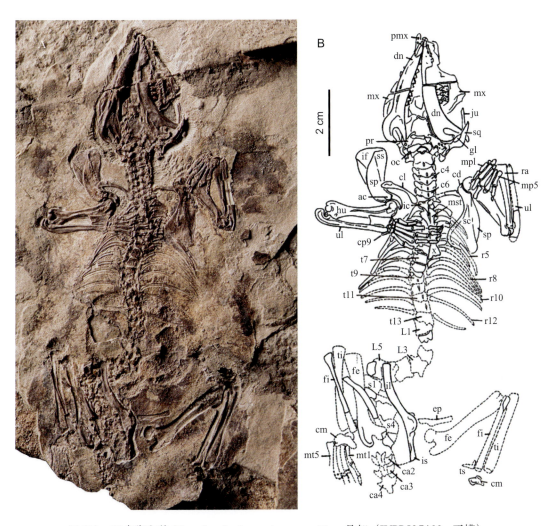

图 113　五尖张和兽 *Zhangheotherium quinquecuspidens* 骨架（IVPP V 7466，正模）

A. 标本照片（腹面视），B. 轮廓图（虚线表示保存为印模的部分）（引自 Hu et al., 1997）。

ac (acromion of scapula)，肩胛骨肩峰；c4, c6 (cervical vertebrae 4 and 6)，第四、第六颈椎；ca2–ca4 (caudal vertebrae 2 to 4 [caudal vertebrae are incomplete])，第二至第四尾椎（尾椎不完整）；cd (coracoid process of scapula)，肩胛骨喙突；cl (clavicle)，锁骨；cm (calcaneum)，跟骨；cp9 (carpal 9)，第九腕骨；dn (dentary)，齿骨；ep (epipubis)，上耻骨；fe (femur)，股骨；fi (fibula)，腓骨；gl (glenoid fossa of squamosal)，鳞骨关节窝；hu (humerus)，肱骨；ic (interclavicle)，间锁骨；if (infraspinous fossa)，冈下窝；il (ilium)，髂骨；is (ischium)，坐骨；ju (jugal)，轭骨；L1, L3, L5 (lumbar vertebrae 1, 3, and 5 [impressions only])，第一、第三、第五腰椎（印痕）；mp1, mp5 (metacarpals I and V)，掌骨 I、V；mst (manubrium of sternum)，胸骨柄；mt1, mt5 (metatarsals I and V)，蹠骨 I、V；mx (maxillary)，上颌骨；oc (occipital condyle)，枕髁；pmx (premaxillary)，前颌骨；pr (promontorium)，岬；ra (radius)，桡骨；r5, r8, r10, r12 (thoracic ribs 5, 8, 10 and 12 [posterior thoracic ribs preserved only in impressions])，第五、第八、第十、第十二胸肋（后部胸肋保存为印痕）；sc (scapula)，肩胛骨；sp (spine of scapula)，肩胛冈；sq (squamosal)，鳞骨；ss (supraspinous fossa of scapula)，冈上窝；s1, s4 (sacral vertebrae 1 and 4 [represented mostly by impression])，第一、第四荐椎（印痕）；ti (tibia)，胫骨；ts (lateral tarsal spur of ankle)，跗骨外刺；t7, t9, t11, t13 (thoracic vertebrae 7, 9, 11 and 13)，第七、第九、第十一、第十三胸椎；ul (ulna)，尺骨；x (xiphoid process of sternum)，胸骨剑突

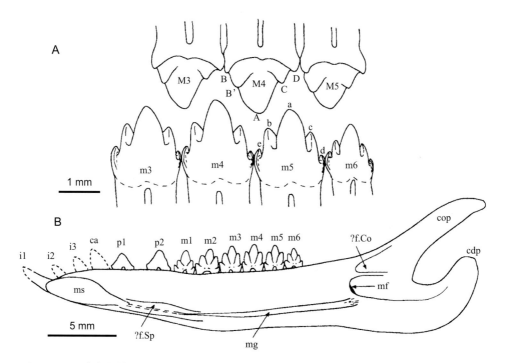

图 114 五尖张和兽 *Zhangheotherium quinquecuspidens* 下颌及牙齿（IVPP V 7466，正模）
A. 左侧 M3–5 和 m3–6（唇侧视），B. 右下颌及下齿列复原图（舌侧视，虚线是复原的破损部分）（引自胡耀明等，1998）。
A–D and B'（cusps of upper molar），上臼齿齿尖；a–e（cusps of lower molar），下臼齿齿尖；ca（lower canine），下犬齿；cdp（condylar process），关节突；cop（coronoid process），冠状突；?f. Co（possible facet for coronoid），可能为冠状骨接触面；?f. Sp（probable facet for splenial），可能为夹板骨接触面；i1–3（lower incisors），下门齿；M3–5（upper molars），上臼齿；m1–6（lower molars），下臼齿；mf（mandibular foramen），下颌孔；mg（Meckelian groove），麦氏软骨沟；ms （mandibular symphysis），下颌联合面；p1–2（lower premolars），下前臼齿

2）Rougier 等（2003）认为张和兽的下齿列齿式为 3·1·3·5（原文误为 3·1·3·3），上臼齿数目为 4，但没有给出进一步的解释。

Luo 和 Ji（2005）描述了一个五尖张和兽幼年个体的标本，并根据前臼齿替换情况认为正模标本有 3 个下前臼齿，从而将下齿列齿式改为 3·1·3·5，但在他们的图 2D 中修改自胡耀明等（1998）的张和兽下颌骨轮廓图上，仅仅是将 p1 缩小，在原定为 p1 和 p2 的牙齿之间添加了一个牙齿，并将其解释为 p2，而将原 p2 改为 p3，同时保留 6 个下臼齿。这就与文中修改的齿式不一致了。

虽然正在发育的牙胚说明了牙齿替换过程中的一些问题，但并没有完整而清楚地呈现张和兽牙齿替换过程。在原始哺乳动物中，臼形齿也存在替换的现象（Gow, 1986；Jenkins et Schaff, 1988；张法奎等, 1998）。另外，在有较好下颌材料的鼹兽科成员中，m1 的齿尖夹角通常为钝角（Cifelli et Madsen, 1999；Sweetman, 2008；Ji et al., 2009）。这些牙齿可以而且应该与张和兽原定为 m1 的牙齿对比。因此，本志维持 Hu 等（1997）确定的齿式不变。

3) Hu 等（1997）将胸骨节（sternebra）愈合作为 *Zhangheotherium* 属的鉴定特征。Luo 和 Ji（2005）描述的 *Zhangheotherium quinquecuspidens* 幼年个体（CAGS 97-07352）上，胸骨节并不愈合，因而认为胸骨节愈合可能是个体发育的结果。Chen 和 Luo（2012）在研究 *Akidolestes* 头后骨骼时，将 *Z. quinquecuspidens* 正模愈合的胸骨节解释为该种的独有（自近裔）特征或很可能是个体的病态。实际上，*Z. quinquecuspidens* 正模的胸骨没有明显的病变特征，其幼年个体的胸骨并不愈合，因此，胸骨节愈合更可能是个体发育的结果。类似情况在现代人胸骨个体发育过程中也同样存在（Jit et Kaur, 1989）。

毛兽属 Genus *Maotherium* Rougier, Ji et Novacek, 2003

模式种 *Maotherium sinense* Rougier, Ji et Novacek, 2003

名称来源 属名源自"毛"的汉语拼音，意指模式种正模标本保存了清晰的毛发印痕。

鉴别特征 上臼齿外中凹深，B'尖与C尖等大，前附尖发育，形成钩状；最后一枚上臼齿后附尖部位退化，整个牙齿很不对称；下臼齿大小向后明显变小，b 尖比 c 尖大。胸骨节不愈合。背椎 15 枚，腰椎 7 枚，荐椎 3 枚。

中国已知种 模式种和 *Maotherium asiaticum* Ji, Luo, Zhang, Yuan et Xu, 2009。

分布与时代 辽宁，早白垩世。

评注 Rougier 等（2003）描述模式种时，将上臼齿有宽的舌侧齿带作为毛兽与张和兽的区别之一。而 Ji 等（2009, supplementary, p. 2）在描述亚洲毛兽时认为亚洲毛兽上臼齿的舌侧齿带退化或缺失。因此，这一特征不应作为属征。

Ji 等（2009）将下颌髁前切迹（precondylar notch）作为毛兽属的衍征，但比较张和兽标本可以看出，两者在这个特征上并不存在明显的差别。

中国毛兽 *Maotherium sinense* Rougier, Ji et Novacek, 2003

（图 115，图 116）

正模 NGMC-97-4-15，完全关节的完整骨架，有清晰的毛发和身体轮廓印痕。产于辽宁北票上园镇，具体地点不详。标本保存于中国地质博物馆。

名称来源 种名指化石产于中国。

鉴别特征 个体较小的毛兽。齿式：3·1·2·4/3·1·3·6。上臼齿舌侧齿带宽。

评注 原作者命名该种时，将种名拼写为 *sinensis* (Rougier et al., 2003)。由于属名 *Maotherium* 的词尾为中性，而 *sinensis* 的词尾是阳性或阴性，根据国际动物命名法规，种名的词尾"必须相应地加以改变"（卜文俊、郑乐怡，2007），因此，其种名应修改为 *sinense*。

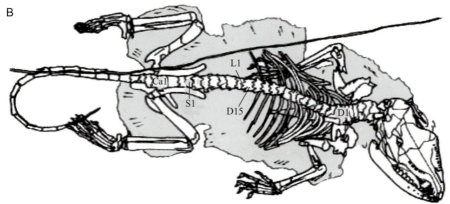

图 115　中国毛兽 *Maotherium sinense* 骨架背视（NGMC-97-4-15，正模）

A. 标本照片，B. 标本线条图（引自 Rougier et al., 2003）。
Ca1 (first caudal vertebrae)，第一尾椎；D1 (first dorsal vertebrae)，第一背椎；D15 (15th dorsal vertebrae)，第十五背椎；L1 (first lumbar vertebrae)，第一腰椎；S1 (first sacral vertebrae)，第一荐椎

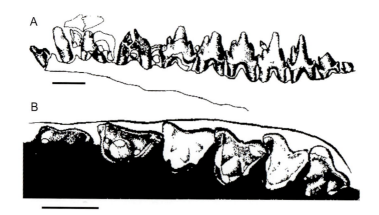

图 116　中国毛兽 *Maotherium sinense* 齿列（NGMC-97-4-15，正模）
A. 左 i3–m6（颊侧视），B. 左 P1–M4（冠面视）；标尺 =1.5 mm（引自 Rougier et al., 2003）

亚洲毛兽 *Maotherium asiaticum* Ji, Luo, Zhang, Yuan et Xu, 2009

（图 117，图 118）

正模 HNGM 41H-III-0321，一具保存近乎完整的头骨和大部分头后骨骼的骨架。产于辽宁北票上园镇陆家屯，下白垩统义县组。

名称来源 种名指产于亚洲。

鉴别特征 个体较模式种大。齿式：3•1•1•5/3•1•1•6。I1 前倾，i2 比 i3 大得多；下犬齿比 i3 小。犬齿与前臼齿之间有长的齿隙；p1 小，非臼齿形，高度近为 m1 的一半；m6 几乎与 m5 等高；上臼齿 B'尖和 C 尖之间具一低的中央尖；有胫骨远端茎突，第五蹠骨近端具外侧突。

评注 原作者命名该种时，将种名拼写为 *asiaticus* (Ji et al., 2009)。由于属名 *Maotherium* 的词尾为中性，而 *asiaticus* 的词尾是阳性，根据国际动物命名法规，种名的词尾"必须相应地加以改变"（卜文俊、郑乐怡，2007），因此，其种名应修改为 *asiaticum*。

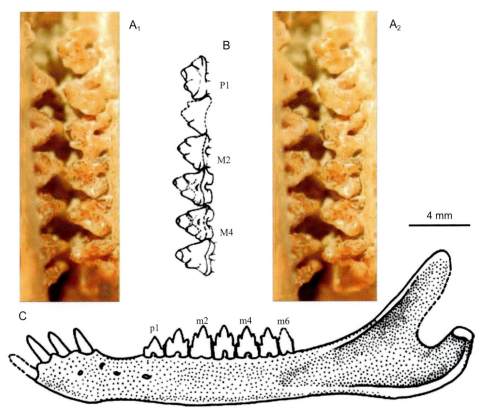

图 117 亚洲毛兽 *Maotherium asiaticum* 牙齿及下颌（HNGM 41H-III-0321，正模）

$A_{1,2}$. 咬合的上、下颊齿（唇腹侧视，立体照片），B. 上颊齿轮廓图（唇腹侧视），C. 复原的左下颌（唇侧视）

（改自 Ji et al., 2009）

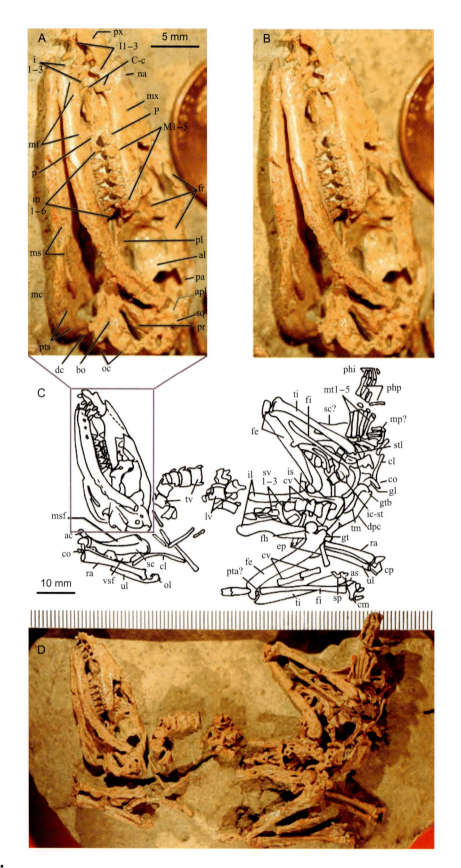

尖吻兽属 Genus *Akidolestes* Li et Luo, 2006

模式种 *Akidolestes cifellii* Li et Luo, 2006

名称来源 属名意指该动物具有尖的吻部。

鉴别特征 同模式种。

中国已知种 仅模式种。

分布与时代 辽宁，早白垩世。

西氏尖吻兽 *Akidolestes cifellii* Li et Luo, 2006

（图119，图120）

正模 NIGPAS 139381A, B，一件具有部分头骨和齿列的骨架，分正负面保存。标本采自辽宁凌源大王杖子，下白垩统义县组（Li et Luo, 2006）。标本保存在中国科学院南京地质古生物研究所。

名称来源 种名意在对Richard L. Cifelli在对齿兽类研究方面的贡献表示敬意。

鉴别特征 小型鼩兽类。齿式：4·1·5?·5?/4·1·5·6，下原脊高，后部前臼齿比前部臼齿大；最后面的下臼齿齿尖明显，齿冠对称；臼齿齿冠高；后部下臼齿的齿尖夹角小于50°；最后的几个下臼齿唇侧齿带不完整。下颌骨前部纤细。

图118 亚洲毛兽 *Maotherium asiaticum* 骨架（HNGM 41H-III-0321，正模）

A, B. 头骨及下颌（立体照片），C. 骨架轮廓图，D. 骨架照片（改自 Ji et al., 2009）。
ac (acromion)，肩峰；al (alisphenoid)，翼蝶骨；apl (anterior lamina of petrosal)，岩骨前板；as (astragalus)，距骨；bo (basioccipital)，基枕骨；C-c (upper/lower canines)，上、下犬齿；cl (clavicle)，锁骨；cm (calcaneum)，跟骨；co (coracoid process [scapula])，喙突（肩胛骨）；cp (carpals)，腕骨；cv (caudal vertebrae)，尾椎；dc (dentary condyle)，下颌关节髁；dpc (deltopectoral crest)，三角肌脊；ep (epipubis)，上耻骨；fe (femur)，股骨；fh (femoral head)，股骨头；fi (fibula)，腓骨；fr (frontal)，额骨；gl (glenoid of scapula)，肩臼；gt (greater trochanter of femur)，股骨大转子；gtb (greater tubercle of humerus)，肱骨大结节；I1–3, i1–3 (upper and lower incisors 1–3)，第一至第三上、下门齿；ic-st (interclavicle-sternal manubrium?)，间锁骨-胸骨柄？；il (ilium)，髂骨；is (ischium)，坐骨；lv (lumbar vertebrae)，腰椎；M1–5 (upper molars 1–5)，第一至第五上臼齿；m1–6 (lower molars 1–6)，第一至第六下臼齿；mc (Meckel's cartilage)，麦氏软骨；mf (mental foramina)，颏孔；mp? (metacarpals?)，掌骨？；ms (meckelian sulcus)，麦氏软骨沟；msf (medial scapular facet)，冈上窝；mt1–5 (metatarsals 1–5)，第一至第五蹠骨；mx (maxillary)，上颌骨；na (nasal)，鼻骨；oc (occipital condyle)，枕髁；ol (olecranon process [ulna])，鹰嘴突（尺骨）；P and p (upper and lower premolars)，上、下前臼齿；pa (parietal)，顶骨；phi (intermediate phalanges)，中间指节骨；php (proximal phalanges)，近端指节骨；pl (palatine)，腭骨；pr (petrosal promontorium)，岩骨岬；pta? (patella?)，髌骨？；pts (pterygoid shelf)，翼肌架；px (premaxillary)，前颌骨；ra (radius)，桡骨；sc (scapula)，肩胛骨；sp (extratarsal spur)，跗骨外刺；sq (squamosal)，鳞骨；stl (distal styloid of tibia)，胫骨远端茎突；sv1–3 (sacral vertebrae 1–3)，第一至第三荐椎；ti (tibia)，胫骨；tm (teres major process)，大圆肌突；tv (thoracic vertebrae)，胸椎；ul (ulna)，尺骨；vsf (ventral scapular facet)，冈下窝

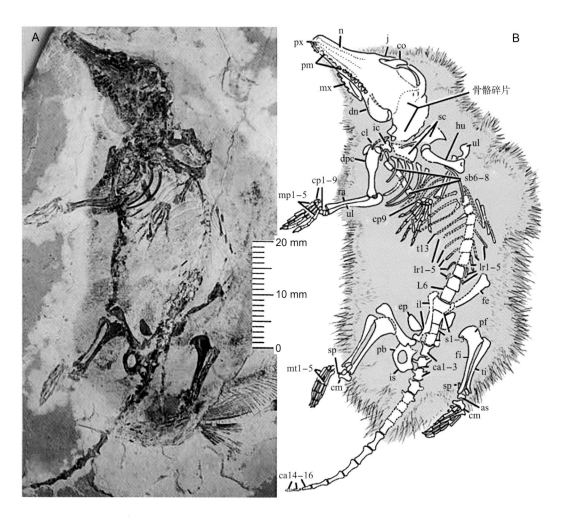

图 119　西氏尖吻兽 *Akidolestes cifellii* 骨架正面视（NIGPAS 139381A，正模）

A. 照片，B. 轮廓图（改自 Li et Luo, 2006）。

as (astragalus), 距骨; ca1–3 (caudal vertebrae 1 through 3), 第一至第三尾椎; ca14–16 (caudal vertebrae 14 through 16), 第十四至第十六尾椎; cl (clavicle), 锁骨; cm (calcaneum), 跟骨; co (coronoid process of the dentary), 齿骨冠状突; cp1–9 (carpals 1 through 9), 第一至第九腕骨; dn (dentary), 齿骨; dpc (deltopectoral crest [humerus]), 三角肌脊（肱骨）; ep (epipubis), 上耻骨; fe (femur), 股骨; fi (fibula), 腓骨; hu (humerus), 肱骨; ic (interclavicle), 间锁骨; il (ilium), 髂骨; is (ischium), 坐骨; j (jugal), 轭骨; L6 (lumbar vertebrae 6), 第六腰椎; lr1–5 (lumbar ribs 1 through 5), 第一至第五腰肋; mp1–5 (metacarpals 1 through 5), 第一至第五掌骨; mt1–5 (metatarsals 1 through 5), 第一至第五蹠骨; mx (broken and separated maxilla with upper molars), 上颌骨（具上臼齿）; n (nasal), 鼻骨; pb (pubis), 耻骨; pf (parafibular process of fibula), 副腓骨突; pm (lower premolars), 下前臼齿; px (broken and separated premaxilla with incisors), 前颌骨（具门齿）; ra (radius), 桡骨; s1–3 (sacral vertebrae 1 through 3), 第一至第三荐椎; sb6–8 [sternebrae 6 through 8 (including xiphoid)], 第六至第八胸骨（含剑突）; sc (scapula) 肩胛骨; sp (extratarsal 'poison' spur including os calcaris and cornu calcaris), 跗骨外'毒'刺; ti (tibia), 胫骨; t13 [the 13th thoracic rib (left)], 第十三胸肋（左）; ul (ulna), 尺骨

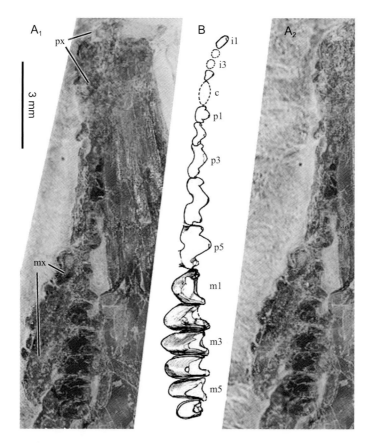

图120 西氏尖吻兽 *Akidolestes cifellii* 左下齿列，唇冠面视（NIGPAS 139381A，正模）
A₁,₂. 立体照片，B. 复原图（引自 Li et Luo, 2006）。
px（broken premaxilla），破碎的前颌骨；mx（broken maxilla），破碎的上颌骨

黑山掠兽属 Genus *Heishanlestes* Hu, Fox, Wang et Li, 2005a

模式种 *Heishanlestes changi* Hu, Fox, Wang et Li, 2005

名称来源 属名源自标本产地辽宁省黑山县。

鉴别特征 同模式种。

中国已知种 仅模式种。

分布与时代 辽宁，早白垩世。

常氏黑山掠兽 *Heishanlestes changi* Hu, Fox, Wang et Li, 2005

（图121，图122）

正模 IVPP V 7480，一近于完整的右下颌，具 p1–4、m1–6。

副模 IVPP V 7481，左下颌前部，具正在萌出的犬齿、p1–4 和 m1；V 7482，左下

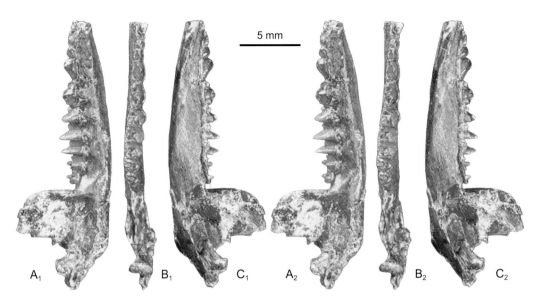

图 121 常氏黑山掠兽 *Heishanlestes changi* 右下颌（IVPP V 7480，正模）
$A_{1,2}$. 唇侧视（立体照片），$B_{1,2}$. 冠面视（立体照片），$C_{1,2}$. 舌侧视（立体照片）（改自 Hu et al., 2005a）

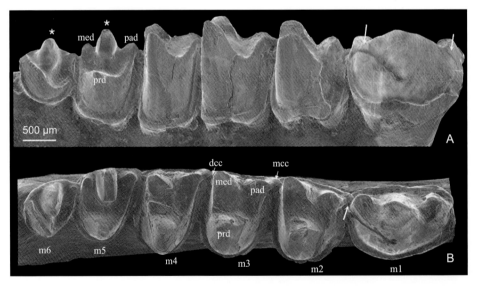

图 122 常氏黑山掠兽 *Heishanlestes changi* 右下白齿（IVPP V 7480，正模，模型电镜照片）
A. 唇侧视，B. 冠面视，箭头示 m1 上前、后磨蚀面（引自 Hu et al., 2005a）。
dcc（distal cingular cusp），后齿带尖；m1–m6（molars 1–6），第一至第六下白齿；mcc（mesial cingular cusp），前齿带尖；med（metaconid），下后尖；pad（paraconid），下前尖；prd（protoconid），下原尖；
* （large cusp in the middle of trigonid），下三角座中间的齿尖

颌前部，具 p4、m1 和 p3 齿槽。

名称来源 种名取自东北煤田地质局一〇七队地质研究所常征路工程师的姓氏，他对东北中生代地层和古生物学研究做出了重要贡献。

鉴别特征 下齿列齿式：?·1·4·6。i1 不增大，前白齿排列紧、互相叠覆；下白齿齿

带尖缩小；m1 齿尖夹角钝角；m5-6 缩小，下三角座中央有一个孤立的尖。

产地与层位　辽宁黑山，下白垩统沙海组。

双型齿兽科 Family Amphidontidae Simpson, 1925

模式属　*Amphidon* Simpson, 1925

定义与分类　共有 3 属，除模式属之外，其余两属的归属均有疑问。没有进一步的亚科级划分。

名称来源　科名源自模式属——双型齿兽属（*Amphidon*）。

鉴别特征　下颊齿齿式为4•4；犬齿与前白齿之间的齿隙显著；下白齿齿尖夹角为钝角；b 尖和 c 尖极弱，仅为齿脊上小的突起；无 e 尖和 f 尖，相邻牙齿间无嵌锁关系；无舌侧齿带。

中国已知属　*Manchurodon* Yabe et Shikama, 1938。

分布与时代　美国，晚侏罗世；中国，中侏罗世；印度，早侏罗世。

评注　由于归入该科属种的材料极为不完整，它的特征存在诸多疑问。模式属唯一标本（即模式种的正模）的颊齿齿式一直被认为是：4•4（Simpson, 1925b, 1929；Patterson, 1956）。后来，有人认为双型齿兽属具有 3 枚下前白齿、5 枚白齿，其齿式应该是 3•5（Rougier et al., 2001；Averianov, 2002），并提出 *Amphidon* 属于"三尖齿兽类""双掠兽科"（"Amphilestidae"）的可能性（Averianov, 2002）。相关的支序分析结果将 *Amphidon* 置于"三尖齿兽类"中（Rougier et al., 2001, 2007a；Gao et al., 2010）。Lopatin 等（2010）则直接将原属"三尖齿兽类"的一些属种与 *Amphidon* 一起置于 Amphidontidae 科中。然而，值得注意的是，几个支序分析所采用的相关数据是基本一致的，都是源于 Rougier 等（2001）的数据矩阵。Rougier 等（2001）的矩阵是基于对 *Amphidon* 齿式的重新解释，而其齿式为 3•5 的可能性并不比 4•4 的大。同时，该矩阵并没能体现原定为 m1（=后来的 m2）的齿尖排列成钝角三角形的特点。另外，*Amphidon* 也与 Lopatin 等（2010）归入该科的原属三尖齿兽类的属种之间存在明显的差别。本志遵从 Kielan-Jaworowska 等（2004）的做法，仍将 Amphidontidae 暂时归入"对齿兽目"。

满洲兽属 Genus *Manchurodon* Yabe et Shikama, 1938

模式种　*Manchurodon simplicidens* Yabe et Shikama, 1938

名称来源　属名指模式种产于中国东北地区。

鉴别特征　同模式种。

中国已知种　仅模式种。

分布与时代　辽宁，中侏罗世。

简齿满洲兽 *Manchurodon simplicidens* Yabe et Shikama, 1938
（图 123）

正模 右下颌中段具 8 枚颊齿。产于辽宁大连瓦房店砟子窑，中侏罗统瓦房店组（周明镇等，1991）。

名称来源 种名指其牙齿结构简单。

鉴别特征 下齿列齿式为 ?•?•4•4。下臼齿 a 尖高，前后各有一小尖（b 尖和 c 尖），c 尖比 b 尖稍高。

评注 原作者认为满洲兽产于阜新煤系，时代为中侏罗世（Yabe et Shikama, 1938）。此后，关于它的时代长期存在争议。Teilhard de Chardin 和 Leroy（1942）、周明镇（1953）和 Patterson（1956）都认为其时代为早白垩世。张法奎（1984）认为其时代为晚侏罗世。根据区调成果，*Manchurodon* 的产出地层应为瓦房店组含煤地层，从而将其时代定为中侏罗世（周明镇等，1991）。

Yabe 和 Shikama（1938）描述满洲兽时，认为该属具有 3 个下前臼齿和 5 个下臼齿，并因其臼齿仅中央的齿尖为功能尖而将其归入 Amphidontidae 科中。Patterson（1956）认为满洲兽具有 4 个下前臼齿和 4 个下臼齿。Averianov（2002）不仅将满洲兽下颊齿齿式修订为 3•5，而且对其是否仅有一个功能尖也提出了质疑，但仍然将其归入"对齿兽目"中。由于原作者的描述过于简单，而且只提供了外侧面的照片和插图，因而无法确定其关键特征，甚至产生了能不能将其归入哺乳动物的怀疑（周明镇，1953, 153 页）。由于原标本已经丢失，它的分类位置可能成为不解之谜，将其归入双型齿兽科也存在不小的疑问。

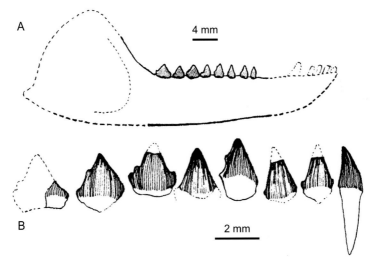

图 123 简齿满洲兽 *Manchurodon simplicidens*（正模，原标本已佚失）
A. 右下颌骨（唇侧视）；B. 右下颊齿（唇侧视）（引自 Yabe et Shikama, 1938）

"真古兽目" Order "EUPANTOTHERIA" Kermack et Mussett, 1958 (Stem Cladotherians)

概述 Eupantotheria 是 Kermack 和 Mussett（1958）提出的分类学名词。1960 年，周晓和把 Eupantotheria 译为真古兽目。查 eu（希腊文）为真，panto，即 pan（希腊文）其一意为山林之主，ther（希腊文）为野兽。Marsh（1880）建立了 Pantotheria 目，在以后的近 80 年中，由于该目分类内涵的分歧而引起对 Pantotheria 目含义上的混淆，柱齿兽类也曾被包括在 Pantotheria 目中（如 Simpson, 1929, 1945；Butler, 1939）。Simpson（1931）提出了 Pantotheria 下纲（Infraclass），包括 Symmetrodonta 和 Pantotheria 两个目。1946 年，Kretzoi 将柱齿兽类从 Pantotheria 目中分出，单列一目。Kermack 和 Mussett（1958）提出将 Pantotheria 改称 Eupantotheria 以区别 Pantotheria 下纲。当时 Kermack 和 Mussett 并未给出这一分类单元的定义，只是在 Kermack 和 Mussett（1959）的插图 11 中表明它是介于 Symmetrodonta 与 Theria 之间的哺乳动物。直到 1979 年 Kraus 才对真古兽目（Order Eupantotheria）做了系统的总结。它主要包括 Amphitheriidae、Paurodontidae、Peramuridae 和 Dryolestidae。

比 Kraus 论文发表稍早的 1975 年，McKenna 应用分支系统学的观点也提出另外一个兽亚纲的分类系统，并在以后 McKenna 和 Bell（1997）的《Classification of Mammals—Above the Species Level》一书中，详细列出了各分类阶元的内涵。摘要如下：

兽亚纲 Subclass Theria Parker et Haswell, 1877
 丛兽超阵 Sulegion Trechnotheria McKenna, 1975
  对齿兽阵 Legion Symmetrodonta Simpson, 1925（新组合）
  歧兽阵 Legion Cladotheria McKenna, 1975
   树掠兽亚阵 Sublegion Dryolestoidea Butler, 1939（曾译磔齿兽，drypt 为磔）
    树掠兽目 Order Dryolestida Prothero, 1981
     树掠兽科 Family Dryolestidae Marsh, 1879
     小齿古兽科 Family Paurodontidae Marsh, 1887
    双兽目 Order Amphitheriida Prothero, 1981
     双兽科 Family Amphitheriidae Owen, 1846
   宏兽亚阵 Sublegion Zatheria, new
    微兽附阵 Infralegion Peramura McKenna, 1975
     微兽科 Family Peramuridae Kretzoi, 1946
    磨楔兽附阵 Infralegion Tribosphenida, new

从上面 McKenna 和 Bell（1997）的分类可以看出由 Kraus（1979）归入 Eupantotheria 的四个科，在 McKenna 的分类中是归入了 Legion Cladotheria 下的两个不同 Sublegion（Dryolestoidea, Zatheria）。但在上世纪后半叶的论著中，尽管存有争议，不少学者还是

采用了真古兽类这一分类单元。同时，学者们也对 McKenna 的支序分类提出了一些看法和质疑，如 1999 年，Sigogneau-Russell 根据发现在英国和北非早白垩世一些单个牙齿建立了归入 Zatheria incertae sedis 的三个新属时，就对 Peramura-Zatheria 缺少独有的共近裔性状提出质疑。再如 2002 年 Martin 记述了发现在葡萄牙晚侏罗世—白垩纪最早期的两种 *Nanolestes*（侏掠兽），并将其归诸于 Zatheria 之下。但作者依据 Prothero（1981）给出 Zatheria 的三条定义，即①上下白齿退化为 3 个，②下白齿跟座成盆形，出现下次小尖和下内尖，前齿带消失，③上白齿柱尖退化，认为 *Nanolestes* 并不符合这三条定义条件，而是①下白齿具有伸长的、但不成盆状的跟座，②下白齿有 5 个。因之 *Nanolestes* 是处于 Prothero（1981）fig. 12 的 Cladotheria（节点 11）和 Zatheria（节点 17）之间的位置。换言之，Martin（2002, p. 346）认为侏掠兽并不是 Zatheria 的确切成员，而是与蒙古早白垩世的 *Arguimus*、非洲的 *Afriquiamus* 等同样都处在 stem-lineage（干群支系）of Zatheria 位置上。至于蒙古早白垩世的材料是 Dashzeveg 于 1994 年依据两个极不完整的下颌分别建立了两个新科、新属、新种（即 Arguitheriidae: *Arguitherium*: *A. cromptoni* 和 Arguimuridae: *Arguimus*: *A. khosbaari*）。Dashzeveg 把两个新科均置于 Order Eupantotheria 下的 Suborder Amphitheria 之中。当然蒙古的材料与 Prothero（1981）的定义相去也远。2005 年，李传夔等记述发现在辽宁阜新早白垩世的鹿间明镇古兽（*Mozomus shikamai* Li et al., 2005）时，也同样把明镇古兽归诸在 Sublegion Zatheria McKenna, 1975 之下，而论文的题目则采用了"记中国首次发现的'真古兽类'（eupantotherian）化石"。明镇古兽有 4 个下白齿，m4 最大，跟座不成盆形等性状更与 Prothero（1981）所给出的 Zatheria 的特征差别显著，而与 *Nanolestes* 在上述①、②两点上更为接近。综括近年来新发现的、归入 Zatheria 之下的属种由于材料极不完整，所以无法依据可靠的共近裔性状找出 Zatheria，甚至 Cladotheria 内属级以上阶元的合理分类位置（Martin, 2002, p. 346）。这不仅使 Zatheria 的特征更加模糊，即使处在 Stem-lineage of Zatheria 之下的属种也很难找出更多的近裔共性。基于目前的研究现状，就像前节记述的"对齿兽目"一样，我们只好暂依传统的、较为模糊的分类概念，即用"真古兽目"（Order Eupantotheria）来取代 Zatheria。

2004 年，Kielan-Jaworowska 等在《Mammals from the Age of Dinosaurs: Origins, Evolution, and Structure》一书第十章用了"Eupantotherians"（Stem Cladotherians）的标题，合理巧妙地点出这一类介于 Symmetrodonta 与 Tribosphenida（磨楔齿兽类）之间的哺乳动物的研究现状。用带引号的"真古兽类"表示它由多个并系类群组成，而 Stem Cladotherians 则是这类动物在支序分类上的确切位置。在该书第十章中系统介绍了支序学派和传统的林奈学派的分类办法、"真古兽类"的简要特征、地史地理分布、齿尖命名，更把归入"真古兽类"各属级以上单元（包括属级）的解剖形态特征及分布等也一一列出，并加以讨论。因之该书是当前最权威的系统总结。本志书也是遵从该书的理念来记述发现于中国的两种"真古兽类"。

定义与分类 介于 Symmetrodonta 与 Tribosphenida（确切是 Stem Boreosphenidans）之间的哺乳动物。在林奈学派的分类中，它是"真古兽类"；在支序学派的分类中，它是 Stem Cladotherians（歧兽干群）(Kielan-Jaworowska et al., 2004, p. 379–380, Table 10.1, Table 10.2)。其传统概念的林奈分类节要如下：

"Eupantotheria" Kermark et Mussett, 1958
　Superorder Dryolestoidea Butler, 1939
　　Order Dryolestida Prothero, 1981
　　　Family Dryolestidae Marsh, 1879
　　　　Dryolestes Marsh, 1878
　　　Family Paurodontidae Marsh, 1887
　　　　Paurodon Marsh, 1887
　　　　Henkelotherium Krebs, 1991
　　Order Amphitherida Prothero, 1981
　　　Family Amphitheridae Owen, 1846
　　　　Amphitherium de Blainville, 1838
　Superorder Zatheria McKenna, 1975（as stem-lineage Zatheria, Martin, 2002）
　　Family incertae sedis
　　　Arguimus Dashzeveg, 1994,
　　　Arguitherium Dashzeveg, 1994
　　　Nanolestes Martin, 2002
　　Family Vincelestidae Bonaparte, 1986
　　　Vincelestes Bonaparte, 1986
　　"Peramurans"
　　　Family Peramuridae Kretzoi, 1946
　　　　Peramus Owen, 1871

形态特征 下颌具角突；上下臼齿列形成一系列翻转、镶嵌、三角形的牙齿；上臼齿宽于下臼齿、具有舌侧的第三齿根和极为发育的唇侧柱尖及结构特征多样的前唇区（prestylar region）。下臼齿跟座的结构在 dryolestoid 仅有单尖（cusp d 或 hypoconulid），在 *Amphitherium* 和 *Vincelestes*（文氏掠兽）是具有一尖的小跟盆，而在 *Peramus* 中则形成一较宽的跟盆并在盆缘具有两小尖。但下臼齿较 Boreosphenida 者更为原始，在任何"真古兽类"中都没有发育 entoconid，在跟盆中也见不到磨面；相对应的上臼齿则缺少原尖。传统概念上的真古兽类彼此间在齿式、臼齿结构上都有所差异。

由于"真古兽类"目前仅发现极少的颅后骨骼，分类依据主要根据牙齿，而牙齿又多是单个的或保存在缺上缺下的少数颌骨上，一些单靠牙齿形态而构成的"齿形属"就难免要出现乳齿-恒齿鉴定上的错误，这只能有待更多完整材料的发现（Kielan-Jaworowska et al., 2004, p. 372）。

分布与时代 亚洲，中侏罗世—早白垩世晚期（Oxfordian–Arbian）；欧洲，中侏罗世至早白垩世；北美，晚侏罗世至晚（?）白垩世；非洲，晚侏罗世至早白垩世；南美，早白垩世至古新世；澳大利亚，早白垩世晚期（?）。

科不确定 Incertae familiae

侏掠兽属 Genus *Nanolestes* Martin, 2002

模式种 *Nanolestes drescherae* Martin, 2002

名称来源 nan（希腊文）矮小、侏儒之意，lest（希腊文）强盗、掠食者。

鉴别特征 齿骨细长，具麦氏软骨沟和极为发育的角突。下齿列齿式：4·1·5·5。除门齿及 m5 外，所有下颊齿均具双根。下臼齿三角座短（50°角），下后尖不向后移，与下原尖在一条横线上（m1 的三角座长，下后尖后移，见 Martin et al., 2010）。跟座上皆有一个不成盆状的、单尖的特别跟座，它不同于对齿兽类、"真古兽类"和磨楔齿兽类者，但此尖有时出现在一些 *Peramus* 和 *Palaeoxonodon* 的标本上，被 Butler（1990）称之为"mesoconid"（下中尖）。上臼齿有一个小的外褶沟，以及副柱尖、柱尖、后柱尖，前尖低于前述的柱尖。"c"尖出现在后棱上，在后尖的唇侧。前棱上也有一些极小的尖。电镜显示柱尖沟非常发育。

分布与时代 欧洲、亚洲，中侏罗世。

评注 Martin（2002）在记述葡萄牙中侏罗世 Guimarota Coal Mine 的 *Nanolestes* 时是把该属归诸于 stem-lineage of Zatheria，并置于蒙古的 Arguitheriidae 科之下。而到 2010 年 Martin 在记述新疆侏罗系齐古组的 *Nanolestes mckennai* 新种时，又把该属归诸于"Amphitheriidae"Owen 科，并认为"Amphitheriidae"可能是中侏罗世到早白垩世 Stem Zatheria 的一个并系类群。在"Amphitheriidae"中 Martin 包括进一些分属于不同科的属种，并给出一些共同特征，如下臼齿具有不成盆状或初成盆形的单尖跟座；上臼齿的后尖在前尖的唇位，无舌侧齿带；这一类群的臼齿数目呈退化趋势，从 6–7 个臼齿的 *Amphitherium*，到 5 个的 *Nanolestes*，再到 4 个的 *Arguimus*，直到 *Peramus* 缩减成 3 个。Martin 分类意见的反复变更，更增加了中国两种"真古兽类"分类的困难，这也就是我们放弃科级分类，而把中国属种直接归入"真古兽类"的原因。

麦氏侏掠兽 *Nanolestes mckennnai* Martin, Averianov et Pfretzschner, 2010

(图124，图125)

正模 SGP 2004/4，一右上臼齿。

归入标本 五件不完整的上下臼齿。正模与归入标本当前保存在德国波恩大学。

名称来源 种名赠与著名的古哺乳动物学家 M. C. McKenna。

鉴别特征 比 *N. drescherae* Martin, 2002 缺少外齿带上的小尖；比 *N. krusati* Martin, 2002 在 metacrista 增多一个 C^1 尖。

产地与层位 新疆乌鲁木齐西南 40 km 之硫磺沟，中侏罗统齐古组。

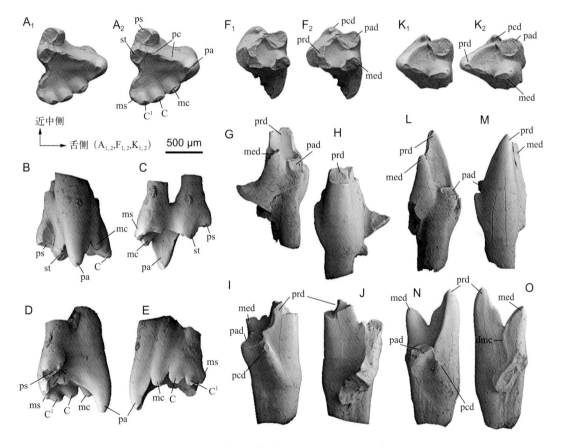

图 124 麦氏侏掠兽 *Nanolestes mckennnai*

A–E. 右上臼齿（SGP 2004/4，正模）：$A_{1,2}$. 冠面视（立体照片），B. 舌侧视，C. 唇侧视，D. 近中视，E. 远中视；F–J. 左下臼齿（SGP 2005/2）：$F_{1,2}$. 冠面视（立体照片），G. 舌侧视，H. 唇侧视，I. 近中视，J. 远中视；K–O. 左下臼齿（SGP 2004/14）：$K_{1,2}$. 冠面视（立体照片），L. 舌侧视，M. 唇侧视，N. 近中视，O. 远中视。dmc (distal metacristid)，下后尖后棱；mc (metacone)，后尖；med (metaconid)，下后尖；ms (metastyle)，后附尖；pa (paracone)，前尖；pad (paraconid)，下前尖；pc (paracrista)，前尖棱；pcd (precingulid)，前下齿带；prd (protoconid)，下原尖；ps (parastyle)，前附尖；st (stylocone)，柱尖

(均引自 Martin et al., 2010)

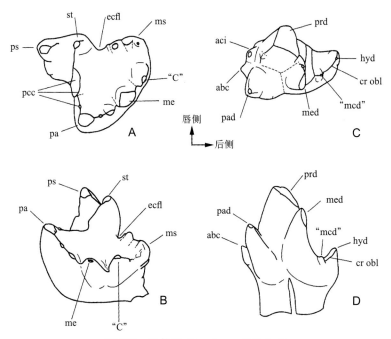

图 125 侏猎兽 *Nanolestes* 齿尖命名

A. 左上臼齿，冠面视；B. 右上臼齿，前侧冠视；C. 右下臼齿，冠面视；D. 右下臼齿，舌面视（引自 Martin, 2002）。

abc (anterobasal cusple)，前基小尖；aci (anterobasal cingulum)，前基齿带；"C" (cusp)，"C" 尖；cr obl (cristid oblique)，下斜脊；ecfl (ectoflexus)，外褶；hyd (hypoconid)，下次尖；"mcd" ("mesoconid")，"下中尖"；me (metacone)，后尖；med (metaconid)，下后尖；ms (metastyle)，后附尖；pa (paracone) 前尖；pad (paraconid)，下前尖；pcc (paracrista cusps)，前棱小尖；prd (protoconid)，下原尖；ps (parastyle)，前附尖；st (stylecone)，柱尖

明镇古兽属 Genus *Mozomus* Li, Setoguchi, Wang, Hu et Chang, 2005

模式种 *Mozomus shikamai* Li, Setoguchi, Wang, Hu et Chang, 2005

名称来源 属名赠与周明镇教授（Zhou Minzhen）。

鉴别特征 一类较进步的"真古兽类"，下颌齿式：?·?·≥3·4，下颌角突抬升至下齿列高度。最后前臼齿半臼齿化；下臼齿具有较大的跟座，但不成盆型；下原尖最大，下前尖高于后尖、且向后面的臼齿上高度递增，下斜脊指向下后尖、磨面1占据了后尖的大部分、缺失磨面5。m4最大，跟座细长。

中国已知种 仅模式种。

分布与时代 辽宁，早白垩世晚期。

评注 Li 等（2005）依据明镇古兽模式种 *Mozomus shikamai* 建立了一新科 Mozomuridae，当时在"真古兽类"的分类中，不少都是依据不完整的单一标本而建立了许多新科，如蒙古早白垩世的 Arguitheriidae、Arguimuridae 等，由于 *Mozomus* 很难归入任何一科中，只好同样建一新科 Mozomuridae。如前述，"真古兽类"由于材料的极度

不完整性，科及以上的分类阶元都很难精确定位，因之我们也暂将 Mozomuridae 搁置，只记述其属种特征。

鹿间明镇古兽 *Mozomus shikamai* Li, Setoguchi, Wang, Hu et Chang, 2005
（图 126）

正模 IVPP V 7479，一件左下颌，保存有后面的两颗前臼齿及 4 个臼齿。标本采自辽宁黑山县八道壕红石矿，下白垩统沙海组。

名称来源 种名赠与研究阜新盆地白垩纪脊椎动物化石的鹿间时夫教授。

鉴别特征 同属。

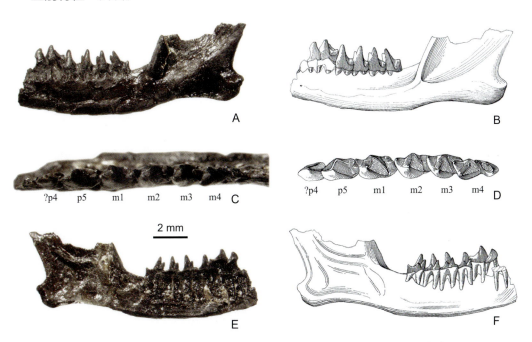

图 126 鹿间明镇古兽 *Mozomus shikamai* 左下颌骨（IVPP V 7479，正模）
A, B. 唇侧视：A. 照片，B. 线条图；C, D. 冠面视：C. 照片，D. 线条图；E, F. 舌侧视：E. 照片，F. 线条图
（引自 Li et al., 2005）

兽亚纲 Subclass THERIA Parker et Haswell, 1897

概述 兽亚纲我们在高阶分类单元的介绍中已经提到，兽亚纲（或兽类）是一个传统、相对稳定的分类单元，包含了后兽下纲和真兽下纲两个次级分类单元。兽类是一个冠群，其定义为现生有袋类和有胎盘类的最近共同祖先及其所有后裔构成的一个支系（Rowe, 1988, 1993）。与基干的北方磨楔兽类一样，它们都具有磨楔式的臼齿结构。但在牙齿的细微结构上，冠群兽类具有一些自己的特征。下臼齿下内尖增大、跟座较宽，接近于

下三角座的宽度，上臼齿的原尖也前后向增大，原尖后棱伸过后尖基部。在上下臼齿的咬合中，会出现分开的磨蚀面 5 和 6（Crompton, 1971；Crompton et Kielan-Jaworowska, 1978）（见磨楔式与假磨楔式咬合关系比较，图51）。基干的北方磨楔兽类下内尖都比较小，上述的磨蚀面也不发育，下跟座和三角座的宽度相差比较明显。此外，早期大多数的冠群兽类种类中，上原尖不能直接和下后尖后壁形成剪切关系，在有头骨保存的种类中，

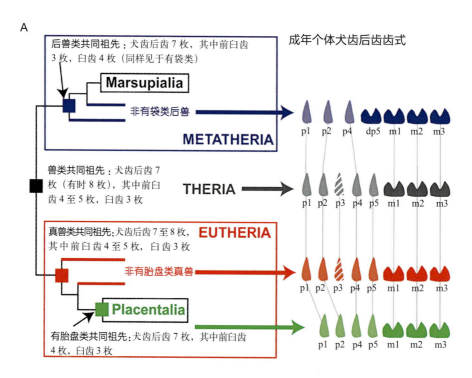

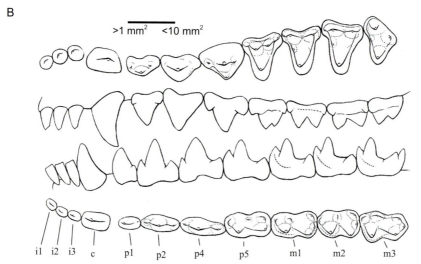

图 127 原始兽类的齿列

A. 有袋类和有胎盘类犬齿后颊齿齿式演化和同源关系比较，B. 有胎盘类齿列的原始齿式和牙齿的同源性，其中第三枚前臼齿丢失（引自 O'Leary et al., 2013）

颅腔的侧壁（lateral wall of braincase）由蝶骨（alisphenoid）形成的部分通常较大，而由岩骨前部（petrosal anterior lamina）所形成的部分很小。

此外，兽类的齿式变化也是一个重要的研究内容。在现生有袋类中，成年个体犬齿后的颊齿有7枚，3枚前臼齿、4枚臼齿，而在这些牙齿中，只有最后一枚前臼齿在一个个体的一生中会替换，其他的牙齿都不替换。而有胎盘类的成年个体，犬齿后颊齿通常也是7枚，4枚前臼齿、3枚臼齿；除了臼齿外，通常都替换一次。但原始的真兽类，有5枚前臼齿，其中的第三枚前臼齿在演化过程中丢失。最近O'Leary等（2013）的研究认为，原始的兽类齿式有5枚前臼齿、3枚臼齿，在向后兽类的演化中，也是第三枚前臼齿丢失。这些牙齿的同源关系，可以通过图127来标示。此外，O'Leary等（2013）认为后兽（有袋类）的第一臼齿，可以与真兽类（有胎盘类）的最后一枚乳前臼齿相对比。这在形态上来说，有一定的依据，因为通常乳齿都趋于臼齿化，这样对比对真兽类-后兽类之间的后颊齿的位置同源关系有更明确的说明。

后兽下纲 Infraclass METATHERIA Huxley, 1880

概述 后兽下纲由现生有袋类（冠群）和它们的一些化石基干类群组成。有关中生代的后兽类群（尤其是基干类群），在北美大陆的报道相对较多，可参见Kielan-Jaworowska等（2004, Table 12.1）。中国发现的后兽类和有袋类很少。在亚洲地区，比较重要的非有袋类的后兽类群是Deltatheroida（Kielan-Jaworowska, 1982），多见于中亚一带。到目前为止，中国还没有相关类群的正式报道。但在河南的潭头盆地晚白垩世发现的哺乳动物中，有可能有相关类群的化石。目前中国能归入非有袋类后兽类的中生代哺乳动物，仅有 Sinodelphys szalayi Luo, Ji, Wible et Yuan, 2003 一个属种。早期有袋类的臼齿和齿骨结构见图128。

目、科不确定 Incerti ordinis et incertae familiae

中国袋兽属 Genus *Sinodelphys* Luo, Ji, Wible et Yuan, 2003

模式种 *Sinodelphys szalayi* Luo, Ji, Wible et Yuan, 2003

名称来源 属名源自拉丁文 sino（中国），希腊文 delphys：子宫，常用作有袋类分类单元的后缀。

鉴别特征 中国袋兽 *Sinodelphys* 与早白垩世或更早的真兽类的不同在于有4枚前臼齿（后者通常是5枚）（Kielan-Jaworowska et Dashzeveg, 1989；Sigogneau-Russell et al., 1992；Cifelli, 1999；Ji et al., 2002；Hu et al., 2010；Luo et al., 2011b）。*Sinodelphys* 与

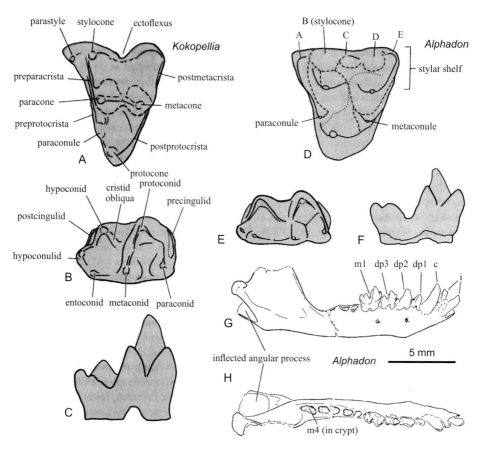

图 128 早期有袋类的臼齿和齿骨结构

A–C. *Kokopellia juddi* 臼齿形态（有袋类的基础形态）：A. 左上臼齿冠面视，B. 左下臼齿冠面视，C. 左下臼齿舌侧视；D–F. *Alphadon* sp. 臼齿形态（很多白垩纪最晚期有袋类的近裔形态）：D. 左上臼齿冠面视，E. 左下臼齿冠面视，F. 左下臼齿舌侧视；G, H. *Alphadon eatoni* 右下颌（示齿骨结构和牙齿替换）：G. 唇侧视，H. 冠面视（引自 Kielan-Jaworowska et al., 2004）。

cristid oblique，下斜棱；ectoflexus，外褶；entoconid，下内尖；hypoconid，下次尖；hypoconulid，下次小尖；inflected angular process，内屈角突；metacone，后尖；metaconid，下后尖；metaconule，后小尖；paracone，前尖；paraconid，下前尖；paraconule，前小尖；parastyle，前附尖；postcingulid，后下齿带；postmetacrista，后尖后棱；postprotocrista，原尖后棱；precingulid，前下齿带；preparacrista，前尖前棱；preprotocrista，原尖前棱；protocone，原尖；protoconid，下原尖；stylar shelf，次尖架；stylocone，柱尖

Eomaia 以及晚白垩世保存了骨骼的真兽类相比，具有许多后兽的骨骼特征，包括：腕部有增大的钩骨、舟骨、三角骨（hamate, scaphoid and triquetrum），舟骨关节面（navicular facet）延伸到距骨头、颈的外侧面，跗骨中舟骨较为宽大，肩胛骨冈上窝发育，同时冈上窝凹（supraspinous notch of the scapula）比较深。所有这些均为后兽的典型特征（Szalay, 1994；Marshall et Sigoneau-Russell, 1995；de Muizon, 1998；Horovitz et Sánchez-Villagra, 2003）。*Sinodelphys* 具有七个下犬后齿，其中四个为下臼齿，这与包括三角齿兽类（deltatheroidans）在内的后兽类相似，但 *Sinodelphys* 的下颌角突比较原始，没有充分的内折，这和后兽类完全内折的下颌角突不同（Sánchez-Villagra et Smith, 1997；Rougier et al., 1998）。与一些亚洲白垩纪后兽类和北美的后兽类 *Kokopellia* 相似，下臼齿的下内

尖和下次小尖趋近（Cifelli et de Muizon, 1997; Averianov et Kielan-Jaworowska, 1999），但不如北美晚白垩世的后兽和有袋类冠群分子，它们的下白齿这两个尖呈并列状（Clemens, 1966; Reig et al., 1987）；此外，齿式上 *Sinodelphys* 也不同于三角齿兽类（deltatheroidans）和其他亚洲白垩纪的后兽类（Szalay et Trofimov, 1996; Rougier et al., 1998）。与三角齿兽类（Cifelli, 1993; Kielan-Jaworowska et Cifelli, 2001）和基干北磨楔兽类（boreosphenidans）进一步的不同，在于有更大的、具发育良好下内尖的下跟座。

中国已知种 仅模式种。

分布与时代 辽宁，早白垩世。

沙氏中国袋兽 *Sinodelphys szalayi* Luo, Ji, Wible et Yuan, 2003

（图 129）

正模 CAGS00-IG03，一压扁的骨架，带有软体印痕。标本采自辽宁凌源大王杖子，

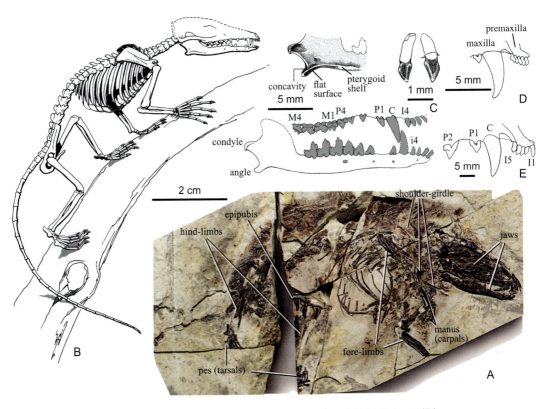

图 129 沙氏中国袋兽 *Sinodelphys szalayi*（CAGS00-IG03，正模）
A. 标本照片，B. 复原图，C. 下颌、上下齿列以及 I4 内外侧观，D, E. 后兽 *Pucadelphys*（D）和有袋类 *Didelphis*（E）齿列前部的比较（引自 Luo et al., 2003）。
angle, 下颌角; concavity, 凹; condyle, 下颌髁; epipubis, 上耻骨; flat surface, 平面; fore-limbs, 前肢; hind-limbs, 后肢; jaws, 上下颌; manus (carpals), 手部（前脚骨）; maxilla, 上颌骨; pes (tarsals), 足部（后脚骨）; premaxilla, 前颌骨; pterygoid shelf, 翼肌架; shoulder-girdle, 肩带

下白垩统义县组。标本存于中国地质科学院地质研究所。

名称来源 种名源自研究后兽类的学者 F. S. Szalay。

鉴别特征 同属。

有袋部 Cohort MARSUPIALIA

概述 现生有袋类和有胎盘类最大的区别，在于它们的生殖系统和生殖方式，以及个体的早期发育上。雌性有袋类有两条共用开口的产道，多数种类有用来抚育幼子的育幼袋。胎儿通常在母体里发育很短时间，在多个器官和后肢还没有发育完全时出生，然后依靠超前发育较为成熟的前肢爬到育儿袋中，靠母奶继续发育成长。由于出生后需要爬行到母体的乳头位置，因此幼仔的前肢比身体其他器官发育得更为完全。

有袋类也有一些自己的骨骼和牙齿特征，可以保存为化石。头骨上，它们的"耳泡"前端是由蝶骨形成，腭骨板上通常有不规则空洞，齿骨下颌角向内偏转，上门齿较下门齿多，上臼齿没有次尖，但有比较宽的外架，其上具有小尖（图128）。下臼齿下前尖发育，下内尖和下次小尖靠近并偏向舌侧（图128）。此外，前面提到传统认可的后兽（有袋类）的齿式是有 3 个简单的前臼齿，4 个臼齿。

中国的有袋类，除了下面记述的、基于单枚牙的两个新生代属种（Storch et Qiu, 2002；Ni et al., 2006），江苏溧阳上黄中始新世裂隙堆积中也有过类似有袋类的报道（齐陶等，1991，1996；Storch et Qiu, 2002），但目前没有相关标本的正式记述。

负鼠形目 Order DIDELPHIMORPHIA Gill, 1872

概述 在有袋部（Cohort Marsupialia）中，一般划分为美洲负鼠类（Magnorder Ameridelphia）和澳洲负鼠类（Magnorder Australididelphia）。而在美洲负鼠类中，除发现在南美的 Order Paucituberlata 和 Order Sparassodonta 两类外，其余则归入以负鼠为代表的负鼠形目（Didelphimorphia）（McKenna et Bell, 1997；Rose, 2006）。

定义与分类 负鼠形目目前还没有一致的分类意见，从事中生代研究的学者和从事新生代和现代研究的专家，由于不同时段的间隔，往往仅从各自研究范围给出不同的分类方案。

McKenna 和 Bell（1997）的负鼠形目分类是涉及整个地史时期较为系统的分类：

Magnorder Ameridelphia Szalay, 1982
    Order Didelphimorphia Gill, 1872
        Family Didelphidae Gray, 1821
            Subfamily Alphadontinae, Marshall et al., 1990   K 北美

　　　　Subfamily Peradectinae Crochet, 1979　　K–Mio. 北美、南美、非洲、欧洲、亚洲
　　　　Subfamily Herpetotheriinae Trouessart, 1879　　Paleo.–Mio. 北美，Eo.–Olig. 非洲，
　　　　　　　　　　　　　　　　　　　　　　　　Eo.–Olig. 亚洲，Eo.–Mio. 欧洲
　　　　Subfamily Didelphinae Gray, 1821　　Paleo.–Eo.、Mio.–R 南美，Pleist.–R 北美
　　　　Subfamily Eobrasilliinae Marshall, 1987　　Paleo. 南美
　　　　Subfamily Caluromyinae Kirsch et Reig, 1977　　Mio.–R 南美，R 北美
　　Family Sparassocynidae Reig, 1958　　Mio.–Plio. 南美

Kielan-Jaworowska 等（2004）对中生代负鼠形目的分类是：

Superorder "Ameridelphia" Szalay, 1982
Order "Didelphimorphia" Gill, 1872
　　Family "Alphadontidae" Marshall et al., 1990　　K 北美
　　Family "Pediomyidae" Simpson, 1927　　K 北美
　?Family "Peradictidae" Crochet, 1979　　K–Mio. 北美、南美、非洲、欧洲、亚洲
　　Family Stagodontidae Marsh, 1889　　K 北美

Rose（2006）侧重于新生代负鼠形目的分类是：

Magnorder Ameridelphia Szalay, 1982
 Order Didelphimorphia Gill, 1872
　　Family Peradectidae Crochet, 1979　　K–Mio. 北美、南美、非洲、欧洲、亚洲
　　Family Didelphidae Gray, 1821　　Paleo.–R 北美、南美
　　Family Sparassocynidae Reig, 1958　　Mio.–Plio. 南美
?Order Didelphimorphia Gill, 1872
　　Family Pediomyidae Simpson, 1927　　K 北美
　　Family Stagodontidae Marsh, 1889　　K 北美
　　　Subfamily Protodidelphinae Marshall, 1987　　Paleo.–Eo. 南美

　　至于现生哺乳动物学家，如 Gardner（2005）则在负鼠形目之下仅设 Didelphidae 一科，包含两亚科 17 属 87 种。

　　从以上三种不同的古生物学分类结构，可以看出各家对分类阶元的认定和各阶元所包含的内容均有不同意见，但就本志书而言，所能涉及的仅有 Peradictidae 一科而已。

　　鉴别特征　具有较多近祖性状的有袋类。不同于 Asiadelphia 和基干 "ameridelphians"（如 *Kokopellia*）的是具有柱尖 D（stylar D）、下次小尖及后生的下内尖并排孪生；不同于 Asiadelphia 在于咬肌窝浅，原尖、柱尖和前尖前棱（preparacrista）不很陡峭和缺失原尖齿带（依 Kielan-Jaworowska et al., 2004, p. 452–453）。

分布与时代 白垩纪—现代，北美、南美、非洲、欧洲、亚洲。

肉食负鼠科 Family Peradectidae Crochet, 1979

模式属 *Peradectes* Matthew et Granger, 1921

定义与分类 *Peradectes* 是发现在北美古新世的一种小型肉食类负鼠。1979年 Crochet 在研究欧洲的 *Peradectes* 时将其置于 Didelphinae 亚科下的一新族 Tribe Peradectini。Kielan-Jaworowska 等（2004）和 Rose（2006）均将其提升为科，本志书从之。肉食负鼠科已知有 9 属，除中国近期发现的两属外，亚洲尚在泰国中新世发现有 *Siamoperadectes* Ducrocq et al., 1992，其余几属均发现于其他大陆。

名称来源 pera，袋；dectes，咬者、肉食者。

鉴别特征 雏形双褶形齿，原尖与后尖近于等高、成锥丘状，柱尖架上的柱尖发育微弱；下次尖和下内尖不仅在 m4 上高度相近，在其余下臼齿上也依然。下内尖较短，与下次小尖之间的裂豁浅或缺失。部分属种具卷尾，树栖。

中国已知属 *Junggaroperadectes* Ni, Meng, Wu et Ye, 2006 和 *Sinoperadectes* Storch et Qiu, 2002，共两属

分布与时代 北美，晚白垩世至中新世；南美，晚白垩世至古新世；非洲、欧洲，始新世；亚洲，中新世。

准噶尔肉食负鼠属 Genus *Junggaroperadectes* Ni, Meng, Wu et Ye, 2006

模式种 *Junggaroperadectes burqinensis* Ni, Meng, Wu et Ye, 2006

名称来源 Matthew 和 Granger（1921）在命名 *Peradectes* 时在脚注中解释属名的来源是"carnivorous marsupial"，因其归入负鼠科，故译为肉食负鼠。准噶尔为新疆准噶尔盆地。

鉴别特征 个体较小的肉食负鼠（M2 唇侧长 1.77 mm，最大宽度 2.47 mm）。上臼齿类似于 *Peradectes*、*Siamoperadectes* 和 *Sinoperadectes*，具有直的中央棱。不同于 *Peradectes* 的特征在于三个主尖更向唇侧倾斜，次小尖和后小尖较弱，D 尖缺失，B 尖和 C 尖发育程度相当。与 *Siamoperadectes* 和 *Sinoperadectes* 的不同点在于个体较大，齿冠较高，小尖和外架尖更为发育，但没有后齿带。和 Herpetotheriine 中的属，比如 *Amphiperatherium*、*Herpetotherium*、*Peratherium*、*Copedelphys* 以及 *Asiadidelphis* 等相比，*J. burqinensis* 的中央棱直而不是 V 形，外架较宽，外架尖较弱。

中国已知种 仅模式种。

分布与时代 新疆，早渐新世。

布尔津准噶尔肉食负鼠 *Junggaroperadectes burqinensis* Ni, Meng, Wu et Ye, 2006

（图 130）

正模 IVPP V 14410，一右上 M2。标本采自新疆布尔津县城北，下渐新统克孜勒托尕依组。

鉴别特征 同属。

名称来源 以采集地的县名命名。

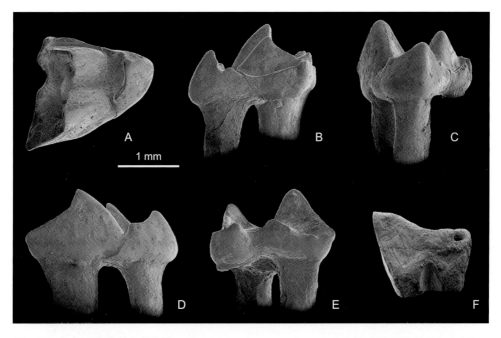

图 130 布尔津准噶尔肉食负鼠 *Junggaroperadectes burqinensis* 右 M2（IVPP V 14410，正模）
A. 冠面视，B. 颊侧视，C. 舌侧视，D. 近中侧视，E. 远中侧视（引自 Ni et al., 2006）

中国肉食负鼠属 Genus *Sinoperadectes* Storch et Qiu, 2002

模式种 *Sinoperadectes clandestinus* Storch et Qiu, 2002

鉴别特征 个体小（M2 长 × 宽为 1.48 mm × 1.80 mm）；与其他 peradectines 的差别在于原尖前后具有齿带。和 *Peradectes*、*Nanodelphys*、*Mimoperadectes* 以及 *Armintodelphys* 的差别在于 M2 的后尖明显高、大于前尖，并且后齿带唇端伸至后尖基部。与 *Siamoperadectes* 共有的进化特征包括小尖的明显退化（在 *Sinoperadectes* 中几乎消失），外架尖退化（两者的 C 尖都变得孤立），外中凹缓浅，以及没有前突的前附尖；两者共有的原始特征为具有后齿带。后齿带在 *Siamoperadectes* 中很小，但呈架型，在

Sinoperadectes 中显得外展。*Asiadidelphis* 与 *Sinoperadectes* 的差别在于其牙齿为完全的双褶齿型（dilambdodonty），有明显的小尖和外架尖

中国已知种　仅模式种。

分布与时代　江苏泗洪，中中新世。

隐中国肉食负鼠 *Sinoperadectes clandestinus* Storch et Qiu, 2002
（图 131）

正模　IVPP V 12564，一右上 M2。标本采自江苏泗洪松林庄，下中新统山旺组。

名称来源　*clandestinus*，拉丁文，隐秘的，意指 peradectines 在东亚极可能有很长的历史，但保存的标本则极为稀少。

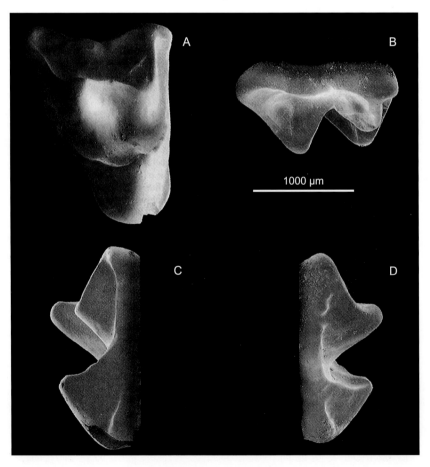

图131　隐中国肉食负鼠 *Sinoperadectes clandestinus* 右 M2（IVPP V 12564，正模）
A. 冠视，B. 唇侧视，C. 前视，D. 后视（引自 Storch et Qiu, 2002）

真兽下纲 Infraclass EUTHERIA Gill, 1872

概述 真兽下纲这个分类单元名称，是 Gill 在 1872 年提出的。但当时的 Eutheria 中，包括了有袋类和有胎盘类哺乳动物。Huxley（1880）修订了 Eutheria 的含义，将其限定于有胎盘类。现生的三大类哺乳动物，包括了单孔类、有袋类和有胎盘类。其中有胎盘类哺乳动物占据了绝对的优势（McKenna et Bell, 1997；Novacek, 1992），在已知的大约 1229 个现生哺乳动物属中，有胎盘类占了 1135 个，它们出现在全球的各个大陆和海洋（Wilson et Reeder, 2005）。

有胎盘类是哺乳动物的主要类群，占现生哺乳动物种类估计 95%，有大量的化石。因为包含了灵长类和人类，是古生物学和现生生物学（医学，行为、生理、分子研究等）的一个研究重点。有胎盘动物的最大特点，是个体发育过程中，胚胎幼仔在母体子宫内发育的程度更高而且时间更长。借助胎盘渗透性深入甚至结合于母体的子宫壁，母体以更加直接有效的方式为胚胎幼仔提供氧气、营养等。幼仔在母体内发育一个相当长的时间，到比较成熟的阶段出生，这是有胎盘动物与单孔类、有袋类哺乳动物的主要生物学差别。但在研究化石时，只能根据一些牙齿、骨骼的特征，通过系统发育分析，判断一个动物是否为有胎盘哺乳动物。这就涉及如何定义有胎盘哺乳动物以及相关类群。

传统哺乳动物分类中，真兽类哺乳动物和有胎盘哺乳动物的含义有时是等同或混用的（McKenna et Bell, 1997）。现在更为广泛接受的定义，是依据系统发育的关系，而不是依据某个形态特征。我们采用的定义是：①有胎盘哺乳动物部（Cohort Placentalia）作为一个分类单元，基于一个单系的自然类群，它包含了所有现生有胎盘类动物和它们的共同祖先以及源自这个祖先的所有灭绝的后裔。这个定义所代表的类群，也可以称为有胎盘哺乳动物冠群。②真兽下纲（Eutheria）是一个内涵更广的分类单元，它包含了有胎盘哺乳动物以及所有位于有胎盘类支系（即它们共有一个更近的共同祖先）而不是有袋类支系上的灭绝哺乳动物（Rougier et al., 1998；Kielan-Jaworowska et al., 2004；Archibald et Rose, 2005）。换句话说，真兽类包括了有胎盘类哺乳动物和它们已灭绝的基干类群，或者说真兽类是有胎盘类的全类群（O'Leary et al., 2013）。

已知的真兽类属有大约 4000 个，分布于新生代 6500 万年中。其中绝大多数被归入现生有胎盘类的各个类群中（McKenna et Bell, 1997）。相比之下，中生代的真兽类，只有 40 多个属（Kielan-Jaworowska et al., 2004；Wible et al., 2005, 2007）。这些中生代真兽类的系统发育位置非常具有争议：它们当中有些种类是否位于有胎盘哺乳动物冠群中（Kielan-Jaworowska et al., 2004；McKenna and Bell, 1997），或者在这个冠群之外（Wible et al., 2005, 2007），一直没有定论。依据上述定义，在我们这册志书中所记述的中生代真兽类，不包括有胎盘类哺乳动物，仅仅包括真兽类的一些基干类群。这些类群不多，而且多在真兽下纲下，目科未定。

目、科不确定 Incerti ordinis et incertae familiae

始祖兽属 Genus *Eomaia* Ji, Luo, Yuan, Wible, Zhang et Georgi, 2002

模式种 *Eomaia scansoria* Ji, Luo, Yuan, Wible, Zhang et Georgi, 2002

名称来源 属名来源于希腊文"Eo",始、黎明;"maia",母亲。意指当时已知最早的真兽类哺乳动物。

鉴别特征 齿式:5·1·5·3/4·1·5·3。与已知早白垩世晚期的真兽类相比,*Eomaia* 与 *Prokennalestes*(Kielan-Jaworowska et Dashzeveg, 1989;Sigogneau-Russell et al., 1992)的差别在于没有唇侧咬肌窝中的颌孔,但 M3 有较大的次尖架和较大的次尖部分;与 *Murtoilestes*(Averianov et Skutschas, 2000, 2001)的差别,在于有较不发育的上白齿小尖;与 *Murtoilestes* 以及 *Prokennalestes* 的共同差别,在于下白齿三角座前后向较短,而跟座较长。与 *Montanalestes*(Cifelli, 1999)的差别在于下前尖比下后尖低;与晚白垩世的 zhelestids(Nessov et al., 1998;Archibald et al., 2001)以及古新世的 ungulatomorphs 的差别,在于没有那么膨大的原尖和下白齿尖。攀援始祖兽与 *Montanalestes* 以及所有晚白垩世真兽类的差别,在于下颌保留了原始的麦氏软骨沟。除了 *Prokennalestes*、*Montanalestes* 以及一些 asioryctitherians(McKenna et al., 2000),与大多数真兽类以及有胎盘类的差别,在于下颌角轻微内偏。攀援始祖兽与 *Deltatheridium*(Rougier et al., 1998)以及其他后兽类(包括有袋类)(Cifelli et de Muizon, 1997)的不同,在于有典型的真兽类的齿式。与大多数有袋类的差别,在于没有下次小尖架以及跟座各尖之间的距离几乎相等。与基干北方磨楔兽类的差别在于有较大的下内尖,几乎和下次尖等大。和非磨楔齿类型的兽类相比(Krebs, 1991;Rougier, 1993;Hu et al., 1997),不同在于 *Eomaia* 具有三尖的下跟座,上原尖咬合。

中国已知种 仅模式种。

分布与时代 辽宁凌源,早白垩世。

攀援始祖兽 *Eomaia scansoria* Ji, Luo, Yuan, Wible, Zhang et Georgi, 2002
(图 132,图 133)

正模 CAGS 01-IG-1a, b(中国地质科学院地质研究所),劈开的正负面,保存了几乎完整的骨架和部分头骨,有些部分为印痕,也有些软体部分,比如毛发和肋骨软骨部分。标本采自辽宁凌源大王杖子,下白垩统义县组。

名称来源 拉丁种名"*scansoria*",意指骨骼具有适应攀援的结构。

鉴别特征 同属。

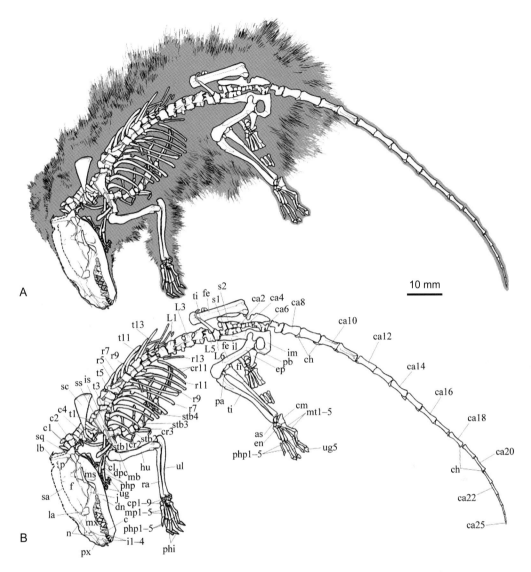

图 132 攀援始祖兽 *Eomaia scansoria* 骨架（CAGS 01-IG-1a, b，正模）

A. 骨骼结构（基于 CAGS 01-IG-1a），B. 线条复原图（引自 Ji et al., 2002）。

as（astragalus），距骨；c（canine），犬齿；c1–c7（cervical vertebrae 1–7），第一至第七颈椎；ca1–ca25（caudal vertebrae 1–25），第一至第二十五尾椎；ch（chevron [caudal haemal arch]），尾椎脉弧；cl（clavicle），锁骨；cm（calcaneum），跟骨；cp1–9（carpals 1–9），第一至第九腕骨；cr1–11（costal cartilages 1–11），第一至第十一肋软骨；dn（dentary），齿骨；dpc（deltopectoral crest），三角肌嵴；en（entocuneiform），内楔骨；ep（epipubis），上耻骨；f（frontal），额骨；fe（femur），股骨；fi（fibula），腓骨；hu（humerus），肱骨；i1–4（lower incisors 1–4），第一至第四下门齿；il（ilium），髂骨；im（ischium），坐骨；is（infraspinous fossa of scapula），冈下窝；j（jugal），轭骨；la（lacrimal），泪骨；lb（lambdoidal crest），人字嵴；L1–L6（lumbar vertebrae 1–6），第一至第六腰椎；mb（manubrium sterni），胸骨柄；mp1–5（metacarpals 1–5），第一至第五掌骨；ms（masseteric fossa），咬肌窝；mt1–5（metatarsals 1–5），第一至第五蹠骨；mx（maxillary），上颌骨；n（nasal），鼻骨；p（parietal），顶骨；pa（ossified patella），骨化的髌骨；pb（pubis），耻骨；phi（intermediate phalanges），中间指（趾）节骨；php1–5（proximal phalanges 1–5），近端指（趾）节骨；px（premaxillary），前颌骨；ra（radius），桡骨；r1–r13（thoracic ribs 1–13），第一至第十三胸肋；s1, s2（sacral vertebrae 1 and 2），第一、第二荐椎；sa（sagittal crest），矢状嵴；sc（scapula），肩胛骨；sq（squamosal），鳞骨；ss（supraspinous fossa of scapula），冈上窝；stb1–5 [sternebrae 1–5 (sternebra 5 is the xiphoid)]，第一至第五胸骨（第五胸骨即剑突）；ti（tibia），胫骨；t1–t13（thoracic vertebrae 1–13），第一至第十三胸椎；ug1–5（ungual claws 1–5），第一至第五爪骨；ul（ulna），尺骨

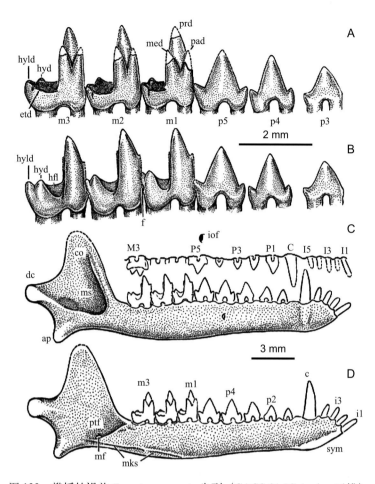

图 133 攀援始祖兽 *Eomaia scansoria* 齿列（CAGS 01-IG-1a, b，正模）
A. 左侧 p3–m3，舌侧视；B. 右侧 p3–m3，唇侧视；C. 右下颌唇侧视，以及不完整上齿列；D. 左下颌舌侧视（引自 Ji et al., 2002）。
ap（angular process），角突；C, c（upper and lower canine），上下犬齿；co（coronoid process of mandible），下颌冠状突；dc（dentary condyle [articular process]），下颌髁（关节突）；etd（entoconid），下内尖；f（cuspule f [anterolabial cingulid cuspule for interlocking]），f 小尖（前唇侧下齿带小尖，起内嵌的锁闭作用）；hfl（hypoflexid），次褶沟；hyd（hypoconid），下次尖；hyld（hypoconulid），下次小尖；I1–5, i1–4（upper and lower incisors），上下门齿；iof（infra orbital foramen），眶下孔；M1–3, m1–3（upper and lower molars），上下白齿；med（metaconid），下后尖；mf（posterior foramen of mandibular canal），下颌管后开孔；mks（Meckel's sulcus），麦氏软骨沟；ms（masseteric fossa），咬肌窝；P1–5, p1–5（upper and lower premolars），上下前臼齿；pad（paraconid），下前尖；prd（protoconid），下原尖；ptf（pterygoid muscle fossa），翼肌窝；sym（mandibular symphysis），下颌联合

无矢脊兽属 Genus *Acristatherium* Hu, Meng, Li et Wang, 2010

模式种 *Acristatherium yanense* Hu, Meng, Li et Wang, 2010

名称来源 Acrista，无脊的，指头骨上缺乏矢状脊；therion，兽。

鉴别特征 齿式：4·1·5·3/3·1·5·3；犬齿大，单齿根；P3/p2 分别为最小的上下前臼齿；p1 大于 p2；P5/p5 单主尖；上臼齿外架阔；外中凹深；前附尖叶（lobe）较后附尖叶更大；

前尖与后尖相连；原尖小；小尖微弱或缺失；前后齿带弱或缺失；M3唇侧远中部缩小；下臼齿下前尖较下后尖小，位置更靠近唇侧；尖e显著；下前齿带缺失；下跟座三尖，较下三角座显得非常短且窄；下次小尖不贴近下内尖；间颌骨残存；颧弓纤细；无矢状脊。

中国已知种 仅模式种。

分布与时代 辽宁北票，早白垩世。

评注 *Acristatherium* 的牙齿形态具有很多原始性，更接近 *Sinodelphys* (Luo et al., 2003) 而不是 *Eomaia* (Ji et al., 2002)，尽管后者的门齿数 (I5/i4) 更为原始。*Acristatherium* 最具有特点的头骨特征，是保留了残留的间颌骨，这是在已知的真兽类中首次报道。间颌骨存在于非哺乳动物的 therapsids (Wible et al., 1990；Hillenius, 2000)，哺乳动物中的 *Sinoconodon* (Patterson et Olson, 1961；Wible et al., 1990)，*Gobiconodon* (Jenkins et Schaff, 1988)，*Repenomamus* (Hu et al., 2010)，*Vincelestes* (Rougier, 1993) 以及现生的单孔类 (Wible et al., 1990)；也可能存在于 *Morganucodon* (Kermack et al., 1981) 和 *Haldanodon* (Lillegraven

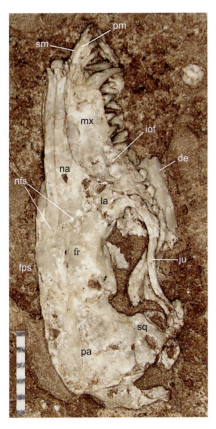

图134 燕子沟无矢脊兽 *Acristatherium yanense* 头骨局部（立体照片）（IVPP V 15004，正模）比例尺为5 mm（引自 Hu et al., 2010）。

de (dentary)，齿骨；fps (frontoparietal suture)，额-顶缝；fr (frontal)，额骨；iof (infraorbital foramen)，眶下孔；ju (jugal)，轭骨；la (lacrimal)，泪骨；mx (maxilla)，上颌骨；na (nasal)，鼻骨；nfs (nasofrontal suture)，鼻-额缝；pa (parietal)，顶骨；pm (premaxilla)，前颌骨；sm (septomaxilla)，隔颌骨；sq (squamosalal)，鳞骨

et Krusat, 1991）的头骨上。相比而言，*Acristatherium* 的间颌骨已经大大的缩小了。绝大部分中生代的兽类标本都没有保存完整的吻部，无法判断它们是否具有间颌骨。

燕子沟无矢脊兽 *Acristatherium yanense* Hu, Meng, Li et Wang, 2010

（图 134，图 135）

正模 IVPP V 15004，大部分右侧头骨和咬合的齿骨，右侧齿列完整。标本采自辽宁北票上园燕子沟，下白垩统义县组。

名称来源 种名源自模式标本的产地燕子沟"燕"的拼音：yàn。

鉴别特征 同属。

评注 原作者命名该种时，将种名拼写为 *yanensis*（Ji et al., 2009）。由于属名 *Acristatherium* 的词尾为中性，而 *yanensis* 的词尾是阴性，根据国际动物命名法规，种名的词尾"必须相应地加以改变"（卜文俊、郑乐怡，2007），因此，其种名应修改为 *yanense*。

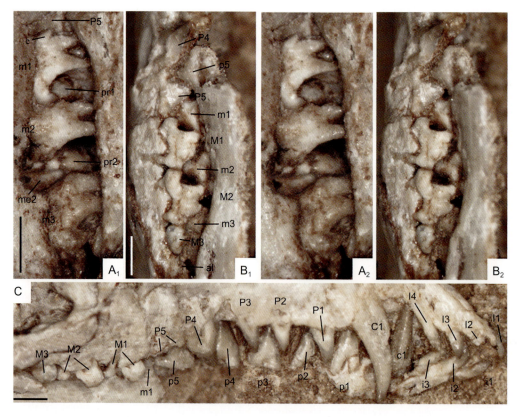

图 135 燕子沟无矢脊兽 *Acristatherium yanense*（IVPP V 15004，正模）

$A_{1,2}$. 主要下臼齿舌侧视（立体照片），$B_{1,2}$. 主要下臼齿唇侧视（立体照片），C. 咬合的上下齿列侧视；比例尺均为 1 mm（引自 Hu et al., 2010）。

al (alveolus for posterolabial root of M3)，容纳 M3 后唇侧齿根的齿槽；e (cusp e of m1)，m1 的 e 尖；me2 (metacone of M2)，M2 后尖；pr1 (protocone of M1)，M1 原尖；pr2 (protocone of M2)，M2 原尖

在众多的牙齿、头骨特征中，*Acristatherium yanense* 保留了间颌骨这一点，说明它的原始性。在目前已知的真兽类中，*Acristatherium yanense* 被认为是最为基干的一个真兽类（Hu et al., 2010；Luo et al., 2011b），位于 *Juramaia sinensis* 和其他真兽类构成的支系外侧。由于 *Acristatherium yanense* 的时代为 123 Ma，*Juramaia sinensis* 的时代被认为是 160 Ma，比后者更近哺乳动物冠部的 *Eomaia scansoria* 年龄为 125 Ma。因此，系统发育位置位于 *Acristatherium* 和 *Eomaia* 之间的 *Juramaia*，时代要比前两者早至少 35 Ma，这就在系统发育和时代分布上出现了某种不一致。目前很难对这个问题有结论性的看法，但我们认为，对有关化石的年龄确定，需要更加的谨慎。

侏罗兽属 Genus *Juramaia* Luo, Yuan, Meng et Ji, 2011

模式种　*Juramaia sinensis* Luo, Yuan, Meng et Ji, 2011

名称来源　Jura，侏罗系，maia，母亲，指与有胎盘类哺乳动物的亲缘关系。

鉴别特征　齿式为 5·1·5·3/4·1·5·3（图 137），具真兽 *Eomaia* 同样的齿式，5 个前白齿和 3 个白齿为白垩纪真兽类典型的颊齿数（Kielan-Jaworowska et al., 2004），磨楔式白齿，具有特化的真兽类齿尖结构：具明显的前小尖，微弱的后小尖（仅见于 M2），原尖前棱和原尖后棱长，分别于唇侧超过前尖和后尖；后小尖后棱和伸长的原尖后棱形成一个剪切脊上的两个部分，此脊长于相对应下白齿的下前脊。这种阶梯式的剪切脊在 *Juramaia* 中比绝大多数后兽类（Crompton et Kielan-Jaworowska, 1978）更发育。*Juramaia* 与后兽类不同在于缺少下前尖陡直的棱，没有下次小尖架，也不像 *Sinodelphys* 那样下次小尖和下内尖趋近（Luo et al., 2003）或像其他后兽类那样两尖并立（Rougier et al., 1998）。此外，*Juramaia* 与后兽类（除 *Sinodelphys* 外）进一步的区别在于下颌角不内折。*Juramaia* 与许多真兽类的一个相似特征，是下颌骨后颏孔位于 p4 与 p5 交界处，而后兽类的后颏孔在 m1 下。*Juramaia* 与一些白垩纪真兽类的一个相似特征是在上前白齿之间保留了 dP3（Rougier et al., 1998）。不同于所有已知的早白垩纪真兽类，*Juramaia* 的 P5–M2 上有一较深的外中凹。它与 *Prokennalestes*、*Murtoilestes* 和 *Acristatherium* 的不同在于有一个很低的原尖和较长的原尖后棱（Kielan-Jaworowska et Dashzeveg, 1989；Averianov et Skutschas, 2001；Kielan-Jaworowska et al., 2004；Hu et al., 2010），与 *Montanalestes* 的差别在于拥有较大的 p3–4。

中国已知种　仅模式种。

分布与时代　辽宁，中 - 晚侏罗世。

评注　*Juramaia sinensis* 的时代被认为是 160 Ma，比辽西地区早白垩世的 *Acristatherium yanensis*（123 Ma）和 *Eomaia scansoria*（125 Ma）要早至少 35 Ma。在对 *Acristatherium yanensis* 的评述中已经提到，由于 *Juramaia sinensis* 在系统发育分析中，更靠近哺乳动物冠群，而时代晚很多的 *Acristatherium* 则更原始，位于真兽类的最基干位

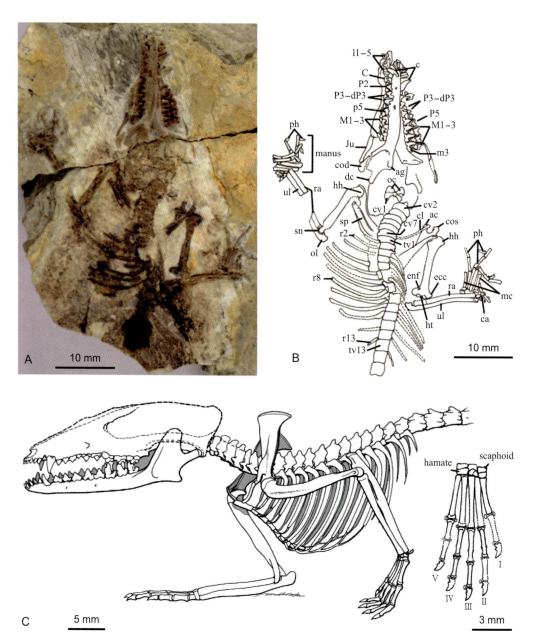

图 136　中国侏罗兽 *Juramaia sinensis* 前段身躯骨架（BMNHPM 1343B，正模）

A. 标本照片；B. 形态学鉴定线条图；C. 部分保存的骨架、头骨及手的复原图（手为腹视，标本中腕骨零散不完全，其复原为推测）（引自 Luo et al., 2011b）。

ac（acromion of scapula），肩胛骨肩峰；ag（angular process），角突；C, c（upper or lower canine），上下犬齿；ca（carpals），腕骨；cl（clavicle），锁骨；cod（coronoid），冠状突；cos（coracoid process of scapula），肩胛骨喙突；cv1–7（cervical vertebrae 1–7），第一至第七颈椎；dc（dentary condyle），齿骨髁；ecc（ectepicondyle），外上髁；enf（entepicondylar foramen），内上髁孔；hamate，钩骨；hh（humeral head），肱骨头；ht（humeral trochlea），肱骨滑车；I1–5（upper incisors 1–5），第一至第五上门齿；Ju（jugal），轭骨；M, m（upper or lower molar），上下白齿；manus（hand），手；mc1–5（metacarpals 1–5），第一至第五掌骨；oc（occipital condyles），枕髁；ol（olecranon process），鹰嘴；P1–5（upper premolars 1–5），第一至第五上前白齿；ph（phalanges），指（趾）骨；r1–13（thoracic ribs 1–13），第一至第十三胸肋；ra（radius），桡骨；scaphoid，舟骨；sn（semilunar notch on ulna），尺骨半月状切迹；sp（scapular spine），肩胛冈；tv1–13（thoracic vertebrae 1–13），第一至第十三胸椎；ul（ulna），尺骨

置，出现了系统发育和时代分布上的不一致性。尽管这种不一致性并非不可能，即可以假定 Acristatherium 的祖先类型至少也可以追溯到 160 Ma，但我们认为，鉴于辽西地区化石产出的复杂性，对有关化石的年龄确定，将是一个有挑战性的问题。

中国侏罗兽 *Juramaia sinensis* Luo, Yuan, Meng et Ji, 2011

（图 136，图 137）

正模 BMNH PM 1343，一个个体的前段身躯骨架，保存有全部牙列，不完整的头骨，

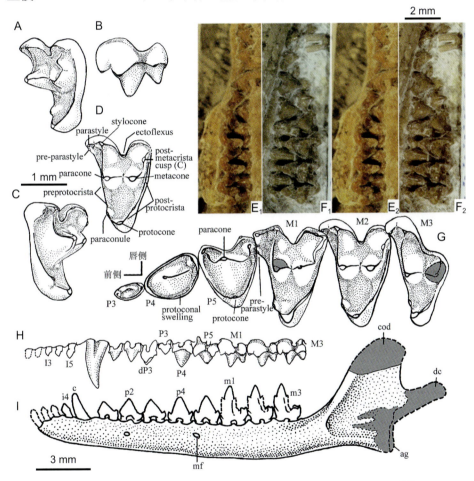

图 137 中国侏罗兽 *Juramaia sinensis* 齿列（BMNHPM 1343B，正模）

A–D. 右 M2：A. 近中视，B. 唇侧视，C. 远中视，D. 冠面视，E_1，E_2. 右前白齿和白齿（立体照片）；F_1，F_2. 左侧前白齿和白齿（立体照片）；G. 右 P3–M3（冠面视）；H. 左上齿列复原图（唇侧视）；I. 左下齿列及下颌（复原图）（引自 Luo et al., 2011b）

ag (angular process)，角突；cod (coronoid process of dentary)，齿骨冠状突；dc (dentary condyle)，齿骨髁；dP3 (deciduous P3 in situ), dP3 在原位；ectoflexus，外褶；M, m (upper and lower molars)，上下白齿；mf (mental foramen)，颏孔；metacone，后尖；P, p (upper and lower premolars)，上下前白齿；paracone，前尖；paraconule，前小尖；parastyle，前附尖；post-metacrista cusp (C)，后尖后棱尖（C）；post-protocrista，原尖后棱；pre-parastyle，前前附尖；preprotocrista，原尖前棱；protoconal swelling，原尖隆突；protocone，原尖；stylocone，柱尖；灰色区域表示保存不完整部位

颅后骨骼的前部和毛发等软体组织残余。标本采自辽宁建昌大西山，中上侏罗统髫髻山组。锆石确定的时代为 164–165 Ma。

名称来源　种名 *sinensis*：中国。

鉴别特征　同属。

评注　*Juramaia sinensis* 的重要性在于它出现的时间很早，比本地区发现的真兽类 *Acristatherium* 和 *Eomaia* 要早至少 35 Ma。因此年代的确定是一个至关重要的问题。产出 *J. sinensis* 模式标本的建昌县大西沟髫髻山组，目前并没有测年数据，它的时代是根据与地点附近的宁城地区（Liu et al., 2006）和北票地区（Chang et al., 2009）相关地层的对比而获得的。

远藤兽属　Genus *Endotherium* Shikama, 1947

模式种　*Endotherium niinomii* Shikama, 1947

名称来源　属名来自 R. Endo 博士。

鉴别特征　下臼齿向后变小，但 m3 并没有明显减小；下三角座和下跟座分别都是宽大于长；三角座具有三个明显的齿尖，其中下原尖比下前尖稍高，而下前尖和下后尖几乎等高；跟座也具有三个发育的齿尖，其中下次尖最大；三角座和跟座间的过渡不是很截然，而且两者间的高度差别不是很大。

中国已知种　仅模式种。

分布与时代　辽宁，早白垩世。

评注　远藤兽属 *Endotherium* 由 Shikama（1947）命名，并以此建立了远藤兽科 Endotheriidae。Kielan-Jaworowska 等（1979）将其归入到真兽类。Kielan-Jaworowska 等（2004, p. 492）认为 *Endotherium* 应归入 Eutheria incertae sedis，但同时认为 *Endotherium* 是疑名（nomen dubium）。因此，尽管 Kielan-Jaworowska 等（2004, p. 51）将 *Endotherium* 列在表 2.11 中的 Eutheria 之下，但在真兽类的分类表中（Table 13.1），*Endotherium* 没有被列入。Kielan-Jaworowska 等（2004）没有说明 *Endotherium* 是疑名的原因。从 Shikama（1947）发表的文章看，*Endotherium* 的建立基本符合当时的国际动物命名法规。不清楚的地方在于没有提供正型标本号和标本保存的机构名称。因此，我们认为 *Endotherium* 应该是一个能成立的属。但这个属的鉴别特征有待依据现在的研究进行修订。

上面的鉴别特征中，主要依据了 Shikama（1947）。有几点内容需要补充和说明：①这个标本尽管保存了一段带三枚臼齿的右下颌，一段仅有齿槽的左下颌前端，以及一些头后骨骼的碎段，但下牙的齿式不清楚，这对判定 *Endotherium* 的分类地位有困难。②从牙齿图看（Shikama, 1947, fig. 4），下臼齿的结构更像真兽类而不像后兽类，比如下内尖和下次小尖不靠拢。③比较发育的下跟座也更接近典型的真兽类下臼齿形态，但下三角座和跟座的高度差别不大，这和已知的大部分早期的形态原始的真兽类的下臼齿有差别而且更进步。

新带远藤兽 *Endotherium niinomii* Shikama, 1947

（图 138）

正模 DLMNH D 0247（大连自然博物馆），一件带有颊齿的右下颌骨后段；一件仅具齿槽的左下颌骨前段及残破的肩胛骨和肱骨。标本采自辽宁阜新新邱露天煤矿，下白垩统阜新组。

名称来源 种名来自 K. Niinomi 博士。

鉴别特征 同属。

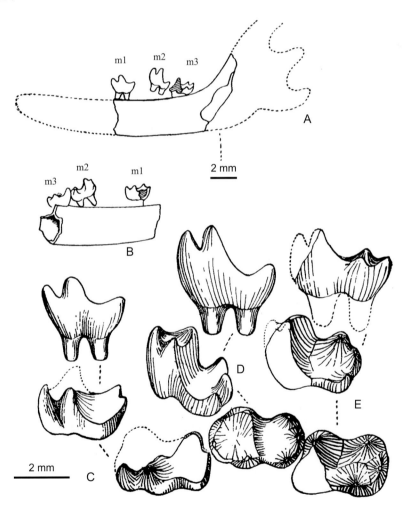

图 138 新带远藤兽 *Endotherium niinomii*

A. 右下颌骨舌侧视，B. 右下颌骨颊侧视，C. m1（舌侧、后内侧及冠面视），D. m2（舌侧、后内侧及冠面视），E. m3（舌侧、后内侧及冠面视）（引自 Shikama, 1947）

评注 Shikama（1947）最初是把 *Endotherium* 看做有胎盘类，但当时的有胎盘类的概念，大体相当于现在的真兽类。从现在能见到的图来看，*Endotherium* 的牙齿形态更接近于真兽类。如果这个标本的产出层位和时代没有问题，那么它应该是当时最早的真兽类之一。目前已知最早的真兽类，如果地层地点无疑，是中国侏罗兽 *Juramaia sinensis*（Luo et al., 2011b）。在侏罗兽发现以前，早白垩世的始祖兽属（*Eomaia*）通常被认为是最早的真兽类（Ji et al., 2002）。

重褶齿猬科 Family Zalambdalestidae Gregory et Simpson, 1926

Kulbeckiidae Nessov, 1993

模式属 *Zalambdalestes* Gregory et Simpson, 1926

定义与分类 除了模式属以外，本科由下列白垩纪的属构成：*Alymlestes* Averianov et Nessov, 1995，*Barunlestes* Kielan-Jaworowska, 1975，*Kulbeckia* Nessov, 1993，*Zhangolestes* Zan et al., 2006。*Beleutinus* Bazhanov, 1972 也暂归入这个科。

名称来源 科名源自模式属——双型齿兽属（*Zalambdalestes*）。

鉴别特征 鉴别特征依据 Kielan-Jaworowska 等（2004）。与中亚地区其他的几个科，比如 Otlestidae、Kennalestidae 以及 Asioryctidae 相比，重褶齿猬个体较大，具有窄而长的吻部，头骨收缩变窄处位于 P1 前部。与 Kennalestidae、Asioryctidae 和 *Daulestes* 的差别在于有较为膨大的脑腔。和别的真兽类相比，重褶齿猬的硬腭板上具有大的椭圆形后腭孔，颚骨沿鼻后孔向后延伸，颅区腹面有圆孔（foramen rotundum），前蝶骨中突明显，基蝶骨的翼突大且形状多变，臼后突仅延伸至关节窝中部。岩骨部分包裹耳蜗的岬比较扁，其腹面没有血管留下的沟痕。齿式为 3·1·3–4·4/3·1·3–4·3。I2 增大，呈犬齿状。I3 与犬齿间有长的齿缺，位于前颌骨-颌骨缝后方较远处。P1 小或无，P2 小；P3 为齿列中最高的牙齿（这个特征也见于 Kennalestidae、Asioryctidae 和 *Daulestes*）。P3–4 近于臼齿化，但缺少后尖。上臼齿无前后齿带，外架小，前后尖近于等高；M3 很小。下门齿中，i1 最大，前倾匐，齿根开放。后两枚下门齿（i2–3）小；p4 有具三尖的三角座和非盆状的跟座。下臼齿具小的三角座，下前尖、下后尖基本相连，但跟座大且高，比三角座明显宽、长。枢椎具长且水平的神经棘突，但胸椎的神经棘突很短。胫、腓骨高度愈合，缺腓骨-跟骨关节面，距骨上的胫骨关节滑车发育。

中国已知属 *Zhangolestes* Zan, Wood, Rougier, Jin, Chen et Schaff, 2006。

分布与时代 中国、乌兹别克斯坦、塔吉克斯坦、哈萨克斯坦、蒙古，晚白垩世。

评注 Nessov（1993）建立了 Kulbeckiidae 科，并将其置于他建立的目 Mixotheridia Nessov, 1985（又见 Nessov, 1989）。他过世后才出版的专著中（Nessov, 1997），Kulbeckiidae

被置于 Zalambdalestoidea 超科、Mixotheridia 目中。但 McKenna 和 Bell（1997）将 Kulbeckiidae 归入超目 Leptictida McKenna, 1975 中。Archibald 等（2001）的研究表明，Kulbeckiidae 的模式属 *Kulbeckia* 就是一种重褶齿猬类，所以 Kielan-Jaworowska 等（2004）认为 Kulbeckiidae 是 Zalambdalestidae 的次异名。

张氏猬属 Genus *Zhangolestes* Zan, Wood, Rougier, Jin, Chen et Schaff, 2006

模式种　*Zhangolestes jilinensis* Zan, Wood, Rougier, Jin, Chen et Schaff, 2006

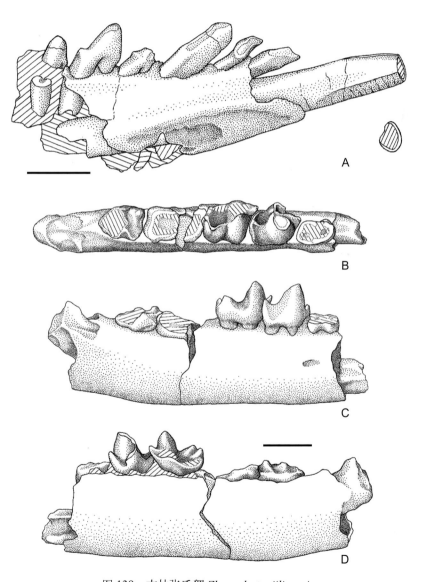

图 139　吉林张氏猬 *Zhangolestes jilinensis*

A. 左下颌带 i1–p3 舌侧视（JLUM Ya1.23.i，正模）；B–D. 右下颌后段（JLUM Ya2.24.i）：B. 冠面视，C. 外侧视，D. 内侧视；比例尺均为 2 mm（引自 Zan et al., 2006）

名称来源 属名来源于化石发现者张普林姓氏的汉语拼音"Zhang",lestes,希腊文,"盗猎者",基干哺乳动物常用的属名结尾。

鉴别特征 中等体型的重褶齿猬类,i1大而前倾,其齿根在下颌骨内后伸至少到p5的位置。张氏猬与早期重褶齿猬类中的 *Kulbekia* 不同在于具有三枚而不是四枚下门齿,具有单根的下犬齿,五枚下前臼齿,前臼齿和臼齿的跟座比较开阔,下前尖低且前倾。张氏猬与较晚期重褶齿猬类的 *Zalambdalestes* 以及 *Barunlestes* 的不同在于后两者继承了 *Kulbekia* 的一些进步特征,具有更为压缩的三角座,较高的下前尖,较小的门齿状犬齿,以及明显缩小的门齿。张氏猬的p2较p1大而强壮,而在进步的重褶齿猬类中,两者差别不大。

中国已知种 仅模式种。

分布与时代 吉林,晚白垩世早期。

吉林张氏猬 Zhangolestes jilinensis Zan, Wood, Rougier, Jin, Chen et Schaff, 2006

(图 139)

正模 JLUM Ya1.23.i,一段左下颌,具有i1–p3以及至少两枚牙齿的齿根和牙齿印痕。

副模 JLUM Ya2.24.i,右下颌后段,p4前端及大部冠状突破损,关节突和下颌角未保存,p4和m2–3破损,p5–m1保存相对较好。

名称来源 种名由吉林的拼音拉丁化形成。

鉴别特征 同属。

产地与层位 吉林公主岭市东北,上白垩统泉头组。

真兽下纲(?)Infraclass EUTHERIA(?) Gill, 1872

目、科不确定 Incerti ordinis et incertae familiae

库都克掠兽属 Genus *Khuduklestes* Nessov, Sigogneau-Russell et Russell, 1994

模式种 *Khuduklestes bohlini* Nessov, Sigogneau-Russell et Russell, 1994

名称来源 属名源自化石产地岑多林库都克(Tsondolein-Khuduk)(Nessov et al., 1994)。

鉴别特征 同模式种。

中国已知种 仅模式种。

分布与时代 内蒙古,晚白垩世早期。

步氏库都克掠兽 *Khuduklestes bohlini* Nessov, Sigogneau-Russell et Russell, 1994

（图 140）

正模　IVPP RV 53001，一枚枢椎（Bohlin, 1953）。

名称来源　种名源自正模的采集者和描述者步林（B. Bohlin）。

鉴别特征　齿突强烈前伸，基部无明显的颈；腹侧脊不强壮。枢椎在关节面之后变窄，侧脊靠近椎体后半部的边缘（Nessov et al., 1994）。

产地与层位　内蒙古阿拉善左旗岑多林库都克，上白垩统乌兰呼少组。

评注　Bohlin（1953, p. 41–42）只是将这件枢椎归入哺乳动物，并没有进一步分类命名。Nessov 等（1994）仅根据与 *Oxlestes* 的简单比较，以这件枢椎为正模，命名了一个新属种——步氏库都克掠兽，归入真兽类，目、科未定。由于标本太少，且仅为一枚椎体，所提供的特征是否足以建立一个新的属种，尚有很大的疑问。在没有对正模进行进一步详细研究的情况下，本志暂时保留这一属种。

Kielan-Jaworowska 等（2004）认为，根据 Nessov 等（1994）的观点，*Oxlestes* 可以归入 Deltatheroida 中，因而也将 *Khuduklestes* 归入 Deltatheroida。然而，虽然 Nessov 等（1994, p. 58）认为 *Oxlestes* 可能属于 Deltatheroida，但并未排除属于最初归入的古鼩科（Palaeoryctidae）的可能性。由于 *Oxlestes* 是单型属，其模式种的正模仅为一枚颈椎，将其归入任何确定的分类阶元，都存在较大的疑问。以此为出发点，将 *Khuduklestes* 也归入 Deltatheroida，其可靠性又要大打折扣。况且仅凭一枚枢椎，能否归入真兽类也不能确定。本志暂时遵从 Nessov 等（1994）的意见，将 *Khuduklestes* 置于真兽类中，并加

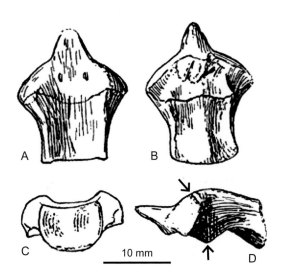

图 140　布氏库都克掠兽 *Khuduklestes bohlini* 枢椎 IVPP RV 53001（引自 Bohlin, 1953）
A. 背视，B. 腹视，C. 后视，D. 侧视（箭头指示齿突与枢椎椎体的骨缝）

问号以示存在疑问。

Bohlin（1953）给出的步氏库都克掠兽唯一标本的产出地点是 Tsondolein-Khuduk，并说明该点位于内蒙古（原文中为 Mongolia, Bohlin, 1953, p. 103）。Nessov 等（1994, p. 84）误认为该地点位于我国的甘肃省，并被 Kielan-Jaworowska 等（2004, p. 448）引用。仔细分析 Bohlin（1953, p. 31）关于该点地理位置的描述并比对他提供的地点图（Bohlin, 1953, p. 9）后发现，化石地点应该位于内蒙古阿拉善左旗偏北部，根据读音将其译为岑多林库都克（王元青等，1998）。查阅相关的地质资料（郝诒纯等，1986；内蒙古自治区地质矿产局，1991），推测化石的产出地层为乌兰呼少组，时代为晚白垩世早期（王元青等，1998）。Nessov 等（1994）根据共生的小型角龙类化石——戈壁微角龙（*Microceratops gobiensis*）（后来因后出同义名，属名被改为 *Microceratus*，Mateus, 2008），认为其时代为塞诺曼期。

附　　录

昆明兽属 Genus *Kunminia* Young, 1947

模式种　*Kunminia minima* Young, 1947

名称来源　昆明为云南首府。

鉴别特征　个体小，吻部宽短，无眶后骨，脑颅较大，缺松果孔，下颌低长、关节发育，牙齿少许分化、部分有附尖、齿根分叉（Young, 1947, p. 575）。

中国已知种　仅模式种。

分布与时代　云南禄丰，早侏罗世。

评注　Young 在记述昆明兽的分类位置时，认为应归入鼬龙类（Ictidosuauria），但是处于一个"十分孤立的位置"。Romer（1966）将昆明兽归入 ?Cynodontia *incertae sedis*；Carroll（1988）将昆明兽置于 Superfamily Chiniquodontoidea 之下，而本志书第三卷第一册则是按犬齿兽亚目分类位置不确定处理。只有 1984 年，张法奎认为昆明兽应为哺乳动物，并给出新的定义特征：个体小，吻部较宽，无眶后骨，眼眶和颞孔大，后额骨和隔上颌骨可能存在。额骨小，泪骨大，脑颅较大。下颌骨低而直，无明显上升支。上隅骨和关节骨存在。前部颊齿为单尖的，后部颊齿为双根和多尖的，齿式为 ?·1·Pc10?[犬齿后颊齿可能为 10 枚——编者注]。此后，Kielan-Jaworowska 等（2004, p. 25）也是按 Mammalia *incertae sedis* 处理。在未对昆明兽做深入研究之前，其高阶元的分类位置尚难确定，本册志书只能把昆明兽附录于此，以备参考，其图见本志书第三卷第一册。

小昆明兽 *Kunminia minima* Young, 1947

正模 IVPP V 70，一件近于完整的头骨和关节在一起的左右下颌，产自云南禄丰黄家田，下侏罗统下禄丰组，深红层。

名称来源 依个体小而名之。

鉴别特征 同属。

参 考 文 献

卜文俊 (Bu W J), 郑乐怡 (Zheng L Y) (译). 2007. 国际动物命名法规 (第四版). 北京: 科学出版社. 1–135

陈文 (Chen W), 季强 (Ji Q), 刘敦一 (Liu D Y), 张彦 (Zhang Y), 宋彪 (Song B), 刘新宇 (Liu X Y). 2004. 内蒙古宁城地区道虎沟化石层同位素年代学. 地质通报, 12: 1165–1169

丁素因 (Ding S Y). 1979. 广东南雄古新世贫齿类化石的初步研究. 古脊椎动物与古人类, 17 (1): 57–64

丁素因 (Ding S Y). 1987. 广东南雄古新世贫齿目化石. 中国古生物志. 新丙种, 24: 1–118

郝诒纯 (Hao Y C), 苏德英 (Su D Y), 余静贤 (Yu J X), 李佩贤 (Li P X), 李友桂 (Li Y G), 王乃文 (Wang N W), 齐骅 (Qi Y), 关绍曾 (Guan S Z), 胡华光 (Hu H G), 刘训 (Liu X), 杨文达 (Yang W D), 叶留生 (Ye L S), 寿志熙 (Shou Z X), 张清波 (Zhang Q B). 1986. 中国地层 (12). 中国的白垩系. 北京: 地质出版社. 1–362

胡耀明 (Hu Y M), 王元青 (Wang Y Q). 2002. 中国俊兽 (*Sinobaatar* gen. nov.): 热河生物群中一多瘤齿兽类. 科学通报, 47(5): 382–386

胡耀明 (Hu Y M), 王元青 (Wang Y Q), 李传夔 (Li C K), 罗哲西 (Luo Z X). 1998. 张和兽 (*Zhangheotherium*) 的齿列和前肢形态. 古脊椎动物学报, 36(2): 102–125

季强 (Ji Q), 陈文 (Chen W), 王五力 (Wang W L), 金小赤 (Jin X C), 张建平 (Zhang J P), 柳永清 (Liu Y Q), 张宏 (Zhang H), 姚培毅 (Yao P Y), 姬书安 (Ji S A), 袁崇喜 (Yuan C X), 张彦 (Zhang Y), 尤海鲁 (You H L). 2004. 中国辽西中生代热河生物群. 北京: 地质出版社. 1–375

李传夔 (Li C K). 2003. 德日进与中国的古哺乳动物学. 第四纪研究, 23(4): 372–378

李传夔 (Li C K). 2009. 辅仁大学的禄丰蜥龙动物群化石. 化石, 2009(2): 16–20

李传夔 (Li C K), 吴文裕 (Wu W Y), 邱铸鼎 (Qiu Z D). 1984. 中国陆相新第三系的初步划分和对比. 古脊椎动物学报, 22(3): 163–178

李传夔 (Li C K), 王元青 (Wang Y Q), 胡耀明 (Hu Y M), 孟津 (Meng J). 2003. 热河生物群中戈壁兽一新种: 其时代意义及哺乳动物若干特征演化. 科学通报, 48(2): 177–182

李传夔 (Li C K), 邱铸鼎 (Qiu Z D) 等. 2015. 中国古脊椎动物志, 第三卷第三册 (总第十六册), 劳亚食虫类 原真兽类 翼手类 真魁兽类 狖兽类. 北京: 科学出版社. 475–484

李锦玲 (Li J L), 刘俊 (Liu J). 2015. 中国古脊椎动物志, 第三卷第一册 (总第十四册), 基干下孔类. 北京: 科学出版社. 1–101

李锦玲 (Li J L), 王原 (Wang Y), 王元青 (Wang Y Q), 李传夔 (Li C K). 2000. 辽宁西部中生代原始哺乳动物一新科. 科学通报, 45(23): 2545–2549

内蒙古自治区地质矿产局. 1991. 内蒙古自治区区域地质志. 中华人民共和国地质矿产部地质专报 一 区域地质, 25: 1–725

齐陶 (Qi T), 宗冠福 (Zong G F), 王元青 (Wang Y Q). 1991. 江苏发现卢氏兔和细齿兽的意义. 古脊椎动物学报, 29(1): 59–63

齐陶 (Qi T), K 克里斯托弗·毕尔德 (Beard K C), 王伴月 (Wang B Y), 玛莉 R 道森 (Dawson M R), 郭建崴 (Guo J W), 李传夔 (Li C K). 1996. 江苏溧阳上黄中始新世哺乳动物群的发现与意义. 古脊椎动物学报, 34(3): 202–214

邱占祥 (Qiu Z X). 1994. 桑志华与中国的古哺乳动物学. 见: 陈锡欣主编. 天津自然博物馆八十周年. 天津: 天津科学

技术出版社 . 44–46

孙艾玲 (Sun A L), 崔贵海 (Cui G H), 李雨和 (Li Y H), 吴肖春 (Wu X C). 1985. 禄丰蜥龙动物群的组成及初步分析 . 古脊椎动物学报，23(1): 1–12

童永生 (Tong Y S). 1989. 中国始新世中、晚期哺乳动物群 . 古生物学报，28(5): 663–682

童永生 (Tong Y S), 王景文 (Wang J W). 1994. 山东昌乐早始新世五图组多瘤齿兽类 (哺乳纲). 古脊椎动物学报，32(4): 275–284

童永生 (Tong Y S), 王景文 (Wang J W). 2006. 山东昌乐五图盆地早始新世哺乳动物群 . 中国古生物志，新丙种，28: 1–195

童永生 (Tong Y S), 郑绍华 (Zheng S H), 邱铸鼎 (Qiu Z D). 1995. 中国新生代哺乳动物分期 . 古脊椎动物学报，33(4): 290–314

王思恩 (Wang S E), 高林志 (Gao L Z). 2012. 新疆准噶尔盆地侏罗系齐古组凝灰岩 SHRIMP 锆石 U-Pb 年龄 . 地质通报，31(4): 503–509

王思恩 (Wang S E), 庞其清 (Pang Q Q), 王大宁 (Wang D N). 2012. 新疆准噶尔盆地侏罗系—白垩系生物地层和同位素年龄研究的新进展 . 地质通报，31(4): 493–502

王元青 (Wang Y Q), 胡耀明 (Hu Y M), 李传夔 (Li C K). 1998. 中国中生代哺乳动物化石及其进化方面的意义 . 见 : 北京大学地质学系编 . 北京大学国际地质科学学术研讨会论文集 . 北京 : 地震出版社 . 360–372

杨钟健 (Young C C). 1978. 禄丰始带齿兽的新材料 . 古脊椎动物与古人类，16(1): 1–3

杨钟健 (Young C C). 1982a. 云南禄丰两原始哺乳动物 . 见 :《杨钟健文集》编辑委员会编 . 杨钟健文集 . 北京 : 科学出版社 . 21–25

杨钟健 (Young C C).1982b. 杨钟健回忆录 . 北京 : 地质出版社 . 1–209

张法奎 (Zhang F K). 1984. 中国中生代哺乳类化石 . 古脊椎动物学报，22(1): 29–38

张法奎 (Zhang F K), 崔贵海 (Cui G H). 1983. 中国尖齿兽的新材料和新认识 . 古脊椎动物与古人类，21(1): 32–41

张法奎 (Zhang F K), Crompton A W, 罗哲西 (Luo Z X), Schaff C R. 1998. 中国尖齿兽牙齿替换方式及其对哺乳动物进化的意义 . 古脊椎动物学报，36(3): 197–217

张永辂 (Zhang Y L). 1983. 古生物命名拉丁语 . 北京 : 科学出版社 . 1–429

赵喜进 (Zhao X J). 1980. 新疆北部中生代脊椎动物化石地层 . 中国科学院古脊椎动物与古人类研究所甲种专刊第 15 号 . 北京 : 科学出版社 . 1–120

赵资奎 (Zhao Z K), 张文定 (Zhang W D). 1991. 早期哺乳动物三尖齿兽牙齿的超微结构 . 古脊椎动物学报，29(1): 72–79

中国科学院古脊椎动物与古人类研究所《中国脊椎动物化石手册》编写组 . 1979. 中国脊椎动物化石手册 . 北京 : 科学出版社 . 1–665

周明镇 (Zhou M Z). 1953. 东北中生代哺乳类动物化石的发现及其意义 . 古生物学报，1(3): 150–156

周明镇 (Zhou M Z). 1961. 河南卢氏始新世灵长类一新属 . 古脊椎动物与古人类，1961(1): 1–4

周明镇 (Zhou M Z). 1979. 中国古脊椎动物研究 (1949–1979). 古脊椎动物学报，17(4): 263–276

周明镇 (Zhou M Z). 1983. 三十年来的古脊椎动物与古人类研究所 . 古脊椎动物学报，21(4): 352–356

周明镇 (Zhou M Z), 齐陶 (Qi T). 1978. 内蒙古四子王旗晚古新世哺乳类化石 . 古脊椎动物与古人类，12(2): 77–85

周明镇 (Zhou M Z), 邱占祥 (Qiu Z X), 李传夔 (Li C K). 1975. 关于原始真兽类臼齿构造命名和统一汉语译名的建议。古脊椎动物学报，13(4)：257–266

周明镇 (Zhou M Z), 张玉萍 (Zhang Y P), 王伴月 (Wang B Y), 丁素因 (Ding S Y). 1977. 广东南雄古新世哺乳动物群 . 中国古生物志 . 新丙种，20: 1–100

周明镇 (Zhou M Z), 程政武 (Cheng Z W), 王元青 (Wang Y Q). 1991. 记辽西一侏罗纪哺乳动物下颌骨. 古脊椎动物学报, 29(3): 165–175

周晓和 (Zhou X H). 1960. 最初的哺乳动物. 古脊椎动物与古人类, 2(2): 184–190

Adams A L. 1868. Has the Asiatic elephant been foud in a fossil state? Quat J Geol Soc London, 24: 496–498

Ameghino F. 1890. Los plagiaulácidos Argentinos y sus relaciones zoológicas, geológicas y geográficas. Bol Inst Geogr Argentino, 11: 143–208

Amrine-Madsen H, Koepfli K P, Wayne R K, Springer M S. 2003. A new phylogenetic marker, apolipoprotein B, provides compelling evidence for eutherian relationships. Mol Phylogenet Evol, 28(2): 225–240

Anantharaman S, Wilson G P, Das Sarma D C, Clemens W A. 2006. A possible late Cretaceous "haramiyidan" from India. J Vertebr Paleontol, 26(2): 488–490

Archibald J D. 2003. Timing and biogeography of the eutherian radiation: fossils and molecules compared. Mol Phylogenet Evol, 28(2): 350–359

Archibald J D, Rose K D. 2005. Womb with a view: the rise of placentals. In: Rose K D, Archibald J D eds. The Rise of Placental Mammals: Origins and Relationships of Major Extant Clades. Baltimore: The Johns Hopkins Univ Press. 1–8

Archibald J D, Averianov A O, Ekdale E G. 2001. Late Cretaceous relatives of rabbits, rodents, and other placental mammals. Nature, 414: 62–65

Arnason U, Gullberg A, Gretarsdottir S, Ursing B, Janke A. 2000. The mitochondrial genome of the sperm whale and a new molecular reference for estimating eutherian divergence dates. J Mol Evol, 50: 569–578

Arnason U, Adegoke J A, Bodin K, Born E W, Esa Y B, Gullberg A, Nilsson M, Short R V, Xu X, Janke A. 2002. Mammalian mitogenomic relationships and the root of the eutherian tree. Proc Natl Acad Sci USA, 99(12): 8151–8156

Arnason U, Adegoke J A, Gullberg A, Harley E H, Janke A, Kullberg M. 2008. Mitogenomic relationships of placental mammals and molecular estimates of their divergences. Gene, 421(1-2): 37–51

Asher R J. 2005. Insectivoran grade placental mammals: character evolution and fossil history. In: Rose K D, Archibald J D eds. The Rise of Placental Mammals: Origin and Relationships of the Major Clades. Baltimore: The Johns Hopkins Univ Press. 50–70

Asher R J, Helgen K M. 2010. Nomenclature and placental mammal phylogeny. BMC Evol Biol, 10: 1–102

Asher R J, Meng J, Wible J R, McKenna M C, Rougier G W, Dashzeveg D, Novacek M J. 2005. Stem Lagomorpha and the antiquity of Glires. Science, 307: 1091–1094

Averianov A O. 2002. Early Cretaceous "symmetrodont" mammal *Gobiotheriodon* from Mongolia and the classification of "Symmetrodonta". Acta Palaeontol Pol, 47(4): 705–716

Averianov A O, Kielan-Jaworowska Z. 1999. Marsupials from the Late Cretaceous of Uzbekistan. Acta Palaeontol Pol, 44(1): 71–81

Averianov A O, Lopatin A V. 2006. *Itatodon tatarinovi* (Tegotheriidae, Mammalia), a docodont from the Middle Jurassic of Western Siberia and phylogenetic analysis of Docodonta. Paleontol J, 40(6): 668–677

Averianov A O, Lopatin A V. 2014. On the Phylogenetic Position of Monotremes (Mammalia, Monotremata). Paleontol J, 48: 426–446 (Original Russian Text published in Paleontologicheskii Zhurnal, 4: 83–104)

Averianov A O, Skutschas P P. 2000. A eutherian mammal from the Early Cretaceous of Russia and biostratigraphy of the Asian Early Cretaceous vertebrate assemblages. Lethaia, 33: 330–340

Averianov A O, Skutschas P P. 2001. A new genus of eutherian mammal from the Early Cretaceous of Transbaikalia Russia.

Acta Palaeontol Pol, 46: 431–436

Averianov A O, Martin T, Bakirov A. 2005. Pterosaur and dinosaur remains from the Middle Jurassic Balabansai Svita in northern Fergana Depression, Kyrgyzstan (Central Asia). Palaeontology, 48: 135–155

Averianov A O, Lopatin A V, Krasnolutskii S A, Ivantsov S V. 2010. New docodontans from the Middle Jurassic of Siberia and reanalysis of Docodonta interrelationships. Proc Zool Inst Russ Acad Sci, 314(2): 121–148

Averianov A O, Lopatin A V, Krasnolutskii S A. 2011. The first haramiyid (Mammalia, Allotheria) from the Jurassic of Russia. Dokl Biol Sci, 437: 103–106

Bai B, Wang Y Q, Meng J, Jin X, Li Q, Li P. 2011. Taphonomic analyses of an Early Eocene *Litolophus* (Perissodactyla, Chalicotheroidea) assemblage from the Erlian basin, Inner Mongolia, China. PalAios, 26: 187–196

Barghusen H, Hopson J A. 1970. Dentary-squamosal joint and the origin of mammals. Science, 168: 573–575

Beard K C. 1991. Vertical postures and climbing in the morphotype of Primatomorpha: implications for locomotor evolution in primate history. In: Coppens Y, Senut B eds. Origine(s) de la Bipedie chez les Hominides. Paris: CNRS. 79–87

Benton M J. 2005. Vertebrate Palaeontology 3rd ed. Malden MA: Blackwell Publ. 1–455

Benton M J. 2007. The Phylocode: Beating a dead horse? Acta Palaeontol Pol, 52(3): 651–655

Bi S D, Wang Y Q, Guan J, Sheng X, Meng J. 2014. Three new Jurassic euharamiyidan species reinforce early divergence of mammals. Nature, 514(7524): 579–584

Bininda-Emonds O R P, Cardillo M, Jones K E, MacPhee R D E, Beck R M D, Grenyer R, Price S A, Vos R A, Gittleman J L, Purvis A. 2007. The delayed rise of present-day mammals. Nature, 446: 507–512

Bohlin B. 1937. Oberoligozäne Säugetiere aus dem Shargaltein-Tal (Western Kansu). Palaeont Sin, New Ser C, 3: 1–66

Bohlin B. 1942. The fossil mammals from the Tertiary deposit of Taben-Buluk, part 1, Insectivora and Lagomorpha. Palaeont Sin, New Ser C, 8a: 1–113

Bohlin B. 1946. The fossil mammals from the Tertiary deposit of Taben-Buluk, western Kansu, part 2, Simplicidentata, Carnivora, Artiodactyla, Perissodactyla and Primates. Palaeont Sin, New Ser C, 8b: 1–259

Bohlin B. 1951. Some mammalian remains from Shih-her-ma-cheng, Hui-hui-pu area, western Kansu. Sino-Swedish Exped Publ, 35: 1–47

Bohlin B. 1953. Fossil Reptilia from Mongolia and Kansu. Reports from the Scientific Expedition to the North-Western Provinces of China under leadership of Dr. Sven Hedin, the Sino-Swedish Expedition Publication 37, VI. Vertebrate Paleontology 6: 1–113

Bonaparte J F. 1990. New Late Cretaceous mammals from the Los Alamitos Formation, northern Patagonia. Natl Geogr Res, 6: 63–93

Bonaparte J F, Martinelli A G, Schultz C L, Rubert R. 2003. The sister group of mammals: small cynodonts from the Late Triassic of Southern Brazil. Rev Bras Paleontol, 5: 5–27

Bonaparte J F, Martinelli A G, Schultz C L. 2005. New information on *Brasilodon* and *Brasilitherium* (Cynodontia, Probainognathia) from the Late Triassic of Southern Brazil. Revista Brasileira de Paleontologia, 8: 25–46

Butler P M. 1939. The teeth of the Jurassic mammals. Proc Zool Soc London, 109: 329–356

Butler P M. 1988. Docodont molars as tribosphenic analogues (Mammalia, Jurassic). In: Russell D E, Santoro J P, Sigogneau-Russell D eds. Teeth Revisited: Proceedings of the Seventh International Symposium on Dental Morphology. Mém Mus Natl Hist Nat Ser C, 53: 329–340

Butler P M. 1990. Early trends in the evolution of tribosphenic molars. Biol Rev, 65: 529–552

Butler P M. 1997. An alternative hypothesis on the origin of docodont molar teeth. J Vertebr Paleontol, 17: 435–439

Butler P M. 2000. Review of the early allotherian mammals. Acta Palaeontol Pol, 45(4): 317–342

Butler P M, Hooker J J. 2005. New teeth of allotherian mammals from the English Bathonian, including the earliest multituberculates. Acta Palaeontol Pol, 50(2): 185–207

Butler P M, MacIntyre G T. 1994. Review of the British Haramiyidae (?Mammalia, Allotheria), their molar occlusion and relationships. Phil Trans: Biol Sci, 345: 433–458

Cantino P D, Bryant H N, de Queiroz K, Donoghue M J, Eriksson T, Hillis D M, Lee M S Y. 1999. Species names in phylogenetic nomenclature. Syst Biol, 48: 790–807

Carpenter J M. 2003. Critique of pure folly. Bot Rev, 69(1): 79–92

Carroll R L. 1988. Vertebrate paleontology and evolution. New York: W H Freeman and Company. 1–698

Chang S C, Zhang H C, Renne P R, Fang F. 2009. High-precision ^{40}Ar/^{39}Ar age constraints on the basal Lanqi Formation and its implications for the origin of angiosperm plants. Earth Planet Sci Lett, 279: 212–221

Chen M Luo Z X. 2012. Postcranial skeleton of the Cretaceous mammal *Akidolestes cifellii* and its locomotor adaptations. J Mammal Evol, 20: 159–189

Chiu C S, Li C K, Chiu C T. 1979. The Chinese Neogene—A preliminary review of the mammalian localities and faunas. Ann Geol Hell, Hors Ser, 1: 263–272

Chow M C, Kozhdestvensky A K. 1960. Exploration in Inner Mongolia. Vert PalAsiat, 4(1): 1–10

Chow M C, Rich T H V. 1982. *Shuotherium dongi* n. gen. and sp., a therian with pseudo-tribosphenic molars from the Jurassic of Sichuan, China. Aust Mammal, 5: 127–142

Chow M C, Rich T H V. 1984. A new triconodontan (Mammalia) from the Jurassic of China. J Vertebr Paleontol, 3: 226–231

Cifelli R L. 1993. Theria of metatherian-eutherian grade and the origin of marsupials. In: Szalay F S, Novacek M J, McKenna M C eds. Mammal Phylogeny: Mesozoic Differentiation, Multituberculates, Monotremes, Early Therians, and Marsupials. New York: Springer-Verlag. 205–215

Cifelli R L. 1999. Tribosphenic mammal from the North American Early Cretaceous. Nature, 401: 363–366

Cifelli R L, de Muizon C. 1997. Dentition and jaw of *Kokopellia juddi*, a primitive marsupial or near-marsupial from the Medial Cretaceous of Utah. J Mammal Evol, 4: 241–258

Cifelli R L, Madsen S K. 1999. Spalacotheriid symmetrodonts (Mammalia) from the medial Cretaceous (upper Albian or lower Cenomanian) Mussentuchit local fauna, Cedar Mountain Formation, Utah, USA. Geodiversitas, 21(2): 167–214

Cifelli R L, Wible J R, Jenkins F A Jr. 1998. Triconodont mammals from the Cloverly Formation (Lower Cretaceous), Montana and Wyoming. J Vertebr Paleontol, 18: 237–241

Clemens W A. 1966. Fossil mammals from the type Lance Formation, Wyoming. Part II. Marsupialia. Univ Calif Publ Geol Sci, 62: 1–122

Clemens W A. 2002. Evolution of the mammalian fauna across the Cretaceous-Tertiary boundary in northeastern Montana and other areas of the Western Interior. Geol Soc Am Spec Pap, 361: 217–245

Clemens W A. 2007. Early Jurassic allotherians from South Wales (United Kingdom). Fossil Rec, 10(1): 50–59

Cope E D. 1882. A new genus of Taeniodonta. Am Nat, 16(7): 604–605

Cope E D. 1884. The Tertiary Marsupialia. Am Nat, 18(7): 686–697

Crochet J-Y. 1979. Diversité Systémaque des Didelphidae (Mammalia) Européens Tertiaires. Géobios, 12(3): 365–378

Crompton A W. 1971. The origin of the tribosphenic molar. In: Kermack D M, Kermack K A eds. Early mammals. Zool J Linn

Soc, 50(1 Suppl): 65–87

Crompton A W. 1972. Postcanine occlusion in cynodonts and tritylodontids. Bull Br Mus (Nat Hist) Geol, 21: 30–71

Crompton A W. 1974. The dentition and relationships of the southern African Triassic mammals, *Erythrotherium parringtoni* and *Megazostrodon rudnerae*. Bull Br Mus (Nat Hist), Geology, 24: 397–437

Crompton A W. 1995. Masticatory function in nonmammalian cynodonts and early mammals. In: Thomason J ed. Functional Morphology in Vertebrate Paleontology. Cambridge: Cambridge Univ Press. 55–75

Crompton A W, Jenkins F A Jr. 1968. Molar occlusion in Late Triassic mammals. Biol Rev, 43: 427–458

Crompton A W, Jenkins F A Jr. 1979. Origin of mammals. In: Lillegraven J A, Kielan-Jaworowska Z, Clemens W A Jr eds. Mesozoic Mammals: The First Two-thirds of Mammalian History. Berkeley: Univ California Press. 59–73

Crompton A W, Kielan-Jaworowska Z. 1978. Molar structure and occlusion in Cretaceous Therian mammals. In: Butler P M, Joysey K A eds. Studies in the Development, Function and Evolution of Teeth. London: Academic Press. 249–287

Crompton A W, Luo Z X. 1993. Relationships of the Liassic mammals *Sinoconodon*, *Morganucodon*, and *Dinnetherium*. In: Szalay F S, Novacek M J, McKenna M C eds. Mammal Phylogeny: Mesozoic Differentiation, Multituberculates, Monotremes, Early Therians, and Marsupials. New York: Springer-Verlag. 30–44

Crompton A W, Sun A L. 1985. Cranial structure and relationships of the Liassic mammal *Sinoconodon*. Zool J Linn Soc, 85: 99–119

Cuenca-Bescós G, Canudo J I. 2003. A new gobiconodontid mammal from the Early Cretaceous of Spain and its palaeogeographic implications. Acta Palaeontol Pol, 48(4): 575–582

Darwin C. 1859. On the Origin of Species by Means of Natural Selection. London: John Murray. 1–502

Dashzeveg D. 1994. Two previously unknown Eupantotheres (Mammalia, Eupantotheria). Am Mus Novit, 3107: 1–11

De Muizon C. 1998. *Mayulestes ferox*, a borhyaenoid (Metatheria, Mammalia) from the early Palaeocene of Bolivia. Phylogenetic and palaeobiologic implications. Geodiversitas, 20: 19–142

de Queiroz K. 1997. The Linnaean hierarchy and the evolutionization of taxonomy, with emphasis on the problem of nomenclature. Aliso, 15: 125–144

de Queiroz K, Donoghue M J. 1988. Phylogenetic systematics and the species problem. Cladistics, 4: 317–338

de Queiroz K, Donoghue M J. 1990. Phylogenetic systematics or Nelson's version of cladistics? Cladistics, 6: 61–75

de Queiroz K, Gauthier J. 1990. Phylogeny as a central principle in taxonomy: phylogenetic definitions of taxon names. Syst Biol, 39(4): 307–322

de Queiroz K, Gauthier J. 1992. Phylogenetic taxonomy. Annu Rev Ecol Syst, 23: 449–480

de Queiroz K, Gauthier J. 1994. Toward a phylogenetic system of biological nomenclature. Trends Ecol Evol, 9: 27–31

Deng T. 2006. Chinese Neogene mammal biochronology. Vert PalAsiat, 42(2): 143–163

Deng T, Wang X M, Fortelius M, Li Q, Wang Y, Tseng Z J, Takeuchi G T, Saylor J E, Säilä L K, Xie G P. 2011. Out of Tibet: Pliocene woolly rhino suggests high-plateau origin of Ice Age megaherbivores. Science, 333: 1285–1288

Ducrocq S, Buffetaut E, Buffetaut-Tong H, Jaeger J-J, Jonkanjanasoontorn Y, Suteethorn V. 1992. First marsupial from South Asia. J Vertebr Paleontol, 12: 395–399

Eaton J G. 2006a. Late Cretaceous mammals from Cedar Canyon, southwestern Utah. In: Lucas S G, Sullivan R M eds. Late Cretaceous Vertebrates from the Western Interior. New Mexico Mus Nat Hist Sci Bull, 35: 373–402

Eaton J G. 2006b. Santonian (Late Cretaceous) mammals from the John Henry Member of the Straight Cliffs Formation, Grand Staircase-Escalante National Monument, Utah. J Vertebr Paleontol, 26(2): 446–460

Falconer H. 1838. Official report of expedition to Cashmeer and Little Tibet in 1837–1838. Falconer's Palaeonotol Mem, Fauna antiqua Sivalensis, 1: 557–586

Flower W H. 1885. An Introduction to the Osteology of the Mammalia. London: Macmillan and Co. 1–382

Flynn J J, Wesley-Hunt G D. 2005. Carnivora. In: Archibald J D, Rose K eds. The Rise of Placental Mammals: Origins and Relationships of the Major Extant Clades. Baltimore: The Johns Hopkins Univ Press. 175–198

Flynn J J, Wyss A R. 1999. New marsupials from the Eocene-Oligocene transition of the Andean Main Range, Chile. J Vertebr Paleontol, 19(3): 533–549

Forey P L. 2002. PhyloCode: Pain, no gain. Taxon, 51(1): 43–54

Fourie S. 1974. The cranial morphology of *Thrinaxodon liorhinus* Seeley. Ann S Afr Mus, 65: 337–400

Fox R C. 1976. Additions to the mammalian local fauna from the Upper Milk River Formation (Upper Cretaceous), Alberta. Can J Earth Sci, 13: 1105–1118

Fox R C. 1985. Upper molar structure in the Late Cretaceous symmetrodont *Symmetrodontoides* Fox, and a classification of the Symmetrodonta (Mammalia). J Paleontol, 59(1): 21–26

Fox R C. 1999. The monophyly of the Taeniolabidoidea (Mammalia: Multituberculata). In: Leanza H A ed. Abstracts, Seventh International Symposium on Mesozoic Terrestrial Ecosystems. Buenos Aires. 26

Fox R C, Meng J. 1997. An X-radiographic and SEM study of the osseous inner ear of multituberculates and monotremes (mammalia): implications for mammalian phylogeny and evolution of hearing. Zool J Linn Soc, 121: 249–291

Gaetano L C, Rougier G W. 2011. New materials of *Argentoconodon fariasorum* (Mammaliaformes, Triconodontidae) from the Jurassic of Argentina and its bearing on triconodont phylogeny. J Vertebr Paleontol, 31(4): 829–843

Gao C L, Wilson G P, Luo Z X, Murat Maga A, Meng Q, Wang X. 2010. A new mammal skull from the Lower Cretaceous of China with implications for the evolution of obtuse-angled molars and 'amphilestid' eutriconodonts. Proc R Soc B, 276: 237–246

Gardner A L. 2005. Order Didelphimorphia. In D E Wilson and D M Reeder eds. Mammal Species of the World. 3rd ed. Vol. 1. Johns Hopkins Univ Press. 23–37

Gatesy J, Hayashi C, Cronin M A, Arctander P. 1996. Evidence from milk casein genes that cetaceans are close relatives of hippopotamid artiodactyls. Mol Biol Evol, 13: 954–963

Gauthier J, Kluge A G, Rowe T. 1988. Amniote phylogeny and the importance of fossils. Cladistics, 4: 105–209

Gazin C L. 1969. A new occurrence of Paleocene mammals in the Evanston Formation, southwestern Wyoming. Smithson Contrib Paleobiol, 2: 1–17

Gill T N. 1872. Arrangment of the families of mammals, with analytical tables. Smithson Misc Coll, 11: 1–98

Gingerich P D. 2003. Land-to-sea transition in early whales: evolution of Eocene Archaeoceti (Cetacea) in relation to skeletal proportions and locomotion of living semiaquatic mammals. Paleobiology, 29: 429–454

Gingerich P D, Ul-Haq M, Zalmout I S, Khan I H, Malkani M S. 2001. Origin of whales from early artiodactyls: hands and feet of Eocene Protocetidae from Pakistan. Science, 293: 2239–2242

Godefroit P, Guo D Y. 1999. A new amphilestid mammal from the Early Cretaceous of China. Bull Inst R Sci Nat Belg, 69(B Suppl): 7–16

Gow C E. 1986. A new skull of *Megazostrodon* (Mammalia, Triconodonta) from the Elliot Formation (Lower Jurassic) of southern Africa. Palaeont Afr, 26: 13–23

Gradstein F M, Ogg J G, Smith A G. 2004. A Geologie Time Scale 2004. Cambridge: Cambridge Univ Press. 1–588

Granger W, Simpson G G. 1929. A revision of the Tertiary Multituberculata. Bull Am Mus Nat Hist, 56(9): 601–676

Graybeal A, Rosowski J R, Ketten D, Crompton A W. 1989. Inner ear structure in *Morganucodon*, an Early Jurassic mammal. Zool J Linn Soc, 96: 107–117

Graur D, Higgins D G. 1994. Molecular evidence for the inclusion of cetaceans within the order Artiodactyla. Mol Biol Evol, 11: 357–364

Gregory W K. 1910. The Orders of Mammals. Bull Am Mus Nat Hist, 27: 1–524

Gregory W K, Simpson G G. 1926. Cretaceous mammal skulls from Mongolia. Am Mus Novit, 225: 1–20

Hahn G. 1969. Beiträge zur Fauna der Grube Guimarota Nr. 3. Die Multituberculata. Palaeontogr Abt A, 133: 1–100

Hahn G. 1971. The dentition of the Paulchoffatiidae (Multituberculata, Upper Jurassic). Mem Serv Geol Portugal, 17: 7–39

Hahn G. 1973. Neue Zähne von Haramiyiden aus der deutschen Ober-Trias und ihre Beziehungen zu den Multituberculaten. Palaeontogr Abt A, 142(1): 1–15

Hahn G, Hahn R. 2006. Evolutionary tendencies and systematic arrangement in the Haramiyida (Mammalia). Geol Palaeontol, 40: 173–193

Hahn G, Sigogneau-Russell D, Wouters G. 1989. New data on Theroteinidae—their relations with Paulchoffatiidae and Haramiyidae. Geol Palaeontol, 23: 205–215

Hahn G, Hahn R, Godefroit P. 1994. Zur Stellung der Dromatheriidae (Ober-Trias) zwischen den Cynodontia und den Mammalia. Geol Palaeontol, 28: 141–159

He H Y, Wang Z H, Zhou Z H, Jin F, Wang F, Yang L K, Ding X, Boven A, Zhu R X. 2006. ^{40}Ar/^{39}Ar dating of Lujiatun bed (Jehol Group) in Liaoning, northeastern China. Geophys Res Lett, 33: L04303, doi: 10.1029/2005GL025274

Heinrich W D. 2001. New records of *Staffia aenigmatica* (Mammalia, Allotheria, Haramiyida) from the Upper Jurassic of Tendaguru in southeastern Tanzania, East Africa. Mitt Mus Natkd Berl, Geowiss Reihe, 4(1): 239–255

Henkel S, Krusat G. 1980. Die Fossil-Lagerstätte in der Kohlengrube Guimarota (Portugal) und der erste Fuld eines Docodontiden-Skelettes. Berl Geowiss Abh, Reihe A, 20: 209–214

Hildebrand M. 1982. Analysis of Vertebrate Structure. (2nd ed) New York: John Wiley & Sons. 1–654

Hillenius W J. 2000. The septomaxilla of nonmammalian synapsids: soft-tissue correlates and a new functional interpretation. J Morphol, 245: 29–50

Hillison S. 1996. Dental Anthropology. Cambridge: Cambridge Univ Press. 1–373

Holtzman R C, Wolberg D L. 1977. The Microcosmodontinae and *Microcosmodon woodi*, new multituberculate taxa (Mammalia) from the Late Paleocene of North America. Sci Publ Sci Mus Minnesota, New Ser, 4: 1–13

Hopson J A. 1969. The origin and adaptive radiation of mammal-like reptiles and nontherian mammals. Ann NY Acad Sci, 167: 199–216

Hopson J A. 1970. The classification of nontherian mammals. J Mammal, 51: 1–9

Hopson J A. 1994. Synapsid evolution and the radiation of non-eutherian mammals. In: Spencer R S ed. Major Features of Vertebrate Evolution. Knoxville: The Paleontological Society. 190–219

Hopson J A. 1995. The Jurassic mammal *Shuotherium dongi*: "pseudo-tribosphenic therian," docodontid, or neither? J Vertebr Paleontol, 15(3 Suppl): 36A

Hopson J A, Barghusen H. 1986. An analysis of therapsid relationships. In: Hotton N, MacLean P D III, Roth J J, Roth E C eds. The Ecology and Biology of Mammal-like Reptiles. Washington D C: Smithsonian Institution Press. 83–106

Hopson J A, Crompton A W. 1969. Origin of mammals. In: Dobzhansky T, Hecht M K, Steere W C eds. Evolutionary Biology, vol 3. New York: Appleton-Century-Crofts. 15–72

Hopson J A, Kitching J W. 2001. A probainognathian cynodont from South Africa and the phylogeny of non-mammalian cynodonts. Bull Mus Comp Zool, 156: 5–35

Horovitz I, Sánchez-Villagra M. 2003. A morphological analysis of marsupial mammal higher level phylogenetic relationship. Cladistics, 19: 181–212

Hou S, Meng J. 2014. A new eutriconodont mammal from the early Cretaceous Jehol Biota of Liaoning, China. Chin Sci Bull, 59(5-6): 546–553

Hu Y M, Wang Y Q, Luo Z X, Li C K. 1997. A new symmetrodont mammal from China and its implications for mammalian evolution. Nature, 390: 137–142

Hu Y M, Fox R C, Wang Y Q, Li C K. 2005a. A new spalacotheriid symmetrodont from the Early Cretaceous of northeastern China. Am Mus Novit, 3475: 1–20

Hu Y M, Meng J, Li C K, Wang Y Q. 2005b. Large Mesozoic mammals fed on young dinosaurs. Nature, 433: 149–153

Hu Y M, Meng J, Clark J M. 2007. A new Late Jurassic docodont (Mammalia) from northeastern Xinjiang, China. Vert PalAsiat, 45(3): 173–194

Hu Y M, Meng J, Li C K, Wang Y Q. 2010. New basal eutherian mammal from the Early Cretaceous Jehol biota, Liaoning, China. Proc R Soc B, 277: 229–236

Hunter J P, Heinrich R E, Weishampel D B. 2010. Mammals from the St. Mary River Formation (Upper Cretaceous), Montana. J Vertebr Paleontol, 30(3): 885–898

Huxley T H. 1880. On the application of the laws of evolution to the arrangement of the Vertebrata and more particularly of the Mammalia. Proceedings of the Zoological Society of London, 43: 649–662

Irwin D M, Arnason U. 1994. Cytochrome b gene of marine mammals: phylogeny and evolution. J Mammal Evol, 2: 37–55

Janis C M, Gunnell G F, Uhen M D. 2008. Evolution of Tertiary mammals of Noth America. Volume 2: small mammals xenarthrans, and marine mammals. Cambridge: Cambridge Univ Press. 1–795

Jenkins F A Jr. 1969. Occlusion in *Docodon* (Mammalia, Docodonta). Postillam, 139: 1–24

Jenkins F A Jr, Crompton A W. 1979. Triconodonta. In: Lillegraven J A, Kielan-Jaworowska Z, Clemens W A eds. Mesozoic Mammals: the First Two-Thirds of Mammalian History. Berkeley: Univ California Press. 74–90

Jenkins F A Jr, Parrington F R. 1976. The postcranial skeleton of the Triassic mammals *Eozostrodon*, *Megazostrodon* and *Erythrotherium*. Philos Trans R Soc London, 273: 387–431

Jenkins F A Jr, Schaff C R. 1988. The Early Cretaceous mammal *Gobiconodon* (Mammalia, Triconodonta) from the Cloverly Formation in Montana. J Vertebr Paleontol, 8: 1–24

Jenkins F A Jr, Gatesy S M, Shubin N H, Amaral W W. 1997. Haramiyids and Triassic mammalian evolution. Nature, 385: 715–718

Jepsen G L. 1940. Paleocene faunas of the Polecat Bench Formation, Park County, Wyoming: Part I. Proc Am Phil Soc, 83(2): 217–340

Ji Q, Luo Z X, Ji S A. 1999. A Chinese triconodont mammal and mosaic evolution of mammalian skeleton. Nature, 398: 326–330

Ji Q, Luo Z X, Yuan C X, Wible J R, Zhang J P, Georgi J A. 2002. The earliest known eutherian mammal. Nature, 416: 816–822

Ji Q, Luo Z X, Yuan C X, Tabrum A R. 2006. A swimming mammaliaform from the Middle Jurassic and ecomorphological diversification of early mammals. Science, 311: 1123–1127

Ji Q, Luo Z X, Zhang X L, Yuan C X, Xu L. 2009. Evolutionary development of the middle ear in Mesozoic therian mammals.

Science, 326: 278–281

Jit I, Kaur H. 1989. Time of fusion of the human sternebrae with one another in northwest India. Am J Phys Anthropol, 80(2): 195–202

Keller R A, Boyd R N, Wheeler Q D. 2003. The illogical basis of phylogenetic nomenclature. Bot Rev, 69(1): 93–110

Kemp T S. 1982. Mammal-Like Reptiles and the Origin of Mammals. New York: Academic Press. 1–363

Kemp T S. 1983. The relationships of mammals. Zool J Linn Soc, 77: 353–384

Kemp T S. 1988. Interrelationships of the Synapsida. In: Benton M J ed. The Phylogeny and Classification of the Tetrapods: Mammals. Oxford: Systematics Assoc Spec. 1–22

Kemp T S. 2005. The Origin and Evolution of Mammals. Oxford: Oxford University Press. 1–331

Kermack D M, Kermack K A, Mussett F. 1968. The Welsh pantothere *Kuehneotherium praecursoris*. Zool J Linn Soc, 47: 407–423

Kermack K A. 1963. The cranial structure of the triconodonts. Philos Trans R Soc London, 246: 83–103

Kermack K A. 1967. The interrelations of early mammals. Zool J Linn Soc, 47: 241–249

Kermack K A, Kielan-Jaworowska Z. 1971. Therian and non-therian mammals. In: Kermack D M, Kermack K A eds. Early Mammals. Zool J Linn Soc, 50(1 Suppl): 103–116

Kermack K A, Mussett F. 1958. The jaw articulation of the Docodonta and the classification of Mesozoic mammals. Proc R Soc Lond B, 149: 204–215

Kermack K A, Mussett F. 1959. The first mammals. Discovery, (April): 144–151

Kermack K A, Mussett F, Rigney H R. 1973. The lower jaw of *Morganucodon*. Zool J Linn Soc, 53: 87–175

Kermack K A, Mussett F, Rigney H W. 1981. The skull of *Morganucodon*. Zool J Linn Soc, 71: 1–158

Kermack K A, Lee A J, Lees P M, Mussett F. 1987. A new docodont from the Forest Marble. Zool J Linn Soc, 89: 1–39

Kermack K A, Kermack D M, Lees P M, Mills J R E. 1998. New multituberculate-like teeth from the Middle Jurassic of England. Acta Palaeontol Pol, 43(4): 581–606

Kielan-Jaworowska Z. 1970. New Upper Cretaceous multituberculate genera from Bayn Dzak, Gobi Desert. In: Kielan-Jaworowska Z ed. Results of the Polish-Mongolian Palaeontological Expeditions II. Palaeontol Pol, 21: 35–49

Kielan-Jaworowska Z. 1974. Multituberculate succession in the Late Cretaceous of the Gobi Desert (Mongolia). In: Kielan-Jaworowska Z ed. Results of the Polish-Mongolian Palaeontological Expeditions V. Palaeontol Pol, 30: 23–44

Kielan-Jaworowska Z. 1982. Marsupial-placental dichotomy and paleogeography of Cretaceous Theria. In: Gallitelli E M ed. Palaeontology, Essential of Historical Geology, 367–383. S.T.E.M. Mucchi, Modena

Kielan-Jaworowska Z, Cifelli R L. 2001. Primitive boreosphenidan mammal (?Deltatheroida) from the Early Cretaceous of Oklahoma. Acta Palaeontol Pol, 46: 377–391

Kielan-Jaworowska Z, Dashzeveg D. 1978. New Late Cretaceous mammal locality in Mongolia and a description of a new multituberculate. Acta Palaeont Pol, 23(2): 115–130

Kielan-Jaworowska Z, Dashzeveg D. 1989. Eutherian mammals from the Early Cretaceous of Mongolia. Zool Scr, 18: 347–355

Kielan-Jaworowsha Z, Dashzeveg D. 1998. Early Creteous amphilestid ('triconodont') mammals from Mongolia. Acta Palaeontol Pol, 43: 413–438

Kielan-Jaworowska Z, Ensom P C. 1994. Tiny plagiaulacoid multituberculate mammals from the Purbeck Limestone Formation of Dorset, England. Palaeontology, 37(1): 17–31

Kielan-Jaworowska Z, Hurum J H. 1997. Djadochtatheria—a new suborder of multituberculate mammals. Acta Palaeont Pol,

42(2): 201–242

Kielan-Jaworowska Z, Hurum J H. 2001. Phylogeny and systematics of multituberculate mammals. Palaeontology, 44(3): 389–429

Kielan-Jaworowska Z, Sloan R E. 1979. *Catopsalis* (Multituberculata) from Asia and North America and the problem of taeniolabidid dispersal in the Late Cretaceous. Acta Palaeontol Pol, 24(2): 187–197

Kielan-Jaworowska Z, Bown T M, Lillegraven J A. 1979. Eutheria. In: Lillegraven J A, Kielan-Jaworowska Z, Clemens W A eds. Mesozoic Mammals: the First Two-thirds of Mammalian History. Berkeley: Univ California Press. 221–258

Kielan-Jaworowska Z, Dashzeveg D, Trofimov B A. 1987. Early Cretaceous multituberculates from Mongolia and a comparison with Late Jurassic forms. Acta Palaeontol Pol, 32(1): 3–47

Kielan-Jaworowska Z, Cifelli R L, Luo Z X. 2004. Mammals from the Age of Dinosaurs: Origins, Evolution, and Structure. New York: Columbia Univ Press. 1–630

Kielan-Jaworowska Z, Ortiz-Jaureguizar E, Vieytes C, Pascual R, Goin F J. 2007. First ?cimolodontan multituberculate mammal from South America. Acta Palaeontol Pol, 52(2): 257–262

Kondrashov P, Agadjanian A K. 2012. A nearly complete skeleton of *Ernanodon* (Mammalia, Palaeanodonta) from Mongolia: morphofunctional analysis. J Vertebr Paleontol, 32(5): 983–1001

Krebs B. 1991. Das Skelett von *Henkelotherium guimarotae* gen. et sp. nov. (Eupantotheria, Mammalia) aus dem Oberen Jura von Portugal. Berl Geowiss Abh, 133: 1–110

Kretzoi M. 1946. On Docodonta, a new order of Jurassic Mammalia. Ann Hist Nat Mus Natl Hungary, 39: 108–111

Krishtalka L, Emry R J, Storer J E, Sutton J F. 1982. Oligocene multituberculates (Mammalia: Allotheria): youngest known record. J Paleontol, 56(3): 791–794

Kraus M J. 1979. Eupantotheria. In: Lillegraven J A, Kielan-jaworowska Z, Clemens W A eds. Mesozoic Mammals: the First Two-thirds of Mammalian History. Berkeley: Univ California Press. 162–171

Krusat G. 1980. Contribuicão para o conhecimento da fauna do Kimeridgiano da Mina de Lignito Guimarota (Leiria, Portugal). IV Parte. *Haldanodon exspectatus* Kuhne et Krusat 1972 (Mammalia, Docodonta). Mem Serv Geol Portugal, 27: 1–79

Krusat G. 1991. Functional morphology of *Haldanodon expectatus* (Mammalia, Docodonta) from the Upper Jurassic of Portugal. In: Kielan-Jaworowska Z, Heintz N, Nakrem H A eds. Fifth Symposium on Mesozoic Terrestrial Ecosystems and Biota. Contributions from the Paleontological Museum, 363. Oslo: Univ Oslo. 37–38

Kühne W G. 1949. On a triconodont tooth of a new pattern from a fissure-filling in South Glamorgan. Proc Zool Soc Lond, 119: 345–350

Kühne W G. 1958. Rhaetische Triconodonten aus Glamorgan ihre Stellung zwischen den Klassen Reptilia und Mammalia und ihre Bedeutung für die Reichartsche Theorie. Paläont Z, 32: 197–235

Kühne W G. 1961. Eine Mammalia fauna aus dem Kimeridge Portugals. Neues Jahrb Geol Paläontol, Monatsh, 7: 374–381

Kuntner M, Agnarsson I. 2006. Are the Linnean and phylogenetic nomenclatural systems combinable? Recommendations for biological nomenclature. Syst Biol, 55: 774–784

Kusuhashi N, Hu Y M, Wang Y Q, Hirasawa S, Matsuoka H. 2009a. New triconodontids (Mammalia) from the Lower Cretaceous Shahai and Fuxin formations, northeastern China. Geobios, 443: 1–17

Kusuhashi N, Hu Y M, Wang Y Q, Setoguchi T, Matsuoka H. 2009b. Two eobaatarid (Multituberculata; Mammalia) genera from the Lower Cretaceous Shahai and Fuxin formations, northeastern China. J Vertebr Paleontol, 29(4): 1264–1288

Kusuhashi N, Hu Y M, Wang Y Q, Setoguchi T, Matsuoka H. 2010. New multituberculate mammals from the Lower Cretaceous (Shahai and Fuxin formations), northeastern China. J Vertebr Paleontol, 30(5): 1501–1514

Ladevèze S, De Muizon C, Colbert M W, Smith T. 2010. 3D computational imaging of the petrosal of a new multitubercula mammal from the Late Cretaceous of China and its paleobiological inferences. C R Palevol, 9(6-7): 319–330

Lemoine V. 1882. Sur deux Plagiaulax tertiaires, recueillis aux environs de Reims. C R Acad Sci, 95: 1009–1011

Lewis O J. 1983. The evolutionary emergence and refinement of the mammalian pattern of foot architecture. J Anat (London), 137: 21–45

Li C K, Ting S Y. 1983. The Paleogene mammals of China. Bull Carnegie Mus Nat Hist, 21: 1–93

Li C K, Setoguchi T, Wang Y Q, Hu Y M, Chang Z L. 2005. The first record of "eupantotherian" (Theria, Mammalia) from the late Early Cretaceous of western Liaoning, China. Vert PalAsiat, 43(4): 245–255

Li G, Luo Z X. 2006. A Cretaceous symmetrodont therian with some monotreme-like postcranial features. Nature, 439: 195–200

Lillegraven J A, Krusat G. 1991. Cranio-mandibular anatomy of *Haldanodon exspectatus* (Docodonta, Mammalia) from the Late Jurassic of Portugal and its implications to the evolution of mammalian characters. Contrib Geol Univ Wyo, 28: 39–138

Lillegraven J A, McKenna M C. 1986. Fossil mammals from the "Mesaverde" Formation (Late Cretaceous, Judithian) of the Bighorn and Wind River basins, Wyoming, with definitions of Late Cretaceous North American Land-mammal "Ages". Am Mus Novit, 2840: 1–68

Lillegraven J A, Kielan-Jaworowska Z, Clemens W A. 1979. Mesozoic Mammals: the First Two-thirds of Mammalian History. Berkeley: Univ California Press. 1–311

Linnaeus C. 1753. Species plantarum: exhibentes plantas rite cognitas, ad genera relatas, cum differentiis specificis, nominibus trivialibus, synonymis selectis, locis natalibus, secundum systema sexuale digestas (in Latin). Tomus I & II. Stockholm: Laurentius Salvius. 1–1200

Linnaeus C. 1758. Systema naturae per regna tria naturae, secundum classes, ordines, genera, species, cum characteribus, differentiis, synonymis, locis (in Latin). 10th ed. Tomus I. Stockholm: Laurentius Salvius. 1–824

Liu F-G R, Miyamoto M M, Freire N P, Ong P Q, Tennant M R, Young T S, Gugel K F. 2001. Molecular and morphological supertrees for eutherian (placental) mammals. Science, 291: 1786–1789

Liu J, Olsen P E. 2010. The phylogenetic relationships of Eucynodontia (Amniota: Synapsida). J Mammal Evol, 17: 151–176

Liu Y Q, Liu Y X. 2005. Comment on "^{40}Ar/^{39}Ar dating of ignimbrite from Inner Mongolia, northeastern China, indicates a post-Middle Jurassic age for the overlying Daohugou Bed" by H. Y. He et al. Geophys Res Lett, 32: L12314

Liu Y Q, Liu Y X, Ji S A, Yang Z Q. 2006. U-Pb zircon age for the Daohugou Biota at Ningcheng of Inner Mongolia and comments on related issues. Chin Sci Bull, 51: 2634–2644

Lopatin A V, Averianov A O. 2005. A new docodont (Docodonta, Mammalia) from the Middle Jurassic of Siberia. Dokl Biol Sci, 405: 434–436

Lopatin A V, Averianov A O. 2006. Mesozoic mammals of Russia. In: Barrett P M, Evans S E eds. Ninth International Symposium on Mesozoic Terrestrial Ecosystems and Biota, Abstracts and Proceedings Volume. Manchester. 67–70

Lopatin A V, Averianov A O, Maschenko E N, Leshchinskiy S V. 2009. Early Cretaceous mammals of Western Siberia: 2. Tegotheriidae. Paleontol J, 43: 453–462

Lopatin A V, Maschenko E N, Averianov A O. 2010. A new genus of triconodont mammals from the Early Cretaceous of Western Siberia. Dokl Biol Sci, 433(1): 282–285

Luo Z X. 1994. Sister-group relationships of mammals and transformations of diagnostic mammalian characters. In: Fraser N C,

Sues H D eds. In the Shadow of the Dinosaurs: Early Mesozoic Tetrapods. Cambridge: Cambridge Univ Press. 98–128

Luo Z X. 2007. Transformation and diversification in early mammal evolution. Nature, 450: 1011–1019

Luo Z X, Ji Q. 2005. New study on dental and skeletal features of the Cretaceous "symmetrodontan" mammal *Zhangheotherium*. J Mammal Evol, 12(3): 337–357

Luo Z X, Martin T. 2007. Analysis of molar structure and phylogeny of docodont genera. In: Beard K C, Luo Z X eds. Mammalian Paleontology on a Global Stage: Papers in Honor of Mary R. Dawson. Bull Carnegie Mus Nat Hist, 39: 27–47

Luo Z X, Wible J R. 2005. A Late Jurassic digging mammal and early mammalian diversification. Science, 308: 103–107

Luo Z X, Wu X C. 1994. The small tetrapods of the lower Lufeng Formation, Yunnan, China. In: Fraser N C, Sues H D eds. In the Shadow of the Dinosaurs: Early Mesozoic Tetrapods. Cambridge: Cambridge Univ Press. 251–270

Luo Z X, Crompton A W, Lucas S G. 1995. Evolutionary origins of the mammalian promontorium and cochlea. J Vertebr Paleontol, 15: 113–121

Luo Z X, Cifelli R L, Kielan-Jaworowska Z. 2001a. Dual origin of tribosphenic mammals. Nature, 409: 53–57

Luo Z X, Crompton A W, Sun A L. 2001b. A new mammaliaform from the Early Jurassic and evolution of mammalian characteristics. Science, 292: 1535–1540

Luo Z X, Kielan-Jaworowska Z, Cifelli R L. 2002. In quest for a phylogeny of Mesozoic mammals. Acta Palaeontol Pol, 47(1): 1–78

Luo Z X, Ji Q, Wible J R, Yuan C X. 2003. An Early Cretaceous tribosphenic mammal and metatherian evolution. Science, 302: 1934–1940

Luo Z X, Kielan-Jaworowska Z, Cifelli R L. 2004. Evolution of dental replacementin mammals. Bull Carnegie Mus Nat Hist. 36: 159–176

Luo Z X, Chen P J, Li G, Chen M. 2007a. A new eutriconodont mammal and evolutionary development of early mammals. Nature, 446: 288–293

Luo Z X, Ji Q, Yuan C X. 2007b. Convergent dental adaptations in pseudo-tribosphenic and tribosphenic mammals. Nature, 450: 93–97

Luo Z X, Ruf I,, Schultz J A, Martin T. 2011a. Fossil evidence on evolution of inner ear cochlea in Jurassic mammals. Proc R Soc Ser B (Biol Sci), 278: 28–34

Luo Z X, Yuan C X, Meng Q J, Ji Q. 2011b. A Jurassic eutherian mammal and divergence of marsupials and placentals. Nature, 476: 442–445

Madsen O, Scally M, Douady C J, Kao D J, DeBry R W, Adkins R, Amrine H M, Stanhope M J, de Jong W W, Springer M S. 2001. Parallel adaptive radiations in two major clades of placental mammals. Nature, 409: 610–614

Maisch M W, Matzke A T, Grossmann F, Stöhr H, Pfretzschner H-U, Sun G. 2005. The first haramiyoid mammal from Asia. Naturwissenschaften, 92(1): 40–44

Manoussaki D, Chadwick R S, Ketten D R, Arruda J, Dimitriadis E K, O'Malley J T. 2008. The influence of cochlear shape of low-frequency hearing. Proc Natl Acad Sci USA, 105(16): 6162–6166

Marsh O C. 1880. Notice of Jurassic mammals representing two new orders. Am J Sci, Ser 3, 20: 235–239

Marsh O C. 1887. American Jurassic mammals. Am J Sci, 33: 326–348

Marsh O C. 1889. Discovery of Cretaceous Mammalia. Part I. Am J Sci, 38: 81–92

Marshall L G, Sigogneau-Russell D. 1995. Part III: Postcranial skeleton. In: de Muizon C ed. *Pucadelphys andinus* (Marsupialia, Mammalia) from the Early Paleocene of Bolivia. Mém Mus Natl Hist Nat (Paris), 165: 91–164

Martin T. 2002. New stem-line representatives of Zatheria (Mammalia) from the Late Jurassic of Portugal. J Vertebr Paleontol, 22: 332–348

Martin T. 2005. Postcranial anatomy of *Haldanodon exspectatus* (Mammalia, Docodonta) from the Late Jurasssic (Kimmeridgian) of Portugal and its bearing for mammalian evolution. Zool J Linn Soc, 145: 219–248

Martin T, Averianov A O. 2004. A new docodont (Mammalia) from the Middle Jurassic of Kyrgyzstan, Central Asia. J Vertebr Paleontol, 24(1): 195–201

Martin T, Averianov A O. 2006. A previously unrecognized group of Middle Jurassic triconodontan mammals from Central Asia. Naturwissenschaften, 94(1): 43–48

Martin T, Averianov A O. 2010. Mammals from the Middle Jurassic Balabansai Formation of the Fergana Depression, Kyrgyzstan. J Vertebr Paleontol, 30(3): 855–871

Martin T, Averianov A, Pfretzschner H U. 2010. Mammals from the Late Jurassic Qigu Formation in the Southern Junggar Basin, Xinjiang, Northwest China. Palaeobio Palaeoenv, 90(3): 295–319

Maschenko E N, Lopatin A V. 1998. First record of an Early Cretaceous triconodont mammal in Siberia. Bull Inst R Sci Nat Belg Sci Terre, 68: 233–236

Maschenko E N, Lopatin A V, Voronkevich A V. 2002. A new genus of the tegotheriid docodonts (Docodonta, Tegotheriidae) from the Early Cretaceous of West Siberia. Russ J Theriol, 1(2): 75–81

Mateus O. 2008. Two ornithischian dinosaurs renamed: *Microceratops* Bohlin 1953 and *Diceratops* Lull 1905. J Paleont, 82(2): 423

Matthew W D. 1915. Climate and evolution. Ann New York Acad Sci, 24: 171–318

Matthew W D, Granger W. 1921. New genera of Paleocene mammals. Am Mus Novit, 13: 1–7

Matthew W D, Granger W. 1925. Fauna and correlation of the Gashato Formation of Mongolia. Am Mus Novit, 189: 1–12

Matthew W D, Granger W, Simpson G G. 1928. Paleocene multituberculates from Mongolia. Am Mus Novit, 331: 1–4

McDowell S B. 1958. The Greater Antillean insectivores. Bull Am Mus Nat Hist, 115: 115–213

McFarland W N, Pough F H, Cade T J, Heiser J B. 1979. Vertebrate Life. New York: Macmillan Publ Co. 1–875

McKenna M C. 1975. Toward a phylogenetic classification of the Mammalia. In: Luckett W P, Szalay F S eds. Phylogeny of Primates. New York: Plenum Press. 21–46

McKenna M C. 1987. Molecular and morphological analysis of high-level mammalian interrelationships. In: Patterson C ed. Molecules and Morphology in Evolution: Conflict or Compromise? Cambridge: Cambridge Univ Press. 55–95

McKenna M C, Bell S K. 1997. Classification of Mammals Above the Species Level. New York: Columbia Univ Press. 1–631

McKenna M C, Kielan-Jaworowska Z, Meng J. 2000. Earliest eutherian mammal skull from the Late Cretaceous (Coniacian) of Uzbekistan. Acta Palaeontol Pol, 45: 1–54

Meng J. 1992. The stapes of *Lambdopsalis bulla* (Multituberculata) and transformational analyses on some stapedial features in Mammaliaformes. J Vertebr Paleontol, 12(4): 459–471

Meng J. 2003. The journey from jaw to ear. Biologist, 50(4): 154–158

Meng J. 2014. Mesozoic mammals of China: implications for phylogeny and early evolution of mammals. Natl Sci Rev, 1(4): 521–542

Meng J, McKenna M C. 1998. Faunal turnover of Palaeogene mammals from the Mongolian Plateau. Nature, 394: 364–367

Meng J, Wyss A R. 1995. Monotreme affinities and low-frequency hearing suggested by multituberculate ear. Nature, 377: 141–144

Meng J, Wyss A R. 1997. Multituberculate and other mammal hair recovered from Palaeogene excreta. Nature, 385: 712–714

Meng J, Zhai R J, Wyss A R. 1998. The late Paleocene Bayan Ulan fauna of Inner Mongolia, China. In: Beard K C, Dawson M R eds. Dawn of the Age of Mammals in Asia. Bull Carnegie Mus Nat Hist, 34: 148–185

Meng J, Hu Y M, Wang Y Q, Li C K. 2003. The ossified Meckel's cartilage and internal groove in Mesozoic mammaliaforms: implications to origin of the definitive mammalian middle ear. Zool J Linn Soc, 138: 431–448

Meng J, Hu Y M, Wang Y Q, Li C K. 2005. A new triconodont species (Mammalia) from the Early Cretaceous Yixian Formation of Liaoning, China. Vert PalAsiat, 43(1): 1–10

Meng J, Hu Y M, Li C K, Wang Y Q. 2006a. The mammal fauna in the Early Cretaceous Jehol Biota: implications for diversity and biology of Mesozoic mammals. Geol J, 41: 439–463

Meng J, Hu Y M, Wang Y Q, Wang X L, Li C K. 2006b. A Mesozoic gliding mammal from northeastern China. Nature, 444: 889–893

Meng J, Wang Y Q, Li C K. 2011. Transitional mammalian middle ear from a new Cretaceous Jehol eutriconodontan. Nature, 472: 181–185

Meredith R W, Janečka J E, Gatesy J, Ryder O A, Fisher C A, Teeling E C, Goodbla A, Eizirik E, Simão T L L, Stadler T, Rabosky D L, Honeycutt R L, Flynn J J, Ingram C M, Steiner C, Williams T L, Robinson T J, Burk-Herrick A, Westerman M, Ayoub N A, Springer M S, Murphy W J. 2011. Impacts of the Cretaceous Terrestrial Revolution and KPg extinction on mammal diversification. Science, 334: 521–524

Miao D S. 1986. Dental anatomy and ontogeny of *Lambdopsalis bulla* (Mammalia, Multituberculata). Contrib Geol, Univ Wyo, 24(1): 65–76

Miao D S. 1988. Skull morphology of *Lambdopsalis bulla* (Mammalia, Multituberculata) and its implications to mammalian evolution. Contrib Geol Univ Wyo, Spec Pap, (4): 1–104

Miao D S, Lillegraven J A. 1986. Discovery of three ear ossicles in a multituberculate mammal. Natl Geogr Res, 2(4): 500–507

Mills J R E. 1971. The dentition of *Morganucodon*. In: Kermack D M, Kermack K A eds. Early Mammals. Zool J Linn Soc, 50(1 Suppl): 29–63

Minjin B, Chuluun M, Geisler J H. 2003. A report of triconodont mammal jaw from Oosh, an Early Cretaceous locality in Mongolia. Publ Mongol Univ Sci Technol Inst Geol Ser Geol, 9: 89–93

Missiaen P, Smith T. 2008. The Gashatan (late Paleocene) mammal fauna from Subeng, Inner Mongolia, China. Acta Palaeontol Pol, 53(3): 357–378

Montgelard C, Catzeflis F M, Douzery E. 1997. Phylogenetic relationships of artiodactyls and cetaceans as deduced from the comparison of cytochrome b and 12S RNA mitochondrial sequences. Mol Biol Evol, 14: 550–559

Murphy W J, Eizirik E, O'Brien S J, Madsen O, Scally M, Douady C J, Teeling E, Ryder O A, Stanhope M J, de Jong W W, Springer M S. 2001. Resolution of the early placental mammal radiation using Bayesian phylogenetics. Science, 294: 2348–2351

Murphy W J, Pringle T H, Crider T A, Springer M S, Miller W. 2007. Using genomic data to unravel the root of the placental mammal phylogeny. Genome Res, 17(4): 413–421

Narita Y, Kuratani S. 2005. Evolution of the vertebral formulae in mammals: a perspective on developmental constraints. J Exp Zool, 304: 91–106

Needham J. 1959. Mathematics and the Sciences of the Heavens and Earth. Science and Civilisation in China, vol. III. Cambridge University Press. 495–680

Nessov L A. 1985. New mammals from the Cretaceous of Kyzylkum. Vestnik Leningradskogo Universiteta 17: 8–18 (in Russian)

Nessov L A. 1989. Mammals of the first half of the Late Cretaceous of Asia. Operativno-informacionnye materialy k I Vsesoyuznomu soveshchaniyu po paleoteriologii: 45–47 (in Russian)

Nessov L A. 1993. New Mesozoic mammals of middle Asia and Kazakhstan, and comments about evolution of therifaunas of Cretaceous coastal plains of ancient Asia . Trudy Zool Inst RAN, 249: 105–133 (in Russian)

Nessov L A. 1997. Cretaceous Non-marine Vertebrates of Northern Eurasia. 218 pp. (Posthumous paper, edited by L. B. Golovneva and A. O. Averianov.) University of Saint Petersburg, Institute of Earth Crust, Saint Petersburg (in Russian)

Nessov L A, Sigogneau-Russell D, Russell D E. 1994. A survey of Cretaceous tribosphenic mammals from middle Asia (Uzbekistan, Kazakhstan and Tajikistan), of their geological setting, age and faunal environment. Palaeovertebrata, 23(1–4): 51–92

Nessov L A, Archibald J D, Kielan-Jaworowska Z. 1998. Ungulate-like mammals from the Late Cretaceous of Uzbekistan and a phylogenetic analysis of Ungulatomorpha. Bull Carnegie Mus Nat Hist, 34: 40–88

Ni X J, Meng J, Wu W Y, Ye J. 2006. A new Early Oligocene peradectine marsupial (Mammalia) from the Burqin region of Xinjiang, China. Naturwissenschaften, 94: 237–241

Nixon K C. 2003. The PhyloCode is fatally flawed, and the "Linnaean" system can easily be fixed. Bot Rev, 69(1): 111–120

Novacek M J. 1992. Mammalian phylogeny: shaking the tree. Nature, 356: 121–125

Novacek M J, Wyss A R. 1986. Higher-level relationships of the recent eutherian orders: morphological evidence. Cladistics, 2: 257–287

Novacek M J, Rougier G W, Wible J R, McKenna M C, Dashzeveg D, Horovitz I. 1997. Epipubic bones in eutherian mammals from the Late Cretaceous of Mongolia. Nature, 389: 483–486

O'Leary M A, Allard M, Novacek M J, Meng J, Gatesy J. 2004. Building the mammalian sector of the Tree of Life. In: Cracraft J, Donoghue M J eds. Assembling the Tree of Life. New York: Oxford Univ Press. 490–516

O'Leary M A, Bloch J I, Flynn J J, Gaudin T J, Giallombardo A, Giannini N P, Goldberg S L, Kraatz B P, Luo Z X, Meng J, Ni X J, Novacek M J, Perini F A, Randall Z S, Rougier G W, Sargis E J, Silcox M T, Simmons N B, Spaulding M, Velazco P M, Weksler M, Wible J R, Cirranello A L. 2013. The placental mammal ancestor and the Post–K-Pg radiation of placentals. Science, 339: 662–667

Osborn H F. 1888. On the structure and classification of the Mesozoic Mammalia. J Nat Acad Sci, Philadelphia, 9: 186–265

Osborn H F. 1907. Evolution of Mammalian Molar Teeth. London: The MacMillan Comp. 1–250

Osborn H F. 1910. The Age of Mammals in Europe, Asia and North America. New York: MacMillan. 1–635

Owen R. 1854. On some fossil reptilian and mammalian remains from the Purbecks. Quart J Geol Soc London, 10: 420–433

Owen R. 1870. On fossil remains of mammals found in China. Quart J Geol Soc London, 26: 41–434

Parmar V, Prasad G V R, Kumar D. 2013. The first multituberculate mammal from India. Naturwissenschaften, 100(6): 515–523

Parrington F R. 1973. The dentitions of the earlist mammals. Zool J Linn Soc, 52: 85–95

Parrington F R. 1978. A further account of the Triassic mammals. Philos Trans R Soc London, 282: 177–204

Pascual R, Goin F J, González P, Ardolino A, Puerta P. 2000. A highly derived docodont from the Patagonian Late Cretaceous: evolutionary implications for Gondwanan mammals. Geodiversitas, 22: 395–414

Patterson B. 1956. Early Cretaceous mammals and the evolution of mammalian molar teeth. Fieldiana (Geol), 13(1): 1–104

Patterson B, Olson E C. 1961. A triconodontid mammal from the Triassic of Yunnan. In: Vandebroek G ed. International Colloquium in the Evolution of Lower and Non-specialized Mammals. Brussels: Koninklijke Vlaamse Academiie voor

Wetenschapen, Letteren en Schone Kunsten van Belgie. 129–191

Pfretzschner H U, Martin T, Maisch M W, Matzke A T, Sun G. 2005. A new docodont mammal from the Late Jurassic of the Junggar Basin in Northwest China. Acta Palaeontol Pol, 50(4): 799–808

Poche F. 1908. Einige notwenedige Änderungen in der mammalogischen Nomenklatur. Zoologischen Annalen, 2: 269–272

Prasad A B, Allard M W, Program N C S, Green E D. 2008. Confirming the phylogeny of mammals by use of large comparative sequence data sets. Mol Biol Evol, 25(9): 1795–1808

Prasad G V R, Manhas B K. 2001. First docodont mammals of Laurasian affinity from India. Curr Sci, 81: 1235–1238

Premoli Silva I, Jenkins G D. 1993. Decision on the Eocene-Oligocene boundary stratotype. Episodes, 16(3): 379–382

Prothero D R. 1981. New Jurassic mammals from Como Bluff, Wyoming, and the interrelationships of non-tribosphenic Theria. Bull Am Mus Nat Hist, 167: 277–326

Prothero D R, Swisher C C III. 1992. Magnetostratigraphy and geochronology of the terrestrial Eocene-Oligocene transition in North America. In: Prothero D R, Berggren W A eds. Eocene-Oligocene Climate and Biotic Evolution. Princeton: Princeton Univ Press. 46–73

Qiu Z D, Wang X M, Li Q. 2006. Faunal succession and biochronology of the Miocene through Pliocene in Nei Mongol (Inner Mongolia). Vert PalAsiat, 44(2): 164–181

Qiu Z X, 1987. Die Hyaeniden aus dem Ruscinium und Villafranchium Chinas. Münchner Geowis Abh, Reilhe A. 1–84

Qiu Z X, Qiu Z D. 1995. Chronological sequence and subdivision of Chinese Neogene mammalian faunas. Palaeogeogr Palaeoclimatol Palaeoecol, 116: 41–70

Qiu Z X, Wu W Y, Qiu Z D. 1999. Miocene mammal faunal sequence of China: palaeozoogeography and Eurasian relationships. In: Rossner G E, Heissig K eds. The Miocene Land Mammals of Europe. Munchen: Verlag Dr. Friedrich Pfeil. 443–455

Qiu Z X, Qiu Z D, Deng T, Li C K, Zhang Z Q, Wang B Y, Wang X M. 2013. Neogene Land Mammal Stages/Ages of China: toward the goal to establish an Asian Land Mammal Stage/Age scheme. In: Wang X M , Flynn L J, Fortelius eds. Fossil Mammals of Asia: Neogene Biostratigraphy of Asia. Columbia Univ Press New York. 29–90

Rădulescu C, Samson P M. 1986. Précisions sur les affinités des Multituberculés (Mammalia) du Crétacé supérieur de Roumanie. C R Acad Sci, Paris 2, 303: 1825–1830

Reig O A, Kirsch J A W, Marshall L G. 1987. Systematic relationships of the living and Neocenozoic American "opossum-like" marsupials (suborder Didelphimorphia), with comments on the classifcation of these and or the Cretaceous and Paleogene New World and European metatherians. In: Archer M ed. Possums and Opossums: Studies in Evolution. Sydney: Surrey Beatty and Sons. 1–89

Rich T H V, Vickers-Rich P. 2010. Pseudotribosphenic: the history of a concept. In: Wang Y Q ed. Proceedings of International Symposium on Terrestrial Paleogene Biota and Stratigraphy of Eastern Asia in Memory of Prof. Dr. Minchen Chow (Zhou Mingzhen) (I). Vert PalAsiat, 48(4): 336–347

Rich T H V, Vickers-Rich P, Flannery T F, Kear B P, Cantrill D J, Komarower P, Kool L, Pickering D, Trusler P, Morton S, Van Klaveren N A, Fitzgerald E M G. 2009. An Australian multituberculate and its palaeobiogeographic implications. Acta Palaeont Pol, 54(1): 1–6

Rigney H. 1963. A specimen of *Morganucodon* from Yunnan. Nature, 197: 1022–1123

Romer A S. 1966. Vertebrate Paleontology. 3rd ed. Chicago: Univ Chicago Press. 1–468

Romer A S. 1970. The Chañares (Argentina) Triassic reptile fauna. VI. A chiniquodontid cynodont with an incipient squamosal-dentary articulation. Breviora, 344: 1–18

Romer A S, Parsons T S. 1971. The Vertebrate Body. 5th ed. Philadelphia: Saunders W B Comp. 1–624

Rose K D. 2006. The Beginning of the Age of Mammals. Baltimore: The Johns Hopkins Univ Press. 1–428

Rose K D, Emry R J. 1993. Relationships of Xenarthra, Pholidota, and fossil 'edentates': The morphological evidence. In: Szalay F S, Novacek M J, McKenna M C eds. Mammal Phylogeny: Placentals. New York: Springer-Verlag. 81–102

Rougier G W. 1993. *Vincelestes neuquenianus* Bonaparte (Mammalia, Theria) un primitivo mamífero del Cretácico Inferior de la Cuenca Neuquina. PhD Dissertation. Buenos Aires: University of Buenos Aires. 1–720

Rougier G W, Wible J R, Hopson J A. 1996. Basicranial anatomy of *Priacodon fruitaensis* (Triconodontidae, Mammalia) from the Late Jurassic of Colorado, and a reappraisal of mammaliaform interrelationships. Am Mus Novit, 3183: 1–38

Rougier G W, Novacek M J, Dashzeveg D. 1997. A new multituberculate from the Late Cretaceous locality Ukhaa Tolgod, Mongolia. Considerations on multituberculate interrelationships. Am Mus Novit, 3191: 1–26

Rougier G W, Wible J R, Novacek M J. 1998. Implications of *Deltatheridium* specimens for early marsupial history. Nature, 396: 459–463

Rougier G W, Novacek M J, McKenna M C, Wible J R. 2001. Gobiconodonts from the Early Cretaceous of Oshih (Ashile), Mongolia. Am Mus Novit, 3348: 1–30

Rougier G W, Ji Q, Novacek M J. 2003. A new symmetrodont mammal with fur impressions from the Mesozoic of China. Acta Geol Sin, 77(1): 7–14

Rougier G W, Garrido A, Gaetano L C, Puerta P, Corbitt C, Novacek M J. 2007a. First Jurassic triconodont from South America. Am Mus Novit, 3580: 1–17

Rougier G W, Isaji S, Manabe M. 2007b. An Early Cretaceous mammal from the Kuwajima Formation (Tetori Group), Japan, and a reassessment of triconodont phylogeny. Ann Carnegie Mus, 76(2): 73–115

Rougier G W, Martinelli A G, Forasiepi A M, Novacek M J. 2007c. New Jurassic mammals from Patagonia, Argentina: a reappraisal of australosphenidan morphology and interrelationships. Am Mus Novit, 3566: 1–54

Rougier G W, Apesteguía S, Gaetano L C. 2011. Highly specialized mammalian skulls from the Late Cretaceous of South America. Nature, 479: 98–102

Rougier G W, Wible J R, Beck R M D, Apesteguia S. 2012. The Miocene mammal *Necrolestes* demonstrates the survival of a Mesozoic nontherian lineage into the late Cenozoic of South America. Proc Natl Acad Sci, USA, 109(49): 20053–20058

Rowe T B. 1987. Definition and diagnosis in the phylogenetic system. Syst Zool, 36: 208–211

Rowe T B. 1988. Definition, diagnosis, and origin of Mammalia. J Vertebr Paleontol, 8(3): 241–264

Rowe T B. 1993. Phylogenetic systematics and the early history of mammals. In: Szalay F S, Novacek M J, McKenna M C eds. Mammal Phylogeny: Mesozoic Differentiation, Multituberculates, Monotremes, Early Therians and Marsupials. New York: Springer-Verlag. 129–145

Rowe T B. 1996. Coevolution of the mammalian middle ear and neocortex. Science, 273: 651–654

Rowe T B. 1999. At the roots of the mammalian family tree. Nature, 398: 283–284

Rowe T B, Rich T H, Vickers-Rich P, Springer M, Woodburne M O. 2008. The oldest platypus and its bearing on divergence timing of the platypus and echidna clades. Proc Natl Acad Sci USA, 105: 1238–1242

Ruf I, Luo Z X, Martin T. 2013. Re-investigation of the basicranium of *Haldanodon exspectatus* (Docodonta, Mammaliaformes). J Vertebr Paleontol, 33: 382–400

Russell D E, Zhai R J. 1987. The Paleogene of Asia: mammals and stratigrphy. Mém Mus Natl Hist Nat, Sci Terre, 52: 1–488

Sánchez-Villagra M R, Schmedlzle T. 2007. Anatomy and development of the bony inner ear in the woolly opossum,

Caluromys philander (Didelphimorphia, Marsupialia). Mastozool Neotrop, 14(1): 53–60

Sánchez-Villagra M R, Smith K K. 1997. Diversity and evolution of the marsupial mandibular angular process. J Mammal Evol, 4: 119–144

Schenck H G, Muller S W. 1941. Stratigraphic terminology. Bull Geol Soc Am, 52: 1414–1426

Schlosser M. 1903. Die fossilen Säugethiere Chinas nebst einer Odontographie der recenten Antilopen. Abh Bayr Akad Wiss, 22(1): 1–221

Sereno P C. 2006. Shoulder girdle and forelimb in multituberculates: evolution of parasagittal forelimb posture in mammals. In: Carrano M T, Gaudin T J, Blob R W, Wible J R eds. Amniote Paleobiology: Perspectives on the Evolution of Mammals, Birds, and Reptiles. A Volume Honoring James Allen Hopson. Chicago: Univ Chicago Press. 315–366

Shikama Y. 1947. *Teilhardosaurus* and *Endotherium*, new Jurassic Reptilia and Mammalia from the Husin coal-field, south Manchuria. Proc Jpn Acad, 23(1-11): 76–84

Shoshani J, McKenna M C. 1998. Higher taxonomic relationships among extant mammals based on morphology, with selected comparisons of results from molecular data. Mol Phylogenet Evol, 9: 572–584

Shubin N H, Crompton A W, Sues H D, Olsen P E. 1991. New fossil evidence on the sister-group of mammals and early Mesozoic faunal distribution. Science, 251: 1063–1065

Sigogneau-Russell D. 1989. Haramiyidae (Mammalia, Allotheria) en provenance du Trias supérieur de Lorraine (France). Palaeontogr Abt A, 206: 137–198

Sigogneau-Russell D. 1995. Two possibly aquatic triconodont mammals from the Early Cretaceous of Morocco. Acta Palaeontol Pol, 40: 149–162

Sigogneau-Russell D. 1998. Discovery of a Late Jurassic Chinese mammal in the Upper Bathonian of England. C R Acad Sci, Sci Terre Planèt, 327: 571–576

Sigogneau-Russell D. 1999. Réévaluation des *Peramura* (Mammalia, Theria) sur la base de mouveaux spècimens du Crétacè inférieur d'Anagleterre et du Maroc. Geodiversitas, 21: 93–127

Sigogneau-Russell D. 2003. Docodonts from the British Mesozoic. Acta Palaeontol Pol, 48: 357–374

Sigogneau-Russell D, Ensom P C. 1998. *Thereuodon* (Theria, Symmetrodonta) from the Lower Cretaceous of North Africa and Europe, and a brief review of symmetrodonts. Cret Res, 19(3-4): 445–470

Sigogneau-Russell D, Hahn G. 1995. Reassessment of the Late Triassic symmetrodont mammal *Woutersia*. Acta Palaeontol Pol, 40(3): 245–260

Sigogneau-Russell D, Dashzeveg D, Russell D E. 1992. Further data on *Prokennalestes* (Mammalia, Eutheria inc. sed.) from the Early Cretaceous of Mongolia. Zool Scr, 21: 205–209

Silcox M T, Dalmyn C K, Bloch J L. 2009. Virtual endocast of *Ignacius graybullianus* (Paromomyidae, Primates) and brain evolution in early primates. Proc Natl Acad Sci, 106(27): 10987–10992

Simmons D L. 1965. The non-therapsid reptiles of the Lufeng Basin, Yunnan, China. Fieldiana (Geol), 15: 1–93

Simons E L, Tattersall I. 1972. Infraorder Plesiadapiformes. In: Simons E L ed. Primate Evolution: an Introduction to Man's Place in Nature. New York: Macmillan Publishing Co Inc. 1–284

Simpson G G. 1925a. A Mesozoic mammal skull from Mongolia. Am Mus Novit, 201: 1–11

Simpson G G. 1925b. Mesozoic Mammalia. II. *Tinodon* and its allies. Am J Sci, 10: 451–470

Simpson G G. 1925c. Mesozoic Mammalia. III. Preliminary comparison of Jurassic mammals except multituberculates. Am J Sci, 10: 559–569

Simpson G G. 1928. A Catalogue of the Mesozoic Mammalia in the Geological Department of the British Museum. London: British Museum (Natural History). 1–215

Simpson G G. 1929. American Mesozoic Mammalia. Mem Peabody Mus Yale Univ, 3(1): 1–235

Simpson G G. 1931. A new classification of mammals. Bull Am Mus Nat Hist, 59(5): 259–293

Simpson G G. 1936. Studies of the earliest mammalian dentition. Dent Cosmos, 78: 791–800, 940–953

Simpson G G. 1945. The principles of classification and a classification of mammals. Bull Am Mus Nat Hist, 85: 1–350

Simpson G G. 1947. *Haramiya*, new name, replacing *Microcleptes* Simpson, 1928. J Paleontol, 21(5): 497–497

Simpson G G. 1959. Mesozoic mammals and polyphyletic origin of mammals. Evolution, 13: 405–414

Sisson S. 1953. The anatomy of the domestic animals. Philadelphia: W.B. Saunders Company. 1–972

Smith J B, Dodson P. 2003. A proposal for a standard terminology of anatomical notation and orientation in fossil vertebrate dentitions. J Vertebr Paleontol, 23: 1–14

Smith T, Guo D Y, Sun Y. 2001. A new species of *Kryptobaatar* (Multituberculata): the first Late Cretaceous mammal from Inner Mongolia (P. R. China). Bull Inst R Sci Nat Belg, Sci Terre, 71(Suppl): 29–50

Sloan R E, Van Valen L M. 1965. Cretaceous mammals from Montana. Science, 148: 220–227

South China "Red beds" Research Group. 1977. Palaeocene vertebrate horizons and mammalian faunas of South China. Sci Sin, 20(5): 665–678

Spaulding M, O'Leary M A, Gatesy J. 2009. Relationships of Cetacea (Artiodactyla) among mammals: increased taxon sampling alters interpretations of key fossils and character evolution. PLoS ONE, 4(9): e7062

Springer M S, Murphy W J, Eizirik E, O'Brien S J. 2003. Placental mammal diversification and the Cretaceous-Tertiary Boundary. Proc Natl Acad Sci USA, 100(3): 1056–1061

Springer M S, Stanhope M J, Madsen O, de Jong W W. 2004. Molecules consolidate the placental mammal tree. Trends Ecol Evol, 19(8): 430–438

Stanhope M J, Smith M R, Waddell V G, Porter C A, Shivji M S, Goodman M. 1996. Mammalian evolution and the interphotoreceptor retinoid binding protein (IRBP) Gene: convincing evidence for several superordinal clades. J Mol Evol, 43: 83–92

Stanhope M J, Waddell V G, Madsen O, de Jong W, Hedges S B, Cleven G C, Kao D, Springer M S. 1998. Molecular evidence for multiple origins of Insectivora and for a new order of endemic African insectivore mammals. Proc Natl Acad Sci USA, 95(17): 9967–9972

Storch G, Qiu Z. 2002. First Neogene marsupial from China. J Vertebr Paleontol, 22(1): 179–181

Stucky R K, McKenna M C. 1993. Mammalia. In: Benton M I ed. The Fossil Record 2. London: Chapman and Hall. 739–771

Sues H D. 1985. The relationships of the Tritylodontidae (Synapsida). Zool J Linn Soc, 85: 205–17

Sues H D. 2001. On *Microconodon*, a Late Triassic cynodont from the Newark Supergroup of eastern North America. In: Jenkins F A Jr, Owerkowicz T, Shapiro M D eds. Studies in Organismic and Evolutionary Biology in Honor of A.W. Crompton. Bull Mus Comp Zool, 156: 37–48

Sullivan C, Wang Y, Hone D, Wang Y Q, Xu X, Zhang F C. 2014. The vertebrates of the Jurassic Daohugou Biota of northeastern China. J Vertebr Paleontol, 34(2): 243–280

Sweetman S C. 2008. A spalacolestine spalacotheriid (Mammalia, Trechnotheria) from the Early Cretaceous (Barremian) of southern England and its bearing on spalacotheriid evolution. Palaeontology, 51(6): 1367–1385

Swisher C C III, Prothero D R. 1990. Single-crystal ^{40}Ar/^{39}Ar dating of the Eocene-Oligocene transition in North America. Science, 249: 760–762

Swisher C C III, Wang Y Q, Wang X L, Xu X, Wang Y. 1999. Cretaceous age for the feathered dinosaurs of Liaoning, China. Nature, 398: 58–61

Szalay F S. 1977. Phylogenetic relationships and a classification of the eutherian Mammalia. In: Hecht M K, Goody P C, Hecht B M eds. Major Patterns of Vertebrate Evolution. New York: Plenum Press. 315–374

Szalay F S. 1994. Evolutionary History of the Marsupials and an Analysis of Osteological Characters. Cambridge: Cambridge Univ Press. 1–481

Szalay F S, McKenna M C. 1971. Beginning of the age of mammals in Asia: the Late Paleocene Gashato fauna, Mongolia. Bull Am Mus Nat Hist, 144(4): 273–317

Szalay F S, Trofimov B A. 1996. The Mongolian Late Cretaceous *Asiatherium*, and the early phylogeny and paleobiogeography of Metatheria. J Vertebr Paleontol, 16: 474–509

Tang F, Luo Z X, Zhou Z H, You H L, Georgi J A, Tang Z L, Wang X Z. 2001. Biostratigraphy and palaeoenvironment of the dinosaur-bearing sediments in Lower Cretaceous of Mazongshan area, Gansu Province, China. Cret Res, 22: 115–129

Tatarinov L P. 1994. On an unusual mammalian tooth from the Mongolian Jurassic (in Russian). Paleontol Zh, 2: 97–105

Teilhard de Chardin P, Leroy P. 1942. Chinese fossil mammals. Inst Géo-Biol, 8: 1–142

Trofimov B A. 1978. The first triconodonts (Mammalia, Triconodonta) from Mongolia (in Russian). Dokl Akad Nauk SSSR, 251: 209–212

Tsubamoto T, Rougier G W, Isaji S, Manabe M, Forasiepi A M. 2004. New Early Cretaceous spalacotheriid "symmetrodont" mammal from Japan. Acta Palaeontol Pol, 49(3): 329–346

Van Valen L M, Sloan R E. 1966. The extinction of the multituberculates. Syst Zool, 15: 261–278

Vaughan T A. 1986. Mammalogy. Philadelphia: Saunders College Publishing. 1–576

Waddell P J, Okada N, Hasegawa M. 1999. Towards resolving the interordinal relationships of placental mammals. Syst Biol, 48(1): 1–5

Waddell P J, Kishino H, Ota R. 2001. A phylogenetic foundation for comparative mammalian genomics. Genome Inform, 12: 141–154

Wang Y Q, Clemens W A, Hu Y M, Li C K. 1998. A probable pseudo-tribosphenic upper molar from the Late Jurassic of China and the early radiation of the Holotheria. J Vertebr Paleontol, 18(4): 777–787

Wang Y Q, Hu Y M, Meng J, Li C K. 2001. An ossified Meckel's cartilage in two Cretaceous mammals and origin of the mammalian middle ear. Science, 294: 357–361

Wheeler Q, Assis L, Rieppel O. 2013. Heed the father of cladistics. Nature, 496: 295–296

Wesley-Hunt G D, Flynn J J. 2005. Phylogeny of the Carnivora: basal relationships among the carnivoramorphans, and assessment of the position of 'Miacoidea' relative to Carnivora. J Syst Palaeontol, 3(1): 1–28

Wible J R. 1990. Petrosals of Late Cretaceous marsupials from North America, and a cladistic analysis of the petrosal in therian mammals. J Vertebr Paleontol, 10: 183–205

Wible J R. 1991. Origin of Mammalia: the craniodental evidence reexamined. J Vertebr Paleontol, 11: 1–28

Wible J R, Hopson J A. 1993. Basicranial evidence for early mammal phylogeny. In: Szalay F S, Novacek M J, McKenna M C eds. Mammal Phylogeny: Mesozoic Differentiation, Multituberculates, Monotremes, Early Therians, and Marsupials. New York: Springer-Verlag. 45–62

Wible J R, Hopson J A. 1995. Homologies of the prootic canal in mammals and non-mammalian cynodonts. J Vertebr Paleontol, 15: 331–336

Wible J R, Miao D, Hopson J A. 1990. The septomaxilla of fossil and recent synapsids and the problem of the septomaxilla of monotremes and armadillos. Zool J Linn Soc, 98: 203–228

Wible J R, Rougier G W, Novacek M J, McKenna M C, Dashzeveg D. 1995. A mammalian petrosal from the Early Cretaceous of Mongolia: implications for the evolution of the ear region and mammaliamorph relationships. Am Mus Novit, 3149: 1–19

Wible J R, Novacek M J, Rougier J W. 2004. New data on the skull and dentition in the Mongolian Late Cretaceous eutherian mammal *Zalambdalestes*. Bull Am Mus Nat Hist, 281: 1–144

Wible J R, Rougier G W, Novacek M J. 2005. Anatomical evidence for superordinal/ordinal eutherian taxa in the Cretaceous. In: Rose K D, Archibald J D eds. The Rise of Placental Mammals: Origins and Relationships of the Major Extant Clades. Baltimore: The Johns Hopkins Univ Press. 15–36

Wible J R, Rougier G W, Novacek M J, Asher R J. 2007. Cretaceous eutherians and Laurasian origin for placental mammals near the K/T boundary. Nature, 447: 1003–1006

Wilson D E, Reeder D M. 2005. Mammal Species of the World: a Taxonomic and Geographic Reference. 3rd ed. Baltimore: The Johns Hopkins Univ Press. 1–2142

Woo J K, Chow M C. 1957. New materials of the earliest primate known in China—*Hoanghonius stehlini*. Vertebrata PalAsiatica, 1(4): 267–272

Wood H E, Chaney J, Clark J, Colbert E H, Jepsen G L, Reeside J B Jr, Stock C. 1941. Nomenclature and correlation of the North American continental Tertiary. Bull Geol Soc Am, 52: 1–48

Woodburne M O. 2004. Global events and the North American mammalian biochronology. In: Woodburne M O ed. Late Cretaceous and Cenozoic Mammals of North America: Biostratigraphy and Geochronology. New York: Columbia Univ Press. 315–344

Wyss A R, Flynn J J. 1993. A phylogenetic analysis and definition of the Carnivora. In: Szalay F S, Novacek M J, McKenna M C eds. Mammal Phylogeny: Placentals. New York: Springer-Verlag. 32–52

Wyss A R, Meng J. 1996. Application of phylogenetic taxonomy to poorly resolved crown clades: a stem-modified node based definition of Rodentia. Syst Biol, 45: 559–568

Yabe H, Shikama T. 1938. A new Jurassic Mammalia from South Manchuria. Proc Imp Acad Tokyo, 14(9): 353–357

Young C C. 1927. Fossile Nagetiere aus Nord-China. Palaeont Sin, 5(3): 1–78

Young C C. 1939. Preliminary notes on Lufeng saurischian remains. 40th Anniversary Pap, Natl Univ Peking. 111–114

Young C C. 1940. Preliminary note on the Mesozoic mammals of Lufeng, Yunnan, China. Bull Geol Soc China, 20: 93–111

Young C C. 1947. Mammal-like reptiles from Lufeng, Yunnan, China. Proc Zool Soc London, 117: 537–597

Yuan C X, Xu L, Zhang X L, Xi Y H, Wu Y H, Ji Q. 2009. A new species of *Gobiconodon* (Mammalia) from western Liaoning, China and its implication for the dental formula of *Gobiconodon*. Acta Geol Sin-Engl Ed, 83(2): 207–211

Yuan C X, Ji Q, Meng Q J, Tabrum A R, Luo Z X. 2013. Earliest evolution of multituberculate mammals revealed by a new Jurassic fossil. Science, 341: 779–783

Zachos J, Pagani M, Sloan L, Thomas E, Billups K. 2001. Trends, rhythms, and aberrations in global climate 65 Ma to present. Science, 292: 686–693

Zan S Q, Wood C B, Rougier G W, Jin L Y, Chen J, Schaff C R. 2006. A new "middle" Cretaceous zalambdalestid mammal, from a new locality in Jilin Province, northeastern China. J Paleontol Soc Korea, 22(1): 153–172

Zheng X T, Bi S D, Wang X L, Meng J. 2013. A new arboreal haramiyid shows the diversity of crown mammals in the Jurassic period. Nature, 500: 199–202

Zhou C F, Wu S Y, Martin T, Luo Z X. 2013. A Jurassic mammaliaform and the earliest mammalian evolutionary adaptations. Nature, 500: 163–167

汉-拉学名索引

A

阿尔布俊兽科 Albionbaataridae 186
阿氏燕尖齿兽 *Yanoconodon allini* 129
艾榴齿兽科 Eleutherodontidae 158
奥氏摩根齿兽 *Morganucodon oehleri* 95

B

八道壕盖兰俊兽 *Kielanobaatar badaohaoensis* 186
白垩齿兽亚目 Cimolodonta 187
哺乳动物纲 Mammalia 90
哺乳型巨齿尖兽 *Megaconus mammaliaformis* 165
布尔津准噶尔肉食负鼠 *Junggaroperadectes burqinensis* 229
步氏库都克掠兽 *Khuduklestes bohlini* 245

C

常氏黑山掠兽 *Heishanlestes changi* 211
常氏辽俊兽 *Liaobaatar changi* 183
朝阳兽属 *Chaoyangodens* 149
粗壮假磨兽 *Pseudotribos robusta* 121

D

道森拟间异兽 *Mesodmops dawsonae* 198
董氏蜀兽 *Shuotherium dongi* 118
断代小锯齿兽 *Prionessus lucifer* 192
"对齿兽目" "Symmetrodonta" 200
多瘤齿兽目 Multituberculata 171

F

负鼠形目 Didelphimorphia 226
阜新中国俊兽 *Sinobaatar fuxinensis* 180

G

盖兰俊兽属 *Kielanobaatar* 186

高尖齿兽亚科 Alticonodontinae 123
戈壁尖齿兽科 Gobiconodontidae 134
戈壁尖齿兽属 *Gobiconodon* 134
鼓泡斜剪齿兽 *Lambdopsalis bulla* 195

H

杭锦兽属 *Hangjinia* 137
黑果蓬摩根齿兽 *Morganucodon heikoupengensis* 96
黑山俊兽属 *Heishanobaatar* 184
黑山掠兽属 *Heishanlestes* 211
后兽下纲 Metatheria 223
胡氏辽尖齿兽 *Liaoconodon hui* 133

J

吉林张氏猬 *Zhangolestes jilinensis* 244
假磨兽属 *Pseudotribos* 119
尖钝齿兽属 *Acuodulodon* 109
尖吻兽属 *Akidolestes* 209
简齿满洲兽 *Manchurodon simplicidens* 214
金氏热河兽 *Jeholodens jenkinsi* 127
金氏树贼兽 *Arboroharamiya jenkinsi* 167
巨齿尖兽属 *Megaconus* 164
巨颅兽属 *Hadrocodium* 97
巨爬兽 *Repenomamus giganticus* 143
锯齿兽属 *Juchilestes* 153

K

克拉美丽兽科 Klameliidae 144
克拉美丽兽属 *Klamelia* 145
库都克掠兽属 *Khuduklestes* 244
昆明兽属 *Kunminia* 246

L

濑户口氏煤尖齿兽 *Meiconodon setoguchii* 125
狸尾兽属 *Castorocauda* 111
李氏朝阳兽 *Chaoyangodens lii* 149
李氏煤尖齿兽 *Meiconodon lii* 125
辽尖齿兽属 *Liaoconodon* 130
辽俊兽属 *Liaobaatar* 183
辽宁锯齿兽 *Juchilestes liaoningensis* 155
辽兽属 *Liaotherium* 148
玲珑仙兽 *Xianshou linglong* 162
凌源中国俊兽 *Sinobaatar lingyuanensis* 177
陆家屯弥曼齿兽 *Meemannodon lujiatunensis* 139
陆氏神兽 *Shenshou lui* 171
鹿间明镇古兽 *Mozomus shikamai* 221
罗氏戈壁尖齿兽 *Gobiconodon luoianus* 137

M

麦氏侏掠兽 *Nanolestes mckennnai* 219
满达呼隐俊兽 *Kryptobaatar mandahuensis* 189
满洲兽属 *Manchurodon* 213
毛兽属 *Maotherium* 205
煤尖齿兽属 *Meiconodon* 123
弥曼齿兽属 *Meemannodon* 139
明镇古兽属 *Mozomus* 220
摩根齿兽科 Morganucodontidae 94
摩根齿兽目 Morganucodonta 93
摩根齿兽属 *Morganucodon* 94

N

拟间异兽属 *Mesodmops* 198

O

欧亚皱纹齿兽 *Rugosodon eurasiaticus* 174

P

爬兽科 Repenomamidae 140
爬兽属 *Repenomamus* 141
攀援始祖兽 *Eomaia scansoria* 232

Q

强壮爬兽 *Repenomamus robustus* 142

R

"热河兽科" "Jeholodentidae" 126
热河兽属 *Jeholodens* 127
肉食负鼠科 Peradectidae 228
芮氏中国尖齿兽 *Sinoconodon rigneyi* 91

S

三尖齿兽科 Triconodontidae 123
三角黑山俊兽 *Heishanobaatar triangulus* 184
沙氏中国袋兽 *Sinodelphys szalayi* 225
神兽属 *Shenshou* 170
石龙蜀兽 *Shuotherium shilongi* 118
始俊兽科 Eobaataridae 175
始祖兽属 *Eomaia* 232
兽亚纲 Theria 221
蜀兽科 Shuotheriidae 116
蜀兽目 Shuotheridia 114
蜀兽属 *Shuotherium* 117
树贼兽科 Arboroharamiyidae 167
树贼兽属 *Arboroharamiya* 167
"双掠兽科" "Amphilestidae" 147
双型齿兽科 Amphidontidae 213
宋氏仙兽 *Xianshou songae* 164
孙氏尖钝齿兽 *Acuodulodon sunae* 110
索菲娅戈壁尖齿兽 *Gobiconodon zofiae* 135

T

獭形狸尾兽 *Castorocauda lutrasimilis* 113
梯格兽（未定种）*Tegotherium* sp. 106
梯格兽科 Tegotheriidae 105
梯格兽属 *Tegotherium* 106

W

维吾尔中华艾榴兽 *Sineleutherus uyguricus* 159
伟楔剪齿兽 *Sphenopsalis nobilis* 194
纹齿兽超科 Taeniolabidoidea 191
纹齿兽科 Taeniolabididae 191

无矢脊兽属 *Acristatherium* 234
吴氏巨颅兽 *Hadrocodium wui* 99
五尖张和兽 *Zhangheotherium quinquecuspidens* 202

X

西氏尖吻兽 *Akidolestes cifellii* 209
细小拟间异兽 *Mesodmops tenuis* 199
仙兽属 *Xianshou* 160
纤细辽兽 *Liaotherium gracile* 148
翔兽目 Volaticotheria 99
翔兽属 *Volaticotherium* 100
萧菲特兽科 Paulchoffatiidae 173
小锯齿兽属 *Prionessus* 192
小昆明兽 *Kunminia minima* 247
楔剪齿兽属 *Sphenopsalis* 194
斜剪齿兽属 *Lambdopsalis* 195
谢氏中国俊兽 *Sinobaatar xiei* 179
新带远藤兽 *Endotherium niinomii* 241
新斜沟齿兽科 Neoplagiaulacidae 197

Y

牙道黑他兽超科 Djadochtatheroidea 188
牙道黑他兽科 Djadochtatheriidae 188
亚洲毛兽 *Maotherium asiaticum* 207
鼩兽科 Spalacotheriidae 201
燕尖齿兽属 *Yanoconodon* 129
燕子沟无矢脊兽 *Acristatherium yanense* 236
异兽亚纲 Allotheria 155
隐俊兽属 *Kryptobaatar* 188
隐中国肉食负鼠 *Sinoperadectes clandestinus* 230
有袋部 Marsupialia 226
羽齿兽超科 Ptilodontoidea 197
远古翔兽 *Volaticotherium antiquum* 100

远藤兽属 *Endotherium* 240

Z

贼兽目 Haramiyida 156
贼兽亚目 Haramiyoidea 157
张和兽属 *Zhangheotherium* 202
张氏獝属 *Zhangolestes* 243
赵彭氏克拉美丽兽 *Klamelia zhaopengi* 147
"真古兽目" "Eupantotheria" 215
真三尖齿兽目 Eutriconodonta 121
真三尖齿兽目不定属、种 Eutriconodonta gen. et sp. indet. 152
真兽下纲 Eutheria 231
真兽下纲（？） Eutheria（？） 244
中国袋兽属 *Sinodelphys* 223
中国尖齿兽科 Sinoconodontidae 90
中国尖齿兽属 *Sinoconodon* 91
中国俊兽属 *Sinobaatar* 175
中国毛兽 *Maotherium sinense* 205
中国肉食负鼠属 *Sinoperadectes* 229
中国侏罗兽 *Juramaia sinensis* 239
中华艾榴兽属 *Sineleutherus* 159
重褶齿獝科 Zalambdalestidae 242
周氏杭锦兽 *Hangjinia chowi* 138
皱纹齿兽属 *Rugosodon* 173
侏掠兽属 *Nanolestes* 218
侏罗兽属 *Juramaia* 237
柱齿兽目 Docodonta 102
柱齿兽目不定属、种 Docodonta indet. 114
准噶尔齿兽属 *Dsungarodon* 107
准噶尔肉食负鼠属 *Junggaroperadectes* 228
左氏准噶尔齿兽 *Dsungarodon zuoi* 108

拉-汉学名索引

A

Acristatherium 无矢脊兽属　234
Acristatherium yanense 燕子沟无矢脊兽　236
Acuodulodon 尖钝齿兽属　109
Acuodulodon sunae 孙氏尖钝齿兽　110
Akidolestes 尖吻兽属　209
Akidolestes cifellii 西氏尖吻兽　209
Albionbaataridae 阿尔布俊兽科　186
Allotheria 异兽亚纲　155
Alticonodontinae 高尖齿兽亚科　123
Amphidontidae 双型齿兽科　213
"Amphilestidae" "双掠兽科"　147
Arboroharamiya 树贼兽属　167
Arboroharamiya jenkinsi 金氏树贼兽　167
Arboroharamiyidae 树贼兽科　167

C

Castorocauda 狸尾兽属　111
Castorocauda lutrasimilis 獭形狸尾兽　113
Chaoyangodens 朝阳兽属　149
Chaoyangodens lii 李氏朝阳兽　149
Cimoldonta 白垩齿兽亚目　187

D

Didelphimorphia 负鼠形目　226
Djadochtatheriidae 牙道黑他兽科　188
Djadochtatheroidea 牙道黑他兽超科　188
Docodonta 柱齿兽目　102
Docodonta indet. 柱齿兽目不定属、种　114
Dsungarodon 准噶尔齿兽属　107
Dsungarodon zuoi 左氏准噶尔齿兽　108

E

Eieutherodontidae 艾榴齿兽科　158

Endotherium 远藤兽属　240
Endotherium niinomii 新带远藤兽　241
Eobaataridae 始俊兽科　175
Eomaia 始祖兽属　232
Eomaia scansoria 攀援始祖兽　232
"Eupantotheria" "真古兽目"　215
Eutheria 真兽下纲　231
Eutheria (?) 真兽下纲（?）　244
Eutriconodonta 真三尖齿兽目　121
Eutriconodonta gen. et sp. indet. 真三尖齿兽目不定属、种　152

G

Gobiconodon 戈壁尖齿兽属　134
Gobiconodon luoianus 罗氏戈壁尖齿兽　137
Gobiconodon zofiae 索菲娅戈壁尖齿兽　135
Gobiconodontidae 戈壁尖齿兽科　134

H

Hadrocodium 巨颅兽属　97
Hadrocodium wui 吴氏巨颅兽　99
Hangjinia 杭锦兽属　137
Hangjinia chowi 周氏杭锦兽　138
Haramiyida 贼兽目　156
Haramiyoidea 贼兽亚目　157
Heishanlestes 黑山掠兽属　211
Heishanlestes changi 常氏黑山掠兽　211
Heishanobaatar 黑山俊兽属　184
Heishanobaatar triangulus 三角黑山俊兽　184

J

Jeholodens 热河兽属　127
Jeholodens jenkinsi 金氏热河兽　127
"Jeholodentidae" "热河兽科"　126

Juchilestes 锯齿兽属 153
Juchilestes liaoningensis 辽宁锯齿兽 155
Junggaroperadectes 准噶尔肉食负鼠属 228
Junggaroperadectes burqinensis 布尔津准噶尔肉食负鼠 229
Juramaia 侏罗兽属 237
Juramaia sinensis 中国侏罗兽 239

K

Khuduklestes 库都克掠兽属 244
Khuduklestes bohlini 步氏库都克掠兽 245
Kielanobaatar 盖兰俊兽属 186
Kielanobaatar badaohaoensis 八道壕盖兰俊兽 186
Klamelia 克拉美丽兽属 145
Klamelia zhaopengi 赵彭氏克拉美丽兽 147
Klameliidae 克拉美丽兽科 144
Kryptobaatar 隐俊兽属 188
Kryptobaatar mandahuensis 满达呼隐俊兽 189
Kunminia 昆明兽属 246
Kunminia minima 小昆明兽 247

L

Lambdopsalis 斜剪齿兽属 195
Lambdopsalis bulla 鼓泡斜剪齿兽 195
Liaobaatar 辽俊兽属 183
Liaobaatar changi 常氏辽俊兽 183
Liaoconodon 辽尖齿兽属 130
Liaoconodon hui 胡氏辽尖齿兽 133
Liaotherium 辽兽属 148
Liaotherium gracile 纤细辽兽 148

M

Mammalia 哺乳动物纲 90
Manchurodon 满洲兽属 213
Manchurodon simplicidens 简齿满洲兽 214
Maotherium 毛兽属 205
Maotherium asiaticum 亚洲毛兽 207
Maotherium sinense 中国毛兽 205
Marsupialia 有袋部 226

Meemannodon 弥曼齿兽属 139
Meemannodon lujiatunensis 陆家屯弥曼齿兽 139
Megaconus 巨齿尖兽属 164
Megaconus mammaliaformis 哺乳型巨齿尖兽 165
Meiconodon 煤尖齿兽属 123
Meiconodon lii 李氏煤尖齿兽 125
Meiconodon setoguchii 濑户口氏煤尖齿兽 125
Mesodmops 拟间异兽属 198
Mesodmops dawsonae 道森拟间异兽 198
Mesodmops tenuis 细小拟间异兽 199
Metatheria 后兽下纲 223
Morganucodon 摩根齿兽属 94
Morganucodon heikoupengensis 黑果蓬摩根齿兽 96
Morganucodon oehleri 奥氏摩根齿兽 95
Morganucodonta 摩根齿兽目 93
Morganucodontidae 摩根齿兽科 94
Mozomus 明镇古兽属 220
Mozomus shikamai 鹿间明镇古兽 221
Multituberculata 多瘤齿兽目 171

N

Nanolestes 侏掠兽属 218
Nanolestes mckennnai 麦氏侏掠兽 219
Neoplagiaulacidae 新斜沟齿兽科 197

P

Paulchoffatiidae 萧菲特兽科 173
Peradectidae 肉食负鼠科 228
Prionessus 小锯齿兽属 192
Prionessus lucifer 断代小锯齿兽 192
Pseudotribos 假磨兽属 119
Pseudotribos robusta 粗壮假磨兽 121
Ptilodontoidea 羽齿兽超科 197

R

Repenomamidae 爬兽科 140
Repenomamus 爬兽属 141
Repenomamus giganticus 巨爬兽 143
Repenomamus robustus 强壮爬兽 142
Rugosodon 皱纹齿兽属 173

Rugosodon eurasiaticus 欧亚皱纹齿兽 174

S

Shenshou 神兽属 170
Shenshou lui 陆氏神兽 171
Shuotheridia 蜀兽目 114
Shuotheriidae 蜀兽科 116
Shuotherium 蜀兽属 117
Shuotherium dongi 董氏蜀兽 118
Shuotherium shilongi 石龙蜀兽 118
Sineleutherus 中华艾榴兽属 159
Sineleutherus uyguricus 维吾尔中华艾榴兽 159
Sinobaatar 中国俊兽属 175
Sinobaatar fuxinensis 阜新中国俊兽 180
Sinobaatar lingyuanensis 凌源中国俊兽 177
Sinobaatar xiei 谢氏中国俊兽 179
Sinoconodon 中国尖齿兽属 91
Sinoconodon rigneyi 芮氏中国尖齿兽 91
Sinoconodontidae 中国尖齿兽科 90
Sinodelphys 中国袋兽属 223
Sinodelphys szalayi 沙氏中国袋兽 225
Sinoperadectes 中国肉食负鼠属 229
Sinoperadectes clandestinus 隐中国肉食负鼠 230
Spalacotheriidae 鼹兽科 201
Sphenopsalis 楔剪齿兽属 194
Sphenopsalis nobilis 伟楔剪齿兽 194
"Symmetrodonta" "对齿兽目" 200

T

Taeniolabididae 纹齿兽科 191
Taeniolabidoidea 纹齿兽超科 191
Tegotheriidae 梯格兽科 105
Tegotherium 梯格兽属 106
Tegotherium sp. 梯格兽(未定种) 106
Theria 兽亚纲 221
Triconodontidae 三尖齿兽科 123

V

Volaticotheria 翔兽目 99
Volaticotherium 翔兽属 100
Volaticotherium antiquum 远古翔兽 100

X

Xianshou 仙兽属 160
Xianshou linglong 玲珑仙兽 162
Xianshou songae 宋氏仙兽 164

Y

Yanoconodon 燕尖齿兽属 129
Yanoconodon allini 阿氏燕尖齿兽 129

Z

Zalambdalestidae 重褶齿猬科 242
Zhangheotherium 张和兽属 202
Zhangheotherium quinquecuspidens 五尖张和兽 202
Zhangolestes 张氏猬属 243
Zhangolestes jilinensis 吉林张氏猬 244

附表一　中国中生代含哺乳动物

年代地层			年代/Ma	地点 动物群	云南 禄丰	四川 南江	新疆 准噶尔盆地	内蒙古
界	系	统						
新生界	古近系	古新统	66.0					
中生界	白垩系	上统	100.5	阜新动物群				乌兰苏海组 乌拉特后旗 巴彦满达呼 *Kryptobaatar mandahuensis* cf. *Tombaatar* sp. Multituberculates *Kennalestes* sp.
		下统		热河生物群				伊金霍洛组 杭锦旗 *Hangjinia chowi*
	侏罗系	上统	145.0	燕辽生物群				
		中统	163.5±1.0			上沙溪庙组 赶场石龙寨 *Shuotherium dongi* *Shuotherium shilongi*	齐古组 硫磺沟 *Dsungarodon zuoi* *Nanolestes mckennnai* *Sineleutherus uyguricus* *Tegotherium* sp. 石树沟组 *Acuodulodon sunae*（五彩湾） *Klamelia zhaopengi*（老山沟）	"道虎沟层" 宁城道虎沟 *Castorocauda lutrasimilis* *Volaticotherium antiquum* *Pseudotribos robustus* *Megaconus mammaliaform*
		下统	174.1±1.0	禄丰动物群	禄丰组 禄丰 *Hadrocodium wui*（张家洼） *Sinoconodon rigneyi*（大地） *Morganucodon oehleri*（羊草地） *Morganucodon heikoupengensis* （张家洼、黑果蓬） *Kunminia minima*（黄家田）			
	三叠系	上统	201.3±0.2					

化石层位对比表（台湾资料暂缺）

河北	辽宁					吉林
	建昌	凌源	北票	阜新—黑山	大连	
				阜新组 阜新 *Meiconodon lii*（韩家店） *Meiconodon setoguchii*（韩家店） *Liaobaatar changi*（新地、韩家店） *Sinobaatar xiei*（南荒、韩家店） *Sinobaatar fuxinensis*（南荒、韩家店） *Endotherium niinomii*（新邱） *Heishanobaatar triangulus*（南荒）		泉头组 公主岭 *Zhangolestes jilinensis*
义县组 丰宁大骣子沟 *Yanoconodon allini*	九佛堂组 喇嘛洞肖台子 *Liaoconodon hui*	义县组 大王杖子 *Akidolestes cifellii* *Chaoyangodens lii* *Sinobaatar lingyuanensis* *Sinodelphys szalayi* *Eomaia scansoria*	义县组 燕子沟 *Acristatherium yanensis* 尖山沟 *Zhangheotherium quinquecuspidens* 四合屯 *Jeholodens jenkinsi* *Zhangheotherium quinquecuspidens* 陆家屯 *Gobiconodon zofiae* *Gobiconodon luoianus* *Meemannodon lujiatunensis* *Repenomamus robustus* *Repenomamus giganticus* *Juchilestes liaoningensis* *Maotherium asiaticus* 朝阳东约 30 km *Maotherium sinensis*	沙海组 黑山八道壕 *Meiconodon lii* *Heishanobaatar triangulus* *Kielanobaatar badaohaoensis* *Sinobaatar fuxinensis* *Heishanlestes changi* *Mozomus shikamai*		
髫髻山组 青龙木头凳 *Arboroharamiya jenkinsi*	髫髻山组 玲珑塔大西山 *Shenshou lui* *Xianshou linglong* *Xianshou songae* *Rogosodon eurasiaticus* *Juramaia sinensis*		九龙山组 房身 *Liaotherium gracile*		瓦房店组 瓦房店砟子窑 *Manchurodon simplicidens*	

附图一 中国中生代哺乳动物化石地点分布图（台湾资料暂缺）

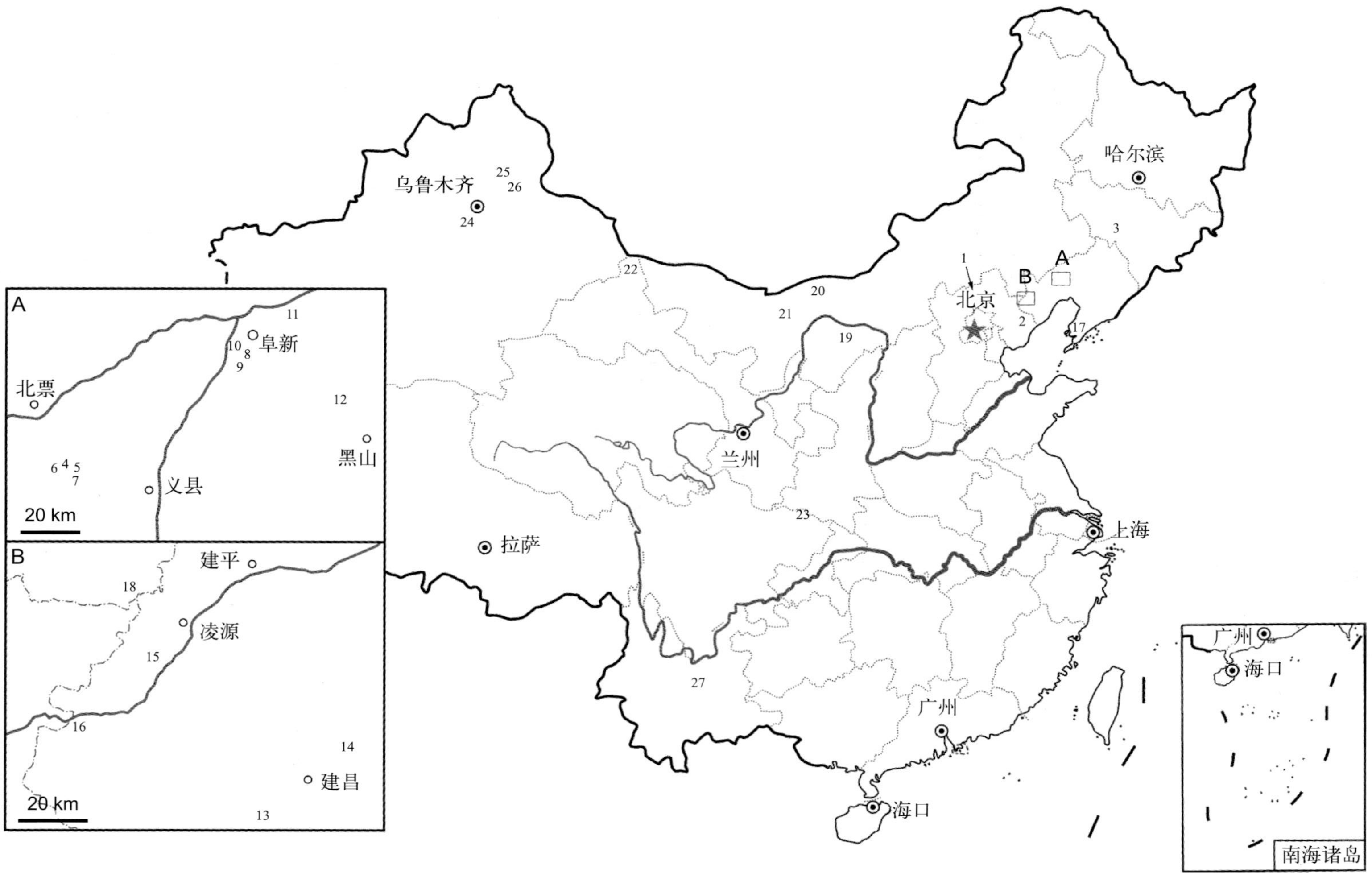

附图一之中国中生代哺乳动物化石地点说明

河北

1. 丰宁大骡子沟，**义县组**，早白垩世。
2. 青龙木头凳，**髫髻山组**，中侏罗世晚期—晚侏罗世早期。

吉林

3. 公主岭市东北，**泉头组**，晚白垩世早期（可能）。

辽宁

4-7. 北票：4. 尖山沟，5. 陆家屯，6. 四合屯，7. 燕子沟，**义县组**，早白垩世。

8-11. 阜新：8. 韩家店，9. 南荒，10. 新地，11. 新邱，**阜新组**，早白垩世。

12. 黑山八道壕：**沙海组**，早白垩世晚期。

13-14. 建昌：13. 喇嘛洞肖台子，**九佛堂组**，早白垩世；14. 玲珑塔大西沟，**髫髻山组**，中侏罗世晚期—晚侏罗世早期。

15-16. 凌源：15. 大王杖子，**义县组**，早白垩世；16. 房身，**九龙山组**，中侏罗世。

17. 大连瓦房店砟子窑，**瓦房店组**，中侏罗世。

内蒙古

18. 宁城道虎沟，"**道虎沟层**"，中侏罗世晚期—晚侏罗世早期。

19. 鄂尔多斯盆地杭锦旗，**伊金霍洛组**，早白垩世。

20. 乌拉特后旗宝音图苏木巴彦满达呼，**乌兰苏海组**，晚白垩世。

21. 阿拉善左旗岑多林库都克，**乌兰呼少组**，晚白垩世。

甘肃

22. 马鬃山，**新民堡组中沟层**，早白垩世。

四川

23. 南江石龙寨，**上沙溪庙组**，晚侏罗世。

新疆　准噶尔盆地

24. 乌鲁木齐硫磺沟，**齐古组**，中侏罗世。

25. 五彩湾地区，**石树沟组**，晚侏罗世。

26. 吉木萨尔县五彩湾地区老山沟，**石树沟组**，晚侏罗世。

云南

27. 禄丰：羊草地、张家洼、大地、黑果蓬，**禄丰组**，早侏罗世。

附表二 中国古近纪含哺乳动物化石层位对比表（台湾资料暂缺）

附图二 中国古近纪哺乳动物化石地点分布图（台湾资料暂缺）

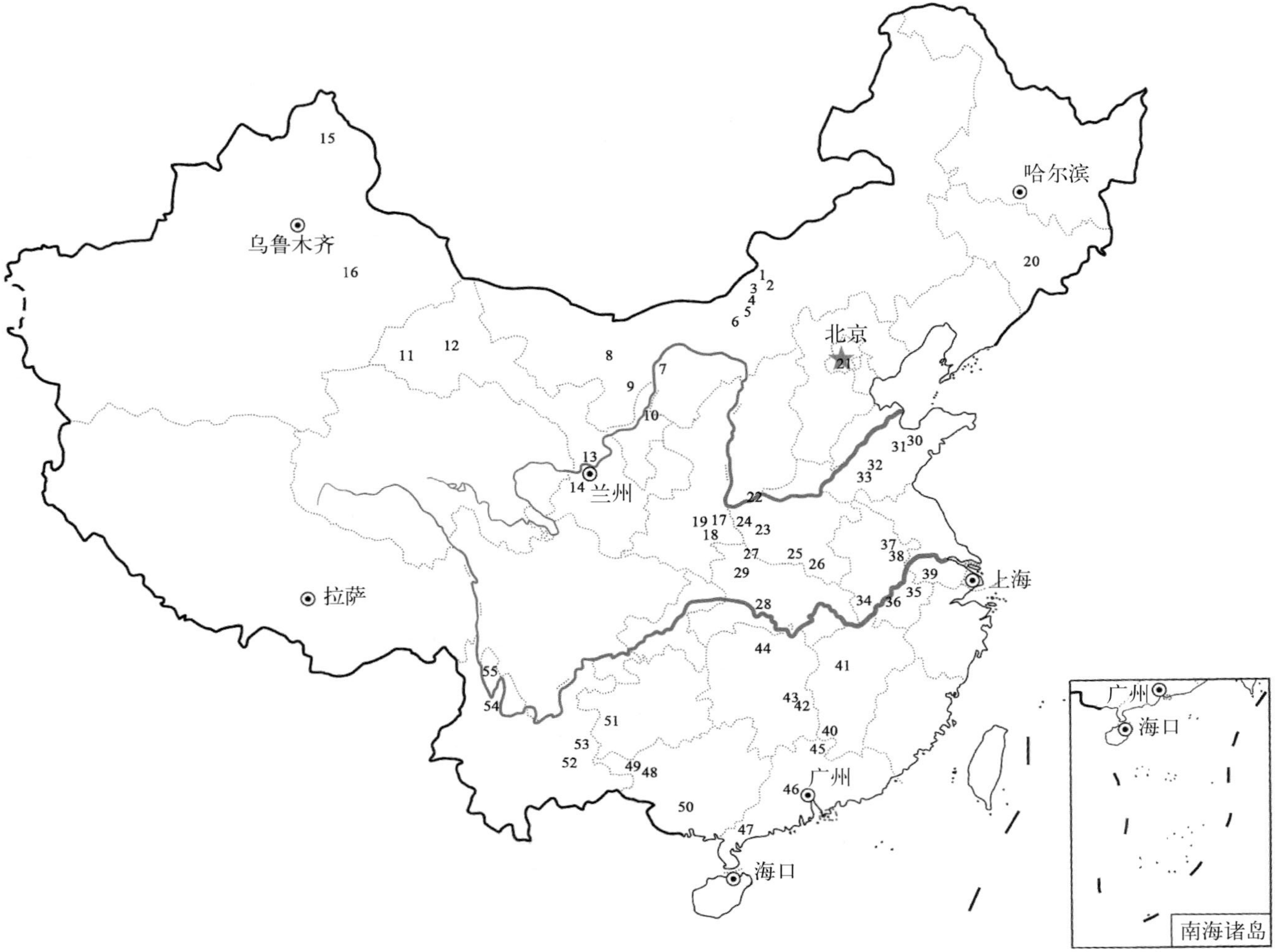

附图二之中国古近纪哺乳动物化石地点说明

内蒙古

1. 二连呼儿井：**呼儿井组**，晚始新世。
2. 二连伊尔丁曼哈：**阿山头组**，早始新世—中始新世早期；**伊尔丁曼哈组**，中始新世。
3. 二连呼和勃尔和地区：**脑木根组**，晚古新世—早始新世早期；**阿山头组**，早始新世—中始新世早期；**伊尔丁曼哈组**，中始新世。
4. 苏尼特右旗脑木更平台：**脑木根组**，晚古新世—早始新世早期；**阿山头组**，早始新世—中始新世早期；**伊尔丁曼哈组**，中始新世；**沙拉木伦组**，中始新世晚期；**额尔登敖包组**，晚始新世；**上脑岗代组**，早渐新世。
5. 四子王旗额尔登敖包地区：**脑木根组**，晚古新世—早始新世早期；**伊尔丁曼哈组**，中始新世；**沙拉木伦组**，中始新世晚期；**额尔登敖包组**，晚始新世；**上脑岗代组**，早渐新世。
6. 四子王旗沙拉木伦河流域：**乌兰希热组**，中始新世；**土克木组**，中始新世；**沙拉木伦组**，中始新世晚期；**乌兰戈楚组**，晚始新世；**巴润绍组**，晚始新世。
7. 杭锦旗千里山地区：**乌兰布拉格组**，早渐新世；**伊克布拉格组**，晚渐新世。
8. 阿拉善左旗豪斯布尔都盆地：**查干布拉格组**，晚始新世。
9. 阿拉善左旗乌兰塔塔尔：**乌兰塔塔尔组**，早渐新世。

宁夏

10. 灵武：**清水营组**，早渐新世。

甘肃

11. 党河地区：**狍牛泉组**，渐新世。
12. 玉门地区：**白杨河组**，晚始新世—渐新世。
13. 兰州盆地：**野狐城组**，晚始新世；**咸水河组下段**，渐新世。
14. 临夏盆地：**椒子沟组**，晚渐新世。

新疆

15. 准噶尔盆地北缘：**依希白拉组**，早始新世—中始新世；**克孜勒托尔伊组**，晚始新世—早渐新世；**铁尔斯哈巴合组**，晚渐新世；**索索泉组**，晚渐新世—早中新世。
16. 吐鲁番盆地：**台子村组/大步组**，晚古新世；**十三间房组**，早始新世早期；**连坎组**，中始新世；**桃树园子群**，晚始新世—渐新世。

陕西

17. 洛南石门盆地：**樊沟组**，早古新世。
18. 山阳盆地：**鹃岭组**，早古新世。
19. 蓝田地区：**红河组**，中始新世；**白鹿塬组**，中始新世晚期。

吉林

20. 桦甸盆地：**桦甸组**，中始新世晚期。

北京

21. 长辛店：**长辛店组**，中始新世晚期。

山西 + 河南

22. 垣曲盆地：**河堤组**，中始新世。

河南

23. 潭头盆地：**高峪沟组**，早古新世；**大章组**，中古新世；**潭头组**，晚古新世。
24. 卢氏盆地：**卢氏组**，早—中始新世；**锄沟峪组**，中始新世晚期。
25. 桐柏吴城盆地：**李士沟组/五里墩组**，中始新世晚期。
26. 信阳平昌关盆地：**李庄组**，中始新世。

河南 + 河北

27. 鄂豫李官桥盆地：**玉皇顶组**，早始新世早期；**大仓房组/核桃园组**，早—中始新世。

湖北

28. 宜昌：**洋溪组**，早始新世早期；**牌楼口组**，早始新世。
29. 房县：**油坪组**，早始新世早期。

山东

30. 昌乐五图：**五图组**，早始新世早期。
31. 临朐牛山：**牛山组**，早始新世早期。
32. 新泰：**官庄组**，早始新世晚期—中始新世。
33. 泗水：**黄庄组**，中始新世晚期。

安徽

34. 潜山盆地：**望虎墩组**，早古新世；**痘姆组**，中古新世。
35. 宣城：**双塔寺组**，晚古新世。
36. 贵池：**双塔寺组**，晚古新世。
37. 明光：**土金山组**，晚古新世。
38. 来安：**张山集组**，早始新世早期。

江苏

39. 溧阳：**上黄裂隙堆积**，中始新世。

江西

40. 池江盆地：**狮子口组**，早古新世；**池江组**，中古新世；**坪湖里组**，晚古新世。
41. 袁水盆地：**新余组**，早始新世早期。

湖南

42. 茶陵盆地：**枣市组**，早古新世。

43. 衡阳盆地：**栗木坪组**，晚古新世；**岭茶组**，早始新世早期。

44. 常桃盆地：**剪家溪组**，早始新世早期。

广东

45. 南雄盆地：**上湖组**，早古新世；**浓山组**，中古新世；**古城村组**，晚古新世。

46. 三水盆地：**㘵心组**，早古新世。

47. 茂名盆地：**油柑窝组**，中始新世晚期。

广西

48. 百色盆地：**洞均组/那读组**，中始新世晚期；**公康组**，晚始新世。

49. 永乐盆地：**那读组**，中始新世晚期；**公康组**，晚始新世。

50. 南宁盆地：**邕宁组**，晚始新世。

贵州

51. 盘县石脑盆地：**石脑组**，晚始新世。

云南

52. 路南盆地：**路美邑组**，中始新世；**小屯组**，晚始新世。

53. 曲靖盆地：**蔡家冲组**，晚始新世。

54. 丽江盆地：**象山组**，中始新世晚期。

55. 理塘格木寺盆地：**格木寺组**，中始新世晚期。

附表三　中国新近纪含哺乳动物化石层位对比表（台湾资料暂缺）

国际标准古地磁柱(Ma)	世	期	哺乳动物期	新疆（准噶尔）	西藏	柴达木（党河）	青海/甘肃 西宁/兰州	临夏/宁夏	灵台	内蒙古 阿拉善	内蒙古 中部	蓝田	陕西/山西 渭南临潼	陕西/山西 静乐保德	陕西/山西 榆社	河北/河南	山东/江苏	湖北/四川	云南
3–4	上新世 晚	皮亚琴察期	泥河湾期	顶山盐池组		狮子沟组	上滩组	积石组	午城黄土		比例克层	午城黄土 九老坡组	游河组		海眼组 麻则沟组	稻地泥河湾组	宿迁组	盐源洼顶组	元谋组 沙沟组
4–5	上新世 早	赞克勒期	麻则沟期					何王家组	雷家组		二登图组 宝格达乌拉组	灞河组	杨家湾组	静乐组 保德组	高庄组	獐王坟组 大营组	黄岗组		石灰坝组 小河组
5–7	中新世 晚	墨西拿期	保德期				下东山组	柳树组							马会组			振刀石组	昭通组 小龙潭组
7–9	中新世 晚	托尔托纳期	灞河期	哈拉玛盖组	布隆组 沃马组	上油砂山组	查让组	虎家梁组	干河沟组			冦家村组				汉诺坝组 东沙坡组	六合组 尧山组	沙坪组	
11–14	中新世 中	塞尔瓦莱期	通古尔期			铁匠沟组	咸水河组	东乡组	彰恩堡组 红柳沟组	乌尔图组	通古尔组	冷水沟组							
14–16	中新世 中	兰盖期	通古尔期			下油砂山组	车头沟组	上庄组											
16–19	中新世 早	波尔多期	山旺期	索索泉组	丁青组		谢家组				敖尔班组					九龙口组	下草湾组 山旺组		
19–23	中新世 早	阿基坦期	谢家期				咸水河组										洞玄观组		

附图三 中国新近纪哺乳动物化石地点分布图（台湾资料暂缺）

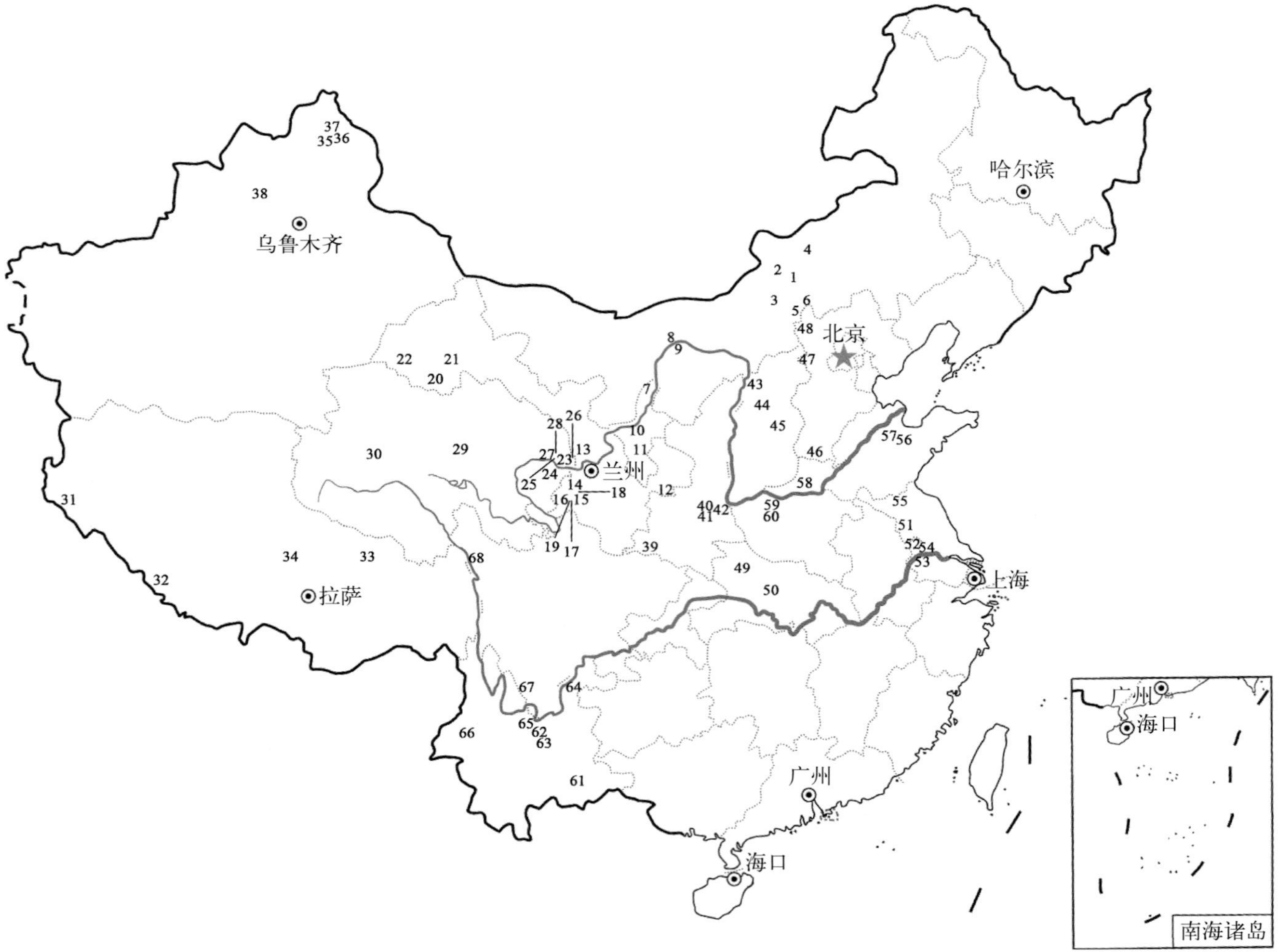

附图三之中国新近纪哺乳动物化石地点说明

（鉴于附图之空间所限，加之下面所列各层、组由于化石过少其时代不易确切定位，
故附图与其说明无法一一对应）

内蒙古

1. 苏尼特左旗敖尔班：**敖尔班组**，早中新世。
2. 苏尼特左旗通古尔：**通古尔组**，中中新世。
3. 苏尼特右旗阿木乌苏：**阿木乌苏层**，晚中新世早期。
4. 阿巴嘎旗宝格达乌拉：**宝格达乌拉组**，晚中新世。
5. 化德二登图：**二登图组**，晚中新世晚期。
6. 化德比例克：**比例克层**，早上新世。
7. 阿拉善左旗乌尔图：**乌尔图组**，早中新世。
8. 临河：**乌兰图克组**，晚中新世。
9. 临河：**五原组**，中中新世。

宁夏

10. 中宁牛首山、固原寺口子等：**干河沟组**，晚中新世早期。
11. 中宁红柳沟、同心地区等：**彰恩堡组/红柳沟组**，中中新世。

甘肃

12. 灵台雷家河：**雷家河组**，晚中新世—上新世。
13. 兰州盆地（永登）：**咸水河组**，渐新世—中中新世。
14. 临夏盆地（东乡）龙担：**午城黄土**，早更新世。
15. 临夏盆地（广河）十里墩：**何王家组**，早上新世。
16. 临夏盆地（东乡）郭泥沟、和政大深沟、杨家山：**柳树组**，晚中新世。
17. 临夏盆地（广河）虎家梁、和政老沟：**虎家梁组**，中中新世。
18. 临夏盆地（广河）石那奴：**东乡组**，中中新世。
19. 临夏盆地（广河）大浪沟：**上庄组**，早中新世。
20. 阿克塞大哈尔腾河：**红崖组**，晚中新世。
21. 玉门（老君庙）石油沟：**疏勒河组**，晚中新世。
22. 党河地区（肃北）铁匠沟：**铁匠沟组**，早中新世—晚中新世。

青海

23. 化隆上滩：**上滩组**，上新世。
24. 贵德贺尔加：**下东山组**，晚中新世晚期。
25. 化隆查让沟：**查让组**，晚中新世早期。
26. 民和李二堡：**咸水河组**，中中新世。

27. 湟中车头沟：**车头沟组**，早中新世晚期—中中新世。

28. 湟中谢家：**谢家组**，早中新世。

29. 柴达木盆地（德令哈）深沟：**上油砂山组**，晚中新世。

30. 格尔木昆仑山垭口：**羌塘组**，晚上新世。

西藏

31. 札达：**札达组**，上新世。

32. 吉隆沃马：**沃马组**，晚中新世。

33. 比如布隆：**布隆组**，晚中新世较早期。

34. 班戈伦坡拉：**丁青组**，渐新世—早中新世晚期。

新疆

35. 福海顶山盐池：**顶山盐池组**，中中新世—晚中新世。

36. 福海哈拉玛盖：**哈拉玛盖组**，早中新世—中中新世。

37. 福海索索泉：**索索泉组**，渐新世—早中新世。

38. 乌苏县独山子：**独山子组**，晚中新世？。

陕西／山西

39. 勉县：**杨家湾组**，上新世。

40. 临潼：**冷水沟组**，早中新世—中中新世早期。

41. 蓝田地区：**寇家村组**，中中新世晚期；**灞河组**，晚中新世早期；**九老坡组**，晚中新世—上新世。

42. 渭南游河：**游河组**，上新世晚期。

43. 保德冀家沟、戴家沟，**保德组**，晚中新世晚期。

44. 静乐贺丰：**静乐组**，上新世晚期。

45. 榆社盆地：**马会组**，晚中新世；**高庄组**，早上新世；**麻则沟组**，晚上新世；**海眼组**，更新世早期。

河北

46. 磁县九龙口：**九龙口组**，早中新世晚期—中中新世早期。

47. 阳原泥河湾盆地：**稻地组**，上新世晚期；**泥河湾组**，更新世。

48. 张北汉诺坝：**汉诺坝组**，中中新世。

湖北

49. 房县二郎岗：**沙坪组**，中中新世。

50. 荆门掇刀石：**掇刀石组**，晚中新世。

江苏

51. 泗洪松林庄、双沟、下草湾：**下草湾组**，早中新世—中中新世。

52. 六合黄岗：**黄岗组**，晚中新世晚期。

53. 南京方山：**洞玄观组**（=浦镇组），早中新世—中中新世。

54. 六合灵岩山：**六合组**，中中新世。

55. 新沂西五花顶：**宿迁组**，上新世。

山东

56. 临朐解家河（山旺）：**山旺组**，早中新世—中中新世；**尧山组**，中中新世。

57. 章丘枣园：**巴漏河组**，晚中新世。

河南

58. 新乡潞王坟：**潞王坟组**，晚中新世。

59. 洛阳东沙坡：**东沙坡组**，中中新世。

60. 汝阳马坡：**大营组**，晚中新世。

云南

61. 开远小龙潭：**小龙潭组**，中中新世—晚中新世。

62. 元谋盆地：**小河组**，晚中新世；**沙沟组**，上新世；**元谋组**，更新世。

63. 禄丰石灰坝：**石灰坝组**，晚中新世。

64. 昭通沙坝、后海子：**昭通组**，上新世/晚中新世。

65. 永仁坛罐窑：**坛罐窑组**，上新世。

66. 保山羊邑：**羊邑组**，上新世。

四川

67. 盐源柴沟头：**盐源组**，上新世晚期。

68. 德格汪布顶：**汪布顶组**，上新世晚期。

附件

《中国古脊椎动物志》总目录
（共三卷二十三册，计划 2015－2020 年出版）

第一卷　鱼类　主编：张弥曼，副主编：朱敏

第一册（总第一册）**无颌类**　朱敏等 编著　（2015 年出版）

第二册（总第二册）**盾皮鱼类**　朱敏、赵文金等 编著

第三册（总第三册）**辐鳍鱼类**　张弥曼、金帆等 编著

第四册（总第四册）**软骨鱼类 棘鱼类 肉鳍鱼类**

　　　　　　　张弥曼、朱敏等 编著

第二卷　两栖类 爬行类 鸟类　主编：李锦玲，副主编：周忠和

第一册（总第五册）**两栖类**　王原等 编著　（2015 年出版）

第二册（总第六册）**基干无孔类 龟鳖类 大鼻龙类**　李锦玲、佟海燕 编著

第三册（总第七册）**鱼龙类 海龙类 鳞龙型类**　高克勤、李淳、尚庆华 编著

第四册（总第八册）**基干主龙型类 鳄型类 翼龙类**

　　　　　　　吴肖春、李锦玲、汪筱林等 编著

第五册（总第九册）**鸟臀类恐龙**　董枝明、尤海鲁、彭光照 编著　（2015 年出版）

第六册（总第十册）**蜥臀类恐龙**　徐星、尤海鲁等 编著

第七册（总第十一册）**恐龙蛋类**　赵资奎、王强、张蜀康 编著　（2015 年出版）

第八册（总第十二册）**中生代爬行类和鸟类足迹**　李建军 编著　（2015 年出版）

第九册（总第十三册）**鸟类**　周忠和、张福成等 编著

第三卷　基干下孔类 哺乳类　　主编：邱占祥，副主编：李传夔

第一册（总第十四册）**基干下孔类**　李锦玲、刘俊 编著　　（2015 年出版）

第二册（总第十五册）**原始哺乳类**　孟津、王元青、李传夔 编著　　（2015 年出版）

第三册（总第十六册）**劳亚食虫类 原真兽类 翼手类 真魁兽类 狸兽类**

　　　　　　　　　　李传夔、邱铸鼎等 编著　　（2015 年出版）

第四册（总第十七册）**啮型类 I**　李传夔、邱铸鼎等 编著

第五册（总第十八册）**啮型类 II**　邱铸鼎、李传夔等 编著

第六册（总第十九册）**古老有蹄类**　王元青等 编著

第七册（总第二十册）**肉齿类 食肉类**　邱占祥、王晓鸣等 编著

第八册（总第二十一册）**奇蹄类**　邓涛、邱占祥等 编著

第九册（总第二十二册）**偶蹄类 鲸类**　张兆群等 编著

第十册（总第二十三册）**蹄兔类 长鼻类等**　陈冠芳 编著

PALAEOVERTEBRATA SINICA
(3 volumes 23 fascicles, planned to be published in 2015–2020)

Volume I Fishes

Editor-in-Chief: **Zhang Miman**, Associate Editor-in-Chief: **Zhu Min**

Fascicle 1 (Serial no. 1)　Agnathans　Zhu Min et al.　(2015)

Fascicle 2 (Serial no. 2)　Placoderms　Zhu Min, Zhao Wenjin et al.

Fascicle 3 (Serial no. 3)　Actinopterygians　Zhang Miman, Jin Fan et al.

Fascicle 4 (Serial no. 4)　Chondrichthyes, Acanthodians, and Sarcopterygians　Zhang Miman, Zhu Min et al.

Volume II Amphibians, Reptilians, and Avians

Editor-in-Chief: **Li Jinling**, Associate Editor-in-Chief: **Zhou Zhonghe**

Fascicle 1 (Serial no. 5)　Amphibians　Wang Yuan et al.　(2015)

Fascicle 2 (Serial no. 6)　Basal Anapsids, Chelonians, and Captorhines　Li Jinling and Tong Haiyan

Fascicle 3 (Serial no. 7)　Ichthyosaurs, Thalattosaurs, and Lepidosauromorphs　Gao Keqin, Li Chun, and Shang Qinghua

Fascicle 4 (Serial no. 8)　Basal Archosauromorphs, Crocodylomorphs, and Pterosaurs　Wu Xiaochun, Li Jinling, Wang Xiaolin et al.

Fascicle 5 (Serial no. 9)　Ornithischian Dinosaurs　Dong Zhiming, You Hailu, and Peng Guangzhao　(2015)

Fascicle 6 (Serial no. 10)　Saurischian Dinosaurs　Xu Xing, You Hailu et al.

Fascicle 7 (Serial no. 11)　Dinosaur Eggs　Zhao Zikui, Wang Qiang, and Zhang Shukang　(2015)

Fascicle 8 (Serial no. 12)　Footprints of Mesozoic Reptilians and Avians　Li Jianjun　(2015)

Fascicle 9 (Serial no. 13)　Avians　Zhou Zhonghe, Zhang Fucheng et al.

Volume III Basal Synapsids and Mammals

Editor-in-Chief: **Qiu Zhanxiang**, Associate Editor-in-Chief: **Li Chuankui**

Fascicle 1 (Serial no. 14)　Basal Synapsids　**Li Jinling and Liu Jun**　(2015)

Fascicle 2 (Serial no. 15)　Primitive Mammals　**Meng Jin, Wang Yuanqing, and Li Chuankui**　(2015)

Fascicle 3 (Serial no. 16)　Eulipotyphlans, Proteutheres, Chiropterans, Euarchontans, and Anagalids　**Li Chuankui, Qiu Zhuding et al.**　(2015)

Fascicle 4 (Serial no. 17)　Glires I　**Li Chuankui, Qiu Zhuding et al.**

Fascicle 5 (Serial no. 18)　Glires II　**Qiu Zhuding, Li Chuankui et al.**

Fascicle 6 (Serial no. 19)　Archaic Ungulates　**Wang Yuanqing et al.**

Fascicle 7 (Serial no. 20)　Creodonts and Carnivores　**Qiu Zhanxiang, Wang Xiaoming et al.**

Fascicle 8 (Serial no. 21)　Perissodactyls　**Deng Tao, Qiu Zhanxiang et al.**

Fascicle 9 (Serial no. 22)　Artiodactyls and Cetaceans　**Zhang Zhaoqun et al.**

Fascicle 10 (Serial no. 23)　Hyracoids, Proboscideans etc.　**Chen Guanfang**

(Q-3655.01)

www.sciencep.com

定 价:195.00元